Systems Engineering Demystified

Apply modern, model-based systems engineering techniques to build complex systems

Second Edition

系统工程的艺术

用基于模型的系统工程方法构建复杂系统

（原书第2版）

[英] 乔恩·霍尔特（Jon Holt）◎著 陈洋 严昱欣 陈思聪 ◎译

机械工业出版社
CHINA MACHINE PRESS

Jon Holt: Systems Engineering Demystified: Apply modern, model-based systems engineering techniques to build complex systems, Second Edition(ISBN: 978-1-80461-068-8).

图书在版编目（CIP）数据

系统工程的艺术 : 用基于模型的系统工程方法构建复杂系统 : 原书第 2 版 / (英) 乔恩 · 霍尔特 (Jon Holt) 著 ; 陈洋, 严昱欣, 陈思聪译. -- 北京 : 机械工业出版社, 2024. 7. --ISBN 978-7-111-76032-0

I. N945

中国国家版本馆 CIP 数据核字第 2024A62X60 号

机械工业出版社（北京市百万庄大街 22 号　邮政编码 100037）

策划编辑：刘　锋　　　　责任编辑：刘　锋　王华庆

责任校对：孙明慧　牟丽英　　责任印制：刘　媛

涿州市京南印刷厂印刷

2024 年 8 月第 1 版第 1 次印刷

186mm × 240mm · 20.25 印张 · 438 千字

标准书号：ISBN 978-7-111-76032-0

定价：129.00 元

电话服务

客服电话：010-88361066

010-88379833

010-68326294

网络服务

机　工　官　网：www.cmpbook.com

机　工　官　博：weibo.com/cmp1952

金　　书　　网：www.golden-book.com

机工教育服务网：www.cmpedu.com

Foreword 序

系统工程是一门常常被误解的学科。为了让人们能够成功开发系统，它综合了工程学的各个方面。知识的匮乏造成并助长了这些误解。事实上，要理解什么是系统工程并非易事。机械工程师可以展示机械零件，电气工程师可以展示电气元件，软件工程师可以展示源代码和正在运行的软件。如果系统工程师通过展示“系统”来证明自己的学科，其他工程师就会抱怨所有的“系统”部件都是他们开发的。通常，系统工程这门学科只有在它还不存在的时候才受到关注。因此，到处都有能够诞生“神话”的良好土壤。

幸运的是，Jon Holt 是一位杰出的作家，他以生动、简洁和清晰的方式解释了系统工程。在这本书中，他拨开层层迷雾，以简单而引人入胜的方式阐明了系统工程的概念和原理。这本书涵盖了系统工程的基本主题，并强调了基于模型的系统工程的重要性，这是实现系统工程最有效、最高效的方法。然而，这本书并不是一本系统建模语言（System Modeling Language，SysML）的教科书。它侧重于系统工程的基本思想和方法，而不是特定建模语言的符号和语法。建模语言只是基于模型的系统工程（Model-Based Systems Engineering，MBSE）环境的一小块基石。除其他主题外，这本书还涉及生命周期、系统工程技术和系统工程流程，特别是系统工程在组织中的管理和部署。

这本书适合任何想进一步了解系统工程的人阅读，无论他们是初学者还是专家。即使是经验丰富的系统工程师，也可以从重温基本概念和了解新知识中获益。通过阅读这本书，你将对系统工程以及它如何帮助你创建更好的系统有更深入的了解。

Tim Weilkiens

oose 公司 MBSE 顾问、培训师和执行董事会成员

MBSE4U 创始人

前　言 *Preface*

系统工程让我们即使在面对管理复杂的系统时也能获得成功，并且以简洁、清晰、整齐划一的方式将系统的方方面面汇集在一起。

本书对系统工程进行了全面的介绍，不管是新手还是经验丰富的从业者都可以阅读。这本易于理解的指南还配有示例和练习题，以帮助读者学习现代系统工程的所有概念和技术。

本书对系统工程进行了概述，并解释了为什么我们在复杂的世界中需要这种方法。书中涵盖了MBSE、系统、生命周期和流程的基本内容，并且还包含那些能够成功实现系统工程的技术讲解。

当阅读完本书时，你将能够在当前的组织中使用系统工程方法。

目标读者

本书的目标读者是系统工程师、系统管理人员、系统建模师以及任何对系统工程或建模感兴趣的人。

本书适合初识系统工程的新手阅读。当然，有经验的系统工程师也可以从本书中受益。

本书内容

第1章简要介绍了系统工程的历史，概述了系统工程的确切含义以及与其他工程学科的区别，通过考虑当今系统日益增加的复杂性、对高效沟通的需求，以及不同人希望能够清晰、基于上下文对系统进行理解的需求，探索了系统工程在现实世界的务实需求，还讨论了在组织中成功实施系统工程的实际问题。

第2章介绍如何使用**基于模型的系统工程**的方式来实现系统工程，这种方式非常有效并且十分高效。本章不仅讨论了系统及其模型，以及为模型和各种可视化技术（如 SysML）提供蓝图的框架的重要性，还对内容进行了扩展，介绍了工具和最佳实践，以确保模型尽可能有效。

第 3 章准确地描述了系统的含义和现存系统的不同类型，包括系统的系统；讨论了系统的结构和元素（子系统、组件集和组件），以及它们是如何在层次结构中组织的。而后，本章解释了理解这些系统元素之间关系的重要性以及它们如何影响系统行为，然后定义了行为概念，例如状态、模式和交互。本章还解释了将系统连接到一起，以及和其他系统进行对接的接口的关键概念，并定义了此类接口的需求。

第 4 章介绍了生命周期的概念以及它们如何控制系统的演化；介绍了不同类型的生命周期，并强调了理解它们之间潜在复杂关系的重要性；介绍了阶段——它是生命周期的基本构造单元，并基于最佳实践定义了一个系统生命周期示例；然后通过考虑生命周期模型以及某些模型的不同执行类型来描述生命周期的行为。ISO 15288 的国际最佳实践模型及其流程可作为生命周期阶段的参考。

第 5 章介绍了流程及相关元素（例如活动、工件、干系人和资源）的概念；强调了定义系统工程总体方法的有效流程的重要性；介绍了流程组的四种不同分类，然后对这四种分类及相关流程逐一进行了描述。ISO 15288 的国际最佳实践模型及其流程可作为这些流程的参考。

第 6 章解释需求的重要性以及不同类型和特定的要求；描述了干系人需求识别和分析的整个领域，以及理解需求不同方面所必需的视图；介绍了如何使用文本描述需求、如何定义可以作为用例基础的上下文，以及如何通过描述场景来检验这些用例；最后讨论了这些需求如何融入系统生命周期，相关的流程有哪些，以及如何遵守它们。

第 7 章讨论了如何通过开发有效的设计来定义解决方案；讨论了设计的各个抽象级别，例如架构设计和详细设计；介绍了设计的不同方面，例如逻辑设计、功能设计和物理设计，并定义了它们之间的关系；最后讨论了设计如何适应系统生命周期、相关的流程以及如何遵守它们。

第 8 章介绍了如何通过引入验证（系统所做的工作）和检验（系统应该做的工作）的概念来证明系统与我们的目标匹配；介绍了一些技术以便展示如何在系统的不同抽象级别上应用验证和检验；最后讨论了验证和检验如何融入系统生命周期、相关的流程以及如何遵守它们。

第 9 章介绍了一些在现代工业中使用非常广泛的系统工程方法论，其中一些使用特定技术，而另一些则是标准生命周期模型的变体，从较高层次上对这些方法论进行了描述并给出了示例，总结了如何有效地使用这些方法；最后讨论了方法论如何适应系统生命周期、相关的流程以及如何遵守它们。

第 10 章概述了一些需要考虑的关键管理流程和相关技术以及如何实现它们，还讨论了管理和技术之间的关系。

第 11 章讨论了如何在实际组织中部署 MBSE 这一至关重要的问题，介绍了部署 MBSE 的“三位一体”方法，它主要包括三个方面：需要 MBSE 的原因、当前 MBSE 和目标 MBSE 的能力以及当前目标 MBSE 的演进。

第 12 章与本书以往的结构不同，提供了一些关于如何有效应用 MBSE 的见解、提示和技巧。本章内容完全基于作者过去 30 多年在 MBSE 领域工作的个人经验。因此，这里所提供的信息往往是基于经验得到的一般建议，而不是金科玉律。

第 13 章篇幅较短，它提供了一组信息，有助于读者在自己的组织中继续实行系统工程，包括现代标准和其他最佳实践资源，例如指导方针和积极促进系统工程并提供有价值资源的组织列表。

尽情使用本书

本书假定读者不具备系统工程或建模的相关知识，因此适合该领域的初学者阅读。

下载彩色图片

我们还提供了一个 PDF 文件，其中包含本书中使用的屏幕截图和图表的彩色图像。你可以从这里下载：https://static.packt-cdn.com/downloads/9781804610688_ColorImages.pdf。

About the author 关于作者

Jon Holt 教授是基于模型的系统工程（MBSE）领域国际公认的专家。他是一位屡获殊荣的国际作家和公共演讲家，著有 18 本关于 MBSE 及其应用的书籍。

自 2014 年以来，他一直担任 Scarecrow Consultants 公司的董事和顾问，该公司是“MBSE 领域的佼佼者”。Jon 还是克兰菲尔德大学的系统工程教授，从事 MBSE 的教学和研究工作。他是英国工程技术学会（IET）和英国计算机协会（BCS）会员，也是特许工程师和特许信息技术（Information Technology，IT）专业人员。他目前是英国系统工程国际委员会（INCOSE）的技术总监，负责所有技术活动，并于 2015 年被 INCOSE 评为过去 25 年中最具影响力的 25 位系统工程师之一。2022 年，他当选为 INCOSE 研究员，是全球仅有的 85 位 INCOSE 研究员之一。

Jon 还积极参与推广科学、技术、工程和数学（STEM），在音乐节、科学节、IET 毕达哥拉斯歌舞表演、广播节目和其他 STEM 活动中，他利用魔术、读心术和偶尔的逃脱术推广系统工程。他还撰写了儿童 STEM 书籍 *Think Engineer*，该书由 INCOSE UK 出版。

我要感谢我所有的家人、朋友和 Scarecrow Consultants 公司的同事。此外，感谢让我保持清醒的 Smeaton。

关于审稿人 About the reviewers

Shelley Higgins 在航空航天领域从事系统工程（Systems Engineering，SE）、任务保证和电气工程工作长达 17 年，在过去的 7 年中，她一直是 MBSE 的倡导者，在培养团队的 SE、MBSE 和数字工程能力方面发挥着支持性作用。她居住在美国科罗拉多州，有两个孩子，业余时间喜欢学习和教授 Feldenkrais® 方法。她拥有许多会员资格，包括 INCOSE、INCOSE 国防系统工作组（洛杉矶、科罗拉多州丹佛市和南马里兰州分会附属机构）和国际项目管理协会（Project Management Institute，PMI）的。她拥有系统工程专家认证（Certified System Engineering Professional，CSEP）、对象管理集团（Object Management Group，OMG）认证、SysML 建模专家认证（OMG Certified SysML Modeling Professional，OCSMP）和项目管理专家认证（Project Management Professional，PMP）。

我想对我的儿子、女儿和朋友们表示最深切的感谢，感谢他们的耐心和支持。

Simon Perry 拥有英国利兹大学和开放大学的理学学士学位。自 1986 年获得数学学位以来，他已在软件和系统工程的各个领域工作了 36 年。自 2014 年以来，他一直担任 Scarecrow Consultants 的总监和首席顾问。他经常在系统工程会议上发表演讲，并著有 11 本关于系统工程和相关主题的书籍。这些公开演讲活动、著作、课程以及研讨会的讲授和主持工作，为 Simon 向非领域专家和非技术人员传达技术概念提供了丰富的经验。

Contents 目　　录

第二部分 系统工程概念

第三部分 系统工程技术

第四部分 下一步

第一部分 *Part 1*

系 统 工 程

在这一部分中，我们将了解什么是系统工程，以及为什么在当今日益复杂的系统中越来越需要这种方法。

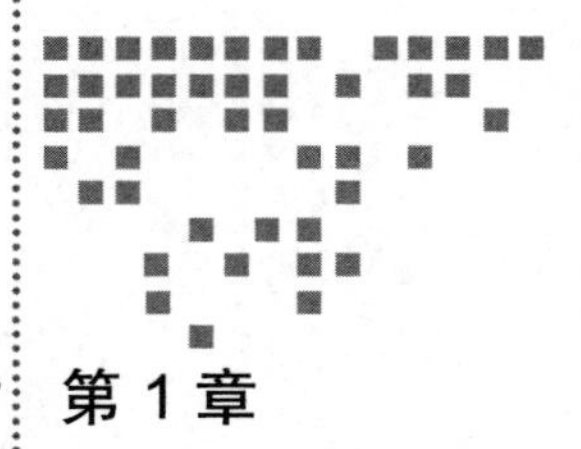

Chapter 1 第 1 章

系统工程导论

本章将重点介绍系统工程的背景、学科历史以及为什么需要它。本章还将介绍与系统工程相关的主要概念，以及本书将采用的术语，从而帮助我们在学习过程中进行理解。

1.1 系统工程简史

我们有理由相信，自从人类开始建造和开发复杂的系统以来，系统工程就一直在被使用。古埃及的金字塔是复杂系统的一个例子。类似例子还有一些简单的石头结构，例如巨石阵，它们有可能是构成更大的占星系统的一部分。此外，自古希腊人首次观测到行星的运动并建立地心宇宙模型以来，人类就一直在观察太阳系等复杂系统。

系统工程一词可以追溯到 20 世纪早期的美国贝尔实验室（Fagen，1978）。系统工程的例子可追溯到第二次世界大战，而第一次尝试教授系统工程据说于 1950 年在麻省理工学院开展（Hall，1962）。

20 世纪 60 年代出现了一个被称为系统理论的研究领域，这是由 Ludwig von Bertalanffy（Bertalanffy，1968）提出的“一般系统理论”。

系统理论的主要信条是，它是一个基于以下原则的概念框架：一个系统的组成部分可以在彼此之间以及与其他系统之间关系的上下文中得到最好的理解，而不是孤立地进行理解（Wilkinson，2011）。这对所有系统工程都是必不可少的，因为这意味着系统中的元素或系统本身永远不会仅考虑自己，而是会与其他元素或系统相关联。

随着系统变得越来越复杂，对开发系统的新方法的需求变得越来越迫切。在整个 20 世纪后半叶，这种需求一直在增长，直到 1990 年**美国国家系统工程委员会**（National Council on Systems Engineering，NCOSE）成立。此后，该组织于 1995 年发展成为**国际系统工程委员会**（International Council on Systems Engineering，INCOSE），是世界上最重要的系统工程权威机构，在全球拥有 70 多个分会。

今天，随着我们生活的世界和开发的系统的复杂性不断增长，对严谨且能处理高度复杂性的方法的需求日益增加。系统工程就是这样一种方法。

1.2　定义系统工程

对于系统工程，重要的是要准确理解所使用的关键术语的含义。本书展现了所有工程以及与此相关的所有其他行业的一个特点，即任何术语都很少有单一的、明确的定义。而沟通往往是系统工程成功的关键，因此这就会导致问题的产生，本章稍后将会进行讨论。

为了解决这个潜在的问题，本章将介绍、讨论和定义本书中使用的特定概念及相关术语。这将构建一种领域特定语言，然后在本书中始终如一地使用该语言。采用的术语将尽可能地基于国际最佳实践，如 ISO 15288（ISO 2015）等标准，以确保信息来源。

1.2.1　定义系统

第一个要讨论的概念是**系统**。根据系统的性质，不同的人会以不同的方式定义系统。因此，为了说明在系统工程中可能遇到的一些典型系统类型，首先需要识别出一些系统类型。系统有许多不同的分类法，其中一种被广泛接受的是由 Peter Checkland（Checkland，1999）定义的，如图 1.1 所示。

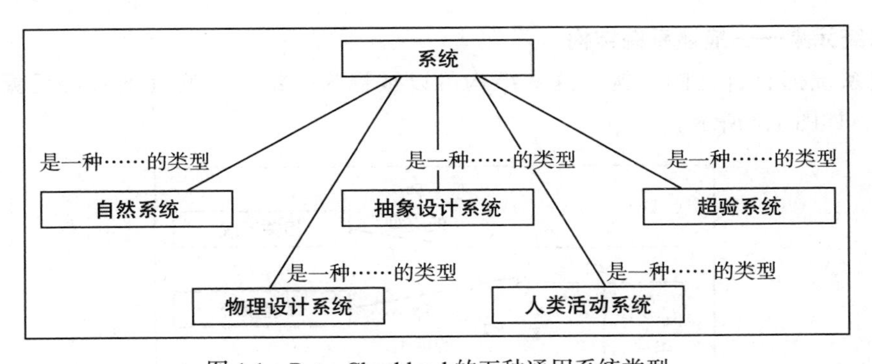

图 1.1　Peter Checkland 的五种通用系统类型

图 1.1 中显示了 Checkland 的五种通用系统类型，它们分别是：

- **自然系统**（Natural System）是指人类无法控制的开放系统。这些系统包括天气系统、自然、环境、时间等。
- **物理设计系统**（Designed Physical System）代表大多数人在考虑系统时立即想到的东西，如智能手机、平板电脑、直升机、汽车、火车、飞机、宇宙飞船、船只、电视、照相机、桥梁、电脑游戏、卫星，甚至家用电器。这类系统几乎是无穷无尽的。这些系统通常由物理构件组成，这些构件代表系统的真实世界表现形式。

- **抽象设计系统**（Designed Abstract System）表示没有物理构件但被人们用来理解或解释想法或概念的系统。此类系统包括模型、方程、思想实验等。
- **人类活动系统**（Human Activity System）是基于人类的系统，可以在现实世界中观察到。这些系统通常由不同的人组成，他们相互作用以实现一个共同的目标或目的。这种系统包括政治系统、社会团体、以人为本的服务等。
- **超验系统**（Transcendental System）即超出我们目前理解范畴的系统。此类系统包括未知问题和 Numberwang。

这是一个很好的分类方法，本书将以此分类方法作为参考。它为思考不同类型的系统提供了一个非常好的方式，但重要的是，我们可以将系统工程应用在这五种不同类型的系统中。

此外，还应该记住，一个系统有可能与上述多个系统类别相匹配。例如，交通系统必须考虑：车辆（物理设计系统）、运营模式（抽象设计系统）、环境（自然系统）和政治系统（人类活动系统）。在现实生活中，系统是如此的复杂，以至于很容易就能遇到可以归入多个类别系统的示例。

1.2.2 系统的特性

前面介绍了五种不同类型的系统，它们有一些共同的特性。这些特性使得系统能够被理解和开发。我们将在接下来的几个小节中探讨这些问题。

1. 系统元素——描述系统结构

任何系统都有自己的结构，这些结构可以被视为一组相互交互的**系统元素**（System Element），如图 1.2 所示。

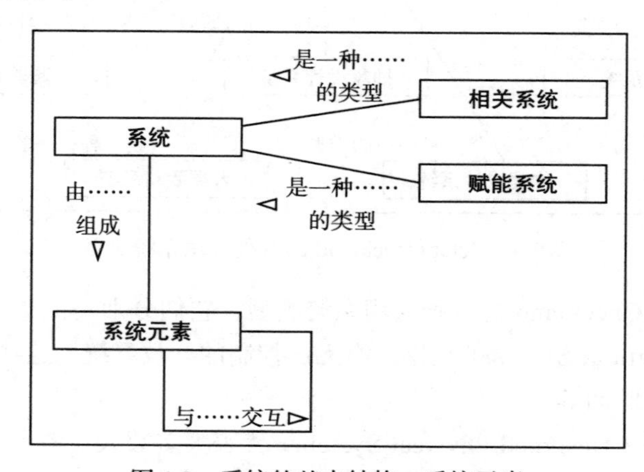

图 1.2 系统的基本结构：系统元素

图 1.2 展示了一个由一组系统元素组成的系统，其中系统分为两种类型：**相关系统**（System of Interest）和**赋能系统**（Enabling System）。相关系统指的是正在开发的系统，而赋能系统指的是任何一个与相关系统有所关联或与之交互的系统。

这里需要注意的是，系统的结构实际上要比这复杂得多，因为系统元素本身可能被分解成更低级别的系统元素，这将导致其被识别成一个具有多个层次的系统结构。鉴于初次讨论，我们会尽可能地减少系统层数，以便简化解释过程。本书后面将详细地讨论系统，届时将考虑跨多个层次的结构示例。

接下来的一个关键点是系统元素之间的交互。这是理解真实系统与所采用的系统工程的关键概念。在考虑系统或系统元素时，重要的是要了解它们将与系统其他元素交互，而不是孤立存在的。在系统工程中，所有事物都存在着关联，因此理解系统元素之间的关系（构成它们之间交互的基础）与理解系统元素本身一样重要。

系统元素之间的交互使得我们可以在它们之间识别和定义接口。了解系统元素之间的接口对于明确和定义所有类型的系统至关重要。除理解接口外，还必须理解流经接口的信息或素材（非信息的东西）。

系统结构和接口将在第 3 章中详细讨论。

2. 干系人——描述与系统有关的人或物

系统工程工作的一个关键内容，就是要了解与系统有关的**干系人**（Stakeholder），如图 1.3 所示。

图 1.3　定义与系统有关的人或物：干系人

图 1.3 表明干系人与系统有关。了解干系人是系统工程成功的关键，干系人是一个角色，它是与系统有关的人、组织或事物。

理解干系人的时候需要注意一些细节：

- 在考虑干系人时，需要考虑的是干系人的角色，而不是与其有关的个人、组织或事物的名称。例如，有一个叫 Jon 的人，他拥有一辆汽车，其中与汽车相关的干系人不是 Jon，而是 Jon 在与汽车交互时所扮演的不同角色，例如所有者、司机、乘客、担保人、维护者等。不同的干系人角色会以不同的方式去看待汽车。因此，重点是与其考虑 Jon 这个人，不如考虑 Jon 所扮演的干系人角色。
- 干系人不一定是人，也可以是任何事物，比如组织。例如，在考虑汽车系统时，所有者角色可以由 Jon 这个人担任，但这辆汽车也可能被企业所拥有。在这种情况下，企业扮演了干系人角色。同样，法律也与汽车有关，这意味着法律也是干系人。
- 干系人与担任该角色的个人、组织或事物之间不是一对一的关系。上面已经说明 Jon 可以担任多个干系人角色，同样，多个人也可以承担相同的干系人角色。例如，考虑与司机一起乘坐车辆的乘客，这种情况下有好几个人同时担任相同的干系人角色——乘客。

- 干系人和赋能系统一样，都位于系统边界之外。如果干系人的定义是与系统有关联的一切事物，那么赋能系统实际上就是一种特殊类型的干系人，因为其基本定义是相同的。

识别干系人是系统工程的重要组成部分，因为不同的干系人将从不同的角度来看待同一个系统，具体的角度取决于他们所扮演的干系人角色。这就引出了一个重要的上下文概念，本章稍后将对此进行更详细的讨论。

3. 特征——描述系统属性

我们可以通过识别一系列**特征**（Attribute）来描述给定系统的高级属性（Property），如图 1.4 所示。

图 1.4 描述系统的属性：特征

图 1.4 显示了系统可以由特征来描述，此处的特征与系统的概念有关。需要注意的是，一个系统会包含许多系统元素，这些特征也适合用来描述系统元素。

特征通常用名词表示，可以有许多不同的值，具有明确的、预先定义好的类型，也可能具有特定的单位。下面是一些类型较为简单的特征：

- **尺寸**，例如长度、宽度和高度，将以实数的形式输入，可能会以毫米为单位。
- **重量**，将以实数的形式输入，以千克为单位。
- **元素编号**，它可能是整数类型，可能没有相关的单位。
- **名称**，可以是字符或文本类型，可能没有相关的单位。

特征也可以采用更复杂的类型，例如：

- **时间戳**，由一组简单的类型组合在一起成为更复杂的类型。在这种情况下，时间戳可以是日（1 ～ 31，整数）、月（1 ～ 12，整数）、年（0000 以上的整数）、时（1 ～ 24，整数）、分（0 ～ 59，整数）和秒（0 ～ 59，整数）的组合。
- **数据结构**，可以表示符合特定协议的所有音频或视频文件，例如 MP3、MP4 等。

特征几乎是无限的，因此上面提供的示例旨在抛砖引玉，并不是一份完整列表。

4. 边界——定义系统的范围

每个系统都至少有一个与之关联的**边界**（Boundary），它有助于解释系统的范围，如图 1.5 所示。

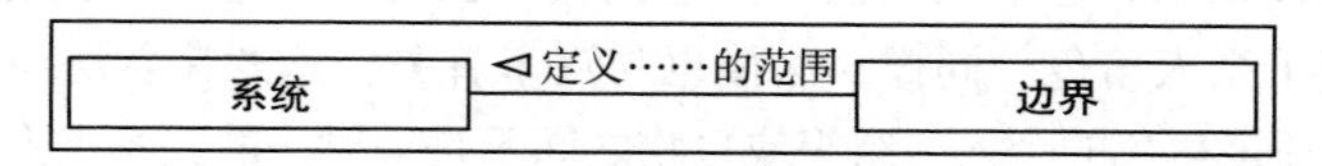

图 1.5 定义系统范围：边界

图 1.5 表明边界定义了系统的范围。

边界的类型有很多种，包括：

- **物理边界**，包围系统的某种外壳，它将系统与外部世界隔开。它可以是一个容纳许多系统元素的容器，如汽车的车身、包围一块土地的栅栏、一个房间的墙和门等。
- **概念边界**，可以想象但不一定能观察到的非物理边界。例如，汽车和与之交互的 GPS 卫星之间的边界，在这种情况下，系统的边界在哪里呢？是汽车上的发射器和接收器、卫星上的发射器和接收器，还是传输的波或用于传输的协议？
- **干系人边界**，不同的干系人可能以不同的方式看待系统。因此，系统边界的位置可能会因干系人而异。再次考虑汽车系统的两个不同干系人，乘客可能将汽车的边界视为物理车身或汽车的外壳，而汽车的维护者可能将汽车与卫星之间链接的概念边界视为边界。

系统边界有助于理解系统的一些关键内容：

- **边界内有什么**，了解哪些系统元素在系统边界内、哪些在系统边界外非常重要。在系统边界内考虑的系统元素将有助于准确定义系统的范围。
- **边界外有什么**，正如理解边界内的内容很重要一样，就系统元素而言，理解系统边界外的内容同样重要。存在于系统边界之外的事物被认为是干系人或赋能系统，或两者兼而有之。
- **关键接口存在的位置**，它用来标识跨系统边界发生交互时的接口。识别接口是系统工程的重要组成部分，边界可用于识别系统与外部世界之间的所有接口。

定义给定系统的边界可能不像看起来那么简单，因为不同的干系人可能会识别不同的边界。但这并不一定是问题，我们只需要确保不会因为这些差异而发生冲突就可以了。

5. 需求——系统的目的

每个系统都必须有一个目的，它通过一组**需求**（Need）来表示，如图 1.6 所示。

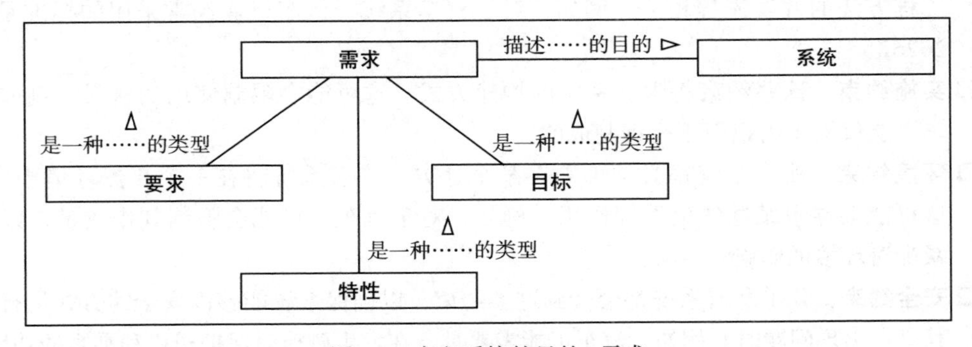

图 1.6 定义系统的目的：需求

图 1.6 显示系统的目的可以由需求来描述。需求是用来描述系统的概念。图 1.6 还显示了不同类型的需求，这里列出了其中的三种：

- **要求**（Requirement），要求是对希望系统执行某件事的陈述，通常与系统所需的特定功能有关。例如，对汽车的要求可能是司机必须能够使用制动踏板使汽车减速，汽车必须有安全带，或者汽车必须以 100 英里[⊖]/ 时的最高速度行驶。
- **特性**（Feature），特性代表系统更高层次的需求，不一定与特定功能相关，但可能与功能集合相关。例如，汽车必须具有自适应巡航控制系统，汽车必须能自动泊车，或者汽车必须具有防撞功能。
- **目标**（Goal），目标是一种非常高层次的需求，代表了整个系统层面的需求。例如，汽车一次充电可以载一名司机和三名乘客行驶超过 300 英里的距离。

这里应该强调的是，有许多不同的术语可用于描述各层面的需求，这些需求因组织和行业的不同而大相径庭。例如，术语“能力”（Capability）通常用于航空航天和国防工业，而术语“特性”（Feature）则常用于运输工业，如汽车和铁路。从某种程度上看，采用哪种术语并不重要，只要统一即可。

6. 约束——限制系统的实现

所有的系统在实现方式上都会受到某种程度的限制，这些限制被称为**约束**（Constraint），如图 1.7 所示。

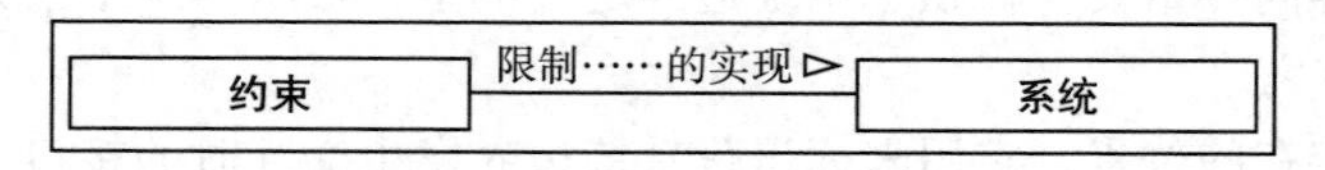

图 1.7 定义系统实现的限制：约束

图 1.7 表明约束限制了系统的实现。所有系统都会有与之相关的约束，这些约束将限制系统的实现方式。约束通常被分成如下若干类别：

- **质量约束**，几乎所有系统都存在与最佳实践出处相关的约束，例如标准。通常需要确定用于交付系统的开发方法必须遵守的许多标准。这些标准通常与描述整个系统工程方法的开发流程相关。例如，对于汽车系统，汽车行业经常采用的标准是 ISO 26262。
- **实施约束**，这些约束将限制系统的构建方式。这可能会限制使用的材料，例如，汽车可能仅限于由铝而不是钢制成的。
- **环境约束**，所有系统都必须部署在某个地方，许多系统将在一个自然环境中定义，这可能会导致某些约束发挥作用。例如，对于汽车，可能会限制其排放量，以尽量减少对环境的影响。
- **安全约束**，几乎所有系统都会受到这类约束，以确保系统能够以安全的方式运行，尤其是在出现问题时。例如，汽车可能需要具备在发生碰撞时保护司机和乘客的功能。

以上列表是针对不同类型约束的大致分类，但这绝不是详尽无遗的。

⊖ 1 英里 = 1 609.344 米。——编辑注

约束本身可能很复杂，可能会属于多个不同的类别。例如，对于汽车系统，可能存在一个限制，即所使用的所有材料必须是可回收的，这既属于环境约束，也属于实施约束。

其中一些约束适用于系统生命周期的不同阶段。系统生命周期是一个重要的概念，将在本书后面的章节中详细讨论。

约束也经常被描述为特殊类型的需求，因为它们经常被表示为与特定需求相关，而不是直接与系统本身相关。这将在第 6 章中详细地讨论，届时会特别关注需求。

7. 系统概念总结

现在汇总一下本节介绍和讨论过的所有概念，以总结它们与系统的关系，如图 1.8 所示。

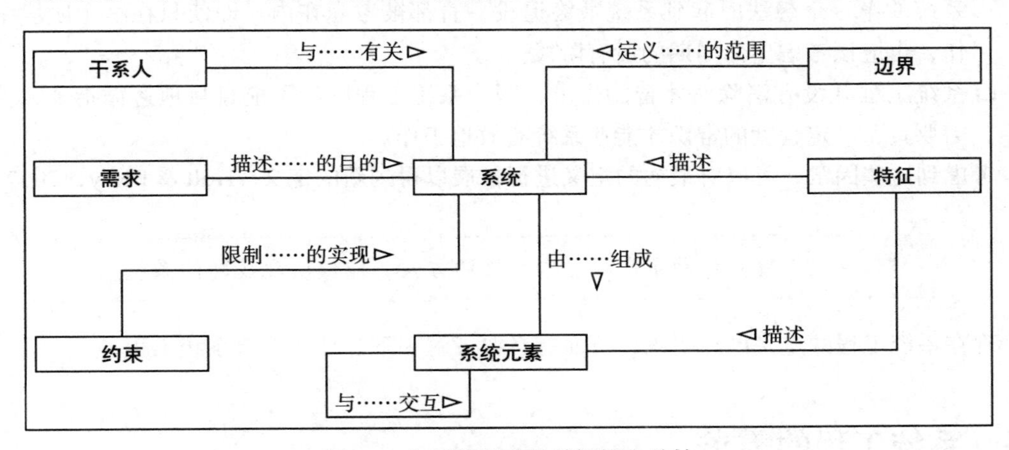

图 1.8　与系统相关的关键概念总结

图 1.8 总结了本书中使用的与系统相关的关键概念。要充分理解这些内容，因为从现在开始它们将会频繁出现。

1.2.3　系统工程的定义

系统工程这个术语的定义有很多，很多出版物都对其中一些定义进行了讨论和对比（Holt & Perry，2019；INCOSE，2018）。就本书而言，所使用的定义出自 ISO 15288（ISO 2015），它常被用于 INCOSE 系统工程手册（INCOSE，2016），它将系统工程定义（见图 1.9）为：

> 实现成功的系统。

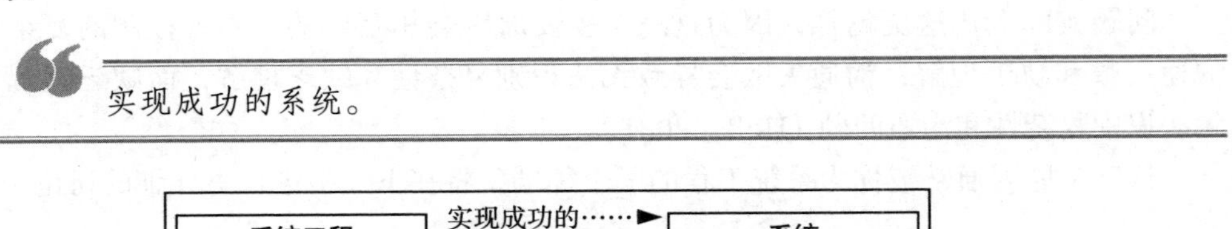

图 1.9　系统工程的基本定义

图 1.9 显示了系统工程的基本定义。图 1.9 看起来可能微不足道，但它将通用术语与本章随后讨论的所有其他概念关联了起来。

这是一个简单而有效的术语定义，但在阅读此描述时必须牢记以下几个因素：

- 系统工程是一种多学科方法，它要考虑所有工程领域，包括机械、电气、土木、软件等领域。更为重要的是，我们还应该认识到系统工程不仅限于工程学科，还包括许多其他不同的学科领域，例如管理、数学、物理学、心理学，以及几乎其他所有领域！
- 系统工程应用于系统的整个生命周期，不限于任一阶段。这意味着系统工程从构思系统的第一个想法时起到系统最终退役一直都被考虑在内。即使只在一个阶段中工作，也应该考虑生命周期的所有阶段。
- 系统工程并没有消除对才智的需求，因为系统工程师绝不能盲目地遵循指令，他们需要具备一定程度的常识才能使系统有效地工作。

考虑到这些因素，可以对最初的定义进行扩展以得到新的定义（Holt & Perry，2007）：

> 系统工程是一种多学科、常识性的方法，能够实现成功的系统。

现在系统工程的定义已经明确，下面有必要了解一下为什么需要系统工程了。

1.3 系统工程的需求

系统工程的需求其实很简单。在现实生活中，事情往往很容易出错，例如项目超支、飞机失事、环境破坏、人员伤亡，组织因软件和 IT 陷入瘫痪，社会因管理的不协调而出现严重问题，所有这些都是某种程度的系统故障。

既然事情很容易出错，那么了解出错原因就很重要。从根本上说，导致这些系统故障的主要原因有以下三个：

- **复杂性**，如果复杂性未被识别，那就无法进行管理或控制。
- **沟通**，沟通失败或模棱两可。
- **理解**，没有考虑不同观点就做出假设。

问题实际上比这更糟糕，因为这三个主要原因会相互影响。不受控制的复杂性将导致沟通失败和缺乏理解；沟通失败会导致无法识别复杂性和缺乏理解，而缺乏理解又会导致无法识别复杂性和沟通问题（Holt，2001）。

这三个原因通常被称为系统工程的三个弊端，将在下文中进行更详细的讨论。

1.3.1 复杂性

每个系统都具有复杂性，这种复杂性可以被认为是两种类型其中之一，如图 1.10 所示。

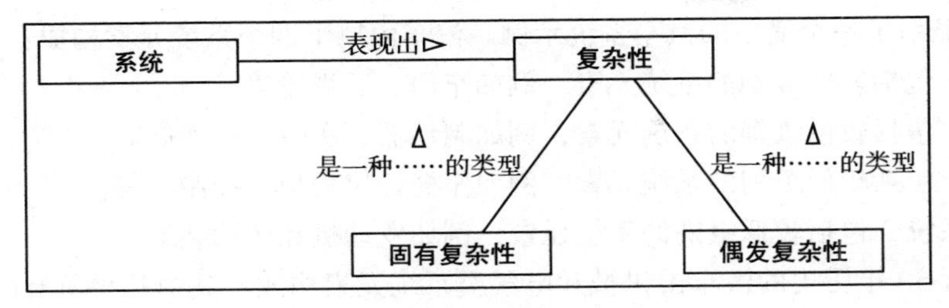

图 1.10 复杂性类型

图 1.10 展示了系统会表现出复杂性。复杂性主要有两种类型：

- **固有复杂性**是指系统固有的自然复杂性。这里使用术语“固有”是因为它指的是在系统本质中表现出来的复杂性。系统的固有复杂性是不可能被降低的，但是可以进行管理和控制，当然前提是它在一开始就被识别出来了。
- **偶发复杂性**不是系统自然而然具有的，它是由低效的系统工程实施人员、流程和工具引起的，本章稍后将对此进行讨论。偶发复杂性可以被降低，这也是系统工程的一个环节。

复杂性表现在事物之间的关系中，无论是构成系统的系统元素之间还是系统之间。下面会更详细地讨论复杂性的微妙之处。

1. 举个例子

为了说明复杂性在过去几十年中是如何演变的，这里将介绍一个简单的系统示例。该示例贯穿全书，用于解释各种概念和技术——这些概念和技术是系统工程总方法的一部分。

在本例中，我们将考虑汽车系统。试想一下这样两辆汽车：一辆是在 50 年前研发和制造的，大约在 1970 年；另一辆是近些年研发和制造的，大约在 2020 年。

考虑系统的需求。汽车的目的是将许多人从 *A* 点运送到 *B* 点。汽车与人交互的元素基本上是转向盘、变速杆和三个踏板（加速踏板、制动踏板和离合器踏板）。

在过去的 50 年中，汽车的这种基本需求或目的并没有发生改变。这里讨论的重点是汽车的复杂性以四种不同的方式发生了变化，这将在下文中依次讨论。

2. 系统元素的复杂性

为了说明系统元素的复杂性在过去 50 年中是如何变化的，我们会对上述两辆汽车进行单独的讨论，然后再对它们进行比较。汽车的基本组成如图 1.11 所示。

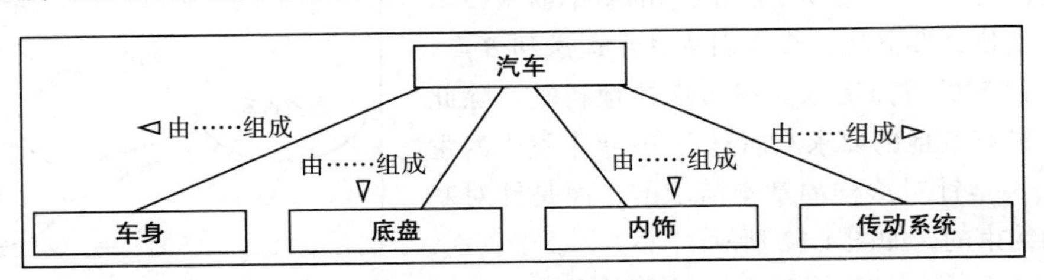

图 1.11 汽车的基本组成

图 1.11 显示了一个简单的汽车系统示例。汽车由以下四个系统元素构成：

- **车身**，包括较低级别的系统元素，例如车门、后视镜等。
- **底盘**，包括较低级别的系统元素，例如制动器、车轮、悬架等。
- **内饰**，包括较低级别的系统元素，例如座椅、仪表板、控制台等。
- **传动系统**，包括较低级别的系统元素，例如发动机和传动装置。

这辆拥有 50 年历史的汽车由机械和电气类系统元素构成。其中几乎所有的系统元素都属于机械类，只有极少数属于电气类。

电气类系统元素仅限于车灯、风扇、刮水器和起动发动机，这就是电气类系统元素的范围。机械类系统元素指与车身、底盘、传动系统和内饰相关的其他所有系统元素。因此，系统的绝大多数元素都是机械的，只有少数是电气的。这意味着几乎所有系统元素之间的接口本质上都是机械的，只有少数是电气或机电的。

对于制造这辆汽车，主要是将具有良好定义接口的独立系统元素集成起来。此外，所有电气连接都需要非常简单的点对点布线。

现在再来看看近些年的汽车。这类汽车出现了两种新的系统元素，而这在 50 年前的汽车上根本不存在。它们是电子类和基于软件的系统元素。现代化汽车上绝大多数系统元素都属于这两类。电子类系统元素包括：

- 控制器，如灯光控制器、指示灯控制器等。
- 传感器，如温度传感器、压力传感器、旋转传感器等。
- 制动器，如杠杆、小齿轮等。
- 显示元素，如仪表板灯、音频警报等。

所有现代化汽车都具备大量的软件，这些软件会被拆分到整辆汽车的多个节点上。对于软件本身，必须连接到相关的电子组件上。它反过来会产生对通信总线的需求，例如**控制器区域网络**（Controller Area Network，CAN），它本身也会使用通信协议。

制造现代化汽车不再是一个将系统元素集成在一起的简单问题，因为现在元素之间的接口要复杂得多，并且会涉及电压和电流、数据传输、通信协议与复杂布线的细微变化。

因此，构成汽车的系统元素的复杂性拉大了两辆车之间的差距。事实上，它不仅增加了系统元素的数量，还改变了这些系统元素的性质。

3. 约束的复杂性

在过去的 50 年中，人们对汽车的基本需求并未发生巨大变化，即仍然是将人们从 *A* 点运送到 *B* 点。在过去，汽车的重点需求是尽可能快地行驶，除此之外几乎没有其他的要求。而过去 50 年中发生的主要变化并不是针对这样的基本需求的，而是针对基本需求的约束的，如图 1.12 所示。

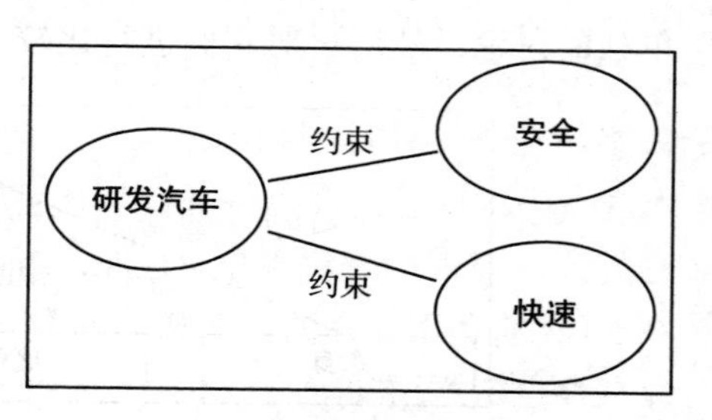

图 1.12 简单约束

图 1.12 显示了“**研发汽车**”的简单需求，与此

相关的主要约束有两个，即**安全**与**快速**。图 1.2 大致代表了一辆有 50 年历史的车的基本需求和约束。

相较于现代化汽车，与老式汽车相关的约束数量实在是太少了，现代化汽车的复杂约束如图 1.13 所示。

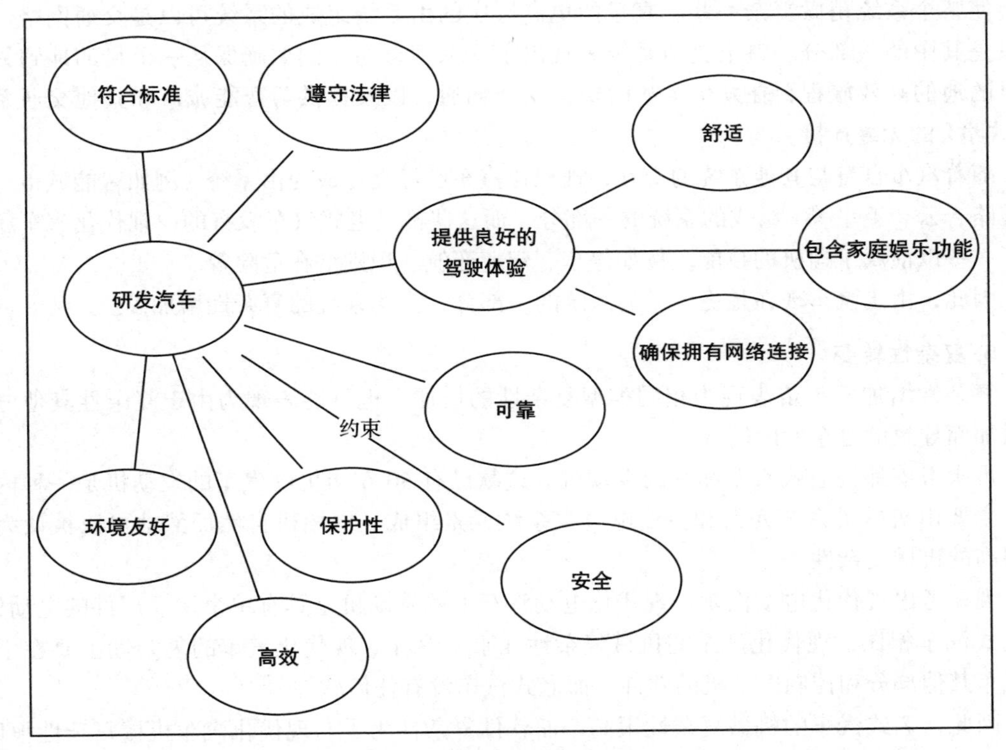

图 1.13　现代化汽车的复杂约束

图 1.13 展示了与现代化汽车相关的约束。

比较这两组约束时，首先注意到的是约束数量急剧增加。有一些新的约束在老式汽车中根本不存在，例如，**保护性**（be sure）现在是一个受关注的点，而以前并不是主要考虑的因素。同样，有一整套与**提供良好的驾驶体验**相关的新约束。这种约束数量的增加会导致基本需求和约束之间的关系数量增加，这自然会导致需求和约束的复杂性增加。

不仅仅是约束数量的增加导致了复杂性的增加，单个约束的复杂性也增加了。现在有许多与最佳实践模型相关的约束，例如**符合标准**和**遵守法律**。从复杂性的角度来看，这很有趣，因为这些约束也将直接与其他约束相关。例如，**安全**（be safe）以前被视为一个独立的约束。在现代化汽车中，这一约束还包括与之相关的合规性约束。由于现在出现了很多在 50 年前还不存在的汽车相关标准和法律，并且随着约束之间相关性的增加，单个约束的复杂性也随之增加。

4. 系统体系的复杂性

在过去 50 年中，汽车复杂性增加也发生在更高层次的由系统组成的系统中。由系统组成的系统不仅仅是系统的集合，当很多系统组合在一起时，能够展现出单一系统无法体现的行为。因此，我们可以认为一个车队不是由系统组成的系统，因为它只是系统的集合，只会使整个系统稍微复杂一些。真正的更高层次的由系统组成的系统可以是交通网络，汽车只是其中的一部分。整个交通系统表现出了一系列行为，例如确保从一个目的地到另一个目的地的高效旅程，在发生事故时保持交通畅通，以及提供与智能城市和其他交通系统（如铁路）的无缝连接。

随着汽车自身与其他系统的交互，现代化汽车已经真正成为由系统（例如智能城市、智能道路、云、卫星等）组成的系统的一部分，而这些都是老式汽车没有的。现代化汽车还接管了一些以前属于司机的技能，例如停车、定速巡航、识别潜在危险等。

因此，由于汽车现在是更广泛的系统的一部分，汽车系统的复杂性增加了。

5. 复杂性转变

复杂性增加不一定表现为相同类型复杂性的增加，也可能表现为由于复杂性其他方面的增加而导致的复杂性的转变。

再次考虑那辆老式汽车和它的发动机。这款已有 50 年历史的汽车的发动机是一种内燃机，主要由机械类系统元素和少量电气类系统元素组成。内燃机自然而然地可以被认为具有很高的机械复杂性。

现在考虑现代化电动汽车。现代化电动汽车上的发动机是具有单个运动部件的电动机。与老式汽车相比，现代化汽车的机械复杂性几乎不存在。现代化汽车的复杂性主要在于监控汽车其他部分和控制电动机的软件，而老式汽车没有任何软件。

因此，老式汽车的机械复杂性很高，而软件复杂性为零。现代化汽车机械复杂性很低，软件复杂性很高。

现代化汽车的复杂性在本质上已经发生了变化，从机械复杂性转变成了软件复杂性。

6. 全盘考量

在过去的几十年中，典型系统的复杂性急剧增加。在我们的示例中，汽车复杂性的增加有四个方面的原因，我们已经就这些原因进行了讨论。

这种复杂性的增加不仅适用于汽车系统，还适用于所有其他类型的系统。实际上，这四种复杂性增加会相互依赖，进而会增加整体的复杂性。例如，系统元素复杂性的增加也将导致复杂性的转移，并且可能导致系统体系复杂性的增加，这反过来又会导致约束数量的增加。

7. 识别复杂性

管理复杂性的关键是识别复杂性在系统中的位置。这是一个贯穿全书的主题，尤其是在讨论工件和模型时。接下来讨论与沟通相关的问题，它与复杂性和理解一起形成了系统工程的三大弊端。

1.3.2 沟通

沟通是系统工程成功的关键。前面已经讨论过，系统工程将来自不同背景的人们聚集在一起，这将导致潜在的沟通问题的增加。不明确的信息、语言和协议会导致产生歧义，从而导致沟通不畅或效率低下。

沟通存在于许多层面，例如：

- **人与人之间**，最明显的沟通方式就是人与人之间的交流。人与人之间的交互是项目成功的关键，而且这是一个比最初看起来更为复杂的问题，这将在下文中讨论。
- **组织之间和组织内部**，成功的企业依赖公司内的不同组织之间的有效沟通。沟通的媒介可能是文件、协议、合同等，也会出现同样的沟通问题。
- **系统内部、系统之间、系统元素之间和系统元素内部**，我们的业务和项目所依赖的系统必须能够有效地沟通。这包括 IT 系统、其他技术系统和基于服务的系统等。

在考虑沟通时，另一种思考方式是，所有干系人之间的沟通必须是有效和高效的，无论干系人代表的是个人、组织还是事物（如系统）。在考虑系统工程领域的沟通时，要解决的是干系人之间的沟通。

不同类型干系人之间（例如，人与系统之间、人与组织之间）也可以进行沟通，这些沟通问题更加复杂等。

1. 定义通用语言

改善沟通的主要解决方案之一是让各方“讲一种通用语言”。这是一个重要且显而易见的解决方案，但说一种通用语言实际上比看起来要复杂得多。在考虑通用语言时，必须定义语言的两个方面，如图 1.14 所示。

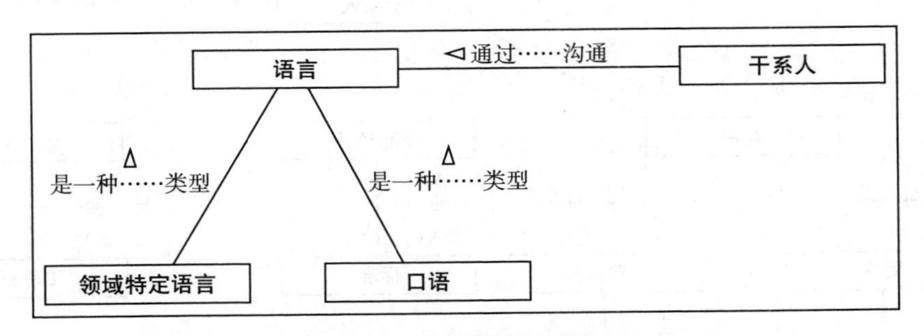

图 1.14　通用语言的各个方面

图 1.14 显示干系人使用一种**语言**进行沟通，因此该**语言**必须尽可能清晰明确。这种**语言**涉及两个方面：**口语**和**领域特定语言**。

需要考虑的第一个方面是**口语**，它提供了一种基本的沟通机制。例如，对于用英语编写的书，为了理解书中的信息，读者必须会说英语。显然，口语种类远不止英语，但本书英文版（或系统）选择英语作为约定的**口语**。选择英语作为口语，也不会因为每个读这本书的人都会说英语就不存在歧义或误解。这就需要考虑语言的第二个方面，即**领域特定语言**。

领域特定语言定义了将用于给定应用或领域的特定概念和术语。例如，单词“function”是一个通用的英语单词，但根据干系人使用的场景，它实际上会呈现不同的含义。

定义**领域特定语言**至关重要，因为它是系统工程成功的基石。本章定义了贯穿全书的系统工程**领域特定语言**。本章中的每张图都有助于定义本书中用于系统工程的一整套概念和相关术语。

2. 系统工程语言

当涉及可用于系统工程的语言时，必须定义**口语**和**领域特定语言**：

- 就**口语**而言，有几种整个行业都在使用的标准语言可供采用，例如统一建模语言、系统建模语言和业务流程建模表示法等。就本书而言，所选择的**口语**是**系统建模语言**（Systems Modeling Language，SysML），将在第 2 章中进行更详细的讨论。
- 就**领域特定语言**而言，它对于每个组织来说都是不同的。本章定义了一种贯穿全书的通用系统工程**领域特定语言**。读者可以以此为基础来定制适合自己特定业务的语言。

成功的系统工程必须定义这两种语言。

接下来将讨论与理解相关的问题，它与复杂性和沟通一起构成了系统工程的三大弊端。

1.3.3 理解

所有干系人都必须共享对系统的理解。但是由于具有不同的背景和知识，不同的干系人会以不同的方式感知系统，这会产生潜在的大问题。这个问题可以通过“上下文”这一概念来解决。为了理解上下文的概念，现考虑一组常见的干系人，如图 1.15 所示。

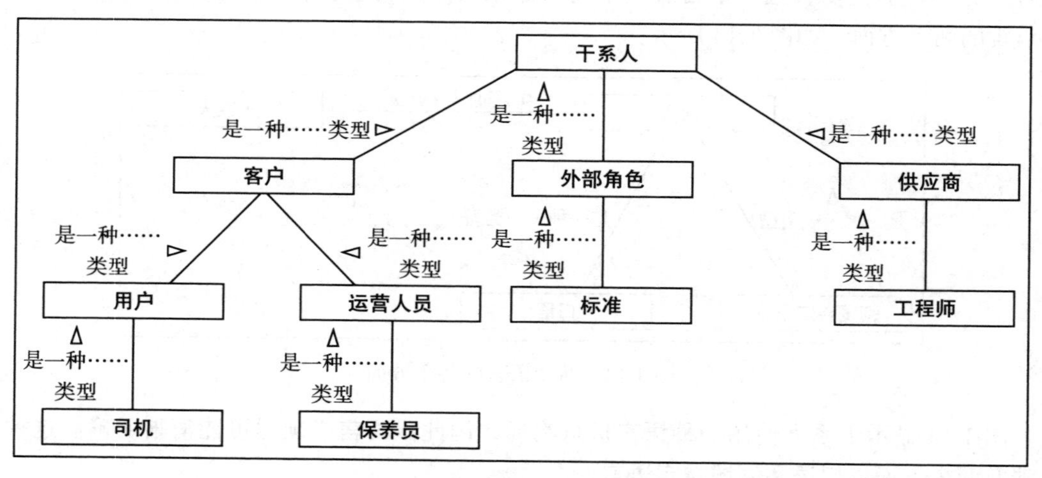

图 1.15 常见的干系人

图 1.15 展示了与汽车系统相关联的常见干系人。

干系人分为三类，如下所示：

- **客户**，代表最终从正在开发的系统中受益的一组角色。图 1.15 显示的客户有两种类型：一种是用户，例如车辆的司机；另一种是运营人员，例如车辆的保养人员。

- **外部角色**，代表与系统有关的一组角色，这些角色将以某种方式限制系统。图 1.15 展示了外部干系人的一种类型，即标准。
- **供应商**，代表与研发和交付系统有关的一组角色，例如工程师。

干系人的识别是系统工程的一个重要部分。要理解和管理所有干系人的期望，而不仅仅是系统的最终用户。

在考虑完整的干系人集合时，应牢记不同的干系人可能会针对同一系统感知到不同的需求。或者与所有系统一样，他们可能会根据自己的观点来看待相同的需求并以不同的方式对其进行解释。当从不同的角度以不同的方式来解释某件事物时，这就被称为“上下文”。

上下文的概念是表示系统最重要的方面之一，一个成功的系统必须要能够理解上下文，但它却经常被忽视或完全忽略。

为了解释“上下文”这一关键概念，假设有一个与系统相关的需求，即系统必须是安全的。乍一看，这似乎是一种直截了当的说明，几乎没有模棱两可的余地。但是该说明的实际含义对于不同的干系人来说是不同的。例如，从**司机**的角度来看，这种说法可能会被诠释为汽车必须有安全带、安全气囊、辅助驾驶技术等；从**保养人员**的角度来看，这句话可能意味着鉴于传动系统的设计内容，在对车辆进行保养时，只要关闭电池就可以确保车辆所有部件不带电；从干系人**标准**的角度来看，可能存在多项安全内容，例如满足碰撞冲击的特定要求；从**工程师**的角度来看，该系统可能需要满足与车辆安全相关的许多场景。

这里的要点是，对于同一组需求有多种解释。为了管理所有干系人的期望，理解这些不同的观点或上下文是非常重要的。

既然已经讨论了系统工程的三大弊端，那么是时候考虑系统工程的实施了。

1.3.4 系统工程的实施

为了能成功地实施系统工程，必须考虑三个方面，如图 1.16 所示。

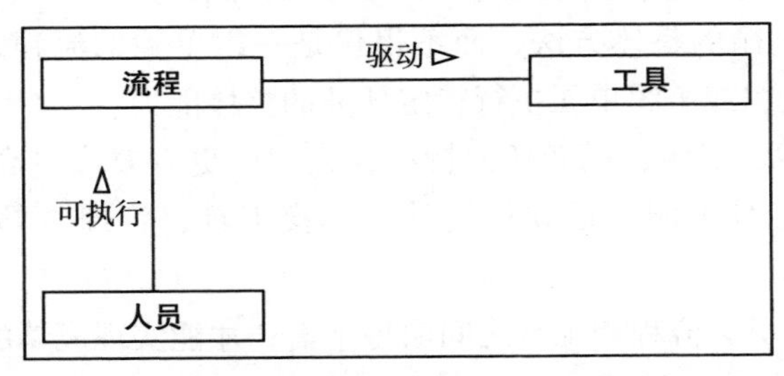

图 1.16 系统工程经典口号：人员、流程和工具

图 1.16 显示了三个主要概念：人员、流程和工具。这些被称为系统工程口号（Systems Engineering Mantra）(Holt & Perry，2019）。

这三个概念非常重要，它们之间的关系能让人真正理解所传递的信息。重要的是，人员能够执行所有**流程**，如果他们不能确保执行所有的流程，那么这些人所具备的能力就一文不值。此外，流程必须驱动**工具**的选择，而不是**工具**影响**流程**。

这些概念在图 1.17 中进行了扩展。

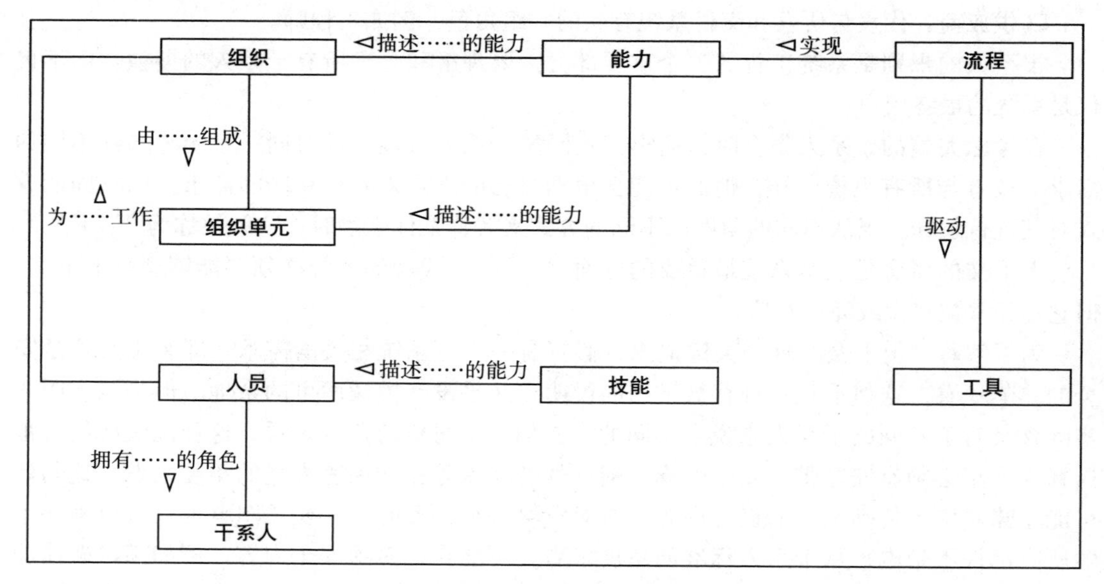

图 1.17 人员、流程和工具的扩展

图 1.17 展示了图 1.16 引入的概念的扩展概念。通过依次考虑每个主要概念，我们可以完善最初的描述。

- **人员**，关注的是人员的技能（competence），而不是人员本身的存在。人员必须具备适当的知识、技能和态度，才能有效地、高效地完成手头的任务。不要混淆**人员**和干系人的概念。正如前面所讨论的，**人员**可以担任一个或多个干系人角色，与这些角色相关联的技能可以被认为是个人所持有的技能。
- **流程**，这是被遵循的整体方法，而不仅仅是一组单独的流程。这里的术语“流程”可以被认为是组织或组织单元执行特定任务的整体能力。
- **工具**，一组软件、资源，或者任何旨在让人们以更有效或更高效的方式执行其流程的东西。此类工具可能包括软件设计和建模工具、管理工具、笔和纸、标准、符号等。

总而言之，要在人员、流程和工具之间取得平衡，才能实现成功的系统工程。

1.4 总结

本章介绍了与系统工程相关的主要概念和术语，我们可以将其视为本书中使用的领域特定语言。 这一领域特定语言在本章的所有图中都有所体现。理解这种领域特定语言非常重要，因此必须很好地理解这些图并思考以下几点：

- ❑ 每个图都由一系列带有词组的方框组成，并且通过线连接在一起。
- ❑ 系统工程的主要概念体现在方框和方框之间的线条中。
- ❑ 系统工程的术语是写在方框内和线上的内容。

第 2 章将引入模型和建模概念，并进一步讨论这些图之间的联系。

1.5 自测任务

阅读本章后，你应该能够回答以下问题：

- ❑ 系统工程的哪个定义最适合你？
- ❑ 口语和领域特定语言如何与组织中使用的概念和术语相匹配？
- ❑ 你能重新定义本章每个图中的术语，使之更适合你的组织吗？
- ❑ 你能找出组织中概念存在歧义的地方吗？
- ❑ 你能说出你使用的一个关键系统及其特征吗？

1.6 参考文献

- (Wilkinson, 2011) Wilkinson L.A. (2011) *Systems Theory*. In: Goldstein S., Naglieri J.A. (eds) *Encyclopedia of Child Behavior and Development*. Springer, Boston, MA
- (Bertalanffy, 1968) von Bertalanffy, L. 1968. *General system theory: Foundations, development, applications*. Revised ed. New York, NY: Braziller
- (Holt, 2001) Holt J., *UML for Systems Engineering*. 1st edition. Stevenage, UK: IEE; 2001
- (Holt and Perry, 2019) Holt J., Perry S. *SysML for Systems Engineering – a model-based approach*, Third edition. Stevenage, UK: IET; 2008
- (Checkland, 1999) Checkland, P. B. 1999. *Systems Thinking, Systems Practice*. Chichester, UK: John Wiley & Sons
- (ISO, 2015) ISO/IEC. ISO/IEC 15288:2015 *Systems and Software Engineering – System Life Cycle Processes*. 1st edn. International Organisation for Standardisation; 2015
- (Holt and Perry, 2008) Holt J., Perry S. *SysML for Systems Engineering*. Stevenage, UK: IET; 2008
- (INCOSE, 2016) INCOSE. *Systems Engineering Handbook – A Guide for System Life Cycle Processes and Activities*. Version 4. INCOSE; 2016

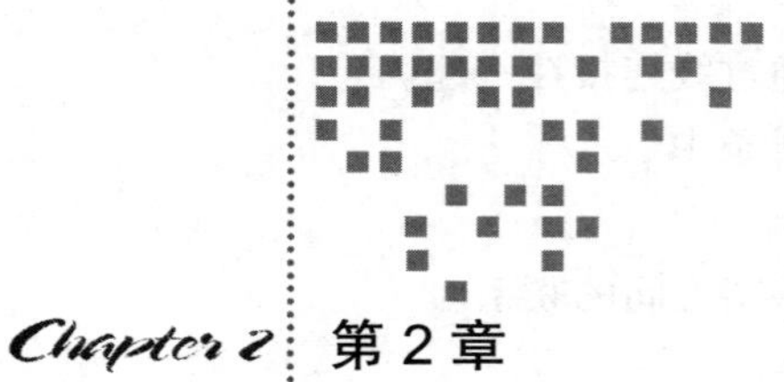

Chapter 2 第2章

MBSE

本章将介绍和讨论系统工程的主要方法，并对方法的关键属性进行讲解。这种方法被称为 MBSE（Model-Based Systems Engineering，**基于模型的系统工程**）。对于每一位现代系统工程师来说，本章所涉及的所有有关 MBSE 的内容都必须掌握。一个好的 MBSE 方法，需要提供一套行之有效的工具和技术，使用这些工具和技术能够实现成功的系统。同时，它还能管理当前已经关联着的系统间的复杂性，并且以尽可能简单的方式来理解系统的方方面面，使得相关干系人可以就系统相关信息进行沟通。

本章内容为本书其他章节中所使用的技术提供了基础。

2.1 MBSE 概述

在讨论 MBSE 的主要概念之前，需要先了解一下几个重要的哲学观点。

首先，MBSE 既不是系统工程的一个分支，也不是一个子集，而是一套完整的系统工程方法。因此，它可用于系统工程的方方面面。目前看待 MBSE 的一种方式是将它视为通过严格方法实现的系统工程，如图 2.1 所示。

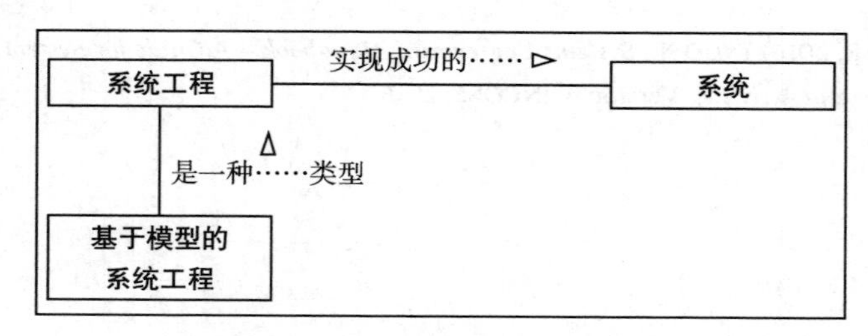

图 2.1　MBSE 是一种系统工程

图 2.1 表明，MBSE 实际上是系统工程的一种类型，而不是系统工程的一个子集或组成部分。我们必须非常清晰地理解这种关系。

国际系统工程委员会（International Council on Systems Engineering，INCOSE）会定期定义系统工程未来的全球愿景。INCOSE Vision 2035（INCOSE，2022）预测到 2035 年，所有系统工程都将完全基于模型，这是所有数字化转型通往成功的钥匙。

那么问题就来了，MBSE 究竟意味着什么？它与传统的系统工程有何不同？接下来的几节将会对这些问题进行详细的讨论。

2.1.1 系统抽象

当考虑系统工程时，请永远不要忘记系统工程的初衷，即**开发一个成功的系统**，这一点非常重要。这句话听起来像是句废话，但它更深层的含义是指，构成系统工程的每一项活动都应有助于实现这样的目标。

与传统的系统工程相比，考虑 MBSE 时必须要了解的是关于系统的知识、信息和数据驻留在哪里。在传统的系统工程中，关于系统的所有知识都存在于描述系统的文档集合中。而对于 MBSE，所有关于系统的知识都放在抽象系统的**模型**中，如图 2.2 所示。

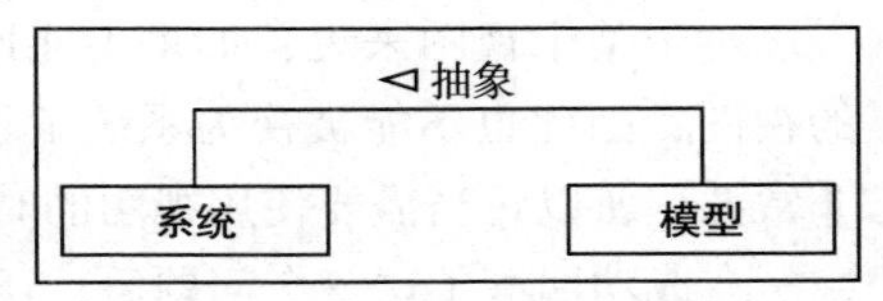

图 2.2 模型的概念

图 2.2 展示了“模型是对系统的抽象”这一 MBSE 中最基本的概念。抽象可以是系统的表达或者是简化了的系统。模型必须是系统的简化，否则它跟系统本身没有任何区别。因此，鉴于模型是系统的简化这一本质概念，模型中包含的信息也是不完整的。这也催生了“所有模型都是错误的”这一愚昧的观点。在 MBSE 中，模型的目的是为系统提供一个抽象，以便能够成功地实现该系统。它的目的不是包含尽可能多的信息，也不是试图捕获与系统相关的所有信息，而是获取足够使系统成功实现的相关信息。

要时刻铭记这一点，因为在模型中加入更多的信息过于容易，然而这些信息对于所有人来说没有任何用处。模型中只包含有用的信息，这点至关重要。

模型中的信息会按照特定的集合分组，这些集合被称为**视图**，如图 2.3 所示。

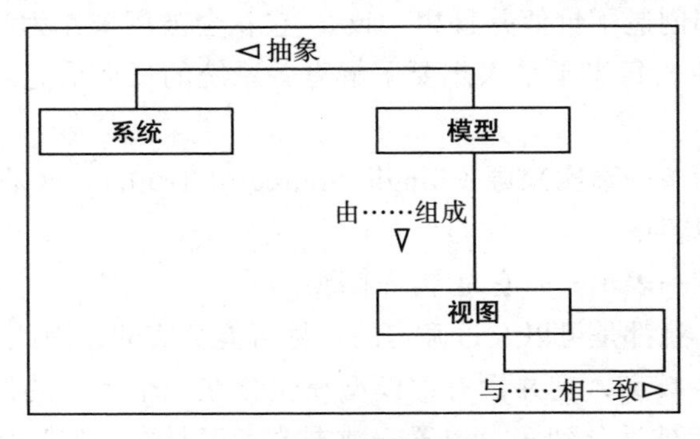

图 2.3 模型由视图组成

图 2.3 中的模型由一组**视图**组成，每一个视图都代表一组信息的集合。最重要的是，这些信息是为了增加整个系统工程的价值而存在的，否则就是在浪费时间。因此，为了确定一组信息是否为视图、是否为整个模型的有效部分，必须回答以下几个问题：

- **哪些干系人想查看视图？**回答这个问题的关键在于，每个视图都需要与一组对系统感兴趣的干系人相关联。干系人的概念已经在第 1 章中有所介绍，并且明确地指出识别正确的干系人集合是系统工程的重要组成部分。每当请求关于系统的信息时，背后都有着确定的干系人。
- **为什么这些干系人要查看视图？**了解每个干系人查看视图的原因非常重要。作为模型的一部分，视图必须努力为系统工程带来价值。因此，必须至少有一个干系人能够从查看视图中获得好处。
- **视图中必须包含哪些信息？**了解完整模型之外的哪些信息必须可供干系人查看也同样重要。

对于某个视图来说，如果不能回答上述三个问题，那么显而易见，它就不是一个有效的视图，因此也不能被视为系统工程工作的一部分。以视图的形式来展示无用的信息成本非常低，所以每当需要使用视图的时候应当尝试回答这三个问题，以保证视图的有效性。

在成功回答了这三个问题后，还需要考虑第四个问题：

- **干系人希望使用什么语言来查看视图？**在与各方干系人沟通时，必须使用干系人能够流利使用的语言进行沟通。这适用于口语和领域特定语言，本章后面将会对这些内容进行讨论。第 1 章已经对沟通的重要性进行了讨论，这是有效沟通发挥作用的领域之一。干系人使用的语言可能不尽相同，对应于 MBSE 中，这就意味着不同的干系人可能希望以不同的方式来可视化视图。

确保每个视图都经过这些问题的洗礼至关重要，否则模型中包含的信息可能无法带来任何价值，这也是与 MBSE 相关的一种高风险场景。

另一种与构成模型的视图相关的高风险情况是，视图之间必须保持一致性。模型的本质和定义应当是一致的。如果一组视图中的每一个视图都与其他视图一致，那么它们就是一个模型。相反，如果一组视图中的视图与其他视图不一致，那么它们就是数据。一旦模型被建立（所有视图都创造了价值并且相一致），它就会被用来作为与系统相关的所有信息的主存储库。也就是说，每当干系人想要了解有关系统的任何信息时，都可以通过访问模型以确定答案。

模型有时会被称为**单一事实来源**（Single Source of Truth）。这是一个非常重要的定义，它主要包括两方面的内容：

- 模型是系统的唯一表示——它是单一来源。
- 模型中的所有信息都是可以经过确定的、尽可能真实的，因此是单一的事实来源。

这个定义存在一些歧义，它并没有说模型只包含在一个单一的位置中，而是说尽管模型在实际使用时可能会被拆分到多个位置、数据或者工具中，但从概念上讲，模型是一个单一的实体。

可以把模型想象成一个庞大而复杂的信息集合，每个视图都类似于一个可以探究该模型的小窗口。必须提供足够多的窗口，以便使所有干系人有信心认为该模型已经被充分理解，并且可以实现一个成功的系统，或者说可以执行系统工程。

有关视图需要理解的最后一个内容是，视图可以通过多种不同的方式可视化，即可以通过任意数量的不同语言进行交流。这与使用不同语言的干系人概念相同，下文会重点进行介绍。

2.1.2 模型可视化

视图的可视化方式，对于干系人之间能否成功理解系统并进行交流至关重要。在 MBSE 中，每个干系人可能使用的不同语言被称为**符号**（Notation），如图 2.4 所示。

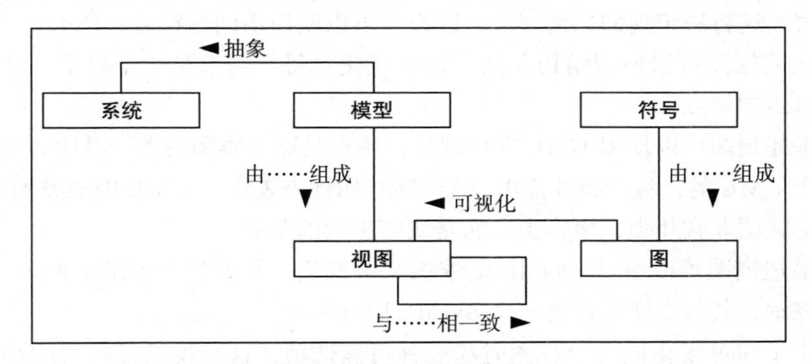

图 2.4 符号、图和可视化

图 2.4 将**符号**和**图**的概念引入到系统和模型的原始定义中。

符号表示某种用于与众多干系人进行沟通的语言。该符号代表了在第 1 章中介绍的口头语言，或者说它代表了一种基本的沟通机制，可以用来与一组干系人进行交流。

符号包含一组图，这些图提供了该符号所使用的实际沟通机制。术语**图**在这里使用的是它最基本的意思，甚至可能不是图形化的，因为几乎任何语言都可以实现这种符号，如下所示：

- 符号可以是一种可视的或图形化的语言，它使用图作为其通信机制。这方面的例子包括**统一建模语言**（UML）(UML 2019）、**SysML**（SysML 2017）、**SysML2.0**（SysML 2022）、**业务流程建模标注**（BPMN）(BPMN 2011）、流程图（ISO 1985）等。
- 符号可以是基于数学的，使用方程或某种形式化的方法作为其沟通机制。这方面的例子包括基于一阶谓词演算和集合论的语言，如**维也纳开发方法（VDM）**（VDM 1998）、**Z**（Z 1998）、**对象约束语言**（OCL 2014）等。
- 符号可以基于自然语言，使用结构化或非结构化文本作为其基本沟通机制。

符号及其图用于可视化组成模型的视图。如果将模型想象成一个庞大、复杂的信息集合，并且每个视图都类似于在该模型中打开的一个小窗口，那么可以将图视为作用在每个窗口上的不同的过滤器或透镜。就像可以使用许多不同的滤光片来改变窗户另一侧的景象一样，也可以用许多不同的方式来可视化每一个视图。

例如一个拥有大量基于文本描述的需求的视图，它也被称为需求描述视图。判断它是否是一个有效的视图，可以思考以下几点：

- 对需求描述视图感兴趣的干系人是需求工程师和需求经理。
- 需求描述视图是必要的，这样干系人既可以对需求的数量有一个总体的把握，也可以对每个需求的含义有一个简要的了解。
- 需求描述视图包含一组需求，每个需求都有许多与之相关的属性，比如它的名称、标识符、描述和优先级。

通过以上几点的分析，就可以确认这个视图是有效的。下一个要问的问题是：干系人使用哪种语言？这将决定他们如何交流。建模时可以使用不同的符号，例如：

- 需求描述视图可以使用结构化文本来可视化。每个需求是一个段落，属性是每个段落下显示的要点。
- 需求描述视图可以使用 UML 来可视化，特别是称为**类图**的图，其中每个需求都表示为一个 UML **类**，每个属性都由一个 UML 属性来表示。UML 中的类图与 SysML 中的块定义图非常相似，事实上，它是块定义图的基础。
- 需求描述视图可以通过 SysML 需求图来可视化，其中每个需求都由一个 SysML 需求块表示，其每个属性都由一个 SysML 属性表示。

以上列出了在可视化同一个视图时的三种可能选项，这也说明任何视图都可以采用很多种不同的方式进行可视化。

本书将采用 SysML 用于所有给出的示例，稍后将对它做更详细的讲解。此外，本书还使用 SysML 作为口头语言。下文将通过介绍构成该方法的两个主要概念来补充这些概念。

2.1.3 方法定义

当通过创建多个视图来开发模型时，以相同的方式来创建所有视图是非常重要的。这是该方法的应用场景之一，如图 2.5 所示。

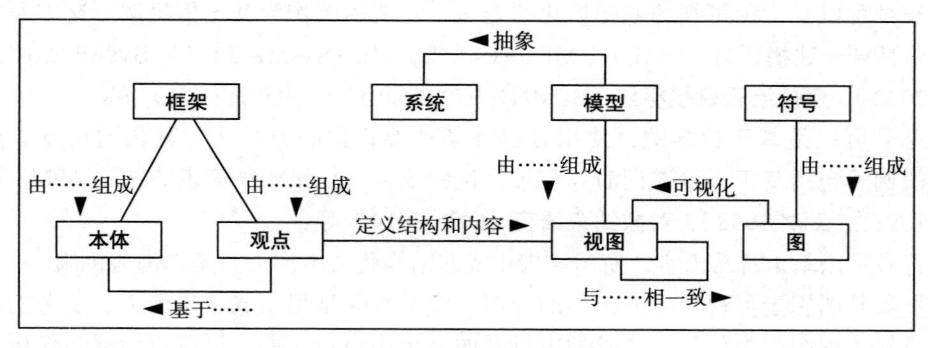

图 2.5 MBSE 方法介绍

图 2.5 介绍了**框架**（Framework）形式的 MBSE 所需的部分方法，该框架由**观点**（Viewpoint）和**本体**（Ontology）组成。

需要注意一种情况，即需要确保所有相同类型的文档都拥有同样的结构和内容。例如在处理文档时，可以为文档定义一个模板，确保所有的文档都具有相同的外观和感受。而在 MBSE 中创建视图时，也会考虑使用某种模板。视图的模板被称为观点。观点一旦被明确定义，那么基于相同观点创建的所有视图都是一致的。

可以通过回答三个与视图相关的基础问题，并将答案进行组合来形成观点。以下是可以用来形成观点的问题：

- 哪些干系人对查看视图感兴趣？
- 他们为什么对视图感兴趣，或者说，他们意识到这将会带来什么价值？
- 视图中包含哪些信息？

每个观点都由这三个问题的答案组成，也就确保了基于该观点的所有视图的结构和内容是统一的。

为了确保观点与观点之间保持一致，需要建立一套共同的概念和相关术语，这些概念和术语构成了视图内容的基础。这被称为本体论，也就是在第 1 章中介绍和讨论过的领域特定语言。

本体是 MBSE 中最重要的一环，这是因为构成 MBSE 的所有其他元素最终都可以追溯到本体。本体将会在本章后面的内容里详细讨论。本体和观点组合在一起的时候就形成了一个框架。框架是作为完整模型的模板或蓝图而创建的。另一个常见的术语是架构框架（Architecture Framework），它为系统架构提供了模板。

建模和架构之间有千丝万缕的联系，这是一个非常复杂和烦琐的内容，远远超出了本书所涉及的范围。目前只需要这样理解这两者就足够了：**所有的架构都是模型，但并不是所有的模型都是架构。**

定义方法时需要考虑的第二个内容是流程集，如图 2.6 所示。

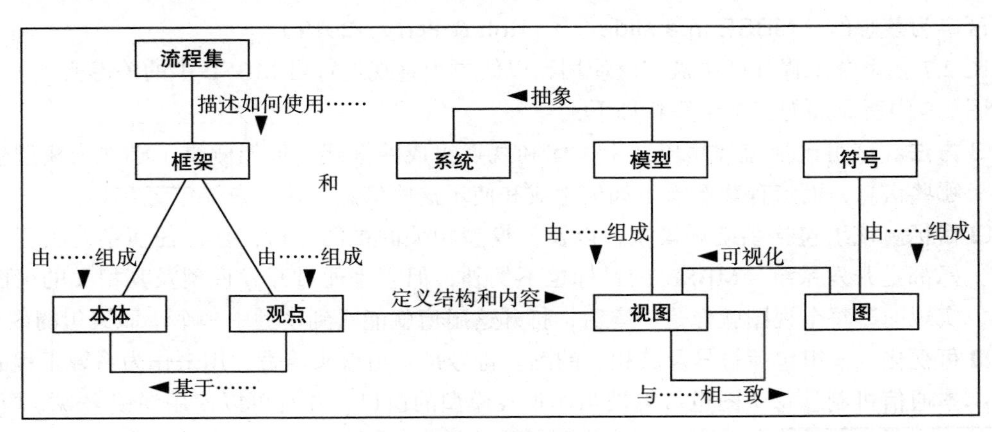

图 2.6　MBSE 流程集介绍

图 2.6 将**流程集**（Process Set）的概念引入 MBSE 的整体方法中。流程集是单个流程的集合，这些集合被框架以多种方式使用：

- ❑ 流程集用来展示如何开发框架、本体以及相关的观点。
- ❑ 流程集用来展示如何基于框架中定义的观点来开发组成模型的视图。

框架和流程集的组合构成了 MBSE 的全部方法。在考虑这两部分方法时，有一些关键点需要牢记：

- ❑ 框架只关注于定义所产生的信息的结构、内容和一致性，而这些信息用来基于视图对模型进行开发。因此，框架可以被认为是定义了方法的“内容”：必须生成哪些信息用于开发模型？
- ❑ 流程集侧重于开发和使用框架所涉及的步骤。因此，流程集可以被认为是定义了方法的“方式”：框架是如何开发和使用的？

框架（内容）和流程集（方式）之间的概念分离意味着可以有许多使用相同框架的不同流程集。这一点很重要，因为不同的项目可能遵循不同的流程，这取决于项目的性质，但底层框架是相同的。例如，一个只需要几周时间的研究演示项目，它可以采用一组高层级的但技术上简单的流程来开发其模型。而在同一个组织中另一个持续多年才能完成的关键业务项目，它采用了更加详细、严格和耗时的流程。尽管这两个项目采用不同的流程集，但它们完全可能使用了同一套框架。这也就意味着两个项目生成的模型将会采用相同的框架，因此两个项目的视图具有可比性，它们之间可以进行比较和对比。

现在让我们稍作休息，好好消化一下本章到目前为止所讨论的内容。

2.1.4 MBSE 概念分组

到目前为止所讨论的内容对于理解 MBSE 至关重要，因此非常值得让我们停下来重新审视这些内容并额外增加一些另一个层级的内容。

本章迄今不断演进的图目前可以被分为三个组，如图 2.7 所示。这些内容就是为系统工程社区广为熟悉的“MBSE in a slide”[⊖]（Holt & Perry，2019）。

图 2.7 在系统工程社区中被广泛使用，以便更为直观地宣讲 MBSE 中的关键概念。

图 2.7 中所添加的三个组解释如下：

- ❑ **方法**。该组包括流程集以及由本体和观点组成的框架。框架侧重于必须为模型生成哪些信息，而流程集侧重于如何生成和使用这些信息，这一点要牢记在心。
- ❑ **目标**。该组包括系统和模型，以及与模型相关的视图。请记住，任何系统工程的目标都是开发系统。MBSE 的目标也不例外，但它是通过开发模型及其相关的视图来实现的。每个视图就像是一扇窗，打开这扇窗就能看到模型中一个小而聚焦的内容。
- ❑ **可视化**。该组包括符号及其相关的图。符号是一组口头语言，用来作为系统工程的基本通信机制。每个图也可以被当作观察模型的窗口，并且可以使用滤镜来观察模型。

⊖ “MBSE in a slide”是 Holt 在一次会议上所做的演讲题目。——译者注

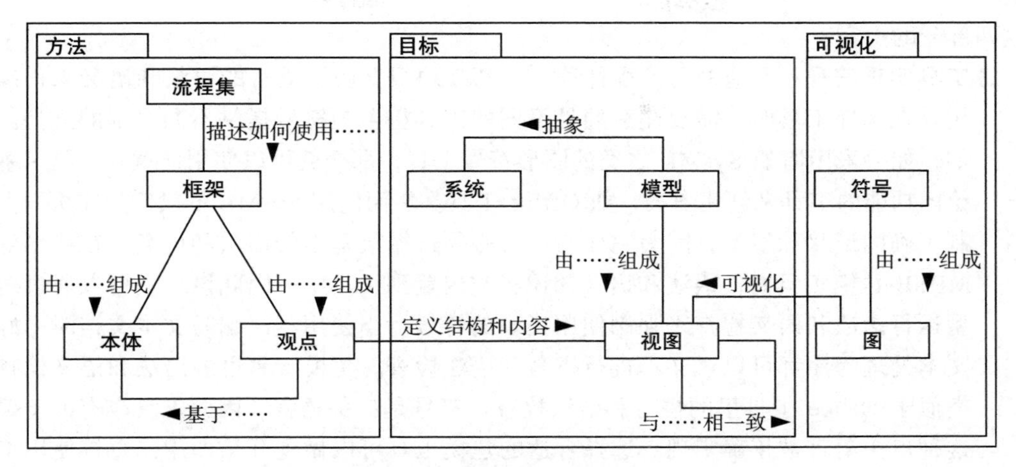

图 2.7 添加了分组的“MBSE in a slide”

所有已经被讨论过的概念现在都可以通过与 MBSE 相关的**实现**（Implementation）和**合规**（Compliance）来进行扩展。

2.1.5 符号实现

对于 MBSE 中的基本元素，下一步让我们看看在 MBSE 项目中如何以务实的方式来实现视图的可视化。此时，需要对“MBSE in a slide”进行扩展，从而引入工具，如图 2.8 所示。

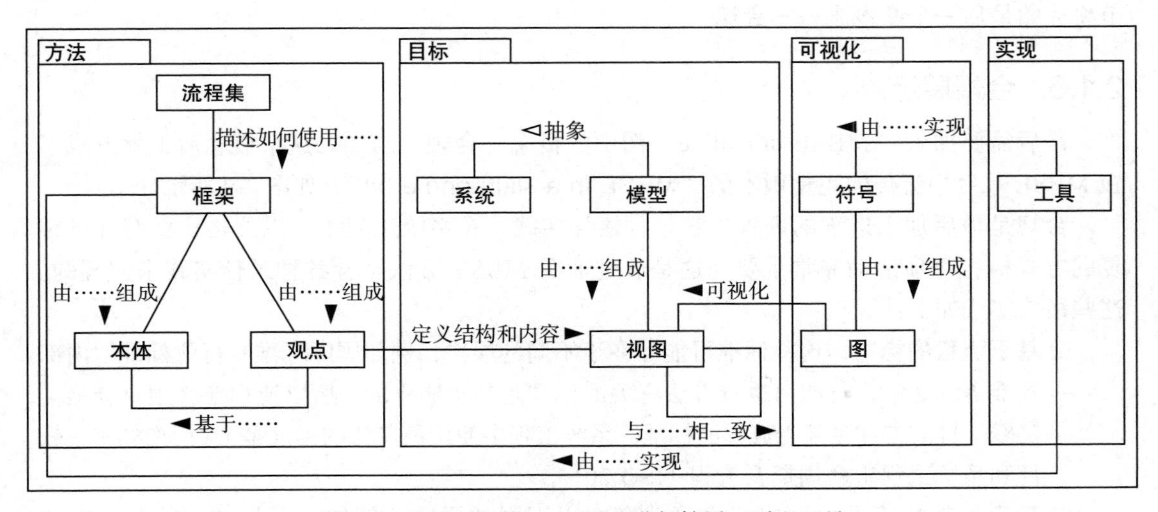

图 2.8 对“MBSE in a slide”进行扩展，引入工具

工具是 MBSE 的重要组成部分，它可以使 MBSE 的全部优势得以实现。

图 2.8 中的工具与其他两部分的内容有所关联：工具实现了符号和框架。下面将详细介

绍这两部分的内容：

- **工具实现符号**：无论采用了哪种符号，都必须根据底层语言的语法和语义来正确使用。在选择工具时，需要注意的是不同的工具将会为符号提供不同级别的支持。例如，如果采用诸如 SysML 之类的图形符号工具，那么就可以使用任意一个具有基本绘图功能的工具来创建图表，如 Office 工具。然而使用 SysML 不仅仅是在页面上绘制正确的形状和线条，因为它作为语言必须遵循最基本的语法和语义。在使用好的 MBSE 建模工具时，语法和语义知识将被内置到工具中，因此该工具可以通过对模型运行语法和语义检查来强制使用正确的符号。当使用英语编写文本文档时，好的文本处理程序都可以对文本进行拼写和语法检查。建模工具里的语法和语义检查就类似于 Office 工具里的拼写和语法检查。符号是口头语言，因此工具应有助于确保这种口头语言被正确实现。选择合适的建模工具可以做到开箱即用，直接使用工具来实现口头语言。
- **工具实现框架**：由于框架占据了整个方法的绝大部分，这也就意味着工具会实现方法的大部分内容。方法可以通过将本体嵌入到工具中并且通过将一组观点（通过回答每个观点的关键问题）定义到工具中来实现。方法包含领域特定语言的本体，因此可以对工具进行定义，使其能够为系统使用该领域特定语言。此时工具无法做到开箱即用，必须将框架通过编程的方式融到工具之中。优秀的工具都能够创建配置文件，允许对工具进行定制以实现特定框架。

工具是 MBSE 的重要组成部分，选择一个满足项目建模需求的工具至关重要。下一小节将介绍最后一个新概念——**合规**。

2.1.6 合规展示

最后需要加入“MBSE in a slide”图中的概念是**合规**。当加入这个概念后，就形成了在 MBSE 社区中流传的完整版本的“MBSE in a slide and a bit”，如图 2.9 所示。

合规是最后加入进来的内容，它包含**最佳实践**。在系统工程中，以严格、稳健和可重复的方式执行每项活动非常重要。这是通过证明 MBSE 方法符合各种最佳实践来实现的。这些最佳实践如下：

- **基于流程的标准**，这些标准可能存在于不同的层次，例如国际标准、行业标准、内部标准等。通常，与如何执行方法有关的标准是基于流程的，所以流程集必须符合最佳实践。目前有许多基于流程的标准，系统工程中使用最广泛的标准是 ISO 15288——软件和系统工程生命周期及流程（ISO 2015）。
- **基于框架的标准**，这些标准可能存在于不同的层次，例如国际标准、行业标准和内部标准。通常，基于作为方法的一部分所必须产生的信息的标准是基于框架的，因此框架必须符合最佳实践。基于框架的标准非常多，国际标准使用最广泛的是 ISO 42010 ——系统和软件工程——架构描述（ISO 2011）。行业标准如 MODAF

（MODAF 2010）、DoDAF（DoDAF 2007）和 NAF（NAF 2007），以及现在用于国防工业的 UAF（UAF 2017）。Zachman（Zachman 2008）也广泛用于 IT 行业，等等。

- **基于应用的标准**，系统工程的一些应用有它们自己的特定标准，可以用于许多不同的行业。此类标准涵盖安全性、保密性、可用性、可维护性等领域的最佳实践。

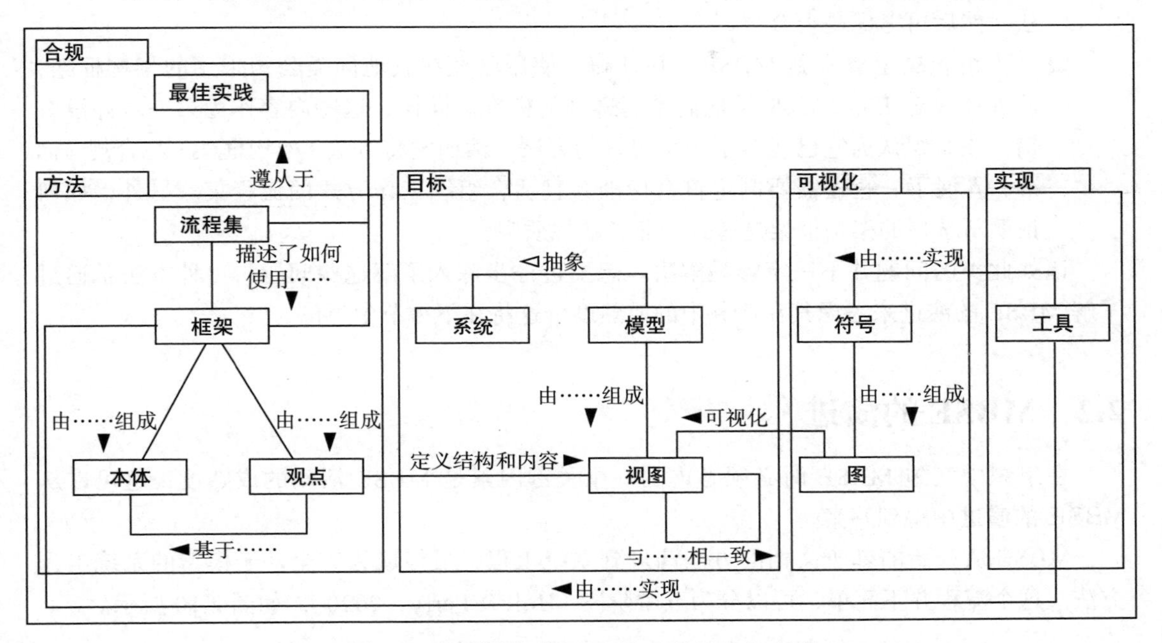

图 2.9　完整版本“MBSE in a slide and a bit”

这些最佳实践只是冰山一角，当我们需要选择标准时可以起到抛砖引玉的作用。下一小节将重点介绍如何在 MBSE 上下文中使用迄今为止提供的信息。

2.1.7　使用 MBSE

只有理解了图 2.7 和图 2.9 中的概念，才能正确地理解和使用 MBSE 来实现系统工程。这些图对于在组织中推行 MBSE 也同样重要。

这些图也可以用来表明组织或部门内当前 MBSE 的能力。当组织开始推行 MBSE 时需要找到一个着手点，而这些图以分组的方式展示了推行时需要考虑的五个主要领域。

必须强调的是，这些图不是从左到右依次阅读的，MBSE 活动当然也不是以一成不变的方式来执行的。首先应该将此图作为检查表，以确定每个组中都存在哪些能力。

一旦确定了每个组的能力，就可以执行差距分析以决定需要实施哪些组，然后为每个组确定优先级。

下面通过两个常见的场景来进行说明：

- 一个组织决定要实施 MBSE。第一步，他们选择采用 SysML 符号，并且购置了一些工具。这作为第一步本身并没有什么错，但是许多组织所犯的错误是认为仅仅通过购买工具就可以成功地实施 MBSE。从图中可以清晰地看出，由于此时还没有合适的方法，所以无法证明其是否合规。而且由于没有合适的方法，也无法对工具进行定制以便适用于该方法。这种情况下，为了能够实施 MBSE，应该先考虑合适的方法，然后再考虑是否合规。

- 一个组织决定要实施 MBSE，并且确定使用已经在其他同类公司采用的架构框架，此外还决定 ISO 15288 是他们希望遵循的标准。同样，这些内容作为第一步并没有错。该组织认为它已经有了一个很好的方法，然而它将方法（架构框架）与合规（标准）弄混了。它还需要制定符合标准并且适合组织工作方式的流程集。另外，如何证明所选择的架构框架是适合于业务的性质呢？

诸如此类的问题并不一定容易解决。想要进一步深入了解这些问题，一种方法是通过了解 MBSE 的演进来考虑其在业务中的成熟度。这将在下一节中讨论。

2.2 MBSE 的演进

在组织中实施 MBSE 时必须考虑的一个关键因素是 MBSE 活动的成熟度，这可以从 **MBSE 的演进**中得到答案。

MBSE 从开始的基于文档的方法演进到系统工程，最终成为完全基于模型的系统工程方法。这个流程并不简单，可以分为五个阶段（Holt & Perry，2020），如图 2.10 所示。

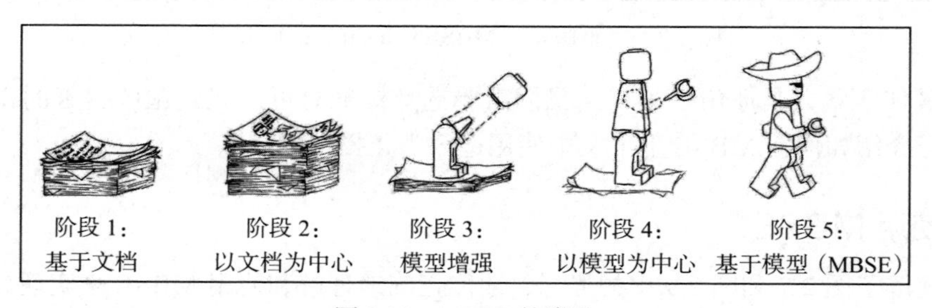

图 2.10 MBSE 的演进

图 2.10 展示了 MBSE 演进的五个关键阶段，这些阶段可以帮助我们理解 MBSE 是如何实现和在组织中实施的。介绍每个阶段时都将从以下几个方面进行讨论：

- **结果**：在第 1 章通过讨论如何有效管理和平衡人员、流程和工具，简要介绍了 MBSE 的实施。因此，每个阶段都要考虑该阶段通常会用到的人员、流程和工具的结果。
- **知识所有权**：知识的所有权和知识所在的位置将随着演进的五个阶段而发生变化，能够准确理解变化是如何发生的，这点非常重要。
- **前置活动**：在进入任一阶段之前，都需要执行许多活动。

现在将依据以上内容逐一讨论各个阶段。

2.2.1 阶段 1——基于文档的系统工程

MBSE 发展的第一阶段被称为基于文档的系统工程。图 2.10 中的阶段 1 展示了一大堆文档。说明这个阶段中会存在很多文档。需要明确的是，此时与系统相关的知识会在这些文档中传播，而不是存在于某个单一的地点。

此阶段中，人员、流程和工具结果如下所示：

- **人员：** 这个阶段所涉及的人员被认为需要具备系统工程方面的基本技能。而实际上，组织作为实施系统应当具备系统工程能力，即使这种能力是没有被正式认证的默认能力。这种情况下，人员普遍会要求在实施 MBSE 之前，他们应当具备基本的系统工程能力，但这是错误的。请记住，MBSE 是系统工程，没有必要两者都做，目标应该直指 MBSE。
- **流程：** 不管有没有被文档化，肯定会存在至少一个流程。无论何种情况，主要文件即流程的输入和输出都是文档。这些文档主要是基于文本的，还包括表格、图表、列表等。
- **工具：** 阶段 1 所涉及的工具通常是基于 Office 的工具，例如文字处理器、演示应用程序和电子表格。

阶段 1 中有关系统的所有知识、信息和数据都被独立包含在文档集中，这些文档集是作为执行流程所得到的结果而创建的。由于没有引入模型的概念，所以文档包含并拥有所有内容。

阶段 1 的前置条件是组织内部必须确定他们对 MBSE 是有一定需求的。

2.2.2 阶段 2——以文档为中心的系统工程

MBSE 演进的第 2 阶段被称为**以文档为中心的系统工程**。图 2.10 中的阶段 2 也描绘了一大堆文档，但与阶段 1 项目出现了两个变化。首先是文件数略有增加，其次文件已经不全是文本，而是开始使用符号来作为文档的部分内容。由于此时也没有引入模型的概念，所以与系统相关的知识仍然全部包含在文档中。

此阶段中，人员、流程和工具结果如下所示：

- **人员：** 这个阶段所涉及的人员被认为需要具备系统工程方面的基本技能，这点与阶段 1 相同。然而在这个阶段已经开始非正式地使用符号了。事实上生成的是一组图片而非构成模型的真实视图。这也是该阶段的典型情况，因为人们在不断尝试使用不同的临时符号。
- **流程：** 在这个阶段，与流程相关的工件仍然是文档，不过已经开始使用符号来支持文本的描述，这与前面的观点相一致。
- **工具：** 工具在该阶段中与阶段 1 相同。但不同之处在于实际的绘图包可能已经被用于创建构成文档的一部分图表。

在第 2 阶段，与系统有关的所有知识、信息和日期仍然独立包含在文档集中。由于生成的图表并不是模型真正的组成部分，因此不能拥有与系统相关的任何知识，这一点非常重要。还应该注意到文档数量在这个阶段变多了一些，这表明信息量有所增加。此阶段与阶段 1 一样，与系统相关的所有数据、信息和知识都包含在文档中。由于数据、信息和知识都包含在文档中，而且这是它唯一存在的地方，因此可以认为文档拥有所有这些信息。

阶段 2 的前置条件如下：

- 必须正式明确 MBSE 的目标。这包括 MBSE 实施的范围以及存在哪些干系人，而且对于每个干系人，都必须确定他们所涉及的利益。这点至关重要，否则无法证明 MBSE 计划能否成功。如果还没有识别和定义该次计划的目标或需求，则之后对这些需求进行检验也就无从说起。
- 必须完成组织中当前 MBSE 状况的基本评估。这包括确定组织当前的 MBSE 能力，可以通过查看图 2.7 和图 2.9 中介绍的“MBSE in a slide”来完成。评估还必须确定 MBSE 能力的当前成熟度，可以通过查看图 2.10 中 MBSE 的演进来完成。

在这个阶段，人们可能会无意识、自然而然地使用 MBSE 相关内容来执行前面的要点。这种情况下，人们实际使用 MBSE 是为了实现 MBSE，但大家没有意识到该状况的发生。这通常被称为**隐式 MBSE**。

2.2.3 阶段 3——模型增强系统工程

MBSE 演进的第 3 阶段被称为**模型增强系统工程**，在这个阶段中首次引入了术语**“模型”**。图 2.10 显示了模型开始从文档堆中出现，这意味着知识开始在模型和文档集中拆分。

此阶段中，人员、流程和工具结果如下所示：

- **人员**：这个阶段的参与者已经详细地对符号进行了研究，并且正式接受了某种形式的符号训练，因此他们展现了一定的使用符号的技能。此外，人们对 MBSE 中各种概念所具有的技能有了一定的认知，也就是说他们熟悉了图 2.7 和图 2.9 介绍和描述的“MBSE in a slide”概念。
- **流程**：真正的模型在这个阶段开始从文档中显现出来。模型包含一些与系统相关的知识。知识开始在模型和文档之间被拆分，而不仅仅由文档所拥有。除此之外，文件堆的大小也开始减少。在这个阶段，MBSE 开始被认真对待和使用。通常是在一个试点项目中使用部分新兴的 MBSE 方法。这样就可以根据之前确定的目标来展示 MBSE 的优点，然后再推广到组织的其他部门。
- **工具**：在阶段 3 中进行建模时通常会用到多个工具。此时应该存在一些之前被组织确定可用的候选工具，建议尽可能进行完整的工具评估。

在第 3 阶段非常重要的一点是：与系统相关的所有知识、信息和数据都在新出现的模型和文档集之间拆分。因为它真正代表了 MBSE 第一次在项目中得到正确应用。

阶段 3 的前置条件如下：

- 人们将接受一些正式的符号培训，以使他们能够以一种有效的方式开始建模，而不是以之前应用的临时方式开始建模。

- 为了将候选工具集缩小到一个首选工具，应该考虑执行一次正式的工具评估。

在许多情况下，阶段 3 可能是 MBSE 在短期内的初始目标，以证明应用这种方法能带来好处。事实上，对于一些组织而言，实现第三阶段实际上可能是最终目标，但更常见的是将第三阶段作为短期目标。

2.2.4 阶段 4——以模型为中心的系统工程

MBSE 演进的第 4 阶段被称为**以模型为中心的系统工程**。在这个阶段，模型基本完成并拥有与系统相关的大部分知识，如图 2.10 所示。

此阶段中，人员、流程和工具结果如下所示：

- **人员**：参与此阶段的人员现在展现出了在 MBSE 和候选工具使用方面的技能。人们现在对 MBSE 有了非常深刻的理解，并且正在使用它发挥巨大的作用。该工具也以高效的方式被使用，并由 MBSE 方法驱动。
- **流程**：这个阶段中的方法全都基于 MBSE。框架雏形已经显现，包括本体和作为建模基础的一组观点。一致性也可以通过使用框架来得到加强，并且模型中的视图是根据初始流程集来创建的。为了证明 MBSE 方法的有效性，将会在本阶段对前一阶段引入的试点项目进行测量和评估。试点项目必须根据第 2 阶段及之前制定的目标进行衡量和评估。
- **工具**：第 4 阶段已经选择了首选工具，现在正在实际项目中使用。

在第 4 阶段中，模型包含并持有几乎所有与系统相关的知识、信息和数据，只有一小部分仍然留在文档集中。因此文件堆现在大大减少了。

阶段 4 的前置条件如下：

- 由于已经进行了正式的 MBSE 培训，因此所有相关团队成员现在都掌握了正确实施 MBSE 方法的技能。
- 已经定义了初始流程集，并将其应用于生成构成模型的视图。
- 包括本体和观点在内的初始框架现在已经被开发出来，并被应用到实际的项目中。
- 已经从候选工具集中确定了一个或多个首选工具。在大型组织中，选择多个首选工具并不罕见。
- 成员已经接受了正式的培训来学会如何使用首选工具。

在第 4 阶段，MBSE 在高级水平上得到应用，许多预期的好处现在都实现了。

2.2.5 阶段 5——MBSE

MBSE 演进的最终阶段，即第 5 阶段，是所有 MBSE 努力的终极目标。在阶段 5 中，与系统相关的所有知识都包含在模型中，模型现在已经完全出现并作为一个实体独立存在。当然，这个阶段就是 MBSE。

此阶段中，人员、流程和工具结果如下所示：

- **人员**：参与这一阶段的人员现在已经掌握了 MBSE 及其在组织中的应用。大家不断努力提高自身的技能，以便能尽可能高效且正确地启用该方法。
- **流程**：方法现在完全基于模型。框架和流程集现在也已经成熟，并作为公司推广计划的组成部分应用于多个项目。目前正在实现 MBSE 的高级应用，包括诸如模式识别、定义和应用等高级应用的实现，以及流程和技能建模、变体建模等。
- **工具**：正在使用的工具已经进行了调优，可以自动执行方法，包括基于本体的自动领域特定语言一致性检查、自动文档生成和其他使用配置文件的高级工具功能。在此阶段，各种不同类型的工具也将无障碍地进行互操作，例如管理工具将与 MBSE 建模工具交互，MBSE 建模工具将与数学建模工具交互，等等。

在阶段 5 中，与系统相关的所有知识、信息和数据都包含在模型中并由模型持有。如图 2.10 所示，模型现已完全形成并独立存在。虽然图中没有显示文件，但还会存在少量的文件。这里的重点是文档不拥有任何知识，事实上应该将其视为构成模型的基于文本的一组视图。

阶段 5 的前置条件如下：

- 已经使用了高级应用，包括技能和流程建模、变体建模、项目相关应用，等等。
- 通过应用能力评估、流程成熟度评估和模型成熟度评估，对现有的 MBSE 方法进行持续度量、评估和改进。
- 通过创建配置文件对工具进行了设置，使各种自动化成为可能。

即便第 5 阶段是终极目标，但也必须始终持续评估和改进整个 MBSE 方法。下一小节将以横切概念的形式介绍可能应用于所有 MBSE 的概念。

2.2.6 横切关注点

纵观 MBSE 的演进流程，我们可以发现模型在阶段 2 开始产生，在阶段 3 开始出现，在阶段 4 几近完成，在阶段 5 最终全部完成。从第 1 阶段中决定实现 MBSE 的角度来看，为了确保模型在整个演进流程中能够得到管理和控制，一些关键机制的执行是非常重要的。这些机制被称为**横切关注点**（cross-cutting concern），包括以下内容：

- **配置管理**：模型就像一个生命体，它的演进必须通过使用有效的配置管理来控制。
- **变更控制**：需要清楚如何管理变更，以及对模型进行请求和更改的流程是什么。此外对于权限，必须明确定义允许哪些干系人查看、编辑或对模型的不同部分进行创建。
- **一致性**：模型必须是有效的，因此需要在系统的整个生命周期内保持一致。
- **可追溯性**：非常重要的一点是，模型中无论是直接的还是间接的部分，都可以对模型的其余部分进行追溯。这对于影响分析、变更控制等非常重要。
- **维护**：模型必须能够根据变更控制流程进行编辑、检查和追加，而且也必须对使用该工具的相关干系人可用。

这些横切关注点大多数会在一定程度上被业务中的现有工程流程所覆盖。

2.3 使用 MBSE建模

本节介绍建模的关键概念以及将在本书其余部分使用的口语——系统建模语言，也就是众所周知的 SysML。

准确理解建模的含义，以及为什么要把建模放在首位是很重要的。

准确理解 SysML 是什么以及不是什么，也很重要。因为目前存在许多对于 SysML 相关概念的误解，并且关于它如何与 MBSE 相适应也有很多困惑。例如，最常见的误解之一就是认为 SysML 与 MBSE 是同一个东西！

在开始正式讨论之前，我们应该认识到目前存在许多种不同类型的建模，正如本书前面讨论的那样。为了便于本书进行讨论，当本章和后续内容中使用术语**建模（modeling）**时，它指的是可视化建模，也就是说，口语的基本内容是图表。

MBSE 的核心是进行建模，因此对有关 MBSE 的一些关键概念进行良好定义和充分理解是至关重要的。首先必须要理解建模的需求。

2.3.1 建模的需求

需要建模的根本原因可以追溯到另一个问题中，即为什么必须进行系统工程？系统工程有三个弊端，如第 1 章中所讨论的。现在我们将重新审视这三个弊端，但这次的重点是建模为什么以及如何有助于解决这些问题。

系统工程的第一个弊端是系统所表现出来的复杂性，无论它是本质的，即系统固有的，还是偶发的，即由与方法相关的人、流程和工具引起的。

建模有助于解决复杂性问题，因为它所创建的视图可以将复杂程度直观地进行展示，更重要的是可以体现出复杂性具体存在于模型中的哪些位置。管理和控制复杂性的关键是要能先识别它。对于固有复杂性来说，确定了复杂性就可以限制并控制对系统中复杂性最明显的部分的依赖。对于偶发复杂性来说，确定了复杂性就可以对其进行合理化和最小化，以将复杂性保持在尽可能低的水平。

系统工程的第二个弊端是缺乏对生命周期各个阶段的理解。建模也有助于解决这一弊端，因为在对各种类型的信息进行建模时，可以应用两个非常简单的规则。规则 1：如果模型易于生成，则意味着源信息明确且易于理解。在这种情况下，模型可以极其自然地从源信息中提取出来，整个建模活动非常快速和直接。规则 2 是对规则 1 的补充。如果模型很难生成，并且存在很多歧义、不确定性和缺失信息，那么源信息就很模糊且不易于理解。此时，模型很难从源信息中抽象出来，整个建模活动非常耗时和费力。

系统工程的第三个弊端被认为是不同干系人之间的沟通不顺畅。建模可以通过两种途径来解决这个问题。第 1 章已经对高效且有效的沟通如何需要一种通用语言进行过讨论。实际上，既需要一种口语，也需要一种领域特定语言。建模有助于实现这两者——符号的选择是口语，本体的定义是领域特定语言。接下来的两小节将更详细地探讨这些内容。

因此，建模有助于解决系统工程的三大弊端。这也解释了为什么 MBSE 是实现系统工程本身的强大方法。下一小节将介绍如何开始定义模型。

2.3.2 定义模型

前面的内容将模型定义为对系统的抽象。抽象是对系统的表示，此时会使用图形或图标来作为介质。由于模型是系统的抽象，因此它必然是简化的系统，这意味着它不会包含系统的所有信息。模型也必须是系统的简化，因此与系统相关的信息将不包含在模型中。这并不是说模型是错误的或不完整的，当然前提条件是模型中已经包含了所有相关和必要的信息。

这里有一个潜在的风险，那就是可能会丢失相关信息。尽管我们没有办法 100% 保证不会丢失任何信息，但是通过流程集和框架的形式来使用良好且可靠的 MBSE 方法，可以大大降低遗漏这些信息的风险。

作为系统的抽象，模型被定义为由许多视图、一个需求和一组已定义好的信息组成，且每个视图都有一个目标受众。每个观点的定义是确保没有相关信息遗漏的关键。

接下来关于定义模型的内容是所有视图都必须与其他视图保持一致。这点非常重要。如果对那些不一致的视图进行建模，得到的就只是图片的集合而不是模型。对彼此一致的视图进行建模，就能生成模型。建模时一致性是王道，这一点再怎么强调也不为过。

使用一个好的表示法是很重要的，比如 SysML。因为它会在表示法中提供一些机制，这些机制可以证明那些用于可视化视图的图表是否一致。

2.3.3 模型的两个方面

在创建模型时，理解模型总是具有**结构**和**行为**这两个**方面**是非常重要的。下面来详细看看这两方面的内容：

- **结构**：模型的结构定义了模型的内容——模型中的主要元素是什么，这些元素之间的关系是什么，以及每个元素的作用。结构还允许从类型（系统元素的类型）和概念（系统元素的组成）层面出发对系统进行分层。系统元素之间的关系和元素本身一样重要，这是系统思维的核心原则。
- **行为**：模型的行为定义了模型的方式。在这里要关注事情发生的顺序，在什么条件下发生，以及时间限制是什么。结构允许将模型分层，但行为往往适用于分层结构的一些特定层级。此外，关系是动态的，而不是静态的。

每个模型都具有与之关联的结构和行为，这说明存在构成模型的结构视图和行为视图。由于模型中的所有视图必须是一致的才能将其视为模型，这意味着模型的结构和行为方面必须彼此一致。

本书使用的符号是 SysML，它描述了九种不同的图表，可用来对模型的结构和行为进行可视化。

2.3.4 建模的时机和位置

关于应该在生命周期的哪个点（哪里）和在什么情况下（什么时候）建模，经常有很多争论。这两个问题的答案很简单。

建模应作用于生命周期的任何阶段，只要符合以下情况：

- 系统中存在未知的、未管理的或不受控制的复杂性，即弊端 1。
- 需要对系统的某些方面进行了解，即弊端 2。
- 需要与干系人进行有效和高效的沟通，即弊端 3。

至于在什么条件下或什么时候应该进行建模，答案就是**只有当建模可以增加价值的时候**才去执行。

最后一点很抽象，但很关键。作为 MBSE 内容而执行的每个活动都必须增加价值并有助于系统的成功实现。如果不是，那么就不应该去做！有时候执行了很多次建模后会得出这样的结论：由于不会再增加任何价值，所以应当停止建模。这种结论也是非常有必要的。使用有效的框架可以解决这个问题。因为每个视图存在的缘由已经确定，只要人们遵守该框架，就不会在没有明确需求或利益的情况下创建任何视图。

2.4 口语——系统建模语言

SysML 是一种通用的可视化建模语言，它基于另一种通用的可视化建模语言 UML。UML 是一种深深植根于软件工程领域的语言，它的出现源于一种非常务实的需求。在 1997 年 UML 的第一个版本发布之前，有大量的建模符号和方法被用于软件工程。当时总计有超过 150 种不同的公认方法可供使用。

使用建模符号的目标之一是提供一种基本的通信机制。但是可用的符号太多了，这使得符号的选择既令人困惑又艰难。因此，在 20 世纪 90 年代中期，软件行业集体决定，应该使用一种单一的、标准化的、每个人都可以使用的通用语言来取代当前为数众多的语言。重要的是，该语言不应该是专有的。因此，决定由拥有、管理和配置与对象技术相关标准的国际标准机构**对象管理组**（Object Management Group，OMG）来拥有这种新语言。1997 年，UML 正式在软件工程界发布。

由于 UML 是一种通用建模语言，它实际上比软件的范围要广得多，因此它在系统工程社区中被广泛使用（Holt，2001）。UML 在当时被广泛采用，以至于 2004 年 INCOSE 决定应该有一个 UML 的变体，可以专门应用于系统工程领域，因此 SysML 就诞生了。

SysML 仍由 OMG 拥有、管理和配置，标准本身可从 OMG 网站下载。

SysML 在技术上是 UML 的一种**表现方式**。可以将这两种语言之间的关系视为 UML 是母语，而 SysML 是该语言的一种方言。

本节将从讨论 SysML 是什么和不是什么入手。这一点很关键，因为关于 SysML 的性质存在许多神话。然后，本节将在较高层次上介绍九种 SysML 图，并提供具体的结构和行为模型示例。

2.4.1 SysML 是什么

许多之前的建模符号实际上是方法论，因为它们有一个内置的流程，这个流程要求它们与符号一起使用，而符号能够指出在开发中需要使用哪些图以及需要在哪个点使用。

SysML 纯粹是一种表示法，没有这一流程。能否清楚地理解这一点非常重要。回顾一下图 2.7 和图 2.8 中“ MBSE in a slide”的内容，SysML 位于**可视化**组的右侧。SysML 只是整个 MBSE 解决方案中的一部分，尽管是必不可少的一部分，但它并不是 MBSE。

2.4.2 SysML 图

SysML 可以被认为是一个包含 9 种图的工具箱，这些图共同实现了模型中结构和行为方面的可视化。

结构图有以下几种：

- **块定义图**（block definition diagram，bdd)，它是迄今为止所有 SysML 图中使用最广泛的图。每个模型都会用到 bdd 来进行可视化，因此必须很好地掌握该图的基本知识。
- **内部块图**（internal block diagram，ibd)，它是 bdd 的变体，用于显示特定块和配置内部的结构。
- **需求图**（requirement diagram，rd)，它是一种包含特殊符号和元素的块图，可用于指定基于文本的需求或目标，以及每个元素的一组预定义属性。需求图主要用于**需求管理**，而不是**需求工程**。
- **参数图**（parametric diagram, par)，它通过使用约束（如方程和启发式）来推理块（包含在块定义图和内部块图中）的属性。par 构成了 MBSE 建模的可视化世界与**基于模型的工程** (Model-Based Engineering，MBE) 建模的形式化数学世界之间的桥梁。
- **包图**（package diagram,pd)，它将其他图上的元素组收集在一起并进行分区。它是 SysML 图表中较少使用的一种，但“包”也可以出现在其他图表上，这是一种更典型的用法。

这里需要注意的关键点之一是，所有的结构图都是紧密相关的。其实它们都是 bdd 的变体，或者与 bdd 密切相关。当开始使用 SysML 时，对于模型的结构方面，最好直接默认使用 bdd，并在需要时引入其他图。

行为图有以下几种：

- **用例**（use case，uc）**图**可以将高级行为可视化，例如上下文。uc 图是使用更为广泛的 SysML 图之一，但毫无疑问也是所有 SysML 图中使用最为糟糕的！

- **序列图**（sequence diagram，sd）可以对场景进行建模，并关注模型元素（例如块）之间的交互。sd 通常用于模型的高层，是系统模型的关键工具。
- **状态机图**（state machine diagram，smd）主要关注块自身及其实例内部的行为。状态机图通常在较低的细节级别上使用，由状态或事件驱动，在整个系统工程中广泛使用。
- **活动图**（activity diagram，ad）对特定操作中非常具体的行为进行建模。ad 常用于对遗留系统进行建模和执行逆向工程。活动图基于经典的**流程图**（flow chart），而语义则基于令牌流语义，例如 Petri 网。由于很多人之前对该种图已经非常熟悉了，因此使用它时会感到很舒服。

行为图通常应用于不同的抽象级别，而结构图允许在同一个图上显示多个抽象级别。

同一类型（结构图或者行为图）之间以及不同类型（结构图和行为图）之间都存在着非常密切的关系。正是这些关系构成了符号和一致性检查的基础，可以用来对任一 SysML 模型进行检查，验证它是否符合底层 SysML 符号。

不过这本书不是一本专注于 SysML 的书，而是一本使用 SysML 作为首选符号的书。考虑到这一点，本书不会详细介绍 SysML 的完整语法，但会在使用 SysML 的基础知识时对其进行介绍。

下一小节将通过分析一个现有的汽车示例系统来介绍一些主要的 SysML 图。但本次将要使用的是 SysML，而不是在本书中一直使用的“方块和直线”这类普通符号。

2.4.3 结构建模示例

上文中提到，SysML 中结构建模的首选图是 bdd，它是术语**块定义图**的缩写。本节将介绍和讨论 bdd 的基础知识。不过这些都只是最基本的知识，并不是对 bdd 元素的详尽描述。

1. 识别基本块和关系

bdd 包含以下两个主要元素：

- **块**：代表了构成系统组成部分的事物的概念。用矩形来表示块，并在其内部包含文字 << 块 >>。<< 块 >> 用来说明它的构造型是 UML 中的**类**（class）。构造型是本书后面将讨论的高级建模概念。现在只要理解术语 << 块 >> 是用来标识一个块的就足够了。
- **关系**：用来将系统中的一个或多个块彼此关联起来。随着本节的深入，将讨论各种类型的关系。

下面将使用具体的图来解释这两个元素（见图 2.11）。

图 2.11 bdd：块和块关联的简单示例

图 2.11 中有**司机**和**汽车**两个块，它们在某种程度上是相关的。这些块用带有术语 << 块 >> 的矩形来表示，并且通过只在两个块之间画一条线来表示两者之间被称为**关联**的关系。

SysML 图都应该能够被大声朗读出来，而且图也应该是有意义的。如果朗读这张图，将会被读作“有两个块，司机和汽车，它们之间存在某种关系”。这句话听起来不错，但没有传达太多关于汽车或司机以及他们之间关系的信息。通过添加更多与两者之间关系有关的信息，我们可以轻松强化该图，如图 2.12 所示。

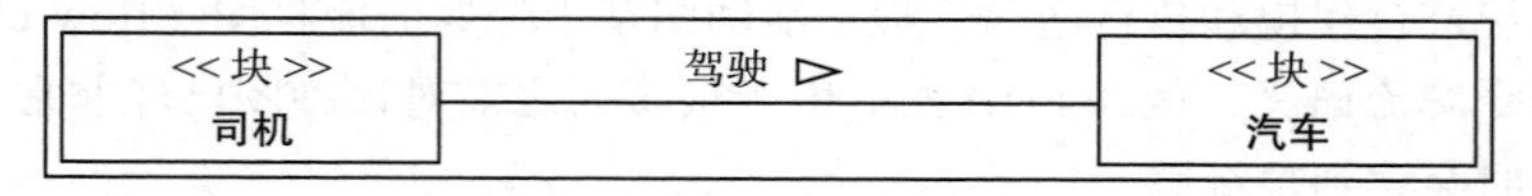

图 2.12 bdd：为关联命名

图 2.12 中包含了对关系的一些修饰，关联现在已被赋予了名称和方向。名称叫作**驾驶**，方向表明该关联是从左到右来读的，由关联线上方的小三角来表示。现在该图可以被读作“司机驾驶汽车”，远比图 2.11 展示的内容精确得多。

块表示某种事物的概念，因此**司机**和**汽车**都表示这些名词的概念，而不是指具体的、真实的例子。对于块特定的、现实生活中的示例被称为实例。例如，**汽车**是一个概念，Jon 的汽车是一个具体的、现实生活中存在的汽车的例子，因此是一个实例。

在横线上为关联命名时，通常使用动词，朗读出来的时候就形成了一个句子。本图“司机驾驶汽车”是一个非常正确的句子，几乎人人都能听懂和理解。

方向指示器表示从哪个方向来朗读关联名称，这对于图的整体含义非常重要。也可以通过省略小矩形来表示双向关联。必须小心谨慎，千万不要不小心忽略了方向，方向在 SysML 中是有意义的！

这张图还可以通过增加两个块之间的数字来进一步增强，如图 2.13 所示。

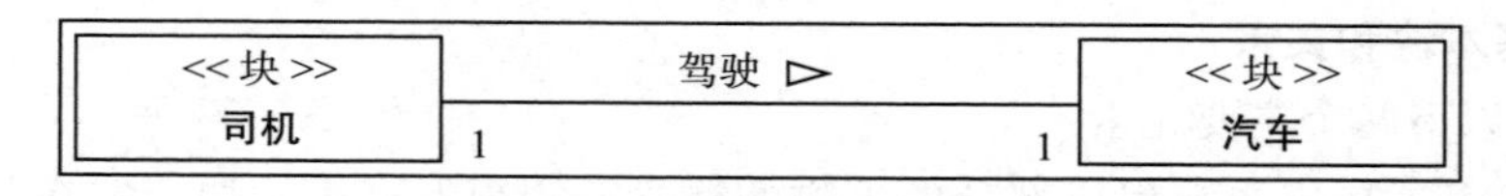

图 2.13 bdd：多样性

图 2.13 展示了如何将数字添加到关联的各端，这在 SysML 中称为**多样性**。图 2.13 可以读作“一名司机驾驶一辆汽车”。这句话没错，但是编号有一个微妙之处，很容易被弄错。关联两端的数字不是指绝对数字，而是指关联两端每个块实例的比例。这张图乍一看只有一名司机和一辆车，但图的含义并非如此。真正的含义是，对于每一名**司机**的真实实例，都会对应一个**汽车**的真实实例。关键就在“每一名”这个词，它传达的意思比使用“一名”要明确得多。所以，图 2.13 应该读作“每一名司机都驾驶一辆汽车”。

关联的每一端都显示了其多样性，并且有很多标准选项可供使用：

- 1 表示 1 个实例，如本例所示。
- 1...* 表示 1 到多个实例。

- ❑ 0...1 表示 0 ～ 1 个实例。
- ❑ 0...* 表示 0 到多个实例。
- ❑ 1...10 表示范围介于 1 ～ 10 个实例之间。
- ❑ 2,4,6,8 表示一组实例中的某一个。

例如图 2.14 所示。

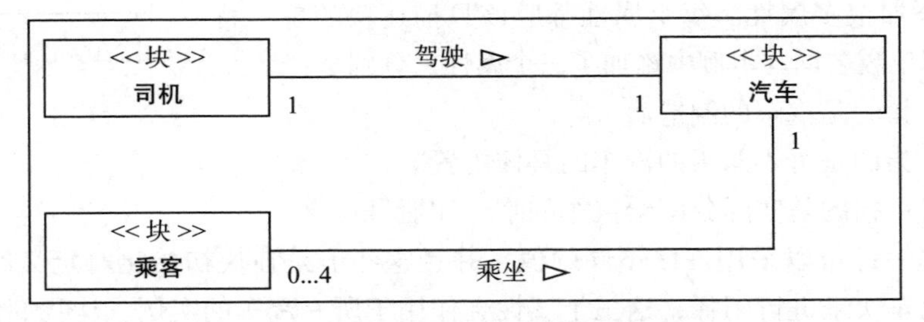

图 2.14 bdd：添加更多的块和多样性

图 2.14 中增加了一个新块——**乘客**，并且与**汽车**相关联。图 2.14 中这部分读作“每辆汽车有 0 ～ 4 名乘客”。这次多样性表示为 0...4，说明乘客是可选的，可以没有乘客。而司机是必选的，必须始终存在。

要注意的是，在编写块名称和组成关联的词时，应始终使用单数。所以块叫作乘客而不是**乘客们**，表述关联的动词在使用英文书写时应该采用单数形式。始终以单数形式描述块和动词，同时使用多样性来暗示复数的存在。

关联通常用来表示多个块之间的关系，但是也可以用来表示自关联，即从块出发返回到自身的关系，而且多样性规则同样适用于此。

还有一种关联的变体，它表示了从一个块到一个关联而不是到另一个块的关系，如图 2.15 所示。

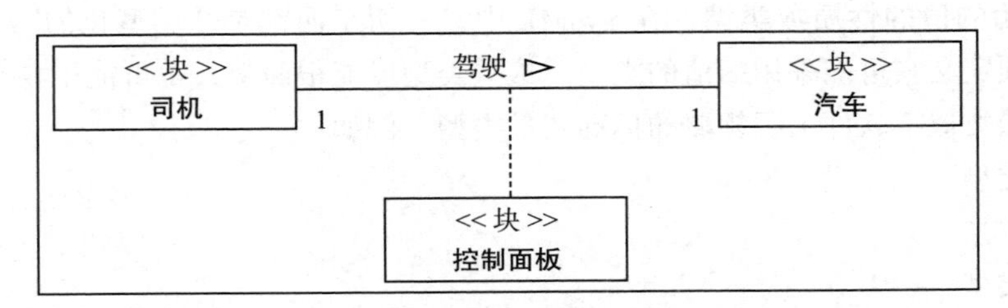

图 2.15 bdd：关联块

图 2.15 展示了一个名为**控制面板**的**关联块**。关联块将一个块关联到一个关联上，而不是关联到另一个块上。它用来展示块之间关系或交互的详细信息。朗读关联块时可使用“通过”一词。因此图 2.15 读作“每一名司机通过控制面板驾驶一辆汽车”。

2. 详细描述块

块可以通过识别和定义其特征来详细地描述——主要是通过描述块外观的**属性**和描述

块作用的**操作**。

在描述块时，可以通过识别一些描述块特性的属性来补充更多细节，如图 2.16 所示。

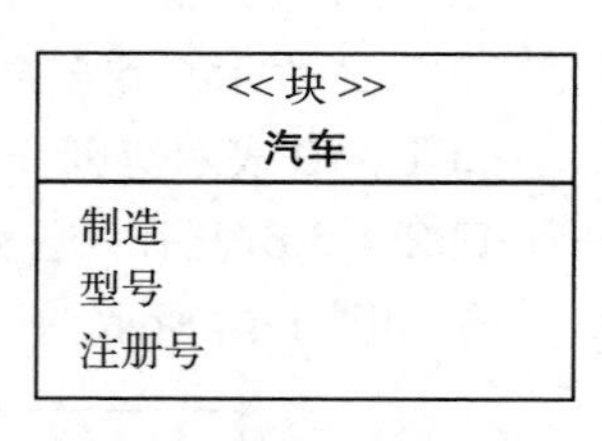

图 2.16 描述块：识别属性

图 2.16 为**汽车**块添加了一些用来描述其特定功能的属性，属性是通过在块名称下面添加一个独立空间来表示的，然后可以在该空间内添加很多属性。每个属性都应该只描述块的单一特征，并且使用单数名词。本例中添加了三个属性，分别是：

- **制造**：指的是汽车的制造商。
- **型号**：指的是可供购买的汽车的具体配置。
- **注册号**：指的是实际分配给汽车的唯一注册号。

每一个属性都可以采用许多不同的值，并且这些值是在块初始化时定义的。通过具有三个属性的**汽车**块来进行阐释，这三个属性会作用于所有**汽车**的实例。让我们使用“Jon 的汽车”作为**汽车**块的实例，其中的属性会被赋予实际的值。如属性**制造**可以设置成**“马自达”**，属性**型号**可以设置成**“Bongo”**，以此类推。

当属性被确定后，有必要进一步详细地定义它们，以避免不必要的歧义，如图 2.17 所示。

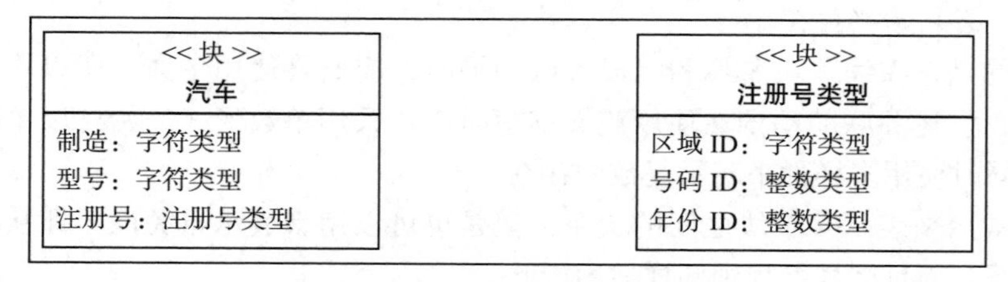

图 2.17 描述块：定义属性

图 2.17 中使用了具有三个属性的同一**汽车**块。但这一次添加了更多的信息来定义每个属性可能采用的值的性质或**类型**。在 SysML 中，一切东西都是“类型化的”，这意味着所有东西都必须定义它可能采用的值的类型。这些类型可能很简单，也可能很复杂。

简单类型类似于软件工程领域的标准变量类型，例如：

- 整数类型。
- 字符类型。
- 实数类型。
- 布尔类型。

这个类型列表还在持续完善，但这些都是众所周知且广为人知的成熟类型。

类型通过在属性名后加一个冒号来表示，在冒号后立即显示类型名称。还可以显示每个属性的取值范围和默认值，这些内容将在本书后续适当的地方进行描述。

也可以定义更为复杂的类型。此时可以创建另一个块，标识并定义其属性，然后将其用作类型。图 2.17 中块**注册号类型**就是一个示例。**注册号**属性不是一个简单类型，而是一组具有特定含义、特定顺序的字母–数字的字符构造。在英国，标准的注册号包括以下三个要素：

- **区域 ID**：一组两个字母，表示汽车的产地。
- **年份 ID**：一组由两个个位数组成的数字，表示汽车是哪一年、哪半年生产的。
- **号码 ID**：汽车唯一标识符的最后一部分，由三个字母组成。

该块可以用作**汽车**块上**注册号**属性的类型。

在定义属性集时，SysML 认为它们应该按照字母顺序而不是逻辑顺序出现。严格来说，不应该从属性集推断出任何顺序。

块的属性描述了块的外观，还可以通过描述块的操作来展示块的作用，如图 2.18 所示。

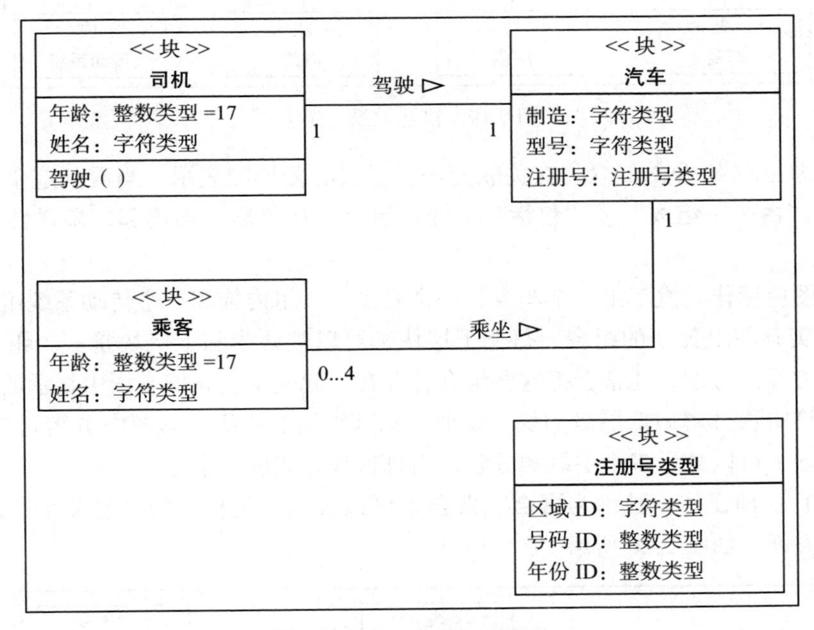

图 2.18 描述块：识别操作

图 2.18 展示了一个更为完整的图，显示了到目前为止已经识别的块的更多属性。要注意的是，**司机**和**乘客**中都为**年龄**属性设定了默认值，通过在类型定义后加上等号（=）来表示。

除了属性之外，**司机**块还显示了一个额外的独立空间，其中有一个名为**驾驶**的操作。操作用来定义与特定块相关联的行为元素。应该注意的是，操作显示的是行为是什么，而不是它们如何执行行为。执行行为是通过使用 SysML 中的行为图来实现的。

每个操作都应该是一个动词，以反映其行为性质。操作后面有一个括号，允许定义**返回值**和各种**参数**。同样，这些内容将在本书后续内容中适时加以介绍。

3. 详细描述关系

与详细描述块方式相同，有几种特殊类型的关系可以将更详细的信息添加到图中。

前面已经讨论过，关系的基本类型是关联，它显示了一个或多个块之间的简单关系。在此基础上还介绍了关联块，它可以加入“通过”这一关系。

另一种标准类型的关系是 SysML 中的一种特殊类型的关联，称为**组合**。用于显示结构层次结构，如图 2.19 所示。

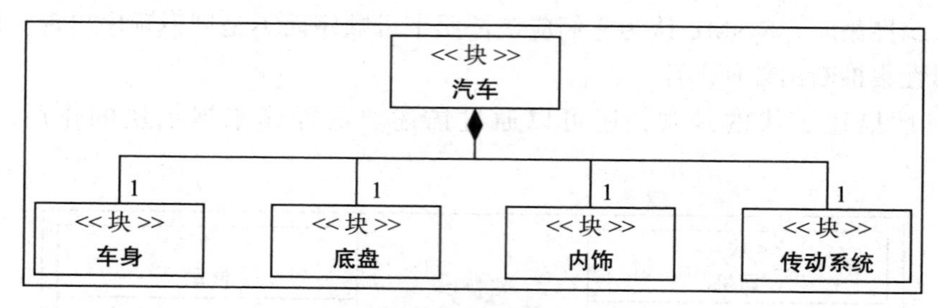

图 2.19　描述关系：组合

图 2.19 展示了组合的概念，在关联的一段以实心菱形图表示。当看到这个符号时，读图时应使用**“由……组成”**或**“包括”**字样。组合应从菱形一端读起，多样性规则同样适用于此。

所以本图应读作“汽车由一个车身、一个底盘、一组内饰和一个传动系统组成”。

图中其实有四组独立的组合，每个下层块都可以被认为和上层块是一个组合。出于清晰和可读性方面的考虑，通常会把这些组合合并在一起显示，就像本图中显示的一样。

组合允许将块分解为低层级的块，以便显示其结构的层级。本图中虽然只有一级分解，但在同一个图上可以显示多个层级的分解，而且这种方式也很常见。

组合也有一种变体，被称为**聚合**。聚合也可以表达“包括”的类型关系。但主要区别在于所有权方面，如图 2.20 所示。

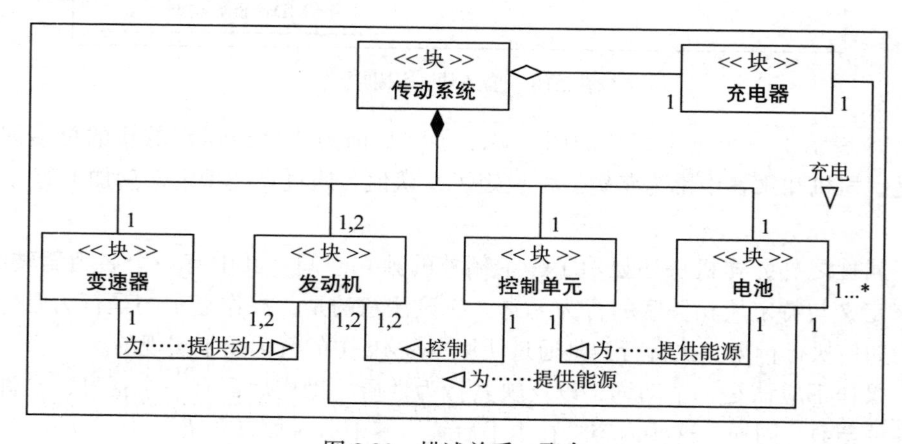

图 2.20　描述关系：聚合

图 2.20 展示了一个更完整、更复杂的视图，是对**传动系统**块的分解。这种复杂性的增加是由于图中加入了更多的块，还显示了各块之间的关联以及组合。其中还有一个聚合，用空心菱形表示，与组合关系的实心菱形相对应。我们从以下几方面来说明组合关系和聚合关系之间的区别：

- **传动系统由一个变速器，一个或两个发动机，一个控制单元和一个电池组成。**通过组合说明该块拥有组成传动系统的四个部分。也就是说，传动系统拥有变速器、发动机、控制单元和电池。
- **传动系统包括充电器。**这是用聚合表示的，说明充电器是传动系统的一部分，但是它不属于传动系统。

这是一个十分细微而又极其重要的区别。图 2.20 实际上展示了传动系统由五个块组成，其中四个是它所拥有的，而另外一个不是它所拥有的。也就是说，需要充电器来确保传动系统的完整性，但充电器又属于其他的系统元素。传动系统也需要充电器，否则它将无法工作，因为没有东西可以为电池充电。

可能是由于机缘巧合，其他系统元素碰巧拥有一个充电器。因此，组合和聚合之间的区别在于所有权的不同。

组合和聚合都是特殊类型的关联，还有一种使用广泛的关系类型，它不同于关联类型。这种关系类型相当于**特殊化**（specialization）或**一般化**（generalization），如图 2.21 所示。

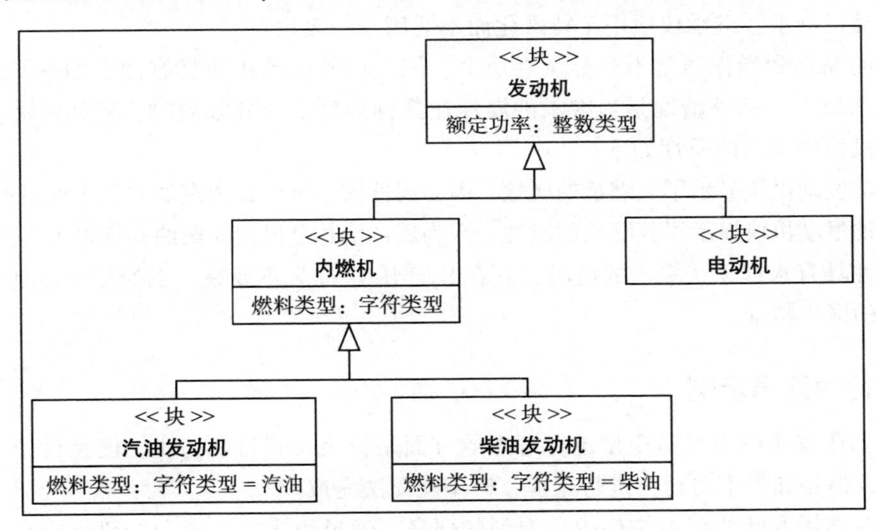

图 2.21 描述关系：特殊化和一般化

图 2.21 展示了对一般化和特殊化关系类型进行建模，使用一个空心三角形来表示。这是一个非常强大的概念，因为它可以对**分类层次结构**（Classification Hierarchy）或**分类法**（Taxonomy）建模。图 2.21 中显示**有两种类型的发动机：内燃机和电动机。此外，内燃机有两种类型：汽油发动机和柴油发动机。**

这两种不同的关系类型术语可能会引起混淆。事实上这很容易理解，一般化和特殊化之间的区别只是这种关系在阅读方向上的不同。可以通过以下两种方式来理解：

- **内燃机和电动机都是发动机的类型**。当向上阅读关系时（朝向三角形方向），块变得更抽象或更普适，这就是一般化。
- **发动机的类型分为内燃机和电动机**。当向下阅读关系时（远离三角形方向），块变得不那么抽象或变得更为具体，这就是特殊化。

所以，这种区别仅仅是阅读方向的不同，纯粹是读图人的个人偏好。当一个块存在两个特殊化的时候，必须用一些东西将它们彼此区分开来，或者使它们变得“特殊”。通常是特殊化块中特定的一组属性、操作或关系。

在展示一般化和特殊化时，有一个非常重要的概念，称为继承。它适用于分类法中与块相关的属性、操作或关系。发动机块定义了一个名为额定功率的属性。由于内燃机和电动机都是发动机的类型，因此可以假设它们也具有相同的属性，因为它们是发动机的特殊化。这就是继承，它表明与块关联的所有特殊化都会继承其所有的属性和操作。

由于内燃机和电动机都是发动机的类型，所以它们都将继承发动机块的额定功率属性。由于内燃机有两种类型——汽油发动机和柴油发动机，它们也将继承额定功率属性。继承的概念适用于所有层级的特殊化。

请注意，内燃机块拥有自己的属性即燃料类型，它只能由其特殊化继承而不能被其一般化块发动机继承。继承仅适用于特殊化而不适用于一般化。

继承的属性和操作通常不会显示在块上，因此尽管电动机块具有额定功率属性，但却没有显示在块上。例外情况是当继承的属性在某种程度上受到限制时，例如汽油发动机和柴油发动机块中继承的属性如下：

- 汽油发动机块显示了其继承的属性，因为属性值总是设置为**汽油**并且永远不能更改。
- 柴油发动机块显示了其继承的属性，因为属性值总是设置为**柴油**并且永远不能更改。

当属性具有永远无法更改的值时，它在 SysML 中称为**不变量**，不变量通常是两个特殊化块之间的区别特征。

2.4.4 行为建模示例

另一个在建模中需要对模型进行考虑的方面是**行为**。到目前为止，已经讨论了模型的结构方面，但是如果不对行为进行建模，模型就无法完成。

正如在使用 bdd 的建模结构中所看到的那样，通过组合、聚合和一般化或特殊化可以在同一个图上显示多个抽象级别。这有助于将结构展示成一个垂直的、多层级的抽象。

然而行为不是这样的。行为视图应用于单层抽象结构。这有助于将行为展示成一个水平的、单层级的抽象。

通常可以通过以下方式来应用水平层级：

- **最高的上下文层级**：侧重于系统与系统或者干系人之间的交互，并允许对跨系统边界的交互进行建模。在这个级别上使用的 SysML 图最典型的就是用例图和序列图。

- **高层级，系统元素之间：**关注系统元素之间的交互，如 bdd 中的各个块。在此级别使用的典型图是序列图。
- **中层级，系统元素内：**侧重于单个系统元素内的交互，如 bdd 中的单个块。在此级别使用的典型图是状态机图。
- **低层级，系统元素行为内：**侧重于单个系统元素行为内的交互，如对 bdd 中块的操作。在此级别使用的典型图是活动图。

需要强调的是，上述提到的图都是各个层级中使用的最为典型的图。此外列举的各个层级也是普适的。

所有这些的共同点是交互一词，因为行为建模关注的是交互如何在不同的抽象层级上发生。

为了说明行为建模，在第一个示例中将只考虑其中的两个层级：系统元素内和系统元素之间的交互建模。

1. 对系统元素内的交互进行建模

要考虑的第一个抽象级别是中层级，在这里我们将会研究系统元素内的交互。

在 SysML 中，块图中的块都可以使用状态机图来定义其行为，如图 2.22 所示。

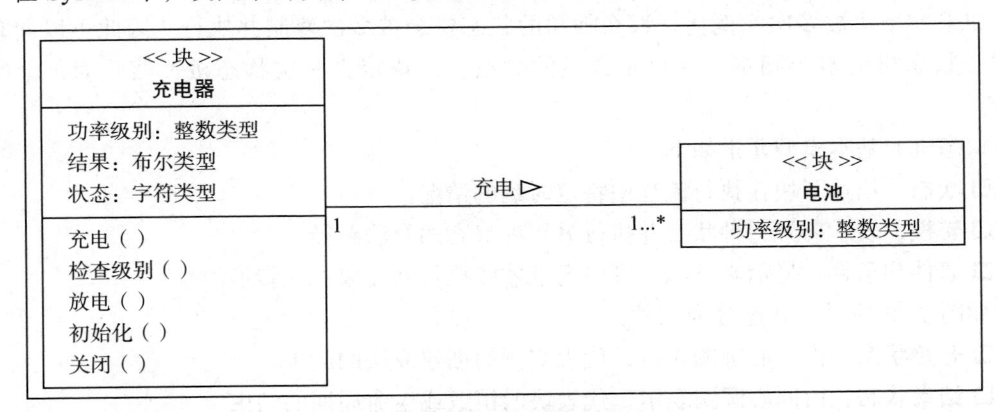

图 2.22 关于充电器和电池

图 2.22 展示的 bdd 是图 2.20 中的子集，但特意只展示了**电池**和**充电器**块。请留意每个块中定义的功能，包括属性和操作。通常情况下，会先展示一个不含任何特性的高层级视图，然后将重点放在显示这些特性的单独视图的子集上。

每个块都可以用状态机图来定义其行为，如图 2.23 所示。

图 2.23 展示了系统元素内的行为，本例是使用状态机图来表示的电池块的行为。为在概念级别具有行为的每个系统元素创建状态机。在 SysML 术语中，这意味着将为特定块定义状态机图。这个状态机跟块一样都是概念性的。当块被实例化时，它的状态机就会被执行。

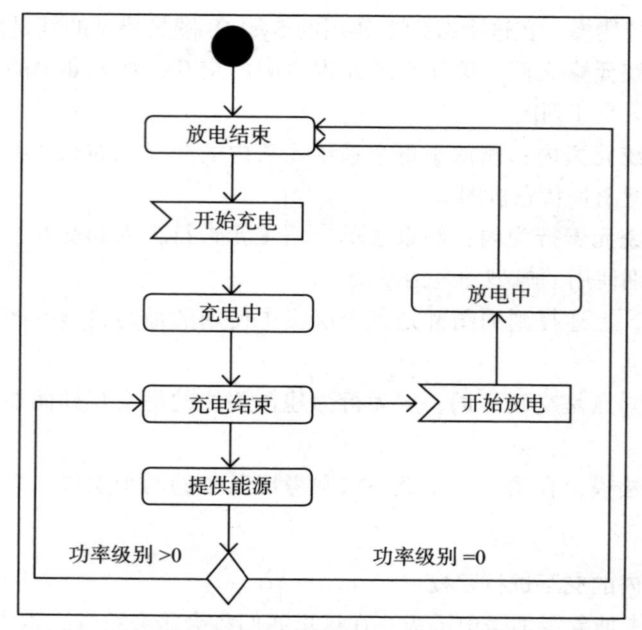

图 2.23 系统元素内的行为建模——电池的状态机图

如果一个块被多次实例化，那么相同的状态机会被多次复制并执行。因此可以同时执行同一状态机的多个副本，这也是常见的做法。为块定义一次状态机，然后为每个实例执行。

状态机的基本模型元素如下：

- **状态**，描述了块在执行流程中特定时刻的情况。
- **转换**，表示离开一种状态并执行另一种状态的合法路径。
- **事件**和**条件**，显示必须满足哪些场景才能执行并完成一次转换。

如图 2.23 所示，状态分为三种：

- **开始状态**，由实心圆圈表示，代表实例的创建或块的诞生。
- **结束状态**，由同心圆圈表示，代表块的销毁或生命周期的结束。
- **状态**，由圆角框表示，代表块满足特定条件、正在执行操作或正在等待其他事情发生的特定时刻。

图 2.23 中有许多转换，通过带有箭头的有向线条来表示。这些转换代表了各种状态直接可能的执行路径。

除此之外还有两种类型的事件可以用图来表示，分别是：

- **发送事件**，表示在状态机边界之外发送某种**消息**，用具有凸出部位的五边形表示。
- **接受事件**，表示从状态机边界外接收某种消息，用具有凹进部位的五边形表示。

图 2.23 中还显示了两个条件，每个条件都用**方括号（[]）**表示。用菱形表示逻辑判断。当做出决策并检查属性的值时，该属性必须存在于拥有状态机图的块上。

这是关于两种不同类型图之间一致性众多示例中的第一个。当考虑多个图时，检查的关键点之一就是不同图之间的一致性。请记住，图片和模型的区别在于一致性。在图 2.23 中，可以看到决策检查中会被检查的属性也出现在父块中。下面我们将会讨论更多关于一致性的例子，如图 2.24 所示。

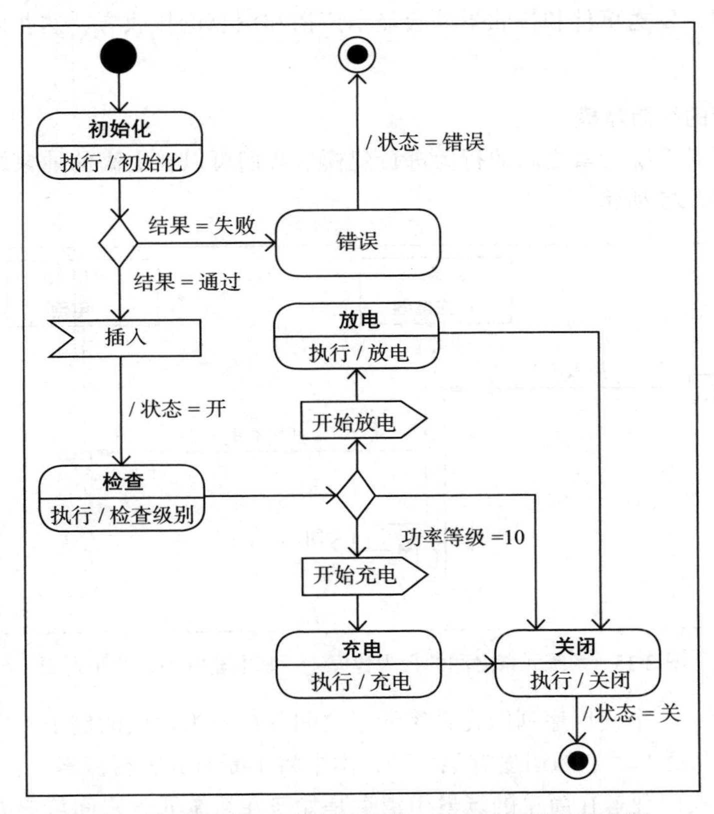

图 2.24　系统元素中的行为建模——充电器的状态机图

图 2.24 显示了充电器的状态机图，展示了关于充电器父块的更多细节和一致性。

图 2.24 展示了一些明确的可执行行为，这些行为可以在 SysML 中定义为两个粒度级别。

- **行动**（Action）：原子行为。一旦开始，就无法中断。因此，就执行行动所花费的时间而言，行动通常很短，但也并非总是如此。许多人认为行动是瞬时的，不需要花费时间，尽管这是不可能的。表示行动时由 / 符合开头，后跟具体的行动。图 2.24 中，这些行动用于显示状态属性的值如何在状态机中的不同位置进行设置。行动可能存在于转换过程或状态内部。
- **活动**（Activity）：非原子行为。即使开始，也可能会被中断。因此，活动通常被视为很耗时。表示活动时由 do 关键字开头，然后是 /，接着引用来自父块的操作。活动显示在块内，不会显示在转换过程。

在使用行动和活动时，可以将行为添加到状态机上，并强制与父块保持一致。

在收发事件时同样要强制保持一致性，这些事件可以跨状态机边界来进行收发。例如发送**开始充电**和**开始放电**事件时，肯定会有某些地方来接收这些事件。

让我们再回到图 2.23 所示的**电池**状态机图。我们也可以看到相同的消息，但这次是接收事件。请记住，发送事件和接收事件会显示广播和消息的接收方，这些内容都必须保持一致。

2. 元素之间的行为建模

使用序列图对系统元素之间的行为进行建模，我们可以在更高的抽象级别对行为建模进行观察，如图 2.25 所示。

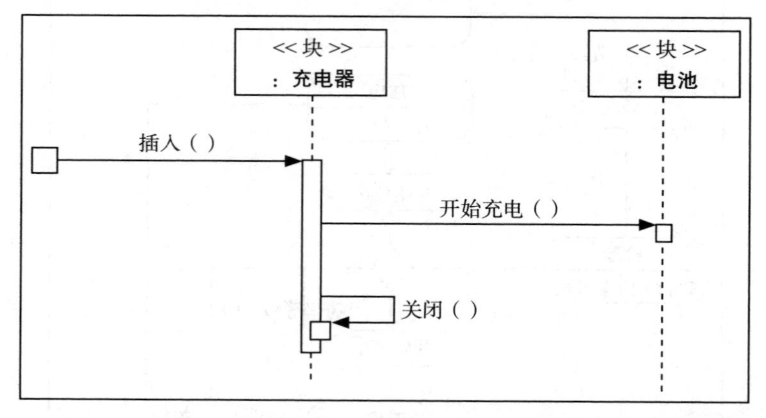

图 2.25 系统元素之间的行为建模——基本充电场景的序列图

图 2.25 显示了一个使用序列图在系统元素之间进行行为建模的例子。序列图是所有行为图中使用最为广泛的。它的用途有很多种，本书将不断对其进行探索。在第一个实例中，序列图旨在帮助我们理解在简单的**场景**中消息是如何在系统元素之间传递的。场景可以显示导致特定结果的特定事件序列，并可以探索“有哪些可能的情况”。不同于状态机图，它不能在一个图上显示所有可能的执行路径，这就是为什么对于交互块的不同组合通常会有好几个场景（使用序列图）。

组成序列图的基本建模元素如下：

- **生命线**：表示要显示的实例。用前面带有冒号的块名的方框来表示。方框下面有一条虚线，表示逻辑上时间的流逝或者进入或离开生命线的交互序列。由于生命线代表实例的集合，因此它必须直接与块相关。
- **交互**：表示不同生命线之间的交流，并使信息流可视化。交互是来自块图的关联实例，并显示可以在其他行为图（如状态机图）中看到的消息。
- **门**：表示序列图的入口点，但不一定显示它来自哪里，用小方框来表示。

图 2.25 中序列图所展示的内容如下：

- 生命线 :**电池**和 :**充电器**与 bdd 中的**电池**和**充电器**块一致。
- 交互**插入**和**开始充电**与 bdd 中的关联**充电**一致。
- 自交互**关闭**与 bdd 中的操作**关闭**一致。
- 交互**开始充电**和**开始放电**与状态机图中的事件**开始充电**和**开始放电**一致。

该序列图显示了一个简单常规场景，插入**充电器**后，**电池**成功充电。当然，还有许多其他常规场景，例如放电。场景建模的强大用途之一是显示异常或非典型的场景，例如出现错误的情况。常规场景和异常场景的组合通常被称为**晴天**和**雨天**场景建模。当考虑需求建模时，我们将更详细地探讨这一点。

2.5 领域特定语言——本体

上一节详细讨论了口语，尤其是 SysML 作为口语的使用。本节将讨论通用语言的另一半——领域特定语言，用建模术语来说就是“本体”。

本节将讨论本体的重要性并展示本体视图，这些视图会在本书中不断使用。

2.5.1 理解本体——MBSE 的基石

本体是 MBSE 中最重要的构造，因为它为模型提供了基础内容。本体几乎应用于 MBSE 的方方面面，包括：

- **领域特定语言：**成功的系统工程必须定义主要概念及相关术语，如第 1 章所述。本体是领域特定语言的可视化。
- **观点结构和内容的基础：**模型由许多视图组成，通过定义每个视图结构和内容的模板或观点来确保视图的一致性和严谨性。观点使用本体的子集来识别和定义视图中那些可以被可视化的内容。
- **模型一致性的基础：**模型必须是一致的，否则它就只是图片的随机集合，而不是一致的视图集。必须通过口语（SysML）和领域特定语言（本体）来实现这种一致性。本体元素之间的关系提供了一致性路径，这些路径确保了模型的正确性。
- **可追溯性的基础：**作为系统工程方法的一部分所产生的任何工件都可以在模型中向后（称为**可追溯**）或向前（称为**影响**）进行追踪，这点至关重要。它确保了当在项目中的任意一点上对模型任意部分进行任何更改时，可以方便快捷地确定模型其他哪些部分可能会受到影响。

因此，本体是 MBSE 的重要组成部分，正确理解本体非常重要。下一小节将介绍本书中使用和构建的本体。

2.5.2 可视化本体

第 1 章介绍了领域特定语言，并使用许多简单的图展示了概念之间是如何相互关联的。

现在可以使用本章介绍的 SysML 符号来定义本体了。这比在第 1 章和本章开始时所使用的图更精确，也更有意义。

即将构建的本体会被用于本书的其余部分。它也被称为 MBSE 本体，并基于 MBSE 社区广泛使用的 MBSE 本体最佳实践（Holt & Perry，2014）。

为了便于阅读，MBSE 本体被分解为四个图。图 2.26 是第一个图。

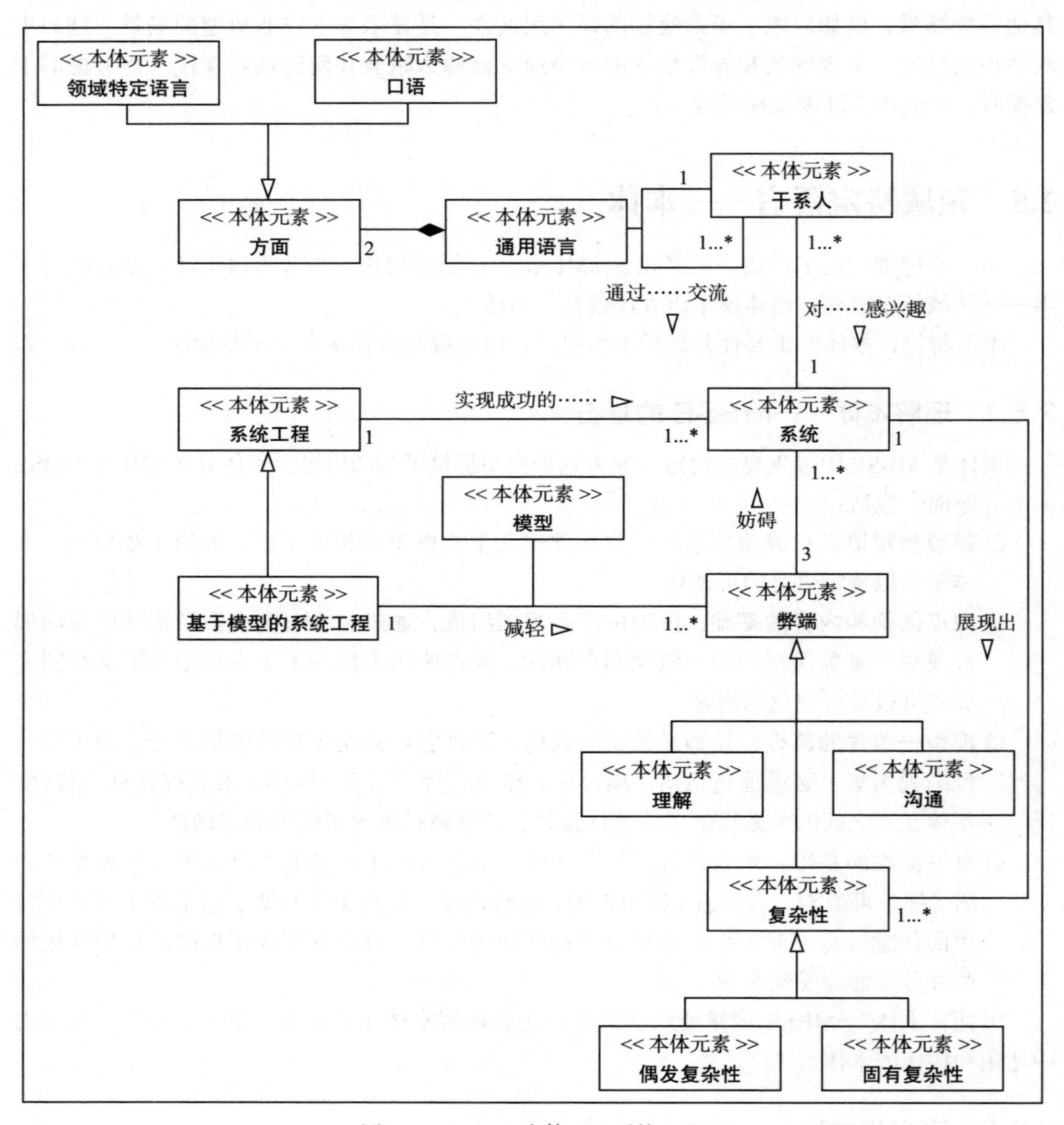

图 2.26　MBSE 本体——系统工程

图 2.26 展示了关注于系统工程的 MBSE 本体。

此图可以这样理解：

- 系统工程实现成功的系统。阻碍系统工程的三大“弊端”是**理解**、**沟通**和**复杂性**。MBSE 是一种系统工程，可以通过模型来减轻这些弊端。
- 每个系统都展现出复杂性，复杂性有两种类型：**固有复杂性**和**偶发复杂性**。
- 许多干系人都对系统感兴趣，他们通过**通用语言**相互交流。通用语言有**口语**和**领域特定语言**两个方面。

图 2.27 通过考虑系统工程的实现进行了扩展。

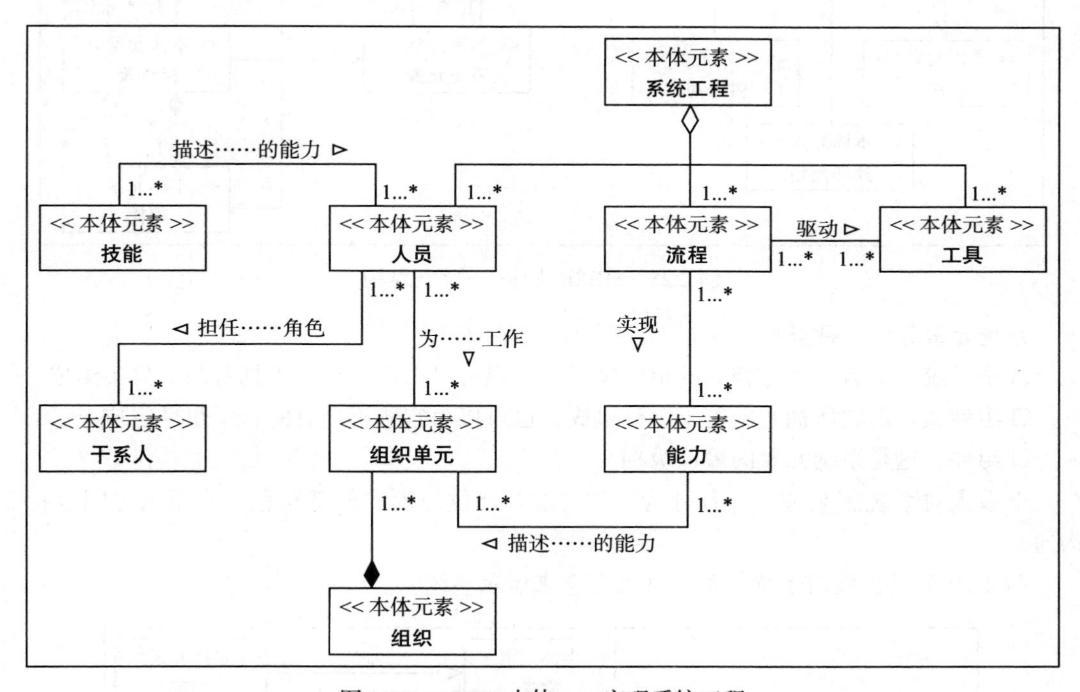

图 2.27 MBSE 本体——实现系统工程

图 2.27 展示了关注于实现系统工程的 MBSE 本体。

此图可以这样理解：

- 系统工程由**人员**、**流程**和**工具**组成。流程驱动了工具，也实现了许多能力。能力描述了组成**组织**的**组织单元**的能力。
- 很多人为不同的组织单元工作，并且人员可以担任任意数量的干系人角色。技能描述了人员的能力。

图 2.28 考虑了系统的性质。

图 2.28 展示了关注于实现系统结构的 MBSE 本体。此图可以这样理解：

系统有两种类型——赋能系统和相关系统，每种系统都拥有一些系统元素，也可能由一些不属于该系统的系统元素组成。

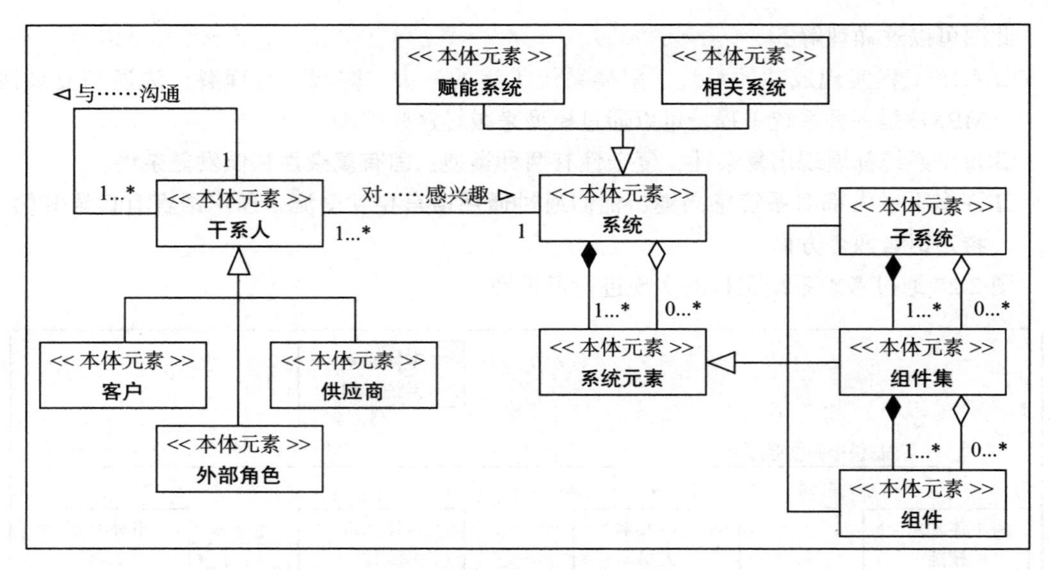

图 2.28 MBSE 本体——系统结构

系统元素分为三种类型：

- **子系统**，由若干个它拥有的组件集组成，也可以由若干个它不拥有的组件集组成。
- **组件集**，由它所拥有的若干组件组成，也可以由它所不拥有的若干组件组成。
- **组件**，这是系统元素的最低级别。

干系人对系统感兴趣，并且分为三类：客户、供应商和外部角色。干系人之间也相互沟通。

图 2.29 通过扩展与系统相关的其他概念来展示系统。

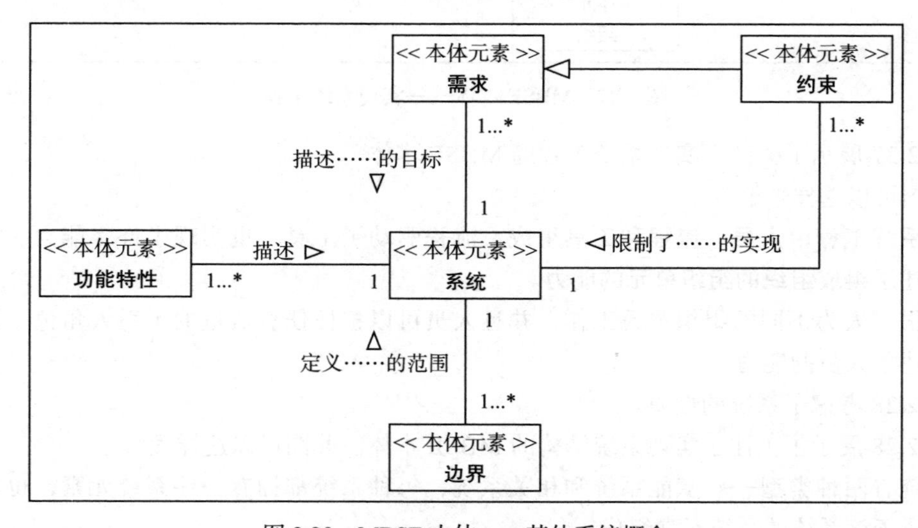

图 2.29 MBSE 本体——其他系统概念

图 2.29 展示的 MBSE 本体重点是之前在第 1 章中介绍的其他系统概念。此图可以这样理解：

功能特性描述了系统，许多边界定义了系统的范围。

需求描述了系统的目的，约束是一种特殊的需求，限制了系统的实现。

请注意，构成本体每个图的描述是如何从图转化出来的。这就是所有好模型的描述方式。

2.6 总结

本章介绍了基于模型的系统工程的概念。应该始终记住，MBSE 不是系统工程的一个分支，而是以一致和严格的方式执行的系统工程。

在 MBSE 中，与系统有关的所有知识信息和数据都包含在一个单一的真实来源中，即模型，它是系统的抽象。当干系人需要了解有关系统的信息时，都会询问模型。

既然已经介绍了 MBSE，本书的下一章将重点介绍 MBSE 的具体应用，即系统及其相关接口的应用，以及如何更详细地应用本章介绍的概念。

2.7 自测任务

- ❑ 重新阅读图 2.7 和图 2.9 中的“MBSE in a slide”，并使用 SysML 块图重新绘制它们。将重点放在关系类型和多样性上。
- ❑ 根据新的块图，使用图中所采用的一致术语编写每个块的描述。
- ❑ 思考图 2.28 中描述的系统结构概念，为你的组织来绘制该图。

2.8 参考文献

- (INCOSE 2022) INCOSE. International Council on Systems Engineering, Systems Engineering Vision 2035, Engineering Solutions for a better world. INCOSE, 2022
- (UML 2017) The Unified Modeling Language (UML), version 2.5.1, Object Management Group, 2017
- (SysML 2019)The Systems Modeling Language (SysML), version 1.6, Object Management Group, 2019
- (SysML 2022) The Systems Modelling Language (SysML) version 2.0, Object Management Group, 2022
- (BPMN 2011) Business Process Modeling Notation, version 2.0, Object Management Group, 2011
- (ISO 1985) Information processing – Documentation symbols and conventions for data, program and System flowcharts, program network charts and System resources charts. International Organization for Standardization. ISO 5807:1985

- (VDM 1998) *Alagar V.S. & Periyasamy K.* (1998) Vienna Development Method. In: Specification of Software Systems. Graduate Texts in Computer Science. Springer, New York, NY
- (Z 1998) *Spivey, J. M.* (1998) *The Z Notation: A Reference Manual, Second Edition*. Prentice Hall International (UK) Ltd
- (OCL 2014) Object Constraint Language (OCL), version 2.4, Object Management Group, 2014
- (Holt & Perry 2019) *Holt, J.D. & Perry, S.A.* (2019) Don't Panic! The absolute beginners' guide to Model-based Systems Engineering. INCOSE UK Publishing, Ilminster, UK
- (ISO 2015) ISO/IEC/IEEE 15288:2015(en) Systems and software engineering — System life cycle processes. ISO Publishing 2015
- (ISO 2015) ISO/IEC/IEEE 42010:2011(en) Systems and software engineering — Architecture description. ISO Publishing 2011
- (MODAF 2010) *The Ministry of Defence Architectural Framework*. Ministry of Defence Architectural Framework. 2010. Available from `https://webarchive.nationalarchives.gov.uk/20121018181614/http://www.mod.uk/DefenceInternet/AboutDefence/WhatWeDo/InformationManagement/MODAF/` (Accessed February 2012)
- (DoDAf 2007) DoDAF Architectural Framework (US DoD), Version 1.5; 2007
- (NAF 2007) NATO Architectural Framework Version 4. Available from `https://www.nato.int/cps/en/natohq/topics_157575.htm`
- (UAF 2017) Unified Architecture Framework Profile (UAFP), Version 1.0, Object Management Group, 2017
- (Zachman 2008) *Zachman J.* (2008) *Concise Definition of the Zachman Framework*. Zachman International
- (Holt & Perry 2020) *Holt, J.D. & Perry, S.A.* (2020) *Implementing MBSE – the Trinity Approach*. INCOSE UK Publishing, Ilminster, UK
- (Holt 2001) *Holt, J.D.* (2001) *UML for Systems Engineering – watching the wheels*. IET Publishing, Stevenage, UK
- (Holt & Perry 2014) *Holt, J.D.* and *Perry, S.A.* (2014) *SysML for Systems Engineering – a model-based approach, Second edition*. IET Publishing, Stevenage, UK

第二部分 Part 2

系统工程概念

在这一部分中，我们将简要定义系统工程的所有概念及相关术语。为了能更有效地实现系统工程，必须理解这些术语。

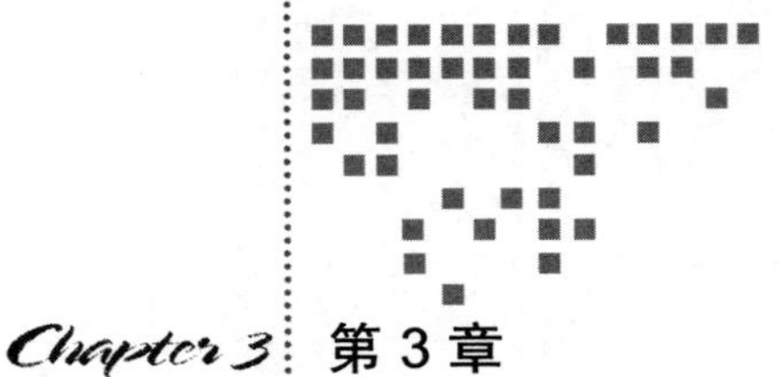

Chapter 3 第3章

系统和接口

本章将重点讨论**系统**和**接口**这两个核心概念。本章将考虑系统不同抽象级别的重要性，以及限制层次级别数量的必要性。一旦讨论了这些系统及它们的级别，就可以通过引入接口的核心概念来探讨这些不同级别的交互方式。

理解系统和接口是开发任何系统最重要的方面之一，因为它们构成了系统模型的支柱。任何系统的基础都是组成层次结构的系统元素和这些不同系统元素之间的接口。

请记住，MBSE 的整个方法建立在具有一致的本体的基础之上。因此，在详细讨论不同抽象级别之前，重要的是要了解如何证明构成模型的所有视图与底层 MBSE 的本体一致。

3.1 定义系统

构建系统工程的一个关键方面是系统本身。因此，本章的第一节用与系统和接口相关的概念和术语来定义 MBSE 本体。这将包括识别关键术语，以及准确定义以下术语的含义：

- **系统层次结构**：系统允许存在多少层结构？许多人会想到子系统的概念，但很少想到子系统下面可能存在的其他抽象级别。因此，需要解决每个子系统下存在多少其他级别的问题。
- **系统元素之间的交互**：相似的系统元素之间允许哪些交互？例如，系统与系统、子系统与子系统之间的交互。
- **级别之间的交互**：层次结构级别之间允许哪些交互？例如，系统和子系统之间的交互。

成功的 MBSE 的基石是拥有良好的**本体**。本体提供了**领域特定语言**，如第 2 章所述，本体也为构成模型的所有视图的一致性提供了基础，这将在本节中讨论。

因此，定义系统及其系统元素的关键部分是定义 MBSE 本体。本体将逐步发展，并将展现如何使用本体来帮助构建**视图**。在这种情况下，这些视图将与系统及其接口相关。

3.1.1 展示本体和系统层次结构之间的一致性

当进行系统建模时，重要的是模型需要尽可能准确地表示**相关系统**，换句话说，应精确到能够成功开发系统所必需的程度。

所有系统都有一个自然的**层次结构**，因此，建模工作的一个重点就是确保模型中的所有元素都符合当前系统的层次结构。这是通过将系统的层次结构作为本体的一部分来实现的。在第 2 章中简要介绍了本体的概念，本小节将更详细地研究这一点，并将讨论在本体中获取内容的重要性，以及层次结构中的变化。

下面的讨论将从考虑最简单的层次结构开始，如图 3.1 所示。

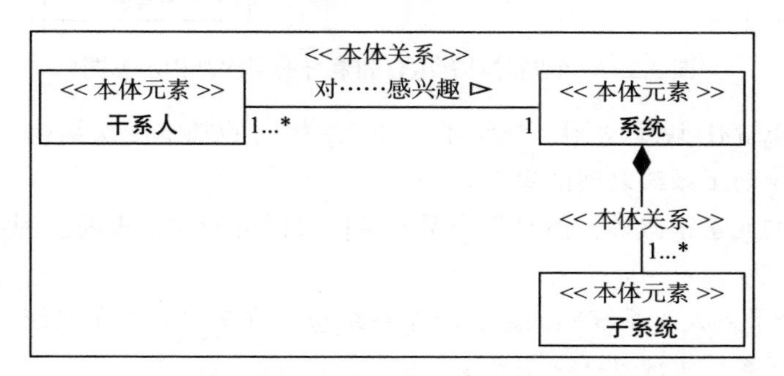

图 3.1 具有单一级别的简单系统层次结构

图 3.1 使用了 SysML 块定义图，展示了一个非常简单的**系统层次结构**，其中只有一个较低的抽象级别，即子系统的抽象级别。对系统感兴趣的干系人与系统处于同一抽象级别。这可以通过以下事实推断出来：干系人和系统之间的关系是使用使两个模型元素存在于同一级别的关联来可视化的。然而，系统和子系统之间的关系使用一种组合，这意味着子系统位于比系统更低的抽象级别。

这种视觉线索在查看框图时能够很容易地被识别出来。通过识别组合（以及稍后将讨论的聚合），可以快速地识别图中存在的各种抽象级别，并轻松找到最高的级别。这很重要，因为它为阅读图提供了一个很好的起点。因此，在图 3.1 中，开始阅读它的位置是在抽象的最高级别，这意味着该图将被解读为：

“一个或多个干系人对系统感兴趣，每个系统都包含许多子系统。”

图 3.1 中存在的每个 SysML 建模元素都构成了 MBSE 本体的一部分，这一概念将贯穿全书。图 3.1 中的每个块代表本体中的一个元素，并通过使用 << 本体元素 >> 构造型展示出来。图 3.1 中的每一个关系，在这种情况下是一个关联和一个组合，代表本体上的一个关系，并通过使用 << 本体关系 >> 构造型直观地显示出来。整个本体由一组**本体元素**和**本体关系**组成，本书中展示的所有剩余的本体视图都将遵循这一点。

然而，从这一点开始，将显示 << 本体关系 >> 构造型，以使图尽可能清晰易读。<< 本体关系 >> 构造型将被省略，但可能会被视为存在。

图 3.1 在系统和子系统之间使用了单一的组合，这意味着系统的概念拥有组成它的所有子系统。在这里，可以通过添加新关系（在本例中为聚合）来为本体引入轻微变化，如第 2 章中所讨论的（见图 3.2）。

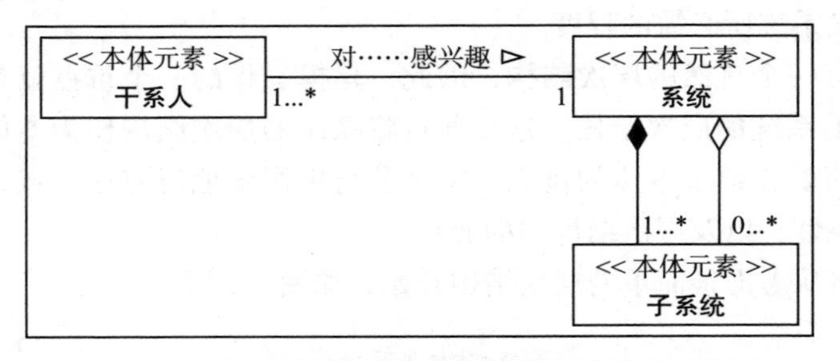

图 3.2　一个同时具有组合和聚合的层次结构示意图

图 3.2 使用 SysML 块定义图，显示了与图 3.1 相同的基本层次结构。这次引入了一种新的关系，即系统与子系统之间的聚合。

这个新添加的元素很微妙，但对整个系统结构来说可能非常重要。图 3.2 现在可以做以下解读：

"一个或多个干系人对系统感兴趣，每个系统包含许多自有的子系统。系统也可能由不属于系统的可选子系统组成。"

现在这意味着系统本身仍然由子系统组成，但是这些子系统可能属于相关系统，也可能属于其他系统。这允许可以在模型中实现的系统具有更大的灵活性。为了说明这一点，图 3.3 将考虑一些视图。

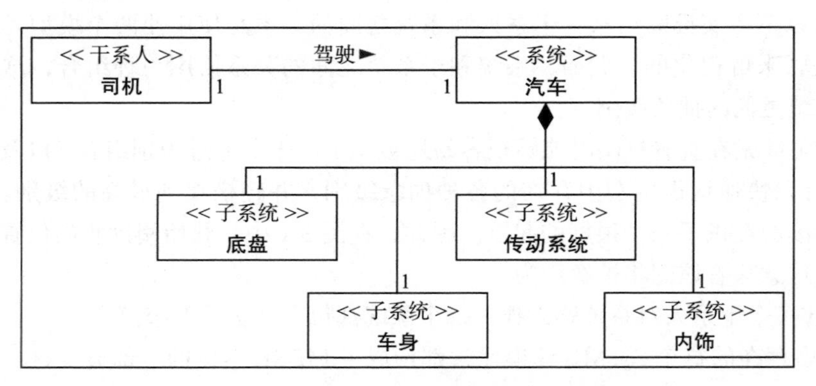

图 3.3　与本体一致的简单结构分解视图

图 3.3 显示了一个示例视图，它基于图 3.1 所示的本体，因此与使用 SysML 块定义图的本体一致。如果图与本体一致，那么它是一个有效的视图。然而，如果图与本体不一致，

那么它就仅仅是一张图片。请记住，在MBSE中，视图是作为模型的一部分而不是图片创建的，这一点至关重要。通过确保图上的每个元素都是多个本体元素或本体关系之一的实例，可以很容易地证明图与本体是一致的，如下所示：

- 图3.3中的**司机**是本体中干系人的一个实例。
- 图3.3中的**驾驶**是一个来自本体“对……感兴趣”的实例。
- 图3.3中的**汽车**是一个来自本体的系统的实例。
- **底盘、车身、传动系统和内饰**都是来自本体的子系统实例。
- **汽车和底盘、车身、传动系统、内饰**之间的所有组合都是本体中**系统和子系统**之间组合的实例。

由于图上的每个元素都是本体元素或本体关系的一个实例，因此它是一个有效的视图，而且同样重要的是，它确保与使用相同本体的任何其他视图保持一致，在本例中如图3.1所示。

此处的图通过使用从本体派生的构造型干系人、系统和子系统来显示其一致性。这同样适用于这些关系，但为了清晰起见，在图中省略了这些关系。

这是使用构造型来执行本体的一个很好的例子，它构成了可以使用建模工具创建的配置文件的关键特征之一。

因此图3.3与图3.1中的本体一致，也与图3.2中的本体一致。这是因为图3.3与本体的一个子集是一致的，因此仍然是一致的。图3.4并非如此。

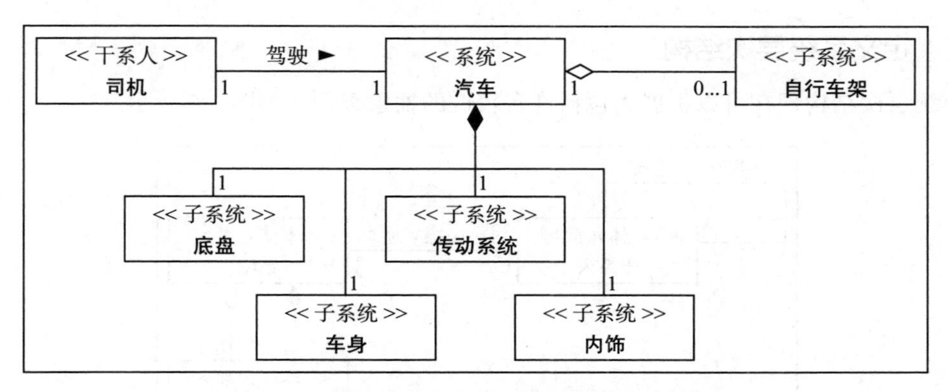

图3.4　显示组合和聚合的示例结构分解视图

图3.4显示了与图3.3相同的基本系统，但使用SysML块定义图增加了自行车架，对其进行了增强。请注意，0...1的多样性意味着自行车架是可选的。

现在可以执行先前应用的一致性检查，以证明图是否与本体一致，如图3.2所示。

- 图3.4中的**司机**是本体中干系人的一个实例。
- 图3.4中的**驾驶**是一个来自本体“对……感兴趣”的实例。
- 图3.4中的**汽车**是一个来自本体的系统的实例。
- **底盘、车身、传动系统和内饰**都是来自本体的子系统实例。

- **汽车和底盘、车身、传动系统、内饰**之间的所有组合都是本体中**系统和子系统**之间组合的实例。
- 图中的**自行车架**是本体子系统的一个实例。
- **汽车**和**自行车架**之间的聚合是系统和子系统之间聚合的一个实例。

这表明图 3.4 与图 3.2 中的本体一致，但与图 3.1 中的原始本体不一致，因为系统与子系统之间的聚合仅存在于图 3.2 中，而没有存在于图 3.1 中。

这是 MBSE 中最重要的一点。所有视图必须与底层本体保持一致，否则它们就不是视图，因此也就不是模型的一部分。

使用基于本体的一组构造型允许一种简单的方法来快速证明与本体的一致性。从现在开始，本书中显示的所有视图将使用一组构造型，这些构造型起源于 MBSE 本体，将在本书的其余部分得到发展。

此时可能出现的问题是，这两种本体中的哪一种是正确的？这个问题的答案是，它们都可能是正确的，但这取决于模型中到底包含哪些信息。图 3.1 中的本体没有图 3.2 包含的信息那么多，因此不能在视图中显示那么多的信息。然而，这并不意味着它是不正确的！重要的是，在定义本体时，充分考虑每个本体元素和本体关系的含义，然后将它们纳入本体。请记住，目的不是对尽可能多的信息进行建模，而是对尽可能多的信息进行建模，以便交付一个成功的系统。

3.1.2 定义系统层次结构

系统层次结构现在可以扩展为包括许多较低的抽象级别，如图 3.5 所示。

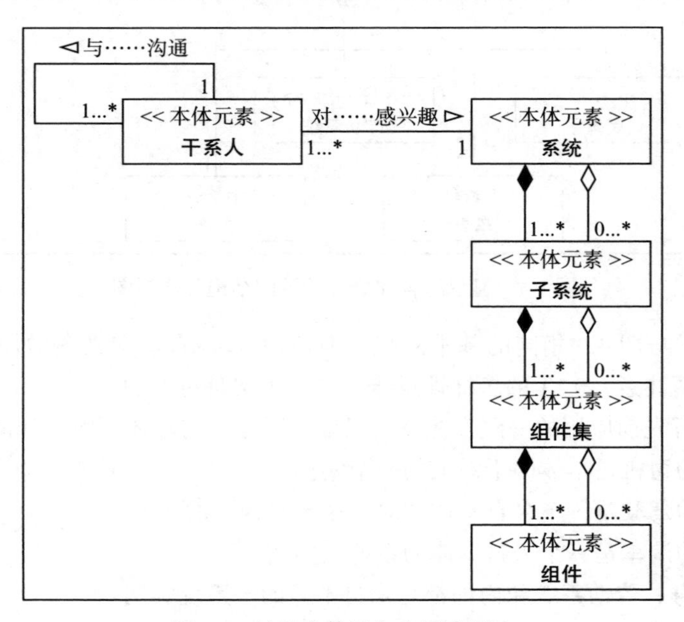

图 3.5 扩展本体以包含更多层次

图 3.5 显示了一个扩展的本体，它使用 SysML 块定义图定义了几个新的层次结构级别。每个层次都由一个较高的层次和一个较低的层次来表示：

- 每个系统包含多个自有子系统（由 SysML 组合显示），并且可能由可选数量的非自有子系统组成（由 SysML 聚合显示）。
- 每个子系统包含许多自有组件集（由 SysML 组合显示），并且可能由可选数量的非自有组件集组成（由 SysML 聚合显示）。
- 每个组件集包含许多自有组件（由 SysML 组合显示），并且可能由可选数量的非自有组件组成（由 SysML 聚合显示）。

这将产生一组四层的系统层次结构，它们可能被允许存在于视图中。

如上一小节所述，每个层次之间的关系通过组合和聚合来显示。这允许每个级别同时拥有自有和非自有的低级元素的灵活性。这将允许更大的灵活性，但请记住，目标不是灵活性，目标是表示层次结构中必要的内容。在包含或排除本体之前，必须仔细考虑每一种关系。

这些关系的存在显示了可以在视图中可视化的合法关系。因此，任何不存在的关系在视图中都是非法的。例如，一个系统包含至少一个子系统是合法的，就像它在本体中一样。但是，以下关系是不合法的：

- 一个系统包含许多组件集。
- 一个系统包含许多组件。
- 一个组件包含多个子系统。

这个列表只显示了一些不合法的关系，因为它们对应的关系在本体中不存在。

因此，本体显示了可以在视图上可视化的合法本体元素和本体关系，并禁止对本体之外的任何内容进行可视化。

图 3.4 显示了本体的合法可视化示例。因此，它是构成整个模型一部分的有效视图。

既然已经讨论并理解了基本的系统层次结构，现在应该考虑存在于相同层次结构级别的元素之间的交互关系了。

3.1.3 定义交互关系

现在已经建立了基本的层次结构，但了解层次结构各个级别之间的合法交互关系也很重要。

这些交互关系可以在图 3.6 的扩展本体中看到。

图 3.6 使用 SysML 块定义图，显示了各个层次上的元素是如何与每个层次上的相同元素交互的。实际上，从这张图中可以识别出五种不同类型的交互，它们分别是：

- **干系人到干系人。**
- **干系人到系统。**
- **子系统到子系统。**

- **组件集到组件集。**
- **组件到组件。**

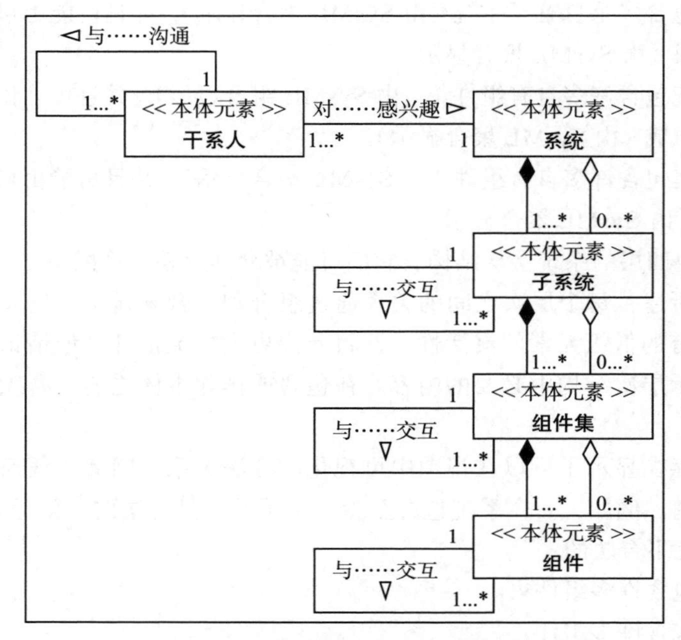

图 3.6 显示层级之间的交互关系的扩展本体

在本体的这种情况下，图上的关联标识了构成视图的不同元素之间相互交互的点。这不仅阐明了潜在交互点的位置，而且还阐明了可能不发生交互的位置。这非常重要，因为出现在本体上的每一行都有意义。例如，此本体当前不允许以下任何交互：

- **系统到系统。**
- **系统到子系统。**
- **子系统到组件集。**
- **组件集到组件。**

这并不是一个详尽的列表，但有助于后续讨论。根据这个本体，考虑系统和其他系统之间不允许交互的事实。随之而来的问题是，这是正确的吗？在这种情况下，系统和另一个系统之间的交互由干系人和系统之间的关系来表示，因为其他系统被认为是干系人。这可能很好，但对于不同的组织，这可能不正确，在这种情况下应该添加额外的关系，例如每个系统与一个或多个其他系统交互。

重要的是要摆脱只能有一个正确定义的观念，因为不同的组织（实际上，同一组织内的不同群体）可能会以不同的方式看待相同的概念。关键是要确保本体准确地反映感兴趣组织的领域特定语言，而不是试图创建一个满足所有组织需求的本体。请注意，这些交互是在位于系统层次结构中相同抽象级别的模型元素之间的水平交互。

下一组要讨论的非法交互是存在于系统层次结构的不同级别之间的交互：系统到子系统、子系统到组件集以及组件集到组件。在此处显示的本体的情况下，相邻级别之间或任何级别之间不允许交互。这是本体的一个重要方面。人们可能倾向于在不同级别之间进行垂直交互，以及在相同级别之间进行水平交互。这本身并没有错，但是从管理模型复杂性的角度来看，几乎总是建议限制交互的数量，而不是为了它而允许所有可能的交互。

在第 1 章中，讨论了复杂性体现在模型元素之间的交互中。本体允许精确地管理和控制这种复杂性，因为它识别和定义了所有合法的交互，并且在本体中控制这些交互的数量和性质，这是朝着管理整个系统中的复杂性迈出的积极一步。

3.2 描述接口

只要定义了此类交互，就有可能识别这些模型元素之间的**接口**。控制接口是系统工程的关键部分，因为它允许控制不同模型元素之间的交互。MBSE 允许使用一组已建立的建模视图来标识、定义和管理接口。本节将描述一组允许对任何接口进行建模的视图。

3.2.1 识别接口

为了便于讨论，我们将重点关注系统层次结构的三个最低级别之间的关系，如图 3.7 所示。

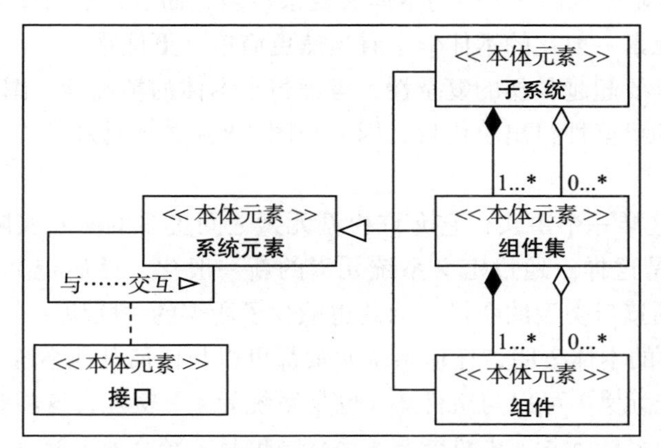

图 3.7 识别系统元素之间的通用接口

图 3.7 使用 SysML 块定义图显示了系统元素之间存在的接口概念。从建模的角度来看，请注意如何引入一般化关系将子系统、组件集和组件组合到一个新的通用模型元素中，该元素名为**系统元素**。该图可以作如下解读（暂时忽略之前讨论的组合和聚合）：系统元素有三种类型，即子系统、组件集和组件，每个系统元素通过接口与一个或多个其他系统元素交互。

请注意，系统元素块之间的**交互**关系意味着这种关系被继承到其专用块。这无疑使该图比替代方案更优雅，如图 3.8 所示。

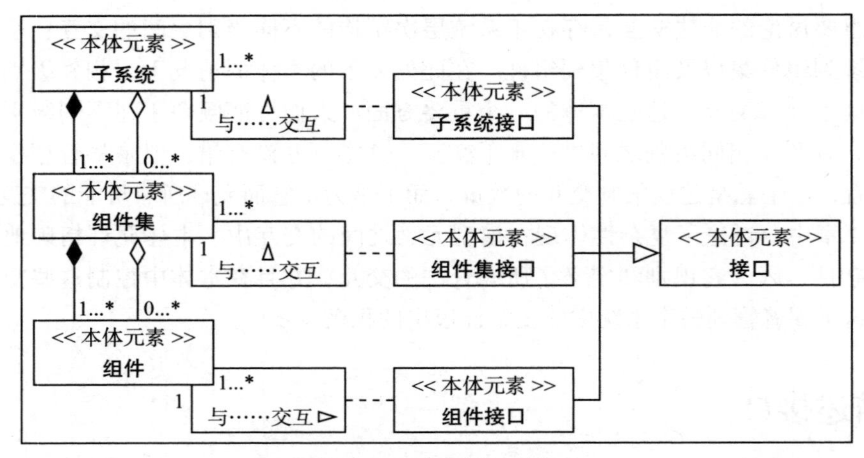

图 3.8 识别显式接口类型

图 3.8 显示了使用 SysML 块定义图来定义接口的另一种方法，这次是在系统层次结构的特定级别之间定义显式接口。因此，该图内容如下所示：

“每个子系统通过子系统接口与一个或多个其他子系统交互。每个组件集通过组件集接口与一个或多个其他组件集交互。每个组件通过组件接口与一个或多个其他组件交互。子系统接口、组件集接口和组件接口统称为接口类型。”

图 3.8 中的本体显然比图 3.7 中的本体要复杂得多，而且，从每个本体的文本描述中可以看出，使用系统元素一般化的本体乍一看当然更简单、更优雅。

但是，重要的是要超越最初的复杂性，考虑每个本体的精确性。图 3.7 中更简单、更优雅的本体为其增强的可读性付出了代价，因为与图 3.8 中的本体相比，它实际上允许更复杂的视图。

上一节讨论了这样一个事实：它允许模型元素之间更多的交互实际上会导致模型复杂性的增加。这里就是这样。通过定义系统元素的新一般化，然后定义与之交互的自交互，这确实减少了定义的接口类型的数量，因此也减少了所需的关联块。

然而，图 3.7 中的本体表明，任何系统元素都可以与任何其他系统元素交互。这实际上意味着子系统（系统元素）可以与组件集（也是系统元素）交互，这将是级别之间的垂直交互。一个组件（作为系统元素）也可能与子系统（也是系统元素）交互，这实际上是一个在多个层次之间跳转的交互。

同样，这两种方法都是正确的，但重要的是理解选择使用不同建模构造的含义。同样，目的不是使本体尽可能简单，而是使它尽可能简单以便成功地实现系统。

3.2.2 定义接口

本体已用于明确识别接口可能存在于整个模型中的位置。识别接口很重要，但准确定义接口的含义以及可以使用哪些视图来表示接口也很重要。这是通过扩展本体实现的，具体地说，是通过扩展接口本体元素实现的，如图 3.9 所示。

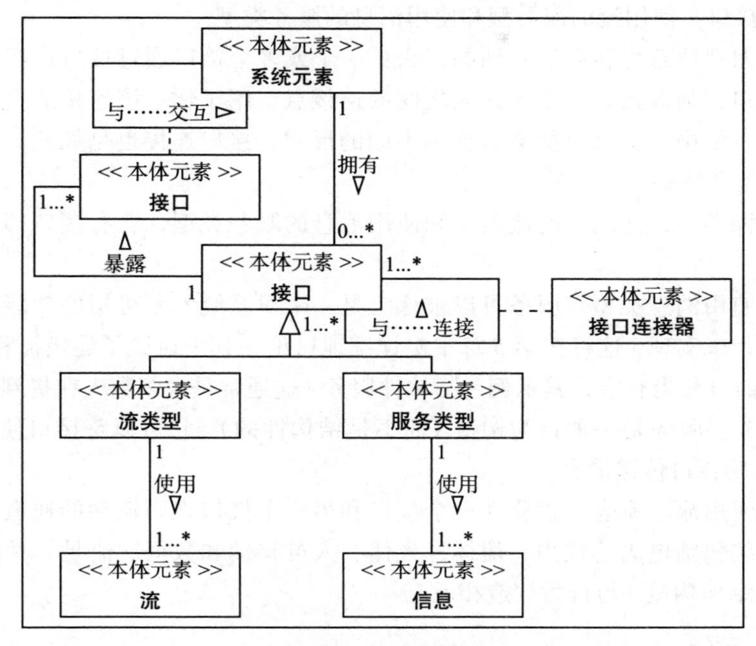

图 3.9 定义接口概念

图 3.9 显示了如何通过定义其他本体元素并使用 SysML 块定义图将它们与接口关联来进一步描述接口的概念。

这里的图继承自图 3.7 中的本体，但也可以很容易地与图 3.8 中的本体相关联。接口本身的定义对于两者是相同的，不同的是在系统元素和接口之间只有一个单独的拥有关系，这将被扩展为接口和每个子系统、组件集和组件之间的三个独立关系。

因此，阅读图 3.9，可以解读出以下内容：

"每个系统元素通过接口与一个或多个其他系统元素交互。每个系统元素可能拥有零个或多个接口，每个接口暴露一个或多个接口。"

每个系统元素可能拥有零个或多个接口，这意味着接口是可选的，并且有可能拥有一个不拥有任何接口的系统元素（无论它是子系统、组件集还是组件）。这允许模型具有灵活性。每个接口可以被认为是两个元素之间的连接点。在现实生活中，这些几乎可以是两个元素连接在一起的任何东西，可能是各种各样的电源插座、计算机上的接口、房间之间的门、人的眼睛和耳朵、手指、墙上的洞等。重要的是，不要把接口的概念限制在计算机的插头和插座上，这通常是人们在使用接口术语时首先想到的。在系统工程的世界中，现实生活中的接口非常多样化。

每个接口都暴露一个或多个接口，该接口指的是接口之间可能传递的内容，无论是服务还是物质流。稍后将详细阐述这些问题。

继续阅读该图，可以看到一个或多个接口通过接口连接器连接到一个或多个其他接口。有两种类型的接口，使用流的流类型和使用消息的服务类型。

现在让我们把注意力转向这句话的开头：一个或多个接口通过接口连接器连接到一个或多个其他接口，强调接口是系统元素之间的连接点。用于建立该连接的介质称为接口连接器。在现实生活中，接口可能会有许多不同的形式，接口连接也是如此，例如管道、电线、空气、廊道和镜头。

接口有两种类型，使用流的流类型和使用消息的服务类型，所有接口都可以归为这两种类型之一。

服务接口使用消息类型。服务可以被认为是一个对系统元素可用的功能级别，并且可以通过许多流程来实现（这将在第 5 章中更详细地讨论，其中讨论了建模流程）。服务就其所代表的意义而言相当有限，其示例包括软件服务（这通常是大多数人在提到服务时会想到的）和生活服务。服务是一种行为构造（而不是结构性的），它可以跨接口使用（而不是流动），并且允许跨接口传递消息。

流式接口使用流。流表示物质在一个接口和另一个接口之间流动的通道。流可以是多种多样的，示例包括电力、武力、流体、气体、人员移动和数据。流是一种跨接口传递的（而不可用）的结构构造（与行为构造相反）。

3.2.3 接口建模

本小节考虑如何使用 SysML 对接口进行建模。与所有建模一样，总是有不止一种建模方法，因此本文将基于最佳实践进行介绍。

与所有模型一样，有必要同时考虑接口的结构和行为方面：

- 在考虑接口的结构建模时，需要识别接口，定义接口及其相关的流和服务，还需要定义接口的连通性。
- 在考虑接口的行为建模时，有必要考虑服务的顺序和接口之间的相关消息，以及可能存在的任何协议。

通过创建多个视图来执行结构和行为建模，每个视图都将使用多个不同的 SysML 图进行可视化。当然，可以使用任何合适的表示法来可视化相同的视图，但是，就本书的目的而言，只考虑 SysML 表示法。

1. 建模结构分解视图

将考虑的第一个视图是能够为每个拥有接口的系统元素标识接口及其相关接口的视图。因此，可以考虑作为整体结构的一部分描述的任何系统元素。对于此示例，请考虑构成子系统传动系统的组件，如第 2 章中所述的那样（见图 3.10）。

图 3.10 显示了传动系统子系统的结构分解视图，使用了 SysML 块定义图。请注意此处使用的术语“视图”，因为通过 SysML 块图区分视图和视图的可视化非常重要。在继续之前，请考虑以下视图，在本例中为结构分解视图：

❑ 它的目标受众是系统工程师、设计工程师和经理。

❑ 视图的目的是提供单个子系统的概述，并标识其组成组件集以及它们之间的关系。

❑ 视图的内容是单个子系统和一个或多个组件集。组件集可以通过组合或聚合与所选子系统相关联。组件集交互关系也可以与组件集类型一起显示。

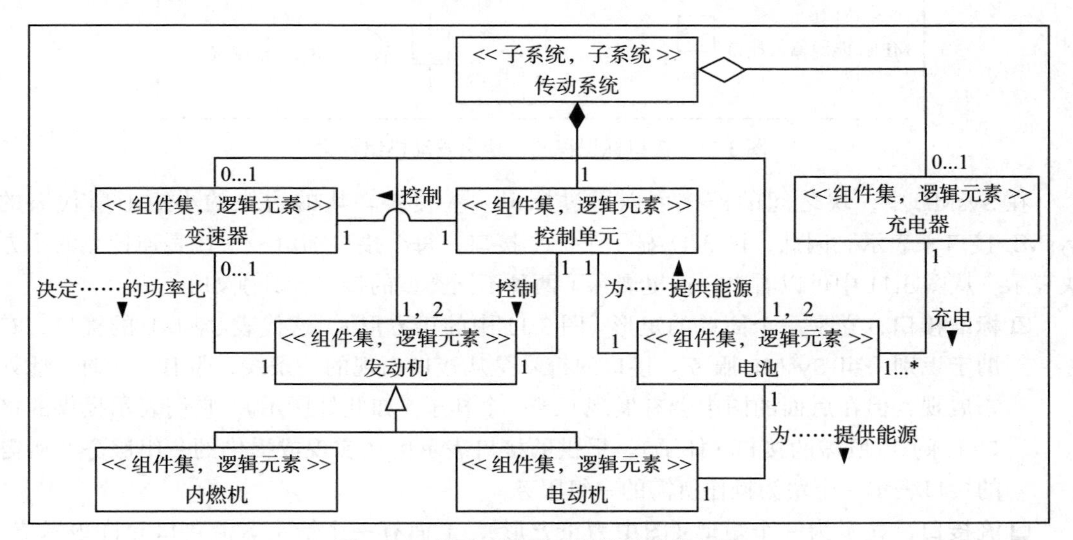

图 3.10　传动系统子系统的结构分解图

在定义这些点时，现在已经确定这是一个有效的视图。

结构分解视图使用 SysML 块定义图进行可视化。

结构分解视图可解读如下：

“传动系统里面不包括变速器，也可能仅有一个变速器，包含一个或两个发动机，一个控制单元和一块或两块电池。所有这些都是系统拥有的。它可能没有充电器，或者只有一个充电器，并且系统并不拥有。

充电器为一块或多块电池充电，每块电池为控制单元和电动机提供动力。控制单元控制变速器和发动机，其中发动机有两种类型：内燃机和电动机。系统可能没有变速器，可能有单个变速器，决定发动机的功率比。”

在显示不同组件集之间的关系时，该视图还有助于识别组件集之间的潜在接口。事实上，组件集之间的每个关系都可能是一个接口。

2. 构建结构识别视图

图 3.11 显示了一个接口标识视图，它将允许接口被识别并将其分配给各个系统元素。

图 3.11 显示了一个接口标识视图，在这种情况下，该视图使用 SysML 块定义图聚焦单个组件集——发动机。

用于可视化该视图的 SysML 图是一个块定义图，但这次引入了一些高级语法，允许对接口进行建模。因此，接下来的几段将描述 SysML 的构造，以及在将它们完全应用到示例之前如何使用它们。

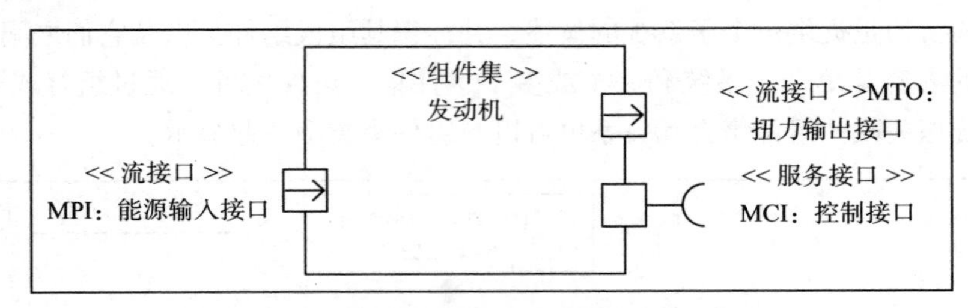

图 3.11 接口标识视图：聚焦发动机组件集

在 SysML 中，块之间的连接可以通过标识一些覆盖在块的边缘的小矩形所代表的 SysML 接口来表示。因此，图 3.11 显示了三个接口，每个接口都由一个代表连接点的小方块表示。从图 3.11 中可以看出，这里展示了两种不同类型的接口，分别如下：

- **标准接口**，它是一个简单的矩形（图 3.11 中的正方形）。这代表 SysML 的接口，有助于识别一组 SysML 服务。接口的符号是从接口出现的一条线，带有一个球（此处未展现，但在后面的图中会有展现）或一个杯子（如此处所示），它们表示提供的接口（球）或所需的接口（杯子）。提供的接口表示由块实现或提供的一组服务。所需的接口表示一个块为操作所需的一组服务。
- **流接口**，显示为一个矩形（图中为正方形），上面有一个箭头。流接口允许表示流，矩形内的箭头表示流的方向。方向可以是指向块的内部、指向块的外部，也可以是双向的（双向箭头）。

因此，图 3.11 显示了三个接口。它们是一个名为 MPI 的**流入**接口、一个名为 MTO 的**流出**接口和一个名为 MCI 的服务接口。

- 在 SysML 中，接口总是有类型的，这在图中显示为接口名称旁边的冒号右侧的名称。因此，在本例中，将介绍以下内容：
- 有一个名为 MPI 的流入接口，属于**能源输入**接口类型。
- 有一个名为 MTO 的流出接口，属于**扭力输出**接口类型。
- 有一个名为 MCI 的标准接口，属于**控制接口**类型。

请注意，此视图仅识别接口存在的位置，它没有定义接口的性质或类型，这将在下一个视图中描述。

这里要说明的最后一点是关于构造型的使用。如前所述，构造型（符号 <<>> 中的文字）指的是在此视图中实现的本体元素。这可能会导致一些混淆，因为本体中使用的术语（领域特定语言）与 SysML（口语）中使用的术语非常相似。两者之间的映射如下：

- 接口标识视图使用 SysML 块定义图进行可视化。
- 来自本体的 **<< 组件集 >>** 使用 SysML 块进行可视化。
- 来自本体的 **<< 流接口 >>** 使用 SysML 流接口进行可视化（注意，使用的两个术语是相同的，一个用于本体中的概念，另一个用于 SysML 构造）。

❑ 来自本体的 **<< 服务接口 >>** 使用 SysML 标准接口进行可视化。

这个术语可能会很容易混淆，但是，必须能够区分本体论术语和符号之间的区别。

现在可以将此视图扩展到包含其他组件集，如图 3.12 所示。

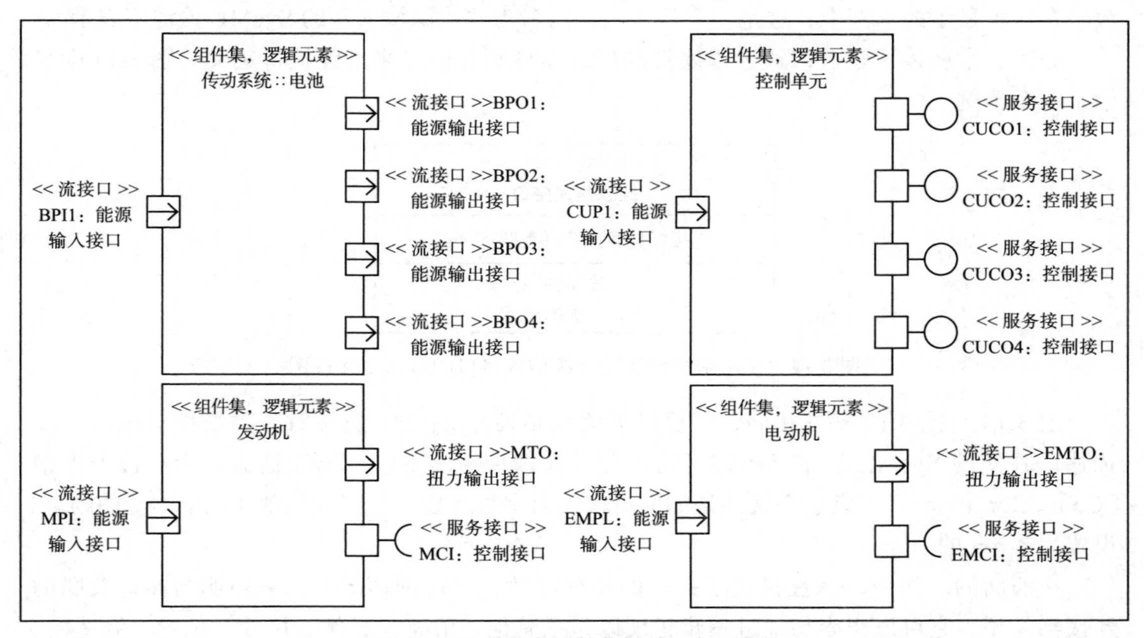

图 3.12　显示多个组件集的接口标识视图

图 3.12 显示了一个接口标识视图，使用了 SysML 块定义关系图，但这次显示了多个组件集。这是一个非常有用的视图，因为它可以被视为提供了一个可在配置系统时使用的标准元素库，稍后会详细介绍。

另请注意，提供的（球）和所需的（杯子）接口在此处显示为不同组件定义的一部分。这些视图也可能非常具有技术性，而且由于使用了高级的 SysML 语法，这对于非 SysML 专家来说，可能会不像其他视图那样易读。这也是为什么在决定该视图的内容时要考虑哪些干系人可查看该视图的另一个重要原因。

3. 构建接口定义视图

现已经通过接口标识了接口，就可以通过创建接口定义视图来描述每个接口。最初将考虑单个接口，如图 3.13 所示。

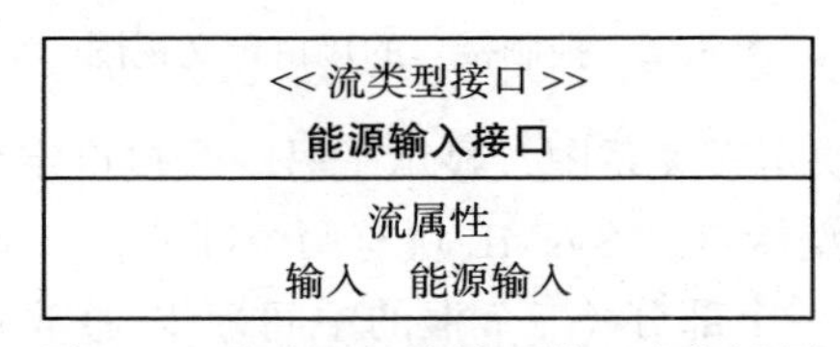

图 3.13　聚焦于扭力输入接口定义视图

图 3.13 显示了一个接口标识视图，该视图侧重于单个流类型接口，在本例中为能源输入接口，使用 SysML 块定义图进行可视化。流类型接口在 SysML 中使用一个块显示，该块下面有一个特殊的部分，该部分具有流属性的 SysML 标签。此间隔用于识别通过接口的流。在这里显示的示例中，这是一个传入流，由名为“能源输入”的 SysML 关键字表示。

如第 2 章所述，还可以通过以属性的形式添加额外信息来增强接口定义。图 3.14 中显示了一个示例。

<< 流类型接口 >>
能源输入接口
连接器类型：字符类型 =3-pin
流属性
输入 能源输入

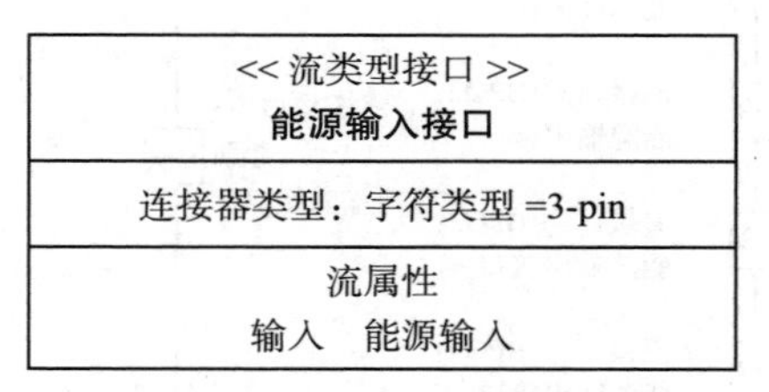

图 3.14 显示附加属性的能源输入接口的接口定义视图

图 3.14 与图 3.13 基本相同，但已扩展为包括使用 SysML 属性对流类型接口的进一步描述，并使用 SysML 块定义图进行可视化。在这种情况下，该属性被命名为连接器类型（Connector_type）。注意这个属性是如何被输入为字符类型并且将默认值（一个不变的约束）设置为 3-pin 的。

在前面的示例中，属性描述了接口的物理特性。在这种情况下，它声明与接口关联的连接器类型。它可以很容易地进一步扩展以包括其他一般特征，例如尺寸、位置、制造商、材料和颜色等。

另一种类型的接口——服务类型接口，也作为一个块来划分，但是使用了不同的 SysML 语法来描述它，如图 3.15 所示。

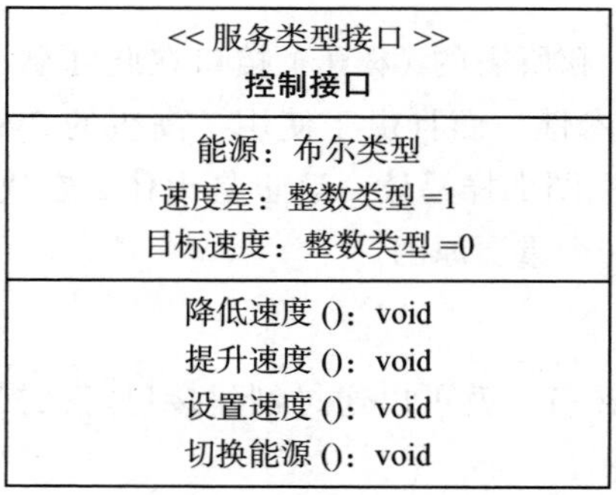

<< 服务类型接口 >>
控制接口
能源：布尔类型
速度差：整数类型 =1
目标速度：整数类型 =0
降低速度 ()：void
提升速度 ()：void
设置速度 ()：void
切换能源 ()：void

图 3.15 控制接口的接口定义视图

图 3.15 使用了 SysML 块定义关系图，显示了另一个接口定义视图。这一次，它描述的是服务类型接口而不是流类型接口。SysML 块有两个部分，如下所示：

- **属性**，此处显示在第一个部分（三个框的中间），以通常的方式表示，因为它们是键入的并且可以显示默认值。服务类型接口上的属性通常表示服务正在使用的数据，尤其是在对软件服务进行建模时。

- **服务**，此处显示在第二个部分（三个框的最下面）中，表示为 SysML 操作。这些操作表示跨接口可用的服务，无论它们被认为是提供的服务还是所需的服务。

通过创建流类型定义视图，及以类似的方式来定义流类型，接下来将会讨论。

4. 构建流类型定义视图

组成接口一部分的流也可以用类似于前面视图的方式定义。图 3.16 显示了流类型定义视图的一个示例。

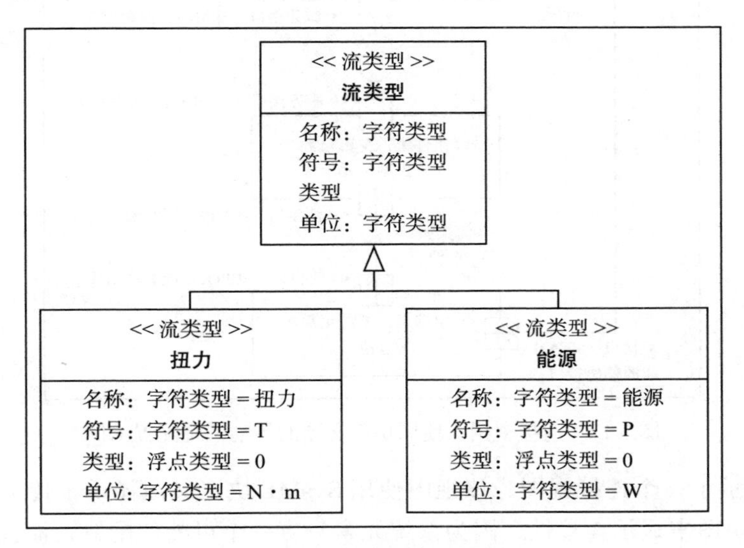

图 3.16　流类型定义视图

图 3.16 显示了使用 SysML 图可视化的流类型定义视图。该图显示了具有四个属性的通用流类型，如下所示：

- **名称**，这是流类型的全名。这看起来像是重复了，因为块的名称通常与此属性名称的值相同。然而，情况并非总是如此，因为块名称通常可以是全名的缩写形式。
- **符号**，显示 SI 符号（有一个），或缩写形式。
- **类型**，代表如何表示流类型的大小，它可以是整数、短整数、长整数、浮点数等。
- **单位**，表示国际单位制单位。

这个视图还显示了两个特殊的流类型，即扭力和能源。请注意如何使用不变约束填充每个属性的值。

5. 构建接口连接视图

到目前为止显示的所有视图本质上都是通用的，并且可以非常有效地用于形成可以在不同模型中重用的库。这是使用模型的一种非常有效的方法，因为这意味着信息只需要定义一次，然后再也不需要定义了。这是一个非常好的节省时间的方法，它通过重用自动地将一致性应用于模型。

重用这些库的主要方法之一是创建不同的连接性视图，以允许定义不同的配置。在SysML中有两种方法来显示这一点，一种使用块定义图，另一种使用称为**内部框图**的图。图3.17显示了使用块定义图的示例。

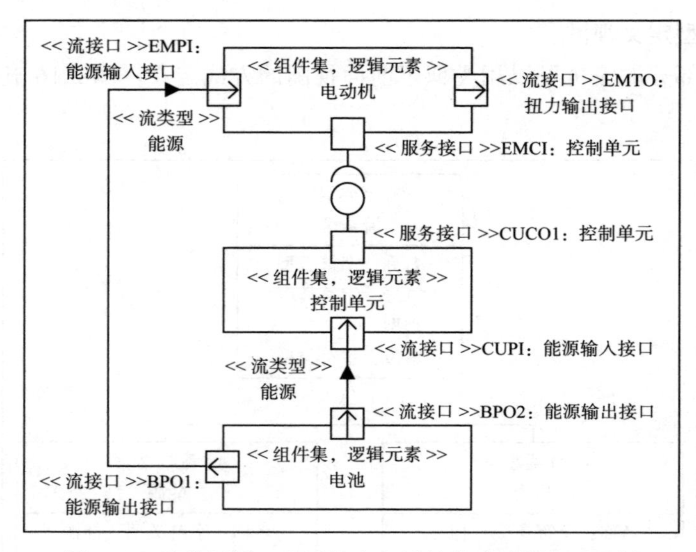

图 3.17　连接视图：使用块定义图的传动系统配置示例

图3.17显示了一个连接视图，该视图使用SysML块定义图显示了传动系统的配置示例。通常使用块图来显示连接性，因为系统元素只有一个可能的配置，而且每个块只有一个实例。

图上的流接口使用SysML **连接器**连接在一起，然后标识一个输入为流类型的**项目流**（item flow），它用填充的三角形覆盖在连接线上。图3.17中，项目流为能源。

流接口的定义必须是匹配的，因此输入和输出必须在图上对应。这些接口不必是相同的类型，但流必须是一致的。即使每个接口的输入和输出是相互的，在两端使用的接口也可以有相同的类型定义。例如，在两个接口具有相同定义和单一流向的情况下，一个接口将是流出接口，而另一个接口将是流入接口。

这会产生一个潜在的问题，但这种相互关系可以使用～符号表示，以表明一个接口是**共轭接口**。共轭接口只是流入和流出已反转的接口，同时仍使用相同的接口定义。在这种情况下，～显示在图上的接口旁边，接口中的方向箭头反转。

将服务接口连接在一起时，杯子和球符号用于显示提供的接口和需求接口，并且这些接口必须是相同的类型。还应注意，提供的接口可能只连接到需求接口，而不能连接到另一个提供接口。杯子和球的符号提供了一个简单的视觉指示。

用于显示连接性的更常见的图是内部框图，图 3.18 显示了一个示例。

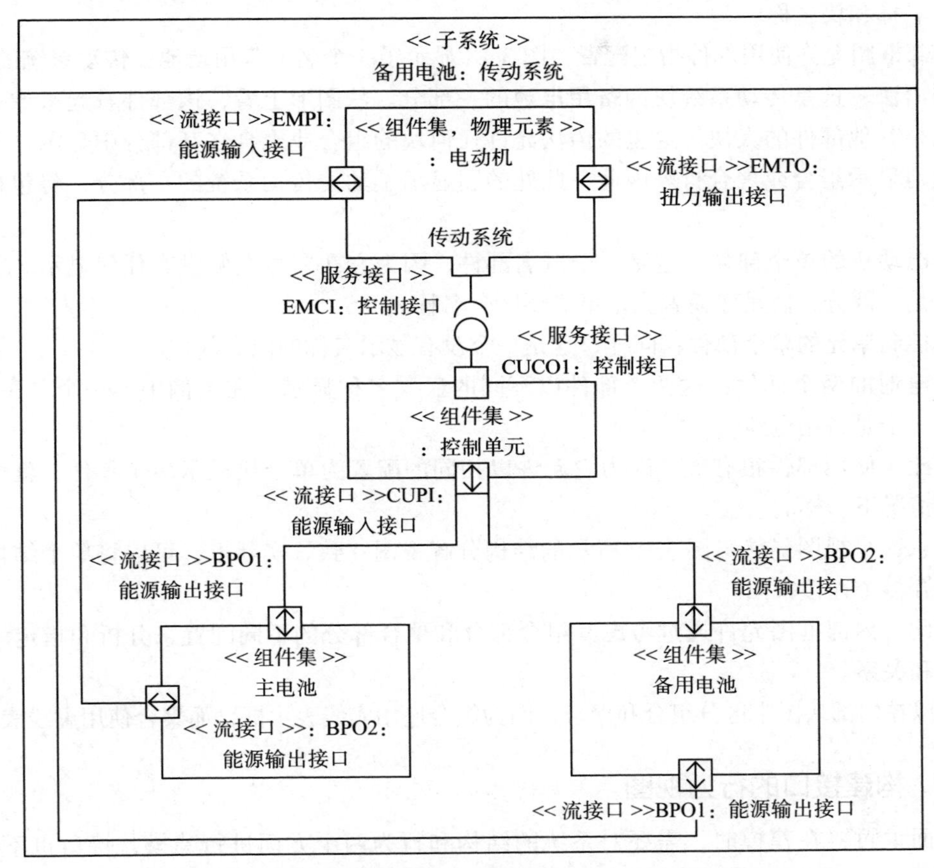

图 3.18　连接视图：使用内部框图的传动系统配置示例

图 3.18 表明了另一种方式来展示可能的传动系配置，这一次使用 SysML 内部框图。内部框图使用了 SysML 中一个非常强大的概念，即**部件**。在 SysML 中，可以有三个抽象级别对概念进行建模，如下所示：

- **SysML 块**。块允许概念在最高层次上可视化。例如，块通常用于显示汽车概念的概述。块的 SysML 语法是 Car，其中块名简单地写在矩形内。
- **SysML 部件**。这一部分允许可视化实例集合，以显示系统元素的配置。例如，汽车有多种配置，它们将基于汽车的通用概念，并为汽车的实例提供模板。部件的 SysML 语法是 Bongo:Car，其中部件名称显示在冒号的左侧，相关的块名称显示在右侧。
- **SysML 实例**。一个实例允许可视化系统元素的真实示例。例如，一辆已经购买的真正的汽车是自有财产，可以开着到处走。实例的 SysML 语法是 JonsCar:Bongo:Car 或 JonsCar:Car。冒号仍然使用，但这次整个名称加了下划线，表明它是一个实例，而不是一个部分。可以使用这两种方法中的任何一种，唯一的区别是是否显示部分名称和块名称。

内部框图允许使用部件指定配置。图 3.18 显示了一个名为**备用电池：传动系统**的大块，但根据语法，这是传动系统块的**备用电池**的一部分。从图形上看，该部件看起来像一个包含了几个其他部件的大块。这里的语法允许任何块的组合或聚合在其部分中显示，而不需要显式地显示组合或聚合行。因此，此处的图显示了动力传动系统的一部分，将包含如下内容：

- **电动机的单个部件**：这是一个匿名部件，因为它在冒号左侧没有任何显示。它仍然是一部分，但是建模者决定不需要区分名称。
- **控制单元的单个部件**：同样，这是一个没有显示名称的匿名部件。
- **电池的两个部件**：这两个部件以不同的显式名称显示，在本例中，一个是主电池，一个是备用电池。

因此，使用部件很有效，因为它允许以相同的配置为单个块显示多个零件，就像在有电池的情况下一样。

注意这个视图仍然与图 3.10 所示的结构分解视图一致，实际上，可以将单个结构分解视图展开多个连接视图。

因此，内部框图允许通过考虑其组合部分和聚合部分的不同配置来分析和指定块的内部连接和关系。

可以在内部块图中区分组合和聚合，因为组合使用实线表示框，而聚合使用虚线表示框。

3.2.4 构建接口的行为视图

前面说过，在建模时，需要对系统的结构和行为两个方面进行建模，接口也不例外。除了到目前为止已经讨论过的结构视图之外，还必须构建行为视图，否则它们不能被认为是完整的。

由于接口显示了系统元素之间的关系，因此用于捕获行为的主图是 SysML 序列图，因为它允许对系统元素之间的交互进行建模，如第 2 章所述。

下面的序列图显示了基于结构视图的传动系统中的一个简单场景，如图 3.19 所示。

图 3.19 显示了一个使用简单的 SysML 序列图的传动系统的示例场景。如前所述，可以为单个结构分解视图及其关联的连通性视图创建任意数量的接口行为视图。但这可能会导致作为整体模型一部分的视图数量大幅增加。

注意视图之间的一致性：

- **块的生命线**：序列图上的每一个生命线都与结构分解视图中的一个块直接相关。
- **关联的交互**：从结构分解视图来看，块之间的每个交互都与块之间的关联相关。
- **操作的交互名称**：各个交互的名称与接口定义视图上的服务相关，这些服务由块上的操作可视化。

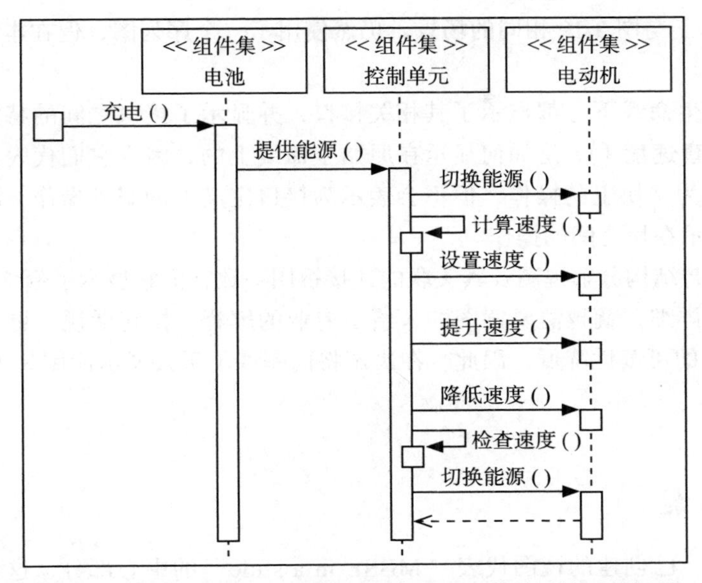

图 3.19 接口行为视图：使用基本序列图的传动系统示例场景

应用一致性可以确保接口定义的整个视图集，提供完整的定义。

还可以使用序列图上的高级符号进入额外的细节级别，不仅可以显示生命线（以及块）之间的一般交互，还可以显示这些交互中涉及的特定接口。图 3.20 显示了一个示例。

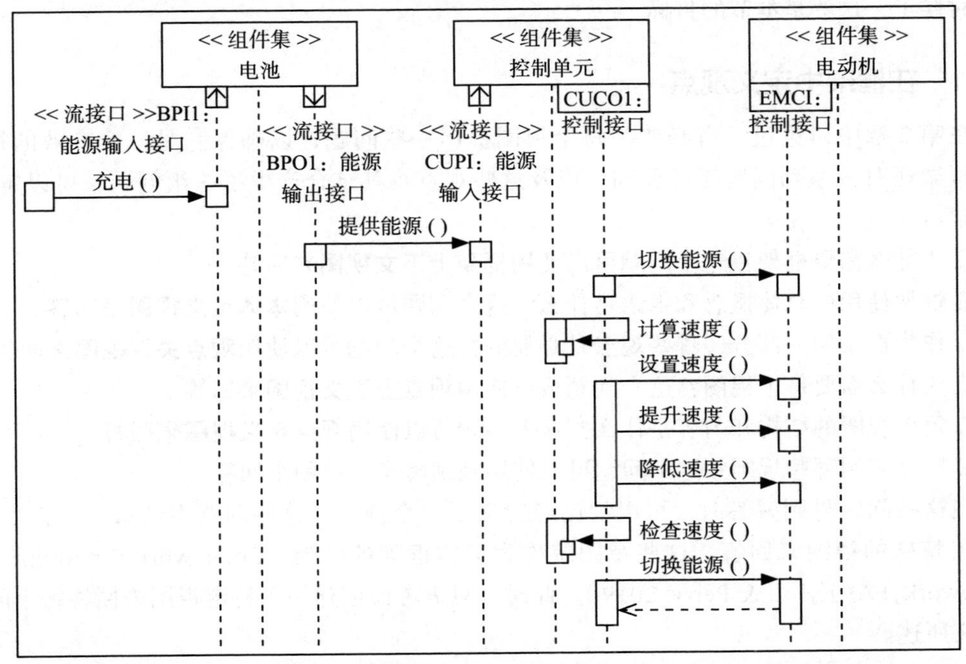

图 3.20 接口行为视图：使用带有高级符号的基本序列图的传动系统示例场景

图 3.20 显示了与图 3.19 相同的场景，仍然使用了一个序列图，但在本例中使用了一些高级语法。

现在，每条生命线下方都显示了其相关接口，并显示了接口之间的特定交互。请注意自交互（例如**检查速度 ( )**）是如何显示在原始生命线上的，因为它们代表内部交互。这些内部交互将显示为父块上的操作，但不会表示为接口定义上的服务操作，因为这些是内部操作，而不是显示在块之间的操作。

同样，此图与结构分解视图及其关联的连接视图一致，但它显示了额外的细节级别。

注意，图越详细，就越需要读图的人给出专业的解释。换句话说，更高级的语法使非 SysML 专家对图的可读性降低，因此，在决定将向哪些干系人展示使用高级 SysML 语法的视图时必须谨慎。

3.3 定义框架

到目前为止，已创建的视图代表“ MBSE in a slide”的中心部分，这在第 2 章中进行了详细讨论。每个视图都使用 SysML 进行了可视化，它表示“ MBSE in a slide”的右侧。这些视图组合形成整体模型，但这些视图必须保持一致，否则它们不是视图，而是图片！这就是“ MBSE in a slide”的左侧发挥作用的地方，因为在框架中捕获所有视图的定义是很重要的。该框架包括本体和一组观点。因此，现在是确保这些观点得到彻底和正确的定义的时候了，这就是本节的目标。

3.3.1 在框架中定义观点

在第 2 章中讨论过，有必要为每个视图提出一些问题，以确保它是一个有效的视图。整个框架还有一系列问题必须要问，以及这些观点及其结合产生了一组问题，可以定义整个框架：

- 为什么需要框架？这个问题可以使用**框架上下文视图**来回答。
- 框架使用的总体概念和术语是什么？这个问题可以使用**本体定义视图**来回答。
- 作为框架的一部分，哪些观点是必要的？这个问题可以使用**观点关系视图**来回答。
- 为什么需要每个视图？这个问题可以使用**观点上下文视图**来回答。
- 每个视图的结构和内容是什么？这个问题可以使用**观点定义视图**来回答。
- 应该应用哪些规则？这个问题可以使用**规则集定义视图**来回答。

当这些问题得到解答时，可以说已经定义了一个框架。这些问题中的每一个都可以使用一组特殊的视图来回答，这些视图统称为**架构框架的框架**（Framework for Architecture Framework，FAF）(Holt & Perry, 2019)。此时，只需考虑创建一个特定视图来回答每个问题，如下文所述。

3.3.2 定义框架上下文视图

框架上下文视图指定了为什么首先需要整个框架。它将确定对框架感兴趣的干系人，并确定每个干系人希望从框架中获得什么好处。

每个组织都将有一个单一的框架上下文观点。这个视图对于每个组织都有所不同，因为不同的组织在框架方面会有不同的需求。

框架上下文视图将使用 SysML 用例图进行可视化，这将在第 6 章中进行全面描述。

3.3.3 定义本体定义视图

本体定义视图以本体的形式获取与框架相关的所有概念和相关术语。好消息是这已经完成，因为系统相关视图的本体在图 3.6 中定义。这个视图中显示的本体元素提供了本章迄今为止创建的实际视图中所使用的所有构造型。

3.3.4 定义观点关系视图

观点关系视图确定了需要哪些视图，并且对于每一组视图，确定包含其定义的观点。可以将这些观点集合在一起形成一个视角，它只是一个共同主题的观点集合。

本章的重点是定义一组与系统和接口相关的视图。因此，创建**系统视角**是合适的。图 3.21 所示的视图中显示了目前已讨论的基本视图集。

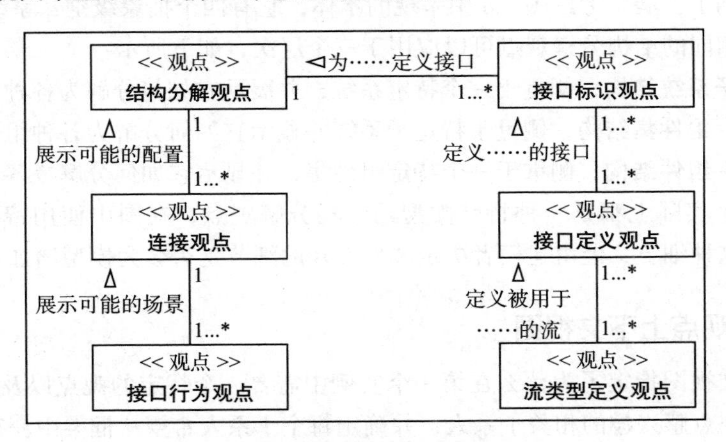

图 3.21 系统视角的观点关系视图

图 3.21 显示了使用 SysML 块定义图的系统视角的观点关系视图。此处显示的观点概念是第 2 章中“MBSE in a slide”引入的概念。

每组视图都有一个关联的观点，其中包含视图的定义。除了识别这些观点之外，确定它们之间的关系也很重要，因为这些将在稍后定义与框架相关的规则时发挥作用。

也可以使用 SysML 特殊化关系来显示特定视图的变化，图 3.22 给出了一个示例。

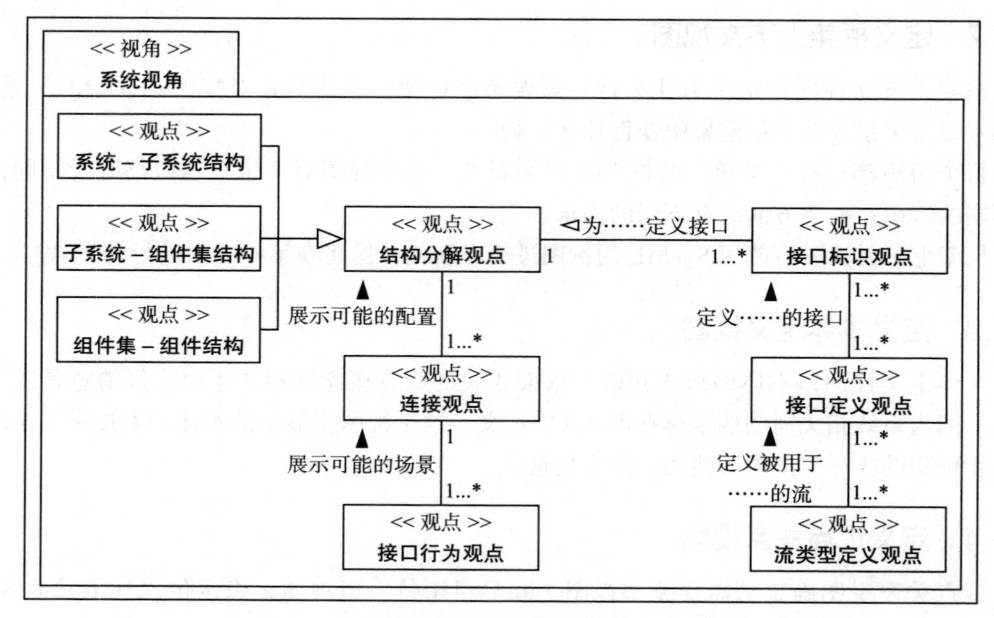

图 3.22 显示更多细节的系统视角的观点关系视图

图 3.22 显示了使用 SysML 块定义图的系统视角的观点关系视图。然而，这一次，结构分解的观点得到了扩展。考虑图 3.6 中呈现的本体，它有四个抽象级别：系统、子系统、组件集和组件。相同的结构分解观点可以应用于三个层次，如下所示：

- **系统 – 子系统结构**，侧重于一个特定系统，并展示它如何分解为各种子系统。
- **子系统 – 组件集结构**，侧重于特定子系统并显示它如何分解为各种组件。
- **组件集 – 组件结构**，侧重于一个特定组件集，并显示它如何分解成各种组件。

其中每一个实际上都是一种特殊类型的结构分解观点，在图中使用特殊化关系表示。没有必要显示这种细节，但由建模者决定添加额外的细节是否会为模型增加价值。

3.3.5 定义观点上下文视图

观点上下文视图指定了为什么在第一个实例中需要一个特定的观点以及它的一组视图。它将确定对该观点感兴趣的相关干系人，并确定每个干系人希望从框架中获得什么好处。

每个观点都会有一个观点上下文视图。每个观点上下文视图都将追溯到框架上下文视图，因为它必须有助于组织的整体期望。因此，观点上下文视图的组合集合将满足框架上下文视图中呈现的总体需求。

观点上下文视图将使用 SysML 用例图进行可视化，这将在第 6 章中进行全面描述。

3.3.6 定义观点定义视图

观点定义视图定义了包含在观点中的本体元素。它显示以下内容：

❑ 哪些本体元素在观点中被允许？

❑ 哪些本体元素在观点中是可选的？

❑ 哪些本体元素不允许出现在观点中？

结构分解观点的观点定义视图示例，具体地说，是系统 – 子系统结构，如图 3.23 所示。

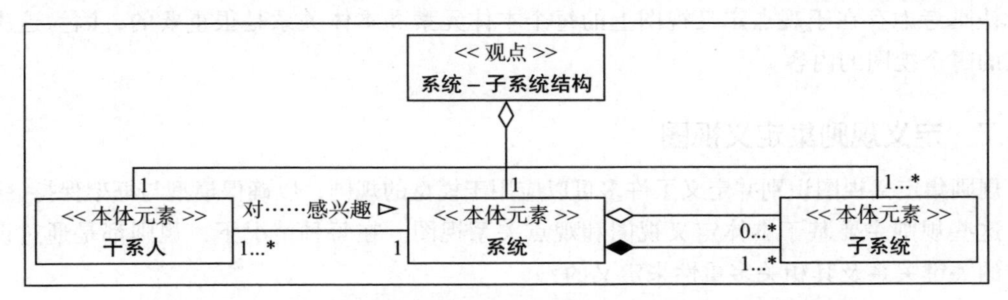

图 3.23 结构分解观点的观点定义视图——系统 – 子系统结构

图 3.23 显示了结构分解观点的观点定义视图，使用 SysML 块定义图。然而，这一次，该图具体显示了该观点的系统 – 子系统结构的特殊化关系。

此视图是一个非常重要的视图，因为它定义了该视图所描述的所有视图中允许的确切内容。该观点将始终包含以下信息：

❑ **观点**名称，构造型为 << 观点 >>，是该视图的焦点。此处标识的观点必须来自图 3.22 所示的观点关系视图。

❑ 许多本体元素的构造型为 << 本体元素 >>。这些本体元素中的每一个都必须来自图 3.6 所示的本体定义视图。

乍一看，这个视图似乎很简单，因为它包含一个单一的观点，然后是本体的一个子集，但是在这个视图中存在许多与本体元素相关的微妙之处。

每个本体元素的存在显然都很重要，因为它标识了在这个观点中允许出现的本体元素。然而，与每个本体元素和本体关系相关的多重性也同样重要。

考虑以下本体元素：

❑ **干系人**必须出现在图上，因为多重性表示 1。如果干系人是一个选项，那么多重性将是 0...1 或 0...* 或其变体。

❑ **干系人**的多重性为 1，这意味着必须有一个，并且只有一个干系人显示在观点上。如果允许在此观点上存在多个干系人，则必须将多重性设置为 1...* 或其变体。

❑ **系统**必须出现在图上，并且与干系人类似，观点上必须有且仅有系统。

❑ **子系统**必须出现在观点上，并且必须至少有一个子系统。

现在考虑以下本体关系：

❑ 一个或多个干系人对该系统感兴趣。这意味着干系人和系统之间必须在观点上存在关联。

- ❑ 每个系统都由它拥有的一个或多个子系统组成。这意味着在观点上，系统和子系统之间必须至少存在一种组合关系。这是因为子系统上的 1..* 多重性使其成为强制性的。
- ❑ 每个系统都由零个或多个不属于它的子系统组成。这意味着系统和子系统之间可能存在也可能不存在至少一种聚合关系。这是因为子系统上的 0..* 多重性使其成为可选的。

认真考虑存在于观点定义视图上的每个本体元素和本体关系是很重要的，因为这决定了它的每个视图的内容。

3.3.7 定义规则集定义视图

规则集定义视图识别并定义了许多可以应用于模型的规则，以确保模型与框架保持一致。

这些规则主要基于本体定义视图和观点关系视图。在每种情况下，规则都是通过识别存在的关键关系及其相关多重性来定义的：

- ❑ 观点定义视图上的观点之间。
- ❑ 本体定义视图上的本体元素之间。

图 3.24 显示了这些规则的一些示例。

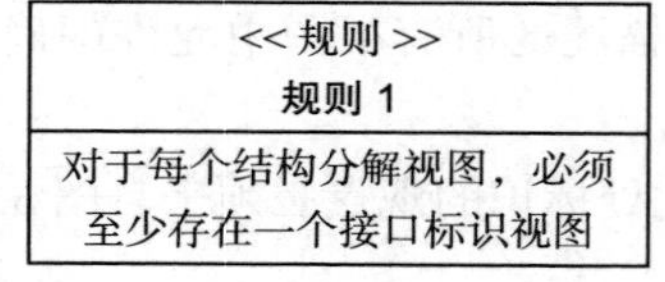

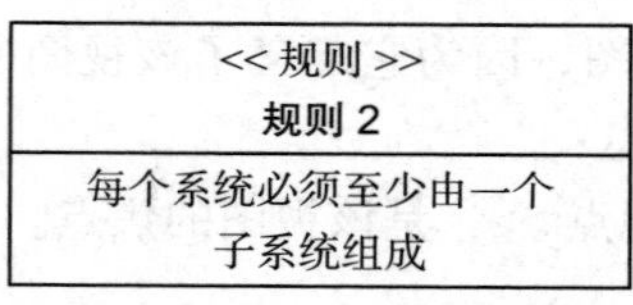

<< 规则 >>
规则 3
每个系统可以通过聚合由一个
或多个子系统组成

图 3.24 示例规则集定义视图

图 3.24 显示了一个使用 SysML 块定义关系图的规则集定义视图的示例。图上的每个块表示一个规则，该规则来自本体定义视图或观点关系视图。

这些规则定义如下：

- ❑ 对于每个结构分解视图，必须至少存在一个接口标识视图。该规则直接来自图 3.22 所示的观点关系视图。
- ❑ 每个系统必须由至少一个子系统通过组合构成。该规则直接来自图 3.6 所示的本体定义视图。
- ❑ 每个系统可以由通过聚合的一个或多个子系统组成。该规则直接来自图 3.6 所示的本体定义视图。

当然，这里可以定义任意数量的其他规则，但并非每个关系都会导致规则，因为这是由建模者自行决定的。

3.4 总结

本章更详细地探讨了系统及其接口的概念。

在本体上定义了与系统相关的不同概念，例如抽象级别以及这些级别之间的交互以及干系人的存在。可以在不同元素之间发生交互的地方识别接口。

接口是根据其不同的类型定义的，要么基于服务，要么基于流，并且为每种类型定义了几个属性，比如流和服务。然后展示了如何通过描述一组标准视图来对这些接口建模，这些视图允许表示任何接口的不同方面。

最后，使用系统架构框架将这些视图归纳为整体框架定义的一部分。该框架本身包含许多用来描述模型的视图。

了解系统的基本结构是开发任何成功系统的必要部分。如果不能理解系统，那么就永远不能断定它是成功的。理解不同系统元素之间的交互是管理系统复杂性的一个重要部分，这是通过有效的接口建模实现的。因此，本章中介绍的技能对于任何系统工程工作都是必不可少的。

最终系统交付的成功与否将取决于系统是否满足其原始需求，这将构成下一章的主题。

3.5　自测任务

- ❑ 根据本章描述的本体，为组织中系统的一部分创建一个结构分解视图。选择一个系统并确定其主要子系统
- ❑ 根据上一个问题的答案，在组合和聚合方面考虑抽象层次之间的关系，以及在关联方面和接口存在的位置考虑每个抽象层次上的关系。
- ❑ 确定视图中子系统之间至少存在一个接口，并通过创建接口标识视图、接口定义视图、流定义视图、连接视图和接口行为视图来提供描述。
- ❑ 根据前面的回答定义系统的配置。
- ❑ 从图 3.22 中的观点关系视图中选择任何观点。
- ❑ 从图 3.22 中的观点关系视图中选择任意一个观点，并使用文本创建观点上下文视图，使用块图创建观点定义视图。

3.6　参考文献

- [Holt and Perry 2019] Holt,J. D., and Perry, S. A. *SysML for Systems Engineering – A Model-Based Approach*. Third edition. IET Publishing, Stevenage, UK, 2019

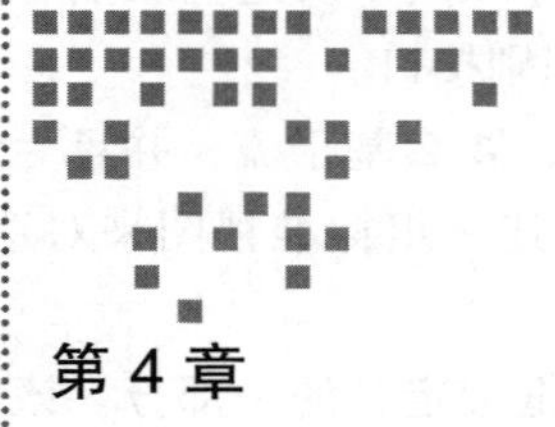

Chapter 4 第4章

生命周期

本章介绍生命周期的关键概念及其与系统工程的关系。理解和管理生命周期对于任何系统工程项目的成功都至关重要。

生命周期的概念相对比较简单。但是，与生命周期相关的许多概念却非常晦涩复杂，所以在这一领域存在很多的歧义和误解。有两个容易产生误解的领域：生命周期的类型和生命周期之间的相互作用，本章将讨论它们。

本章将使你全面了解与 MBSE 相关的不同类型的生命周期，以及如何对其进行建模。

4.1 生命周期概述

本节介绍与生命周期相关的主要概念。这些概念将使用本书前面介绍的建模技术来描述，特别是通过扩展现有的 MBSE 本体来包含生命周期概念。随着 MBSE 本体的扩展，整个本体的范围将增加以包含更多概念，但更重要的是，它将与本书之前描述的所有其他内容保持一致。与任何生命周期相关的一个关键概念是阶段，这将构成下文讨论的起点，下面将描述与生命周期相关的关键概念。

定义生命周期概念

为了成功地执行系统工程，需要理解几个主要概念和相关术语。这些主要概念如图 4.1 所示，该图显示了生命周期定义的本体定义视图的第一个版本。

图 4.1 显示了主要的**生命周期**概念。任意数量的生命周期描述了一个或多个实体随时间的演变。实体有很多种类型，稍后将对其进行探讨，但现在，将实体视为一个系统。因此，

该图的这一部分可解读为：

一个或多个生命周期描述了一个或多个实体（系统）的演变。

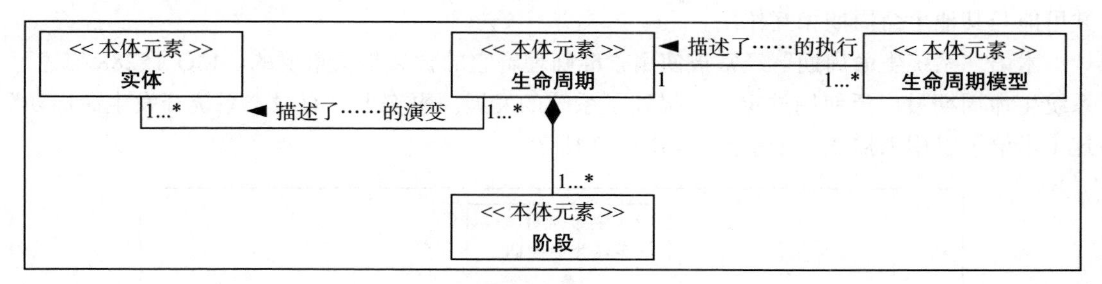

图 4.1　生命周期概念的本体定义视图

每个实体都应该被认为是随着时间的推移而进化的生命实体。因此，一个系统可以被认为是随着它的开发和部署而发展的东西。图 4.1 中要考虑的下一个重要方面是**阶段**：

每个生命周期包括一个或多个阶段。

生命周期的基本组成部分是**阶段**。一个阶段代表了一个不同的时间段，它描述了一个实体演化中的特定点。我们将在之后研究不同类型阶段的示例。

图 4.1 中要考虑的最后一部分是生命周期模型：

一个或多个生命周期模型描述一个生命周期的执行。

生命周期可以被认为是实体进化的结构表示。它定义了生命周期中涉及的阶段。 另一方面，生命周期模型可以被认为是实体进化的行为表示。因此，生命周期说明了“是什么”，而生命周期模型表示了“怎么做”。与组成生命周期的阶段相关，生命周期确定存在哪些阶段，而生命周期模型描述这些阶段的执行顺序。

存在的阶段将取决于生命周期所描述的实体的性质，可以考虑的实体类型有很多种，如图 4.2 所示。

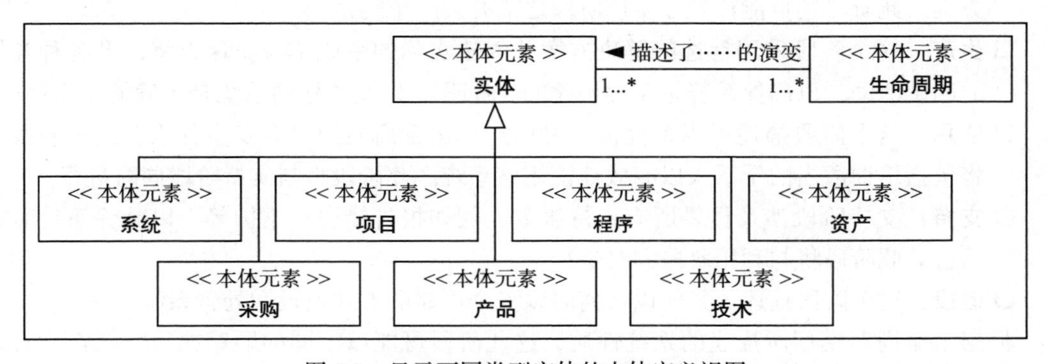

图 4.2　显示不同类型实体的本体定义视图

图 4.2 显示了一个本体定义视图，它使用 SysML 块定义图来显示七种不同类型的实体，每一种实体都有一个描述其演变的生命周期。下面将讨论这些生命周期及其相关阶段的示例。

1. 定义系统的生命周期

系统的概念可能是系统工程领域考虑的主要实体类型。它也将拥有自己的生命周期，并可能与其他生命周期相互作用。

术语“系统生命周期”经常被使用，准确理解它的含义是很重要的。ISO 15288 描述了系统生命周期最广泛使用的定义，描述了系统的发展。事实上，有时“系统开发生命周期”这个术语可以用来描述一个系统，如图 4.3 所示。

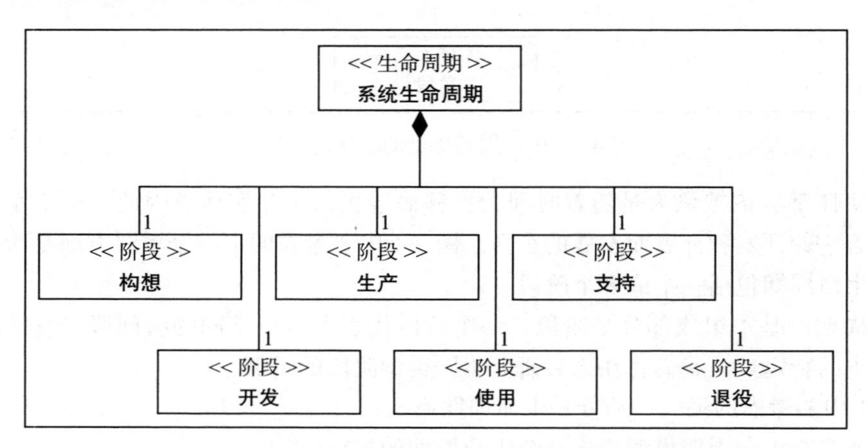

图 4.3 显示系统生命周期阶段的生命周期定义视图

图 4.3 包含了一个生命周期定义视图，显示了使用 SysML 块定义图为系统生命周期确定的六个阶段：

- **构想**：这个阶段涉及识别和定义系统的需求。这通常还包括干系人分析以及针对需求的验证和检验标准的定义。
- **开发**：此阶段涉及为与需求相关的问题确定潜在的候选解决方案，并找到首选解决方案。此阶段还可能涉及在生产阶段之前开发一个构造型。
- **生产**：这个阶段采用首选的解决方案并创建实际的系统本身。这也将涉及各种各样的测试活动，以确保系统是正确构建的（验证），以及构建的系统是正确的（检验）。
- **使用**：这个阶段描述了当系统被最终用户和运营商使用时会发生什么。这一阶段还将包括培训适当的干系人以有效地使用该系统。此阶段将与支持阶段同时进行。
- **支持**：支持阶段涉及提供所有支持服务，例如报告错误、维护等，以确保系统有效运行。此阶段将与利用阶段同时进行。
- **退役**：这个阶段描述了如何以及何时以安全可靠的方式退役和处置系统。

根据生命周期模型所描述的系统性质，这些阶段可能以不同的顺序执行，甚至会省略其中某些阶段。

上述的六个阶段也可以用作以下阶段：

- **项目生命周期**：项目生命周期描述了特定项目的演变。多个项目生命周期可以包含在单个系统生命周期中。同样，由于一个项目包含多个项目，这两者之间也存在密切联系。

- **程序生命周期**：程序生命周期位于项目生命周期之上的抽象级别，因为一个程序包含多个项目。因此，一个项目群涉及多个项目或项目组合。
- **产品生命周期**：产品生命周期是指项目的最终结果或出售给最终客户的东西。产品与系统之间存在密切的关系，因为可以认为所有产品都是系统，但并非所有系统都是产品。

对多个不同的生命周期使用同一组阶段可能会导致混淆，这就是为什么准确理解所考虑的生命周期的范围如此重要。

此外，这些生命周期所描述的实体的性质也非常相似，很容易相互混淆。因此，程序和项目密切相关，系统和产品密切相关，项目和产品密切相关，等等。

因此，在使用生命周期这个术语时，必须了解生命周期的确切性质。

2. 定义采购生命周期

系统生命周期描述了系统开发的演变流程。这个系统生命周期往往是在更高层次的生命周期内进行的，通常称为**采购生命周期**或**购置生命周期**。

使用采购生命周期的组织通常不开发自己的系统，而是为其他组织投标开发它们的系统。因此，采购生命周期通常会覆盖一个或多个系统生命周期。图 4.4 显示了采购生命周期的一个示例。

在我们之前考虑的汽车示例中，汽车制造商可能会从其他供应商那里购买一些子系统，例如发动机。采购生命周期允许在模型中捕获和定义电动机的这种采购，如图 4.4 所示。

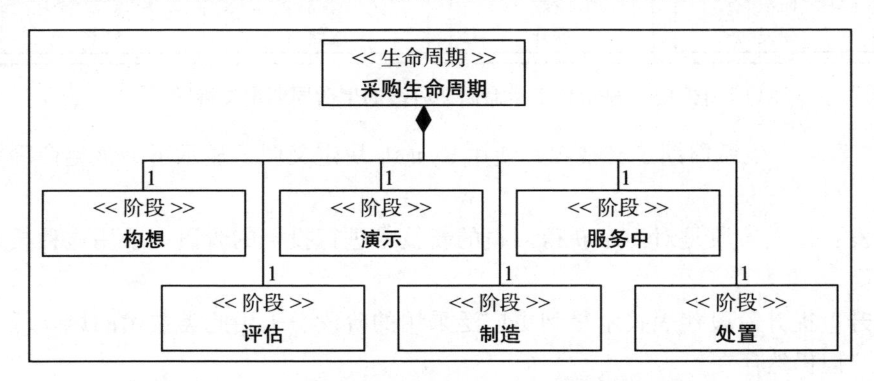

图 4.4 显示采购生命周期阶段的生命周期定义视图

图 4.4 使用 SysML 块定义图来显示了生命周期定义视图，该图显示了为采购生命周期确定的六个阶段：

- **构想**：构想阶段涉及了解要采购的系统的需求并发布用于投标基础的标书。
- **评估**：评估阶段涉及对收到的标书进行评标。在此评估的基础上，将选择一个（或更多）首选投标并进入下一阶段。

- ❑ **演示**：演示阶段关注的是确保首选供应商能够通过展示其制造能力来制造系统。
- ❑ **制造**：制造阶段涉及进行生产并确保最终系统的交付。
- ❑ **服务中**：服务阶段涉及提供所有需要的支持能力，以确保系统正确运行。
- ❑ **处置**：处置阶段涉及执行计划，以高效、有效和安全地处置系统。

采购生命周期很重要，因为它通常位于比系统生命周期更高的级别，但将有各种交互点。

3. 定义技术生命周期

一个系统的成功部署将取决于在整个系统生命周期中使用的许多技术。这就是所谓的**技术生命周期**。在系统生命周期很长的情况下，例如，如果系统有很长的支持和利用阶段，那么考虑这些技术的生命周期是很重要的。对于非常长期的产品，可能有必要确保作为解决方案一部分使用的技术在整个生命周期内仍然可用，即使该技术已经过时。举个例子，在车里播放音乐。

在 20 世纪 80 年代，这可能是一盒磁带；在 20 世纪 90 年代，这可能是一张光盘；在 21 世纪初，这可能是一个连接设备（例如电话或媒体播放器）；而在 21 世纪 10 年代，这将倾向于直接流媒体。因此，了解技术生命周期中涉及的各个阶段是非常重要的，如图 4.5 所示。

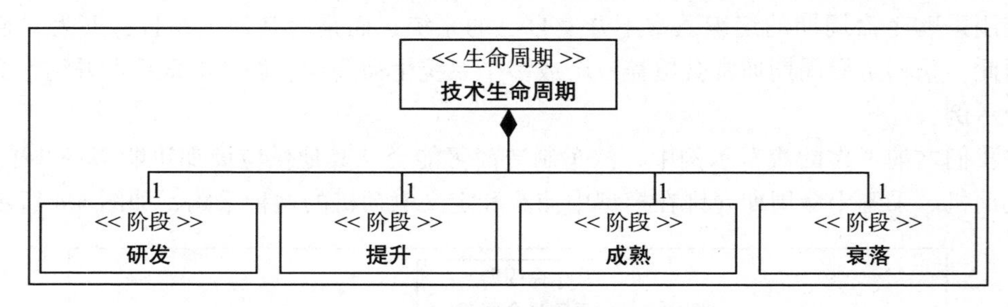

图 4.5 显示技术生命周期阶段的生命周期定义视图

图 4.5 显示了生命周期定义视图，使用 SysML 块定义图，显示了为该生命周期确定的四个阶段：

- ❑ **研发**：研发阶段是对尚未获得回报的新技术进行投资的阶段。采用这种技术的风险很高。
- ❑ **提升**：提升阶段代表技术得到更广泛采用的阶段。采用此类技术的风险低于前一阶段，但仍然存在。
- ❑ **成熟**：成熟阶段代表一种成熟的技术，与采用相关的风险很低。
- ❑ **衰落**：衰落阶段代表该技术不再像以前那样广泛使用，并且可以预见其使用的终点。在这个阶段采用技术会增加风险。

技术生命周期很重要，因为系统生命周期将依赖于它，它是由作为系统解决方案的一部分所采用的技术类型决定的。当系统生命周期很长时，这一点尤其重要，例如，如果以年为单位来衡量，随着时间的推移，技术将会过时。

4. 定义资产生命周期

最后要考虑的生命周期类型是资产生命周期。同样，资产生命周期将与系统生命周期密切相关，例如资产就是系统。但是，资产的范围要广泛得多，因为资产可以是对组织有价值的任何东西，因此也可以是人员、基础设施、设备、数据等。

理解资产生命周期中所涉及的各个阶段也是很重要的，这些阶段如图 4.6 所示。

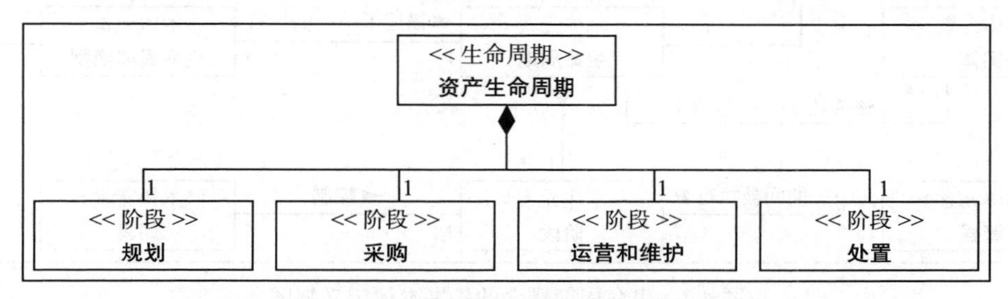

图 4.6 显示资产生命周期阶段的生命周期定义视图

图 4.6 显示了资产生命周期的生命周期定义视图，并使用块定义图进行了可视化。此生命周期确定了四个阶段：

- **规划**：规划阶段关注建立资产需求，基于对现有资产及其满足现有需求的潜力的评估。
- **采购**：采购阶段包括采购资产所涉及的活动。
- **运营和维护**：运营和维护阶段涉及提供所有所需的支持服务，以确保满足原始需求的方式安装、管理和控制资产。
- **处置**：处置阶段涉及资产从现役服务中安全有效地退役。

资产生命周期与采购生命周期密切相关，并且有一些明显的重叠。实际上，资产生命周期可以被认为处于比采购生命周期更高的层次，因为资产生命周期的阶段之一是采购阶段，它与资产的整体采购有关。

5. 描述 Vee 生命周期

现实世界中最常见的生命周期示例之一是所谓的 **Vee 模型**。关于 Vee 模型有一个非常普遍的误解：与广为人知的看法相反，它根本没有描述生命周期，但实际上显示了特定生命周期中存在的流程之间的关系。

因此，Vee 循环将在第 5 章“系统工程流程”中进行更详细的讨论，因为这一章侧重于“流程”。

流程和生命周期之间有很强的关系，许多人混淆了阶段和流程。事实上，流程是在每个阶段执行的，在某些情况下，阶段和流程之间存在一对一的关系，这可能导致概念模糊。

下面将清楚地展示该定义，其中将扩展生命周期本体以包括其他概念。

6. 扩展生命周期的概念

图 4.1 介绍的生命周期本体现在可以扩展为包括其他几个关键概念，如图 4.7 所示。

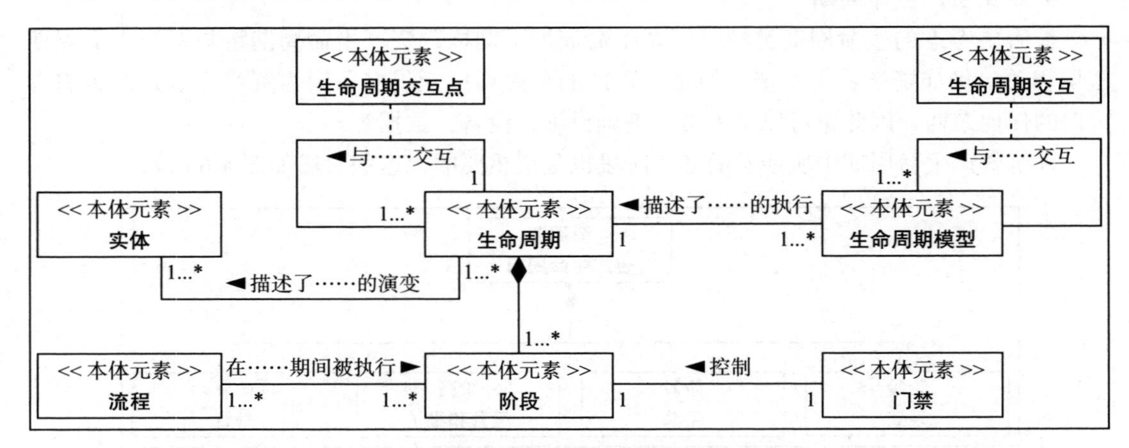

图 4.7 生命周期概念的扩展本体定义视图

图 4.7 显示了使用一个 SysML 块定义图的生命周期定义视图，该图显示的第一个新概念是**门禁**（Gate），它与每个生命周期**阶段**相关联。生命周期关口提供了一种控制阶段的评估机制，例如评审会议，它规定了必须在每个阶段结束时应用的测试。

似乎很直观，一旦一个阶段结束，另一个阶段将开始执行，但情况并非总是如此。这种转变由阶段关口控制。阶段关口可能会导致几个典型的后续步骤之一：

- **进入下一阶段**：如果该阶段已成功完成，则执行生命周期中的下一阶段。
- **停留在当前阶段**：如果该阶段没有成功完成，那么可能需要停留在当前阶段，直到满足该阶段的所有成功标准。
- **返回上一阶段**：如果该阶段没有顺利完成，并且认为当前阶段开展的工作存在严重问题，则可能需要返回上一阶段。
- **取消生命周期**：如果该阶段发生了灾难性的失败，或者发生了严重破坏系统开发的事情，那么可能需要取消整个生命周期。这是一个极端的下一步，不是通常需要的一步，但它仍然是必须考虑的一步。

实际上，一个门禁将通过某种描述的评估流程来实现，这将涉及所有相关的干系人，并有一组预定义的成功标准与之相关。为了成功地控制和管理任何生命周期，必须考虑生命周期门禁。

下一个关键概念是**流程**。第 5 章将专注在流程上，因此将详细讨论流程的性质和建模。现在，可以将流程看作一组活动，这些活动的执行是为了产生一组特定的结果。

任意数量的流程可以在任意数量的阶段中执行，这意味着：

- 单个流程可以在单个生命周期阶段执行。
- 可以在一个生命周期阶段执行多个流程。

- 同一个流程可以在多个生命周期阶段执行。
- 同一组多个流程可以在多个生命周期阶段执行。

区分流程和阶段是至关重要的。一个阶段代表了一个不同的时间段，它描述了实体演变中的不同点。流程表示为实现一组结果而执行的一组活动。人们经常混淆这两个概念，认为两者可以互换，但事实并非如此。

与流程和阶段相关的另一个常见误解是每个阶段都执行一个流程。即便允许，但在现实中几乎从未发生过。

在任意数量的阶段中执行任意数量的“流程”的能力，使得生命周期在每个阶段中可实现的目标方面都非常灵活。

生命周期的一个关键方面已经简短地讨论过，但经常被忽略，那就是在任何时间点存在不止一种类型的生命周期。在上文，我们通过描述几种不同类型的生命周期来解释这一点。另一点是，这些生命周期之间是相互作用的。这就直接引出了最后两个新概念：

- **生命周期交互点**：这是一个结构性概念，它确定了两个或多个生命周期将在何处交互，并应用于生命周期及其阶段。
- **生命周期交互** ：这是一个描述两个或多个生命周期交互的行为概念。生命周期交互可以被认为是生命周期交互点的实例。

生命周期交互点和生命周期交互的例子将在本章后面的一节中提供。

既然已经描述了这些概念，现在是时候看看系统工程中不同类型生命周期的一些例子了。

4.2 定义生命周期模型

生命周期是通过识别一组描述实体演变的阶段来定义的。生命周期是一种结构性构造。另一方面，生命周期模型是描述生命周期执行的行为构造，特别是各个阶段的执行顺序。

在可视化各种生命周期模型方面，由于重点是组成生命周期的各个阶段的执行顺序，因此将使用 SysML 序列图。这有利于整体模型的一致性，但与生命周期模型的一些传统可视化相比，可能会导致图表在外观上有所不同。这是因为大多数生命周期模型都是使用非标准的、特别的符号来可视化的，这会导致一组看起来非常不同且难以比较的图表。这说明了使用标准符号（例如 SysML）的好处之一，因为所有不同的生命周期模型都可以很容易地进行比较和对比，因为它们以相同的方式进行可视化。

在不同类型的项目中，有几种已经确立的生命周期模型，将在下面的部分中进行描述。

4.2.1 定义线性生命周期模型

在线性生命周期模型中，各阶段以简单的线性顺序执行。用于说明线性生命周期模型的经典例子是 Royce 于 1970 年提出的瀑布模型。瀑布模型可以说是原始生命周期模型，并且与许多模型一样，它起源于软件工程领域。基于瀑布模型的线性生命周期模型示例如图 4.8 所示。

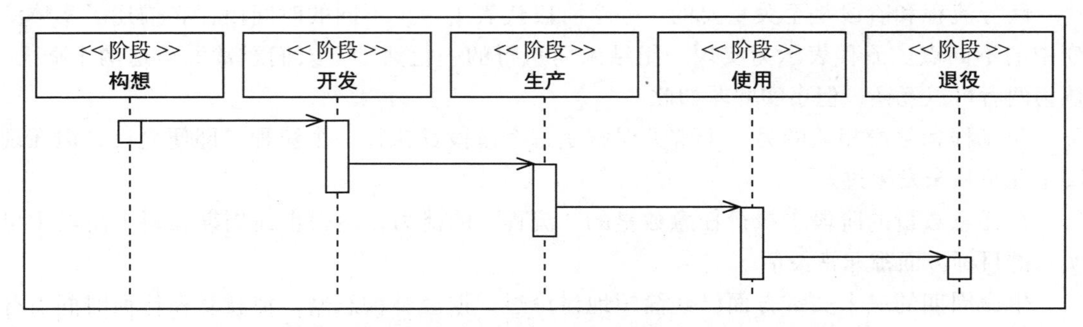

图 4.8 生命周期模型视图显示了一个简单的线性生命周期模型

图 4.8 展示了一个使用 SysML 序列图可视化的生命周期模型视图示例。生命周期中每个阶段的执行都使用生命线来可视化，交互显示了各个阶段的执行顺序。

在线性生命周期模型中，每个阶段按照特定的顺序执行，每个阶段在前一个阶段完成后执行。通常没有返回到上一阶段的路径。

线性生命周期模型主要用于原始需求明确且不太可能改变的项目。此外，正在开发的产品和正在使用的技术通常是很好理解的。就项目而言，资源易于管理且随时可用，而且此类项目的时间框架往往很短。

在每个阶段中执行的流程往往没有什么变化，事实上，在每个阶段中只执行一个流程的情况非常常见。

线性生命周期模型在工业中仍被广泛使用，主要用于小型的、易于理解的、需求稳定的项目。它的优点是简单易懂，具有非常清晰的流程应用程序，并清楚地定义了每个阶段的门禁。

这种模型不适用于需求容易发生变化的大型、复杂的项目和系统。它不适用于长期项目，因为产品在项目结束时以单个版本交付。请记住，系统工程通常应用于复杂的项目和系统，线性生命周期模型不是特别适合它。

4.2.2 定义迭代生命周期模型

迭代生命周期模型与线性生命周期模型的不同之处在于，它不是通过单一的生命周期阶段，而是通过多个阶段，这些阶段被称为**迭代**。迭代生命周期模型已经成功地使用了几十年，在过去的 20 年里，随着敏捷技术的广泛使用，它又重新兴起了，敏捷技术采用了迭代生命周期模型，如图 4.9 所示。

图 4.9 显示了使用 SysML 序列图可视化的迭代生命周期模型视图的示例，使用生命线可视化生命周期中每个阶段的执行，并且交互显示阶段的执行顺序。

迭代生命周期的基本方法建立在这样的假设上：如果线性生命周期模型适合于短期的、定义明确的项目和系统，那么就有可能将一个大型的、复杂的系统分解成一系列更短、更简单的项目。这些微型生命周期中的每一个都称为一次迭代。

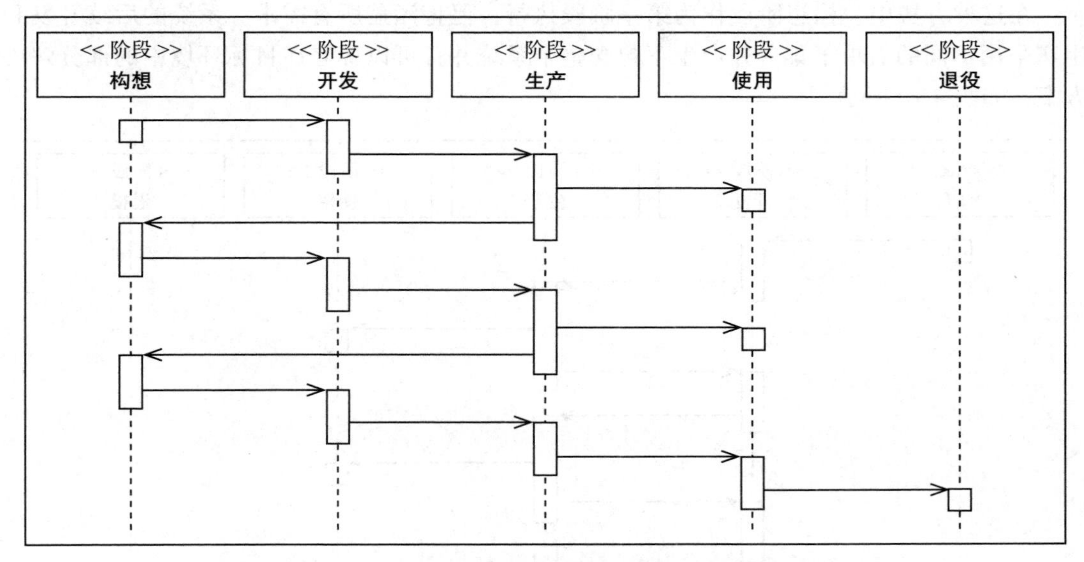

图 4.9 显示迭代生命周期模型的生命周期模型视图

每一次迭代都代表了各个阶段的一次经历，从构想阶段开始，一直持续到生产阶段之后并投入使用阶段。每次迭代的结果是可以在目标环境中部署的最终系统的可行版本。

这具有许多优点，因为与前一个版本相比，系统的每个迭代版本都是更完整且具有代表性的改进版本。这也意味着，如果系统的特定版本不能工作，或者在某种程度上是一场灾难，那么返回到前一个版本并恢复某种程度的功能就会相对容易。

每次迭代也需要很短的时间。在某些情况下，为了完成最初的工作版本，第一次迭代可能要比后续迭代花费更长的时间。这些后续的迭代通常非常短，并且在许多采用敏捷方法的组织中，可能每周甚至每天都会生成系统的新版本。

经典的迭代方法在软件世界中被大量使用，而不是在大型系统项目中，这是因为人们认为创建软件版本很容易。这也有一个缺点，即通常强调的是及时发布，而不是等待一些东西能正常工作。

通常存在一种误解，认为 MBSE 不能应用于迭代方法，但事实并非如此。在生命周期中需要控制复杂性、定义理解并与干系人沟通的任何时刻，都可以应用基于模型的方法。

将迭代方法应用于系统项目的缺点之一是干系人可能会频繁更改基本需求，因此拥有一个良好、健壮的需求流程很重要，但通常情况并非如此。

4.2.3 定义增量生命周期模型

增量生命周期模型在某些方面类似于迭代生命周期模型。在这个流程中，不仅仅是一个阶段，而是多个阶段，因此最终系统将部署在多个版本中。事实上，迭代生命周期模型和增量生命周期模型通常统称为**演进式生命周期模型**。

在这种方法中，构想阶段作为第一阶段执行，但将涵盖所有需求。系统的后续开发和生产采用不同的需求子集，并产生不包含整个系统并且可以部署在目标环境中的部分解决方案，如图 4.10 所示。

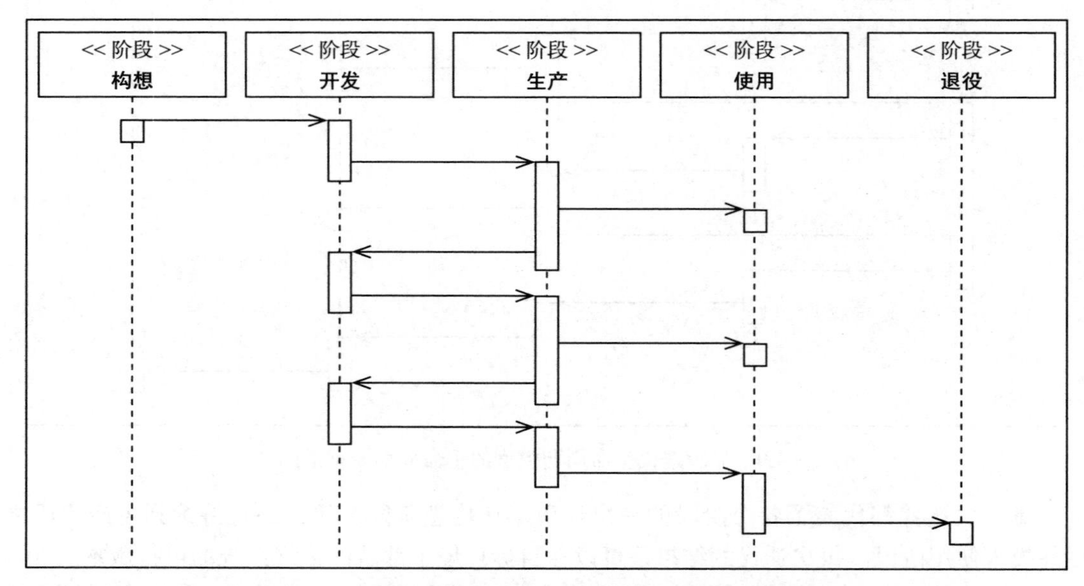

图 4.10 显示增量生命周期模型的生命周期模型视图

图 4.10 展示了一个生命周期模型视图的示例，该视图显示了一个简单的线性生命周期模型，且使用 SysML 序列图进行可视化。生命周期的每个阶段的执行都使用生命线来可视化，并且交互显示了各个阶段的执行顺序。

增量生命周期模型使得系统以增量的方式部署，而不是像线性生命周期模型那样作为单个版本部署。这是一个明显的优势，因为与项目相对早期的情况相比，尽管是以一个简化的形式，但也能看到最终系统正在运行并且系统已经部署。因此，增量生命周期模型非常适合那些长期的项目，在项目结束前又新增一些系统功能。

这样做也有一个缺点，即并非所有系统都可以分解为整个系统的子集，在这种情况下，这种方法并不合适。

本小节展示了与系统工程相关的一些不同类型的生命周期。此时必须考虑一个额外的复杂性，因为这些生命周期通常共存并相互作用。下一小节将讨论如何使用该模型探索和定义生命周期之间的这些交互。

4.2.4 交互的生命周期和生命周期模型

我们已经讨论过存在各种类型的生命周期。除此之外，组成每个生命周期的阶段可以根据项目或系统的类型，来顺序执行不同的生命周期模型。这些生命周期和生命周期模型很少单独存在，因为它们可以以不同的方式相互交互。当然，交互会导致复杂性，因此重要的是可以对这些交互进行建模以进行管理，并且可以理解交互。

为了理解这些交互作用，我们将引入两个新的视图来识别交互作用，以便理解它们的关联行为——**交互识别视图和交互行为视图**。

让我们看看每个是什么。

4.2.5 识别生命周期之间的相互作用

通过考虑以下因素来识别生命周期之间的相互作用：

- **一些特定的生命周期**：确定可能相互作用的每个生命周期。
- **每个生命周期中的阶段**：对于每个已识别的生命周期，都确定了它们的相关阶段。
- **来自不同生命周期的阶段之间的交互点**：不是像迄今为止那样考虑单个生命周期的阶段之间的交互，而是识别来自不同生命周期的阶段之间的交互，这被称为生命周期交互点。

然后，这些存在于生命周期之间的生命周期交互点将作为建模的基础，如图 4.11 所示。

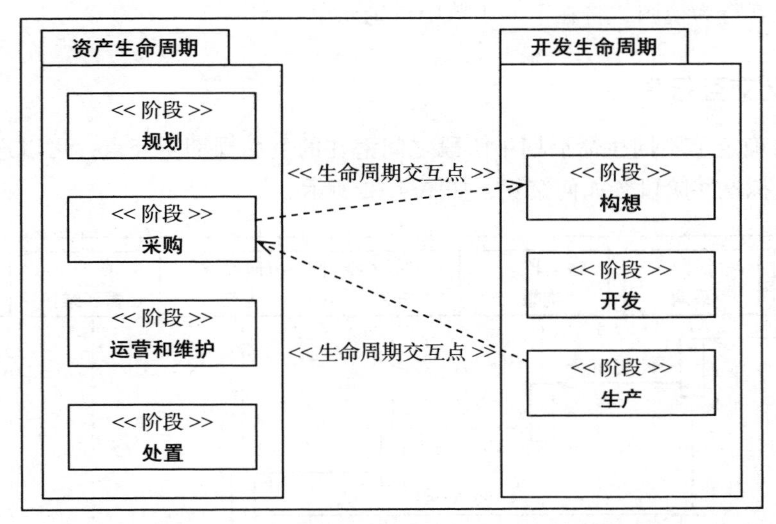

图 4.11 显示生命周期之间生命周期交互点的交互识别视图

图 4.11 显示了一个交互识别视图，该视图使用 SysML 块定义图显示了不同生命周期之间存在的生命周期交互点。

这里的视图使用 SysML 包显示每个生命周期，该生命周期的名称显示在包的顶部。每个包包含一组块，每个块代表生命周期中的单个阶段。

这里要注意的一个有趣的点是，并非所有阶段都需要显示在每个包中，只需要展示与模型相关的阶段。此处的示例代表一个组织从另一个组织获取系统的情况。第一个组织使用资产生命周期，因为它们有兴趣获取系统作为资产。第二个组织正在开发一个系统，因此正在使用开发生命周期。然而，在此示例中，第二个组织仅开发系统，因此仅实施生命周期的前三个阶段——**构想、开发和生产**。使用、支持和退役的其余阶段不相关，因此不包括在内。

使用 SysML 交互来识别不同生命周期阶段之间的潜在生命周期交互点，用虚线表示，使用的构造型是 << 生命周期交互点 >>。在此示例中，已确定两个生命周期交互点：

- **采购（资产生命周期）和概念（开发生命周期）之间的生命周期交互点**：这个生命周期的交互点表明，在获取阶段的某个点，将会与构想阶段有一个交互，这通常是一个过渡。
- **生产（开发生命周期）和采购（资产生命周期）之间的生命周期交互点**：这个生命周期的交互点表明，从生产阶段的某个点到获取阶段，将会有一个返回交互。

请注意，交互识别视图仅显示阶段之间的生命周期交互点，并没有显示交互发生的阶段中的确切点。只有在考虑每个阶段的流程时才能显示此信息，这将在第 5 章中讨论。

交互识别视图使用 SysML 块定义图进行可视化，当然，这只是一个结构图。就像建模时经常出现的情况一样，一旦描述了一个结构视图，就有可能描述相应的行为视图。在本例中，这是交互行为视图，将在下一小节中讨论。

4.2.6 定义交互行为

既然已经确定了不同生命周期中阶段之间潜在的生命周期交互点，可以通过考虑交互行为视图来模拟这些阶段会如何交互，如图 4.12 所示。

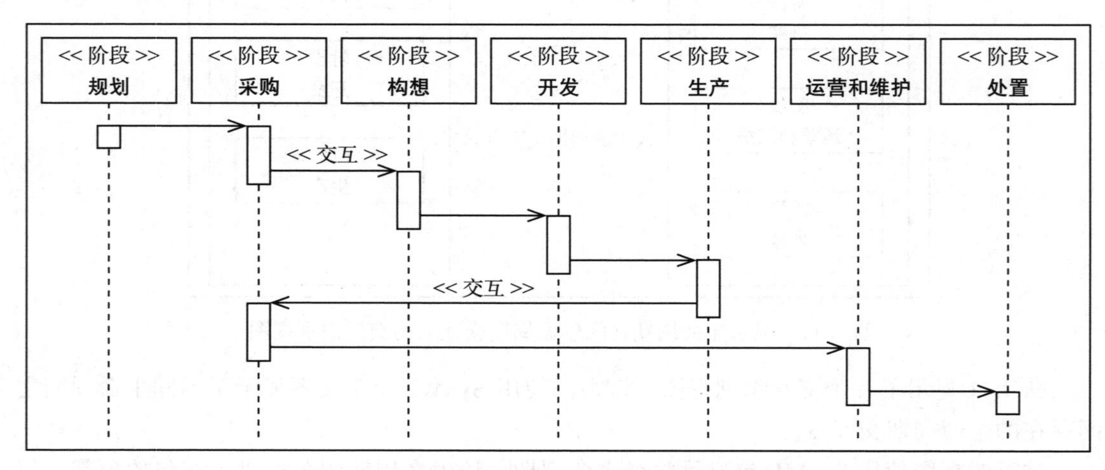

图 4.12 显示生命周期交互顺序的交互行为视图

图 4.12 显示了一个交互行为视图，其中使用 SysML 序列图描述了生命周期交互的序列。在这个视图中，每个阶段都使用 SysML 生命线来表示，其方式与图 4.8、图 4.9 和图 4.10

所示的生命周期模型视图类似。生命周期模型视图只显示了单个生命周期的各个阶段，而交互行为视图显示了不同生命周期的各个阶段。

各个阶段之间的交互使用 SysML 交互来显示（请注意，这是交互的 SysML 形式），而来自不同生命周期的阶段之间的交互使用通过 << 交互 >> 来显示。

交互行为视图实际上是生命周期模型视图的扩展版本，但它包括不同生命周期的阶段，而不是通常的单一生命周期的情况。

对生命周期以及如何对其建模的讨论就此结束。本章的最后一节定义了框架及其相关的观点，这些观点构成了本书正在开发的整个 MBSE 框架。

4.3 定义框架

到目前为止创建的视图代表了 MBSE 图的中心部分，该部分在第 2 章中进行了详细讨论。每个视图都使用 SysML 进行了可视化，表示 MBSE 图的右侧。这些视图汇集在一起形成了整个模型，但这些视图必须保持一致，否则它们不是视图而是图片！这就是 MBSE 图的左侧发挥作用的地方，因为在框架中捕获所有视图的定义非常重要。该框架包括本体和一组观点。因此，现在是确保这些观点得到彻底和正确定义的时候了，这就是本节的目标。

4.3.1 定义框架中的观点

在第 2 章中讨论过，有必要对每个视图提出一些问题，以确保它是一个有效的视图。对于整个框架和视图，还必须提出一组问题，以形成一组如何定义整个框架的问题。因此，有必要强调如下问题：

- ❑ 为什么需要框架？这个问题可以使用**框架上下文视图**来回答。
- ❑ 框架使用的总体概念和术语是什么？这个问题可以使用**本体定义视图**来回答。
- ❑ 作为框架的一部分，哪些视图是必要的？这个问题可以使用**观点关系视图**来回答。
- ❑ 为什么需要每个视图？这个问题可以使用**观点上下文视图**来回答。
- ❑ 每个视图的结构和内容是什么？这个问题可以使用**观点定义视图**来回答。
- ❑ 应该应用哪些规则？这个问题可以使用**规则集定义视图**来回答。

当这些问题得到回答时，就可以说一个框架已经定义好了。每一个问题都可以用一组特殊的视图来回答，这些视图被统称为**架构框架的框架** (Framework for Architectural Frameworks，FAF)，由 Holt 和 Perry 在 2019 年定义。此时，只需考虑创建一个特定的视图来回答每个问题，如下文所述。

4.3.2 定义框架上下文视图

框架上下文视图指定了为什么首先需要整个框架。它将确定对框架感兴趣的相关干系人，并确定每个干系人希望从框架中获得什么好处。

每个组织都有一个单独的框架上下文观点。这个视图对于每个组织都有所不同，因为不同的组织对框架有不同的需求。

框架上下文视图将使用 SysML 用例图进行可视化，这将在第 6 章中进行全面论述。

4.3.3 定义本体定义视图

本体定义视图以本体的形式捕获与框架相关的所有概念和相关术语。这已经完成了，因为与生命周期相关的视图的本体在图 4.1、图 4.2 和图 4.7 中定义了。此视图中显示的本体元素提供了已用于本章迄今为止创建的实际视图的所有构造型。

正如在其他章节中讨论的那样，相关的本体元素通常会被收集到一个在第 2 章中提到的**视角**中。在第 3 章中，创建了一个系统观，其中包含与系统和接口相关的所有本体元素。在本章中，创建了一个与生命周期相关的新视角。

4.3.4 定义观点关系视图

观点关系视图确定需要哪些视图，并且对于每一组视图，确定包含其定义的观点。请记住，观点可能被认为是一种视图模板。这些观点可以一起收集到一类观点中，观点就是具有共同主题的一组观点。在本章中，重点是定义一组与生命周期相关的视图，因此创建生命周期视角是合适的。

到目前为止已讨论的基本视图集显示在图 4.13 所示的视图中。

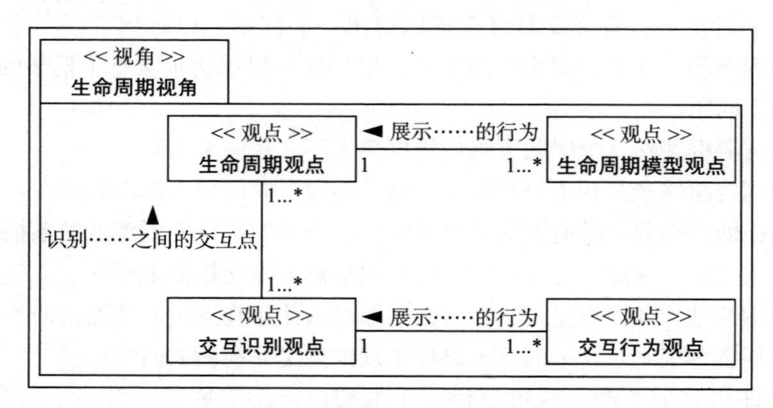

图 4.13 生命周期视角的观点关系视图

图 4.13 显示了使用 SysML 包图的生命周期视角的观点关系视图。该视角使用一个 SysML 包来进行展示，而且属于 **<< 视角 >>** 构造型，并简单地收集了许多观点：

- **生命周期观点**，它定义了生命周期视图的结构和内容，并确定了特定生命周期的阶段。这是一个结构视图，并使用 SysML 块定义图进行了可视化。
- 生命周期观点的相关行为显示在**生命周期模型观点**中。请注意，对于生命周期观点（生命周期视图）的每个实例，可以有多个**生命周期模型观点**（生命周期模型视图）

实例，如 1...* 所示。这是因为对于每个结构性阶段集（生命周期），可能有多个不同的阶段序列（生命周期模型）。

- **生命周期观点**和**生命周期模型观点**侧重于单个生命周期，而交互识别观点和交互行为观点侧重于多个生命周期及其之间的关系。
- **交互识别观点**通过识别生命周期交互点，允许两个或多个不同生命周期交互的点。这是一个结构视图，并使用 SysML 块定义图进行了可视化。
- 与交互识别观点相关联的行为观点被称为**交互行为观点**。**交互识别观点**确定了不同生命周期的交互位置，而**交互行为观点**则显示了这些交互是如何发生的。由于这是一个关注元素之间交互的行为视图，在这种情况下，生命周期阶段，使用 SysML 序列图来对其进行可视化。

4.3.5　定义观点上下文视图

观点上下文视图指定了为什么首先需要一个特定的观点和它的一组视图。它将确定对该观点感兴趣的相关干系人，并确定每个干系人希望从框架中获得什么好处。

每个观点都有一个观点上下文视图。每个观点上下文视图都将追溯到框架上下文视图，因为它必须有助于组织的整体期望。因此，观点上下文视图的组合集将满足框架上下文视图中表示的总体需求。观点上下文视图将使用 SysML 用例图进行可视化，这将在第 6 章中进行全面描述。

4.3.6　定义观点定义视图

观点定义视图定义了包含在观点中的本体元素。它表示了以下内容：

- 观点中允许哪些本体元素？
- 哪些本体元素在观点中是可选的？
- 哪些本体元素不允许出现在观点中？

观点定义视图关注单个观点，不得不注意的是所选择的本体元素，还有这些本体元素之间存在的关系。显然，本体元素及其关系必须与原始本体一致，但可能会看到某些元素之间的多样性发生了一些变化，这将在接下来的几节中讨论。

现在将显示两个观点定义视图的示例，并将讨论两者之间的比较，以显示用于可视化它们的建模中的一些细微之处。第一个例子是生命周期观点，如图 4.14 所示。

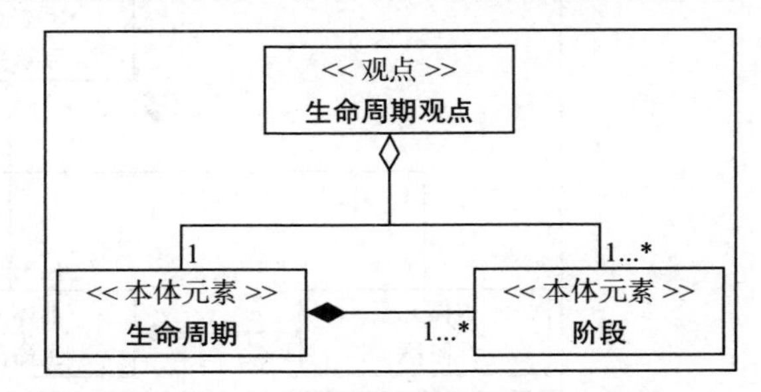

图 4.14　生命周期观点的观点定义视图

图 4.14 使用 SysML 块定义图，显示了生命周期观点的观点定义视图。

此视图定义了该观点描述的所有视图中允许的确切内容。该观点将始终包含以下信息：

- 观点名称，构造型为 **<< 观点 >>**，是该视图的焦点。此处标识的观点必须来自图 4.13 所示的观点关系视图。
- 许多本体元素的 **<< 本体元素 >>**。这些本体元素中的每一个都必须来自图 4.7 所示的本体定义视图。

注意如何在观点描述视图中使用 SysML 聚合，而不是在观点和本体元素之间使用 SysML 组合。这是因为观点不拥有本体元素，它只是识别允许在观点中包含哪些本体元素。

乍一看，这个视图似乎相当简单，因为它包含单个观点，又是本体的一个子集，但是在这个视图中展示出许多与本体元素相关的微妙之处。

每个本体元素的存在显然很重要，因为它确定了允许出现在这个观点中的本体元素。然而，与每个本体元素和本体关系相关的多样性也很重要。

考虑以下本体元素。

- 当多样性为 1 时，**生命周期**必须出现在视图上。如果生命周期的存在是可选的，那么多样性将是 0...1、0...* 或其变体。
- 在视图中，**阶段**必须以 1...* 的倍数出现。如果生命周期的存在是可选的，那么多样性将是 0...1、0...* 或其变体。

现在考虑以下本体关系：

- **生命周期视图由一个生命周期组成**：此处的多样性为 1 非常重要，因为如上述，它表明在此视图中生命周期的存在是强制性的。但是，它还规定必须在视图上显示一个且仅一个生命周期。这意味着在这个视图中不可能显示多个生命周期。因此，每个存在的生命周期都有一个这样的视图。
- **每个生命周期包括一个或多个阶段**：这意味着不仅要显示阶段，还要显示阶段和生命周期之间的关系，在这种情况下，这是可以通过组合符号来可视化的。

非常重要的一点是，要认真思考出现在观点定义视图中的每一个本体元素和本体关系，因为它决定了基于它的每个视图的内容。

为了进行比较，请考虑图 4.15 所示的交互识别观点的观点定义视图。

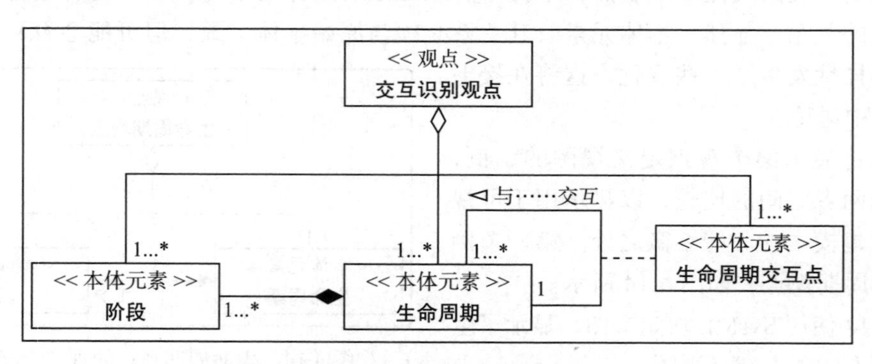

图 4.15 交互识别观点的观点定义视图

图 4.15 与图 4.14 非常相似，最明显的区别是多了一个本体元素，即**生命周期交互点**。然而，还有一些其他微妙的差异会对生成的视图产生很大的影响，如下所示：

- ❑ 聚合到生命周期的多重性在图 4.15 中为 1...*，而在图 4.14 中多重性仅为 1。这个微小的差异实际上对视图有很大的影响，因为这意味着交互识别视图可能包含多个生命周期，而生命周期视图只关注一个生命周期。
- ❑ 通过生命周期交互点显示每个生命周期与一个或多个其他生命周期交互的关联。同样，这仅是由于生命周期聚合是 1...* 多样性。如果多样性仅为 1，就像在生命周期视图中那样，则不可能显示任何交互，因为只有一个生命周期。

讨论这个问题的目的是说明当涉及描述“观点描述视图”时，多样性是多么重要。每个多样性必须依次考虑，因为每个数字的结果视图都有很大的含义。

4.3.7　定义规则集定义视图

规则集定义视图识别并定义了许多可以应用于模型的规则，以确保它与框架一致。

规则主要基于本体定义视图和观点关系视图。在每种情况下，规则都是通过识别存在的关键关系及其关联的多样性来定义的，它们位于以下位置：

- ❑ 观点定义视图中的观点之间。
- ❑ 本体定义视图中的本体元素之间。

这些规则的一些示例如图 4.16 所示。

<< 规则 >> **规则 1**	<< 规则 >> **规则 2**	<< 规则 >> **规则 3**
笔记 对于每个生命周期视图，必须有一个或多个相关联的生命周期模型视图	笔记 每个生命周期视图必须包含一个生命周期	笔记 在生命周期视图中，所有阶段必须为单个生命周期所有

图 4.16　规则集定义视图示例

图 4.16 显示了一个使用 SysML 块定义图的规则集定义视图的示例，图上的每个块表示一个规则，该规则来自本体定义视图或观点关系视图。

这些规则定义如下：

- ❑ **对于每个生命周期视图，必须有一个或多个相关联的生命周期模型视图**：该规则直接来自图 4.13 所示的观点关系视图。此规则有助于定义与每个观点相关联的视图可以作为框架的一部分创建，这由多样性表示。
- ❑ **每个生命周期视图必须包含一个生命周期**：该规则直接源自图 4.7 所示的本体定义视图。此规则强制执行上一节中讨论的关于特定视图中可能显示的生命周期数量的微妙之处。

- **在生命周期视图中，所有阶段必须为单个生命周期所有**：该规则直接来自图 4.7 所示的本体定义视图。该规则还强调了上一节中讨论的关于多样性的相同微妙之处。

注意规则是如何从观点关系视图、观点和本体定义视图以及本体元素中派生出来的。实际的规则描述本身适用于观点（视图）的实例和本体元素的实例。

当然，这里可以定义任意数量的其他规则，但并非每个关系都会导致规则，因为这是由建模者自行决定的。

4.4 总结

本章对生命周期的概念进行了更详细的探讨。

生命周期是任何系统工程进阶的一个重要组成部分，但由于它们可能表现出高度的复杂性，因此经常被过度简化。

在系统工程领域，最常见的错误假设之一是只有一个生命周期。事实上，不同的生命周期可以应用于系统工程的许多不同方面，因此，识别和定义这些不同的生命周期是至关重要的。

直接从存在多个生命周期的角度出发，这些生命周期将在不同的点相互影响。引入了生命周期交互点的概念，每个点通过识别哪些阶段是交互的起点和终点来显示每个生命周期的交互位置。

与构成模型的所有视图一样，它们之间存在密切相关的结构视图和行为视图。

最后，所有这些视图都被捕获，作为使用 FAF 的整体框架定义的一部分。这个框架本身包含许多用于描述模型的视图。

本章概述了与系统工程相关的不同类型的生命周期，以及使用贯穿全书展示的建模技术捕获、分析和定义任何生命周期的能力。

下一章与生命周期建模密切相关，介绍了流程的概念以及它们如何与系统工程相关联。

4.5 自测任务

- 根据本章描述的本体，为组织中的系统开发创建一个生命周期视图。选择一个生命周期并确定其主要阶段。
- 在你的组织中选择系统工程的另一个方面，并定义另一个不同的生命周期。这可能基于本章中讨论的示例，例如采购生命周期、技术生命周期或资产生命周期，或者你可以创建一个未讨论的示例。
- 创建交互识别视图，以识别在问题 1 和问题 2 中创建的两个生命周期之间存在的一组生命周期交互。识别每个生命周期中的哪些阶段形成交互的起点和终点。
- 根据为问题 3 创建的交互识别视图，创建至少一个显示可能场景的交互行为视图。

❑ 从图 4.13 中的观点关系视图中选择任何观点，使用文本创建观点上下文视图，并使用框图创建观点定义视图。

4.6 参考文献

- [Holt & Perry 2019] Holt, J.D. and Perry, S. A. *SysML for Systems Engineering – a Model-based approach*. Third edition. IET Publishing, Stevenage, UK. 2019
- [Royce 1970] Royce, Winston. *Managing the Development of Large Software Systems*, Proceedings of IEEE WESCON, 26 (August): 1–9

Chapter 5 第5章

系统工程流程

在本章中，重点将放在系统工程的一个基本方面，因此也是基于模型的系统工程——流程。

理解流程是理解系统工程的关键。请记住，系统工程描述了一种实现成功系统的方法。流程建模的主要应用之一是理解做事的方法，因此流程处于良好系统工程方法的核心也就不足为奇了。事实上，它是一个框架以及一组流程，提供了本书中描述的整体**基于模型的系统工程（MBSE）**方法。回想一下第2章中的MBSE图，该图的左侧侧重于包含流程集和框架的方法。

与将建模应用于框架的方式相同，建模也将应用于流程。

流程建模也将在本书的所有后续内容中使用。

5.1 理解流程的基本原理

本节介绍了为了定义一个好的MBSE方法而必须理解的流程的基本方面。这包括以下主题：

- 定义流程属性，将讨论流程的关键特征。
- 定义流程类型，将讨论流程的差异化。

这一节为本章的其余部分做了铺垫。

5.1.1 定义流程属性

流程和流程建模的整个领域是MBSE的基础，并且有许多与流程相关的特性，了解这些特性很重要：

- **流程必须是可重复的**：重要的是，流程可以被任何选择这样做的干系人重复执行。这一点很重要，就像执行的一致性很重要一样。如果流程可以以不同的方式执行，那么这些流程的结果就无法比较。
- **流程必须是可衡量的**：古话说，如果不能衡量，就无法控制，而流程可控制是必不可少的。效率是所有流程的关键部分，提高流程效率将提高整体业务绩效。如果一件事不能被衡量，就不可能显示它的效率有多高。
- **流程必须是可论证的**：请记住，流程构成了所有方法的核心，必须能够向任何干系人演示，以便激发对整个方法的信心。此外，展示流程如何遵守最佳实践源（如标准）几乎总是可取的。

除了这些可取的特性之外，还有许多与流程相关的常见问题：

- **流程可能很复杂**：流程可能很复杂，尤其是在流程范围没有被很好定义的情况下。我们经常发现过度简化的流程（导致隐藏的复杂性）和过度详细的流程（导致过多的复杂性和细节）。这也是系统工程的三大弊端之一，因此，使流程主题成为建模的理想对象，实际上，它构成了任何 MBSE 方法的核心。
- **流程可能难以理解**：流程通常会使用难以理解的语言，无论是口语（如英语），还是更常见的领域特定语言（如技术术语）。这个问题通常可以追溯到这样一个事实：流程通常是由不同的干系人编写的，而不是由参与执行流程的干系人编写的。
- **流程可能不切实际**：这延续了上一点，因为流程通常由不参与流程执行的干系人编写。由于这种差异，流程的作者通常不会掌握足够的领域知识来使流程在现实世界中可用。在外人看来似乎不错的想法，对直接参与工作的干系人来说，往往是不切实际或错误的。
- **流程可能很难与干系人沟通**：某些流程定义中使用的语言可能晦涩难懂，甚至不正确。本书对通用语言的重要性进行了大量讨论，领域特定语言是讨论的重点。使用正确的术语是至关重要的。
- **流程可能无关紧要**：许多流程实际上与正在执行的工作活动无关，因为它们没有确定正确的目的，或者根本没有确定目的。同样，这是 MBSE 中的一个共同主题，因为必须为每个流程询问“为什么？”。这可以通过确保为每个流程生成流程上下文来解决。
- **流程可能会过时**：一个流程在定义时是可行的，并不意味着它在以后仍然有效。周期性地重新审视流程以确保它仍然适合其目的是至关重要的。同样，这可以通过定期审查流程上下文来解决。

下一个要考虑的主题是可能存在的不同类型的流程。

5.1.2 定义流程类型

流程存在于多个层面，可以采取不同的形式，例如非常高级的流程（国际标准）、高级流程（行业标准）、中级流程（内部流程和标准）、低级流程（内部程序）和非常低级的流程（指南和工作说明）。在我们继续讨论流程建模之前，先来讨论流程的基础知识。

5.2 流程概念

本节将遵循与第 4 章相同的结构，介绍和讨论流程概念并开发构成更广泛 MBSE 本体的一部分的本体。

首先必须理解几个概念，如图 5.1 所示。

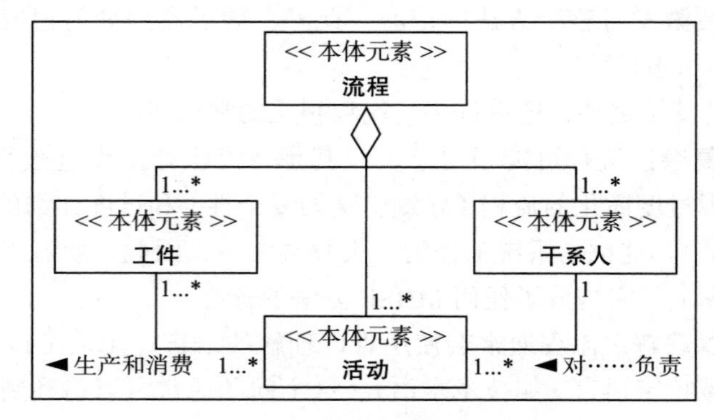

图 5.1 流程概念的本体定义视图

图 5.1 显示了流程概念的初始本体定义视图，使用 SysML 块定义图进行了可视化。

这种视图的主要概念是流程，它描述了做某事或实现某种描述目标的方法。从图 5.1 可以看出，**流程**由三个主要元素组成：

- **活动**：活动描述了为了执行流程而必须执行的行为步骤。一个经典的流程将由许多这样的活动组成，每一个活动都有输入（被消耗）和输出（由活动产生）。这些输入和输出被称为工件。
- **工件**：每个工件表示流程的一个属性，可以通过文档、模型或视图、软件、硬件或电子设备实现，实际上，可以通过活动可能产生或消耗的任何东西来实现。工件可以被认为是结构概念，因为它们不做任何事情，但它们是由行为活动产生的。
- **干系人**：在前面的内容中讨论过，干系人代表了在系统中有利害关系的个人、组织或事物。当涉及流程建模时，系统可能被视为一个流程，因此干系人对流程感兴趣。事实上，干系人负责执行各种活动。

注意，图 5.1 中使用的是 SysML 聚合，而不是组合，因为流程不拥有任何工件、活动或干系人，只是将它们聚合在一起。

这些元素构成了良好流程的核心，但与这些元素并列的还有其他概念，如图 5.2 所示。

图 5.2 显示了扩展流程概念的本体定义视图，使用 SysML 块定义图进行可视化。

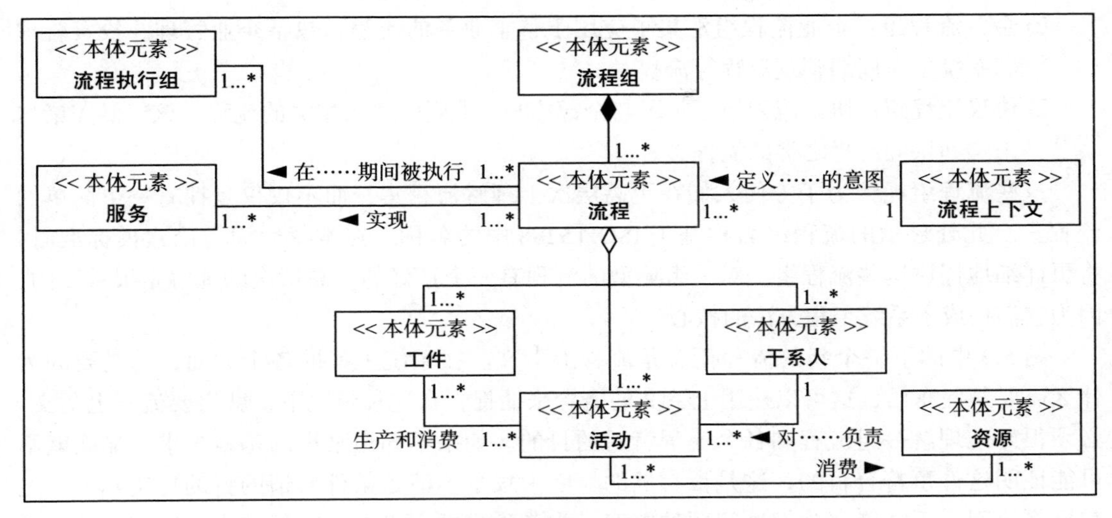

图 5.2　扩展流程概念的本体定义视图

第一个新概念是**流程组**，它将一组流程聚合在一起。请注意，此处使用了 SysML 组合符号，这意味着组成流程组的流程实际上归该流程组所有。流程组提供了一种机制，允许将与同一主题相关的流程聚合在一起。大多数国际标准都提供了一组预定义的流程组，如图 5.3 所示。

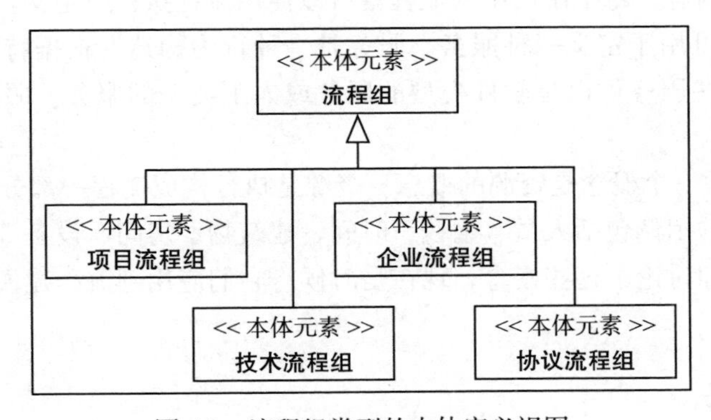

图 5.3　流程组类型的本体定义视图

图 5.3 显示了一个简单的本体定义视图，该视图显示了不同类型的流程组，由 SysML 块定义图可视化。

图 5.3 显示了四种类型的流程组：

- **项目流程组**：项目流程组以某种方式汇集了与管理相关的流程，这些流程在逐个项目的基础上应用。此类流程的示例包括计划、评估和控制流程。
- **技术流程组**：技术流程组一般汇集了与日常系统工程活动相关的流程，例如干系人需求定义、架构设计和实施。

- **企业流程组**：企业流程组汇集了应用于整个业务的流程，包括企业管理、投资管理和系统生命周期管理流程等流程。
- **协议流程组**：协议流程组汇集了与全部客户 / 供应商关系相关的流程。该组涵盖诸如采购和供应流程之类的流程。

这些流程组纯粹为了方便人们在更高层次上理解流程集，而不仅仅是拥有一组简单的流程集。此处显示的流程组名称基于 ISO 15288 中的名称。在本章后面讨论建模标准时，将更详细地探讨这些流程组。对一组典型的流程有一个良好的、高层次的理解是很重要的，因为它们构成了系统工程方法的核心。

图 5.2 中的下一个新的流程概念是流程上下文。在系统工程的各个方面，总是要问为什么需要某些东西，这可以使用上下文的概念来捕捉，在这种情况下，就需要流程上下文。必须很好地理解一组流程和各个流程背后的目的。如果不知道某事的基本需求，那么就不可能证明这件事符合目的，这是很自然的，因为根本不清楚某件事情的目的！实际上，之前已将流程上下文确定为解决问题的答案。为各种目的定义上下文的整个主题将在第 6 章中详细讨论。

每个流程都是单独定义的，但是为了满足流程上下文，定义执行流程的不同方式也很重要。当流程按照特定的顺序执行时，称为**流程执行组**。流程执行组还与生命周期建模结合使用。在第 4 章中，生命周期阶段在生命周期模型中以特定的顺序执行。每个阶段可以被分解成更详细的内容，每个阶段中的流程集可以使用流程执行组定义。

流程执行组也可用于定义一种**服务**。服务是一种行为构造，根据特定的请求提供特定的结果。例如，这些服务可以是软件类型的服务或人工类型的服务。服务是通过一组流程实现的。

图 5.2 中的最后一个概念是资源的概念。资源是执行构成流程一部分的一个或多个活动所需的东西。资源的示例包括人员、金钱、时间、建筑物、房间、设备等。

现在已经介绍和讨论了这些概念，现在是时候将它们应用到流程建模中了。

5.3 流程建模

本节将在先前关于流程概念讨论的基础上，介绍如何将它们应用于流程建模。

5.3.1 定义流程上下文

如上一节所述，理解为什么需要一个流程或一组流程是必不可少的。到目前为止，本书已经多次提到了上下文的概念。本节将首次提供一个示例，并对其进行高级解释，因为下一章将对上下文进行详细描述。

我们将重新审视汽车的示例，以获得将要展示的流程建模视图，其中第一个视图如图 5.4 所示。

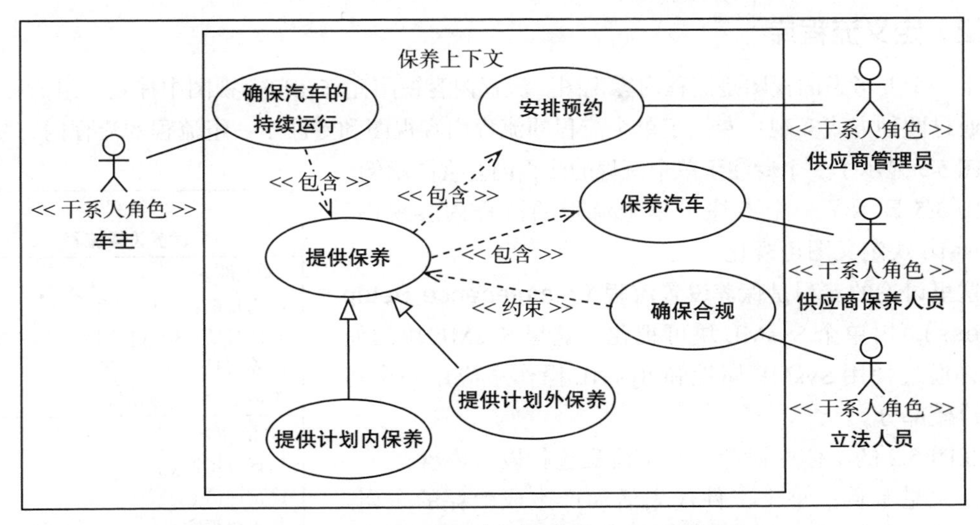

图 5.4　展示流程集基本原理的流程上下文视图

图 5.4 包含一个流程上下文视图，它显示了一组流程的基本原理，并使用 SysML 用例图进行了可视化。这是本书第一次出现用例图，因此，对基本符号的简要说明是合适的。用例图包含以下建模元素：

- **用例**：很明显，SysML 用例图中的主要结构是用例，每个用例都用椭圆表示。用例显示了从特定角度描述的系统的某种需求。这种视图被称为上下文，也就是说，用例图可用于显示与系统相关的不同上下文。也就是说，用例显示了对特定上下文中需求的描述。
- **边界**：用例图中的边界显示了系统内部考虑的内容（用例）与系统外部的内容（参与者）之间的概念边界。每个边界代表一个上下文。
- **参与者**：在图 5.4 中可以看到许多 SysML 参与者，每个参与者都使用简笔图进行可视化。参与者表示存在于上下文边界之外的某个角色，并且对边界内的一些用例感兴趣。参与者用于表示对系统有兴趣的干系人。

图 5.4 的主题领域涉及与汽车保养相关的一组流程。上下文显示了从特定角度表示的一组需求。因此，可以通过以下方式阅读图 5.4：

- 主要目的是**保证汽车的连续运行**。
- **车主**关心的是**确保汽车的持续运行**。
- 为了实现这一目标，必须满足一个用例，即**提供保养**。
- 提供两种类型的**保养**：**提供计划内保养**和**提供计划外保养**。
- **提供保养**包括两个用例：**安排预约**，这是供应商管理员感兴趣的；**保养汽车**，这是供应商保养人员感兴趣的。
- **提供保养**的用例受到**法规的约束**，**立法人员**对此很感兴趣。

5.3.2 定义流程库

下一个要考虑的视图是流程内容视图。流程内容视图允许在单个视图中捕获一组流程。这可以通过两种方式实现：专注于单个流程的流程内容视图和专注于一组流程的流程内容视图。

图 5.5 显示了一个专注于单个流程的流程内容视图示例。

图 5.5 显示了一个专注于单个流程的流程内容视图，由 SysML 块定义图可视化。

这里讨论的流程是**保养设置流程**（Maintenance Setup Process），由单个 SysML 块可视化。这里 SysML 块的使用允许通过使用 SysML 属性和 SysML 操作来应用一个巧妙的建模部分。

在图 5.2 的本体中讨论了每个流程包括以下内容：

- 大量**工件**：每个工件代表活动产生或消耗的东西。其中的每一个都可以通过使用 SysML 属性来表示。
- 多项**活动**：每个活动都表示为了执行流程必须做的事情。每个活动都可以通过 SysML 操作来表示。

这意味着与单个流程关联的所有工件和活动都可以使用属性和操作显示在单个 SysML 块中。

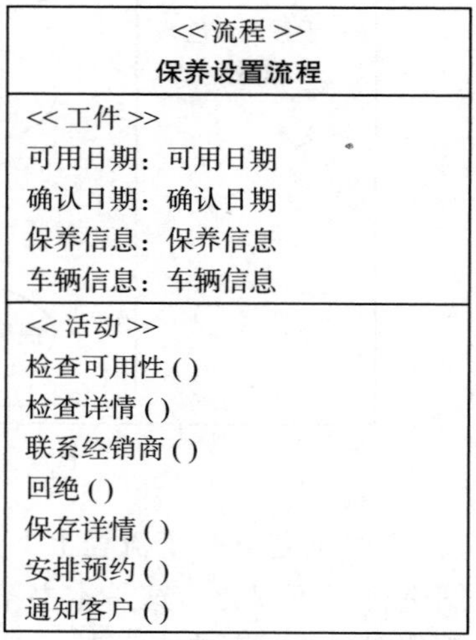

<< 流程 >>
保养设置流程
<< 工件 >>
可用日期：可用日期
确认日期：确认日期
保养信息：保养信息
车辆信息：车辆信息
<< 活动 >>
检查可用性 ()
检查详情 ()
联系经销商 ()
回绝 ()
保存详情 ()
安排预约 ()
通知客户 ()

图 5.5 单个流程的流程内容视图

每个由 SysML 属性表示的工件都可以被类型化，这些类型是在信息视图中使用块定义的，这将在后面讨论。

能够以这种方式表示单个流程是非常有用的，能够在单个视图中查看多个流程也是非常有用的，如图 5.6 所示。

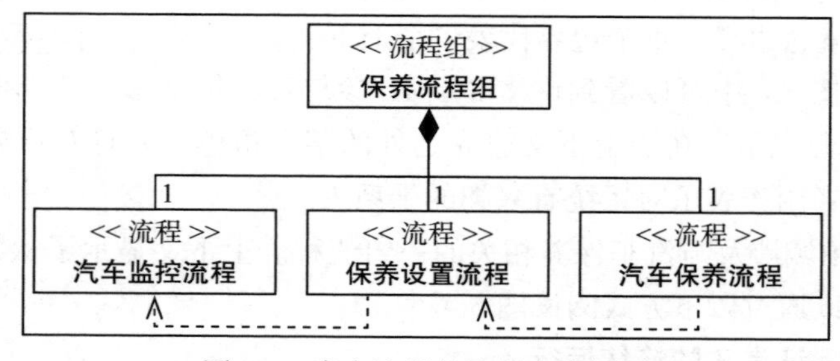

图 5.6 多个流程的流程内容视图

图 5.6 显示了一个包含多个流程的流程内容视图，并使用 SysML 块进行可视化。与图 5.5 相反，图 5.6 显示了多个流程，包括**汽车监控流程**、**保养设置流程**和**汽车保养流程**。请注意，这些流程不显示流程的任何工件或活动。这实际上是完全可选的，由建模者决定是否应在此特定视图中显示它们。即使它们没有显示在此特定视图中，它们也会出现在模型中。请记住，可以过滤任何视图中显示的信息。

此视图还显示了一种以前没有见过的新型 SysML 关系，即 SysML **依赖关系**。依赖关系用虚线图形表示，末端的箭头指示依赖关系的方向。为了说明这一点的含义，考虑以下关系：保养设置流程依赖于汽车监控流程。这可能意味着以下几点：

- 如果**汽车监控流程**以某种方式发生变化，那么它可能会对**保养设置流程**产生影响。
- **保养设置流程**的执行取决于**汽车监控流程**的先前执行。

图 5.6 还显示了拥有这些流程的流程组，称为**保养流程组**。流程组实际上只是一些类似主题的流程的容器，并且与仅存在于平面结构中的流程相比更易于管理。

流程内容视图允许将流程聚集在一起，以形成流程库。这在项目开始时特别有用，因为需要准确地了解项目需要哪些能力，以及组织拥有哪些能力。

流程内容视图中的流程显示本体中的工件和活动，但不显示干系人，这将在下一小节中讨论。

5.3.3 定义流程干系人

在前一节中没有讨论与流程相关的干系人的概念。作为理解系统的基本概念之一，本书之前已经介绍过干系人。了解干系人对于建立良好的系统工程方法来说至关重要，因此，在考虑流程时再次出现干系人也就不足为奇了。

这也是为系统工程的不同方面重用特定视图的一个很好的例子，如图 5.7 所示。

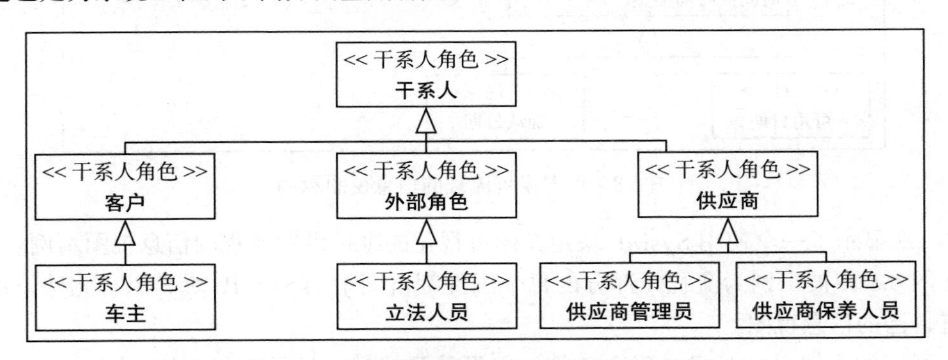

图 5.7　显示保养流程组干系人的干系人视图

图 5.7 显示了保养流程组的干系人视图，并通过 SysML 块定义图可视化。

干系人视图显示存在并使用特殊化关系的不同类型干系人的分类或分类层次结构。该视图的一般模式已在本书中看到过，顶级特殊化关系表明**存在三种类型的干系人：客户、外部角色和供应商**。

下一级特殊化关系显示如下：

- **有一种类型的客户干系人，即车主。**
- **有一种外部干系人，即立法人员。**
- **有两种类型的供应商干系人，分别是供应商管理员和供应商保养人员。**

了解干系人对流程建模至关重要，也是每个流程的关键方面之一。这样它们就可以展示每个干系人的责任。请记住，从图 5.1 中可以看到，**每个干系人负责一项或多项活动**，这将在后续部分描述流程行为视图时更详细地探讨。

5.3.4 定义流程工件

与每个流程相关联的工件允许在模型中表示活动的输入和输出，因此也允许在模型中表示流程。与每个流程关联的工件在一个信息视图中被捕获，如图 5.8 所示。

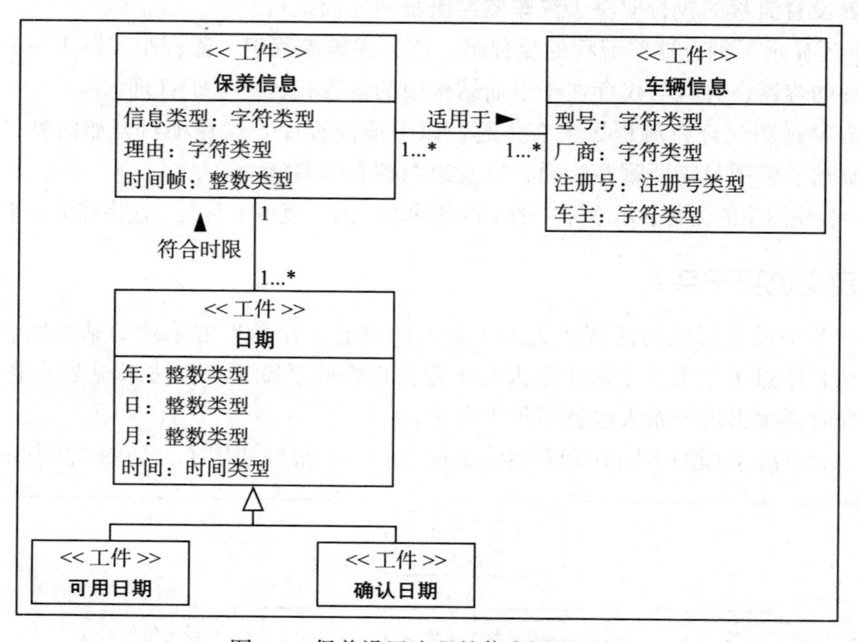

图 5.8　保养设置流程的信息视图示例

图 5.8 显示了一个使用 SysML 块定义图可视化的维护设置流程的信息视图示例。

在图 5.8 中被识别为流程一部分的每个工件都由图中的 SysML 块表示。此外，每个流程都有自己的信息视图。

此视图的主要目的是显示每个工件，但更重要的是，显示这些工件之间的关系。这对工件之间的可追溯性至关重要，可用于识别审计跟踪。

另请注意，已为某些工件显示了各种属性，这允许捕获有关它们的更多信息。

信息视图也可以在稍高的抽象层次上使用，以便关注流程之间的关系，不是在单个流程内的关系，而是在多个流程之间的关系。图 5.9 给出了一个示例。

图 5.9 显示了更多示例信息，这次重点关注来自多个流程的工件之间的关系，再次通过 SysML 块定义图进行了可视化。

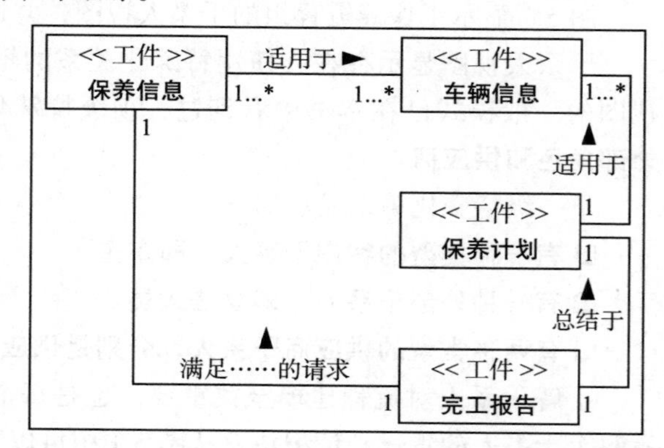

图 5.9　显示多个流程中工件之间关系的示例信息视图

该视图的语法与图 5.8 相同，其中每个工件都使用 SysML 块进行可视化。然而，这一次没有显示每个工件的属性，尽管这是可选的，如果需要，可以显示它们。

然而，这里显示的工件来自两个不同的流程，而不是单个流程。在这种情况下，工件是**保养计划**和**完工报告**。请注意这些关联现在如何显示单个流程中的工件之间的关系，以及来自两个不同流程的工件之间的关系。

这种高级视图主要用于识别审计跟踪，也用于识别不同工作组中的干系人可能执行的流程之间的关系和依赖关系。当两个或更多的流程在不同的组中执行时，它确定这两个组之间的工作接口，并帮助建立在它们之间传递的以工件形式存在的信息。

5.3.5 定义流程行为

到目前为止所考虑的视图主要涉及这些流程的结构。与流程建模最相关的视图之一是流程行为视图，图 5.10 显示了一个示例。

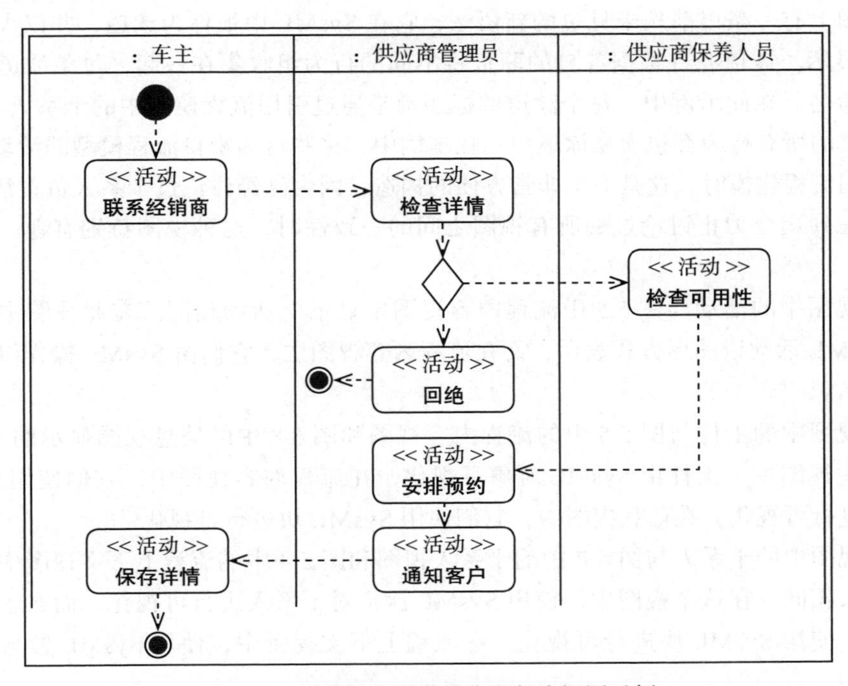

图 5.10 保养设置流程的流程行为视图示例

图 5.10 显示了使用 SysML 活动图可视化保养设置流程的流程行为视图示例。

到目前为止，本书中还没有详细讨论过 SysML 活动图，因此值得花一点时间研究一下该图的语法。

活动图允许对行为进行建模，通常是在详细级别上。在这种情况下，活动图将用于对块的详细行为进行建模。请记住，图 5.5 中的流程内容视图使用以下 SysML 结构可视化了流程：

- ❑ 显示单个流程的 SysML 块。
- ❑ SysML 属性用于显示流程工件。
- ❑ SysML 操作用于显示流程活动。

使用活动图对块的行为进行建模时，使用以下语法：

- ❑ 整个活动图表示块。
- ❑ **对象**显示工件。每个对象都用一个矩形图形表示。
- ❑ **动作**显示活动。每个动作都用一个圆角框图形化地表示。

请记住，行为图显示了事物的执行顺序，在这种情况下，它显示的是操作的执行顺序。

活动图的语法类似于状态机图，这一点我们已经讨论过了，活动图实际上是一种特殊类型的状态机图。开始状态（用实心圆图形表示）和结束状态（用靶心符号图形表示）与状态机图相同，分别显示了块实例的创建和销毁。

这张图上有一条以前从未见过的新语法，它在 SysML 中被称为**泳道**，并以大的无底边矩形图形显示。泳道允许根据各自的职责将不同的行为组收集在一起，每条泳道都以负责任的东西命名。在此示例中，每个泳道的标题都是通过引用流程模型中的干系人来命名的。干系人负责的所有行为都包含在泳道中。在本例中，这些行为来自流程模型的活动。

在应用流程建模时，这是一个非常方便的构造，因为已经讨论过干系人负责活动。

当考虑到迄今为止讨论过的所有视图之间的一致性时，这种视图特别有趣。这包括以下内容：

- ❑ 此视图中的活动与图 5.5 中流程内容视图中显示的活动相同。在此视图中，活动由 SysML 活动以图形方式表示，而在流程内容视图中，它们由 SysML 操作以图形方式表示。
- ❑ 此视图中的工件与图 5.5 中的流程内容视图和图 5.8 中的信息视图显示的工件相同。在此视图中，工件由 SysML 对象可视化，在流程内容视图中，它们使用 SysML 属性进行可视化，在信息视图中，它们使用 SysML 块进行可视化。
- ❑ 此视图中的干系人与图 5.7 中的干系人视图和图 5.4 中的流程上下文视图中显示的干系人相同。在这个视图中，使用 SysML 泳道对干系人进行可视化，而在干系人视图中，使用 SysML 块进行可视化，在流程上下文视图中，使用 SysML 参与者进行可视化。

可以看到，流程行为视图确实强调了其他几个视图之间的一致性。这里值得注意的是，一个视图中的概念或本体元素可以使用不同视图中的不同建模元素进行可视化。这是不同可视化与单个实体相关的一个很好的例子，正如在第 2 章中讨论的那样。

流程行为视图关注流程内的行为，但是能够为流程之间的行为建模也是很有用的，这将在下一节中讨论。

5.3.6 定义流程的序列

流程行为视图显示流程内部的详细行为，但能够以许多不同的顺序执行流程也很重要，这使用流程实例视图显示，图 5.11 给出了一个示例。

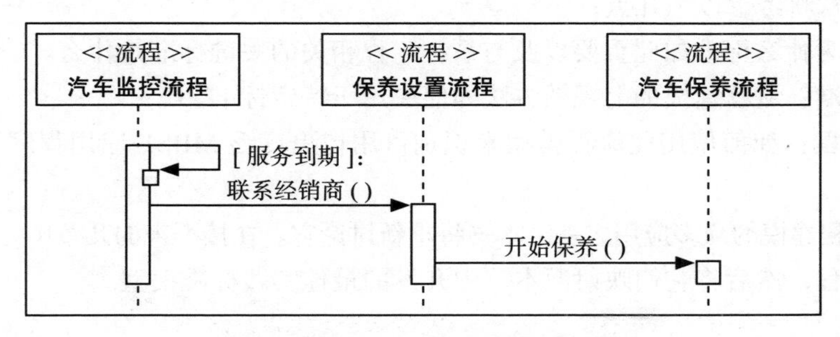

图 5.11 流程实例视图，显示流程之间的行为

图 5.11 显示了流程实例视图的一个示例，它显示了流程之间的行为，并且使用 SysML 序列图将其可视化。

在此视图中，每个流程都使用 SysML 生命线进行可视化，并且这些流程之间传递的信息和消息使用 SysML 交互显示。

流程实例视图特别有用，主要有两个原因：

- 它表明流程之间传递的工件是一致的。当涉及确保完整的流程集是一致的时候，这是非常重要的。
- 它允许根据流程上下文视图中捕获的原始原理对流程进行检验。

流程实例视图还提供了与其他流程建模视图的几个非常强的一致性关系：

- 此视图中的流程与图 5.6 中流程内容视图中的流程相同。此视图中的每个流程都使用 SysML 生命线进行可视化，而在流程内容视图中，每个流程都使用 SysML 块进行可视化。
- 第二次一致性检查是不寻常的，因为整个流程实例视图与图 5.4 中的流程上下文视图中的单个需求一致。在此视图中，整个视图由 SysML 序列图可视化，而在流程上下文视图中，需求使用 SysML 用例可视化。

可以看到，所有视图之间的一致性非常强，通过加强这种一致性，流程模型中的置信度变得非常高。

到目前为止，已经提出的视图被统称为流程建模的七视图方法，而且非常难以想象。这种方法非常灵活且非常强大，可以应用于许多应用程序，包括建模标准，这将在下一节中讨论。

5.4 使用流程建模的建模标准

在第 2 章的 MBSE 图中介绍的 MBSE 的关键方面之一是合规的概念。重要的是，我们在 MBSE 中所做的一切都可以向相关干系人证明正在开展的工作的质量。实现这一目标的一个明显方法是证明对关键标准的遵守，而做到这一点的一个很好的方法，也是 MBSE 的一个很好的应用，就是将流程建模应用于标准。

因此，本章将考虑以下几点：

- **标准**：为什么标准如此重要以及与系统工程相关的关键标准是什么。
- **建模标准**：流程建模的七视图方法如何应用于特定标准。
- **流程类型**：如何使用此流程模型来识别可用作更广泛 MBSE 应用程序一部分的不同流程。

这只是流程建模的众多应用之一，本书将重新讨论它。在接下来的几章中，将考虑 MBSE 的一些特定流程，然后将它们映射回本节中开发的最佳实践标准模型。

5.4.1 确定系统工程标准

标准在任何 MBSE 工作中都发挥着重要作用，因为它们提供了一个令人称赞的最佳实践示例。这一点很重要，因为任何定义的 MBSE 方法都必须证明符合既定的最佳实践。请记住，本书提倡的整个 MBSE 方法是使用 MBSE 技术定义的，因此也应该使用 MBSE 技术来遵守最佳实践。这是一个出色的流程建模应用程序，因为七视图方法可用于获取对任何标准的理解。

在 MBSE 的情况下，考虑的主要标准是 ISO 15288——**软件和系统生命周期流程**。这是世界上使用最广泛的系统工程标准，并由许多在任何级别使用系统工程的组织强制执行。

该标准本身并不关注建模，而是关注一般的系统工程概念。然而，本书多次指出 MBSE 只是实现系统工程的一种方式，如果确实如此，那么最佳实践系统工程和 MBSE 概念之间应该有一个清晰的映射。

5.4.2 建模 ISO 15288

在对任何基于流程的标准（例如 ISO 15288）进行建模时，可以应用七视图方法来创建相关的标准模型。

当对流程标准建模时，应牢记：当涉及它们的应用程序时，标准的目标是相当高的抽象级别。因此，标准倾向于规定应该做什么和产生什么，而不是深入细节并规定应该如何做和产生。因此，七个视图中只有一个子集将用于对标准进行建模。

1. ISO 15288——需求上下文视图

需求上下文视图显示了为什么需要一个特定的流程或流程集，因此，当应用到一个标准时，它将显示为什么需要一个特定的标准。ISO 15288 的需求上下文视图如图 5.12 所示。

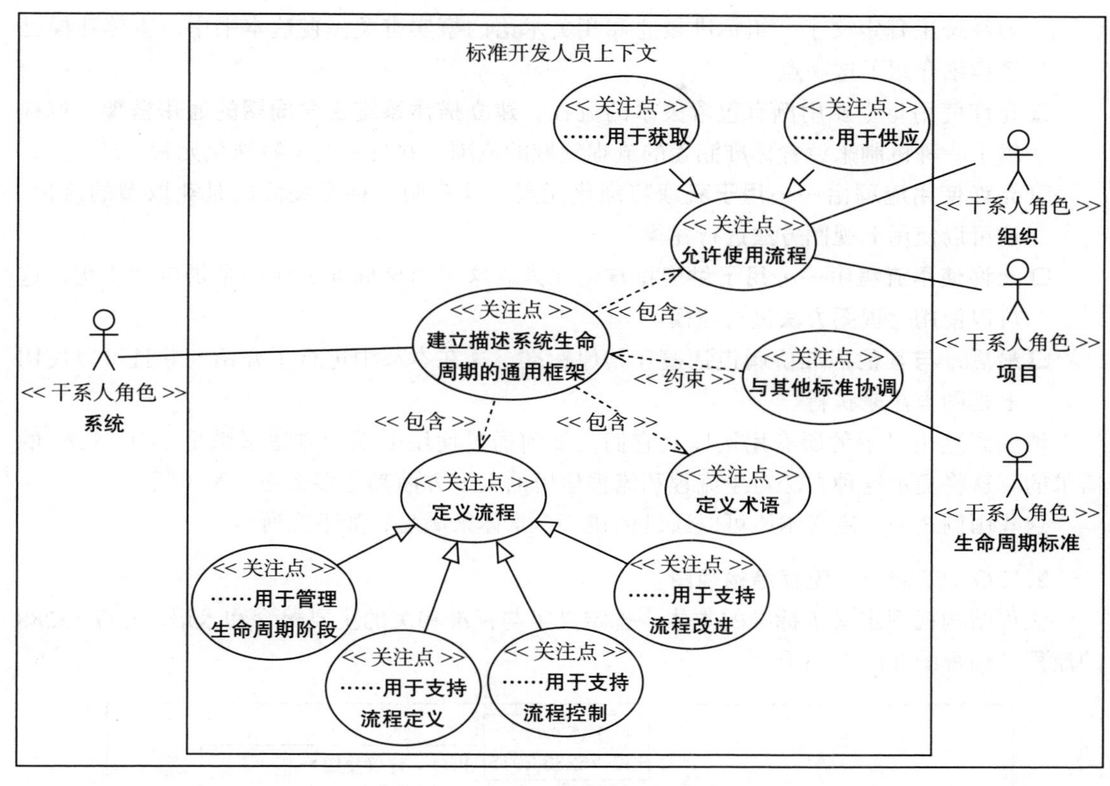

图 5.12　ISO 15288 的需求上下文视图

图 5.12 显示了使用 SysML 用例图可视化的 ISO 15288 的需求上下文视图。该图上的用例显示为 << 关注点 >> 类型，这基本上是标准的需求。具体内容如下所示：

- 该标准的主要目的是建立描述**系统生命周期的通用框架**。这总结了该标准涉及的所有内容。
- 下一个用例是**定义**与主要用例有包含关系的**流程**，**建立描述系统生命周期的通用框架**。需要定义的流程涵盖四个领域，由本用例的四个特殊化元素展示。
- 定义流程由……**用于管理生命周期阶段**特殊化元素。这涵盖了生命周期定义和分析，如第 4 章所述。
- 定义流程由……**用于支持流程定义**特殊化元素。这涵盖了流程的定义，本章中描述的七视图方法可以用来实现这一点。
- 定义流程由……**用于支持流程控制**特殊化元素。这包括管理和控制流程的执行，本章中描述的七视图方法可以用来实现这一点。
- 定义流程由……**用于支持流程改进**特殊化元素。这包括改进流程，并确保它们在一段时间内保持适合目的。本章描述的七视图方法可用于实现此目的。
- **定义**包含在主要用例中的**术语**，**建立描述系统生命周期的通用框架**。这与这个标准为系统工程定义了一组标准概念和相关术语的事实有关。在这本书中，本体建模已经详细介绍了这一点。

- 允许使用与主要用例有包含关系的流程，**建立描述系统生命周期的通用框架**。这提供了一种机制来设置标准涵盖的流程领域的范围，并具有两个特殊化元素。
- **允许使用流程**由……**用于获取**特殊化元素。这表明该标准关注的是获取型的流程，这可以使用七视图方法进行建模。
- **允许使用流程**由……**用于供应**特殊化元素。这表明该标准关注的是供应型流程，这可以使用七视图方法进行建模。
- 最后，**与其他标准协调**包括遵守其他标准，这在本节中进行了介绍，并且可以使用七视图方法来执行。

请注意这里显示的所有用例以及它们是如何通过使用七视图方法来满足 ISO 15288 的需求的。这将显示这种方法对于流程和流程建模的大多方面都是多么强大和灵活。

这些用例之一，定义术语可以通过创建一个本体来满足，如下文所示。

2. ISO 15288——流程结构视图

流程结构视图定义了标准的本体，也定义了与标准相关的主要概念和术语。ISO 15288 的流程结构视图如图 5.13 所示。

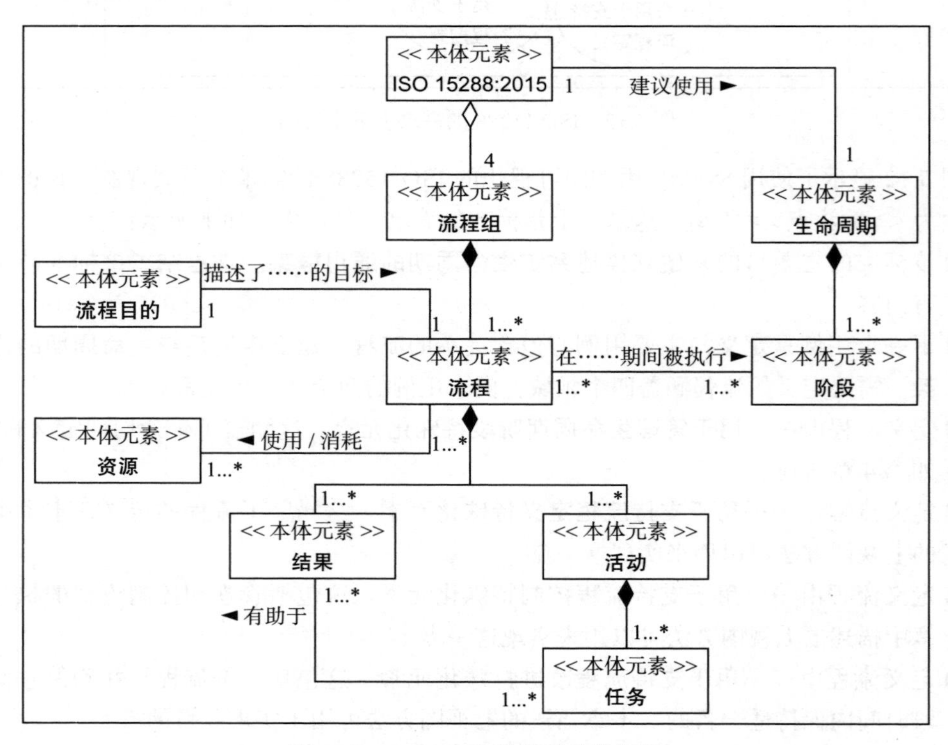

图 5.13 ISO 15288 的流程结构视图

图 5.13 显示了 ISO 15288 的流程结构视图，使用 SysML 块定义图进行了可视化。

可以看出，**ISO 15288:2015 由四个流程组组成，每个流程组包含并拥有多个流程。**

此外，**ISO 15288:2015 还建议使用生命周期**。

参考以下属性：

- ❑ **关注流程**：每个流程都包含一些结果和一些活动。
- ❑ **专注于活动**：每项活动都包含多项任务，其中一项或多项有助于一项或多项成果。
- ❑ **回到流程**：每个流程都有一个描述流程目标的流程目的，一个或多个流程使用 / 消耗大量资源。
- ❑ **关注生命周期**：每个生命周期包括一个或多个阶段，一个或多个流程在一个或多个阶段中执行。

从这个本体中可以清楚地看出，它与本书中使用的 MBSE 本体有明显的相似之处。这是因为 ISO 15288 是本书使用的主要最佳实践参考之一。

现在可以关注生命周期概念并将其分解为更详细的概念，如图 5.14 所示。

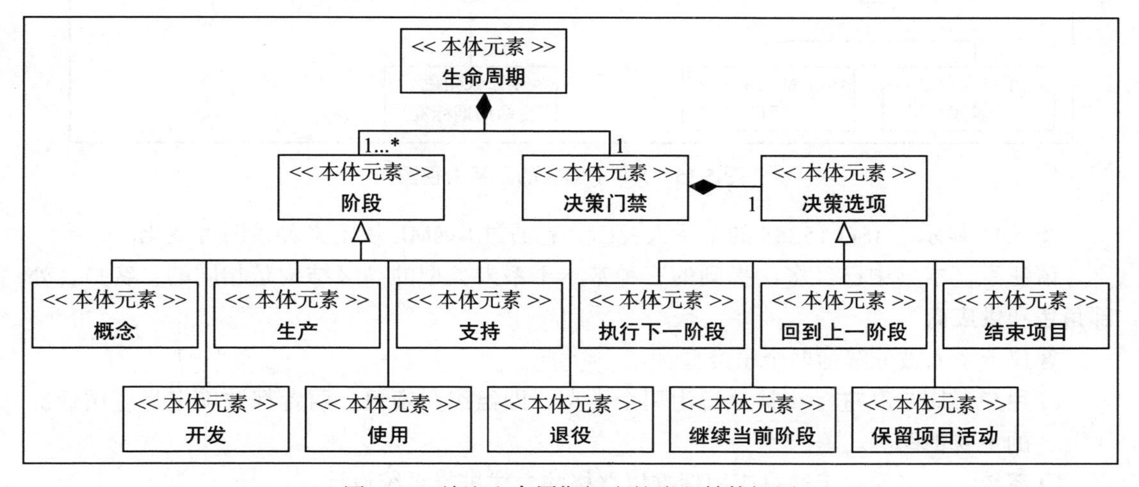

图 5.14　关注生命周期概念的流程结构视图

图 5.14 显示了一个额外的流程结构视图，但这次重点关注生命周期概念，使用 SysML 块定义图进行可视化。

图 5.14 显示，**每个生命周期包括若干阶段和若干决策门禁**。此外，**每个阶段都由一个决策门禁控制**，如下所述：

- ❑ **关注决策门禁**：每个决策门禁包含一个**决策选项**，其中有五种类型——**执行下一阶段、继续当前阶段、回到上一阶段、保留项目活动和结束项目**。
- ❑ **关注阶段**：不同类型的阶段是**概念、开发、生产、使用、支持和退役**。

同样，请注意 ISO 15288 的这个本体与第 4 章中介绍的关于生命周期的本体之间的相似之处。

3. ISO 15288——干系人视图

干系人视图与识别对系统有兴趣的干系人有关。在这种情况下，系统就是标准本身，因此干系人视图关心的是识别对标准感兴趣的干系人，如图 5.15 所示。

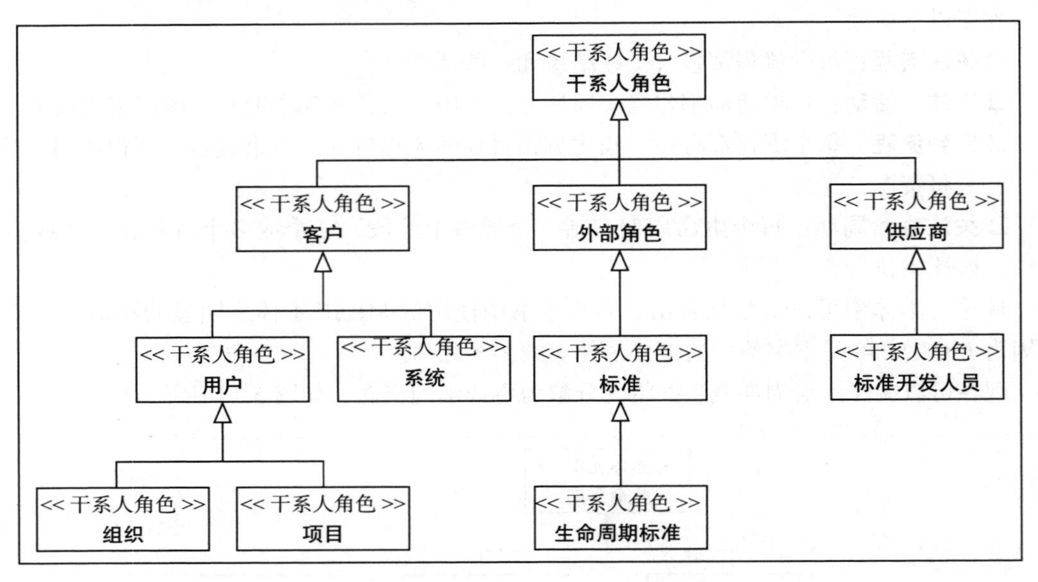

图 5.15 ISO 15288 的干系人视图

图 5.15 显示了 ISO 15288 的干系人视图，它通过 SysML 块定义关系图可视化。

请注意，本书中已经多次提到的三种基本干系人类型的高级结构是相同的：**客户**、**外部角色**和**供应商**。

客户干系人被分解为两个子类型：

- **用户**，用户又进一步被分解为两个类型，即**组织**和**项目**，两者都被确定为应用标准的主要捐助者。
- **系统**，它将受益于通过应用标准以严格的方式进行系统设计。

外部角色有一个单一的类型——**标准**，它本身也有一个单一的类型，即**生命周期标准**。这是指 ISO 15288 与生命周期以及与这些生命周期相关的流程相关的事实。

供应商干系人只有一个类型，即**标准开发人员**，负责标准的创建、开发和维护。

4. ISO 15288——流程内容视图

流程内容视图显示了可包含在生命周期中的流程的概述，可以将其视为流程库。就 ISO 15288 而言，流程内容视图是目前为止使用最多的视图。

图 5.16 显示了一个高级流程内容视图，它主要关注本体中的流程组。

图 5.16 显示了 ISO 15288 的高级流程内容视图，该视图侧重于流程组，并使用 SysML 块定义图进行可视化。

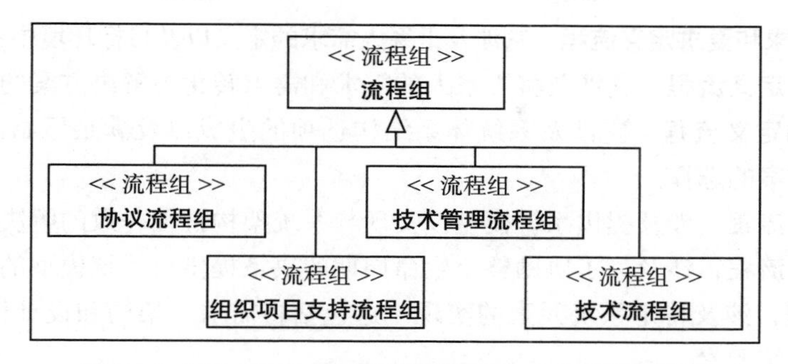

图 5.16 ISO 15288 的流程内容视图，重点关注流程组

图 5.16 显示有四种类型的**流程组**：

- **协议流程组**，它关注与客户和供应商关系相关的所有流程，涵盖采购和供应等领域。
- **组织项目支持流程组**，它关注适用于整个组织并与业务中的每个人相关的流程。
- **技术管理流程组**，它关注在逐个项目的基础上应用来管理技术活动的流程。
- **技术流程组**，它关注与系统工程活动相关的流程类型，例如需求建模、设计、验证和检验等。

这些流程组中的每一个都可以被分解以显示单独的流程，这将在接下来的四个部分中进行讨论。

5. 技术流程组的流程内容视图

图 5.17 显示了构成技术流程组的流程。

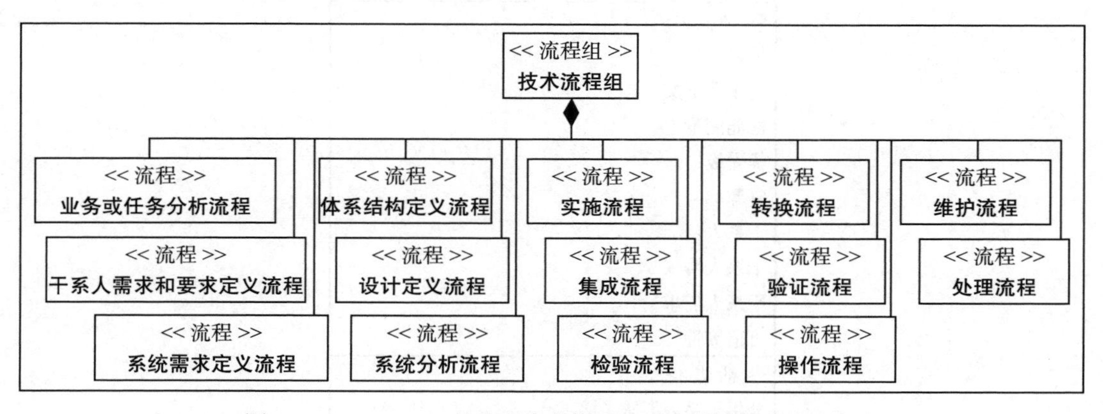

图 5.17 ISO 15288 的流程内容视图，重点关注技术流程组

图 5.17 显示了 ISO 15288 的流程内容视图，该视图侧重于技术流程组，并使用 SysML 块定义图进行可视化。

图 5.17 显示有 14 个流程组成了该流程组：

- **业务或任务分析流程**，涉及业务、任务问题或机会的定义，描述解空间并确定系统的潜在解决方案。

- **干系人需求和要求定义流程**，它涉及干系人需求的定义以及目标环境中系统的后续要求。
- **系统需求定义流程**，它涉及将干系人的需求和需求转化为解决方案的技术视图。
- **体系结构定义流程**，它涉及系统体系结构选项的生成以及满足原始需求的一个或多个替代方案的选择。
- **设计定义流程**，涉及提供系统模型以实现与系统架构视图一致的解决方案。
- **系统分析流程**，涉及为了协助整个生命周期的决策提供对系统模型的基本理解。
- **实施流程**，涉及特定系统元素的实现。这包括将需求、架构和设计模型（包括接口）转换为系统元素。
- **集成流程**，涉及将一组系统元素集成到满足原始需求的已实现系统中。
- **验证流程**，涉及提供客观证据证明系统或系统元素满足其特定需求。
- **转换流程**，涉及系统向操作环境的转换。
- **检验流程**，涉及提供客观证据，证明系统在使用时，在其预期的操作环境中实现其预期目的。
- **操作流程**，涉及在其目标环境中使用系统以提供其服务。
- **维护流程**，涉及维持系统提供其预期目的的能力。
- **处理流程**，涉及系统元素或系统的处理，并确保其得到适当的处理、更换或退役。

这些流程中的每一个都可以更详细地显示，也可以使用流程内容视图，如图 5.18 所示。

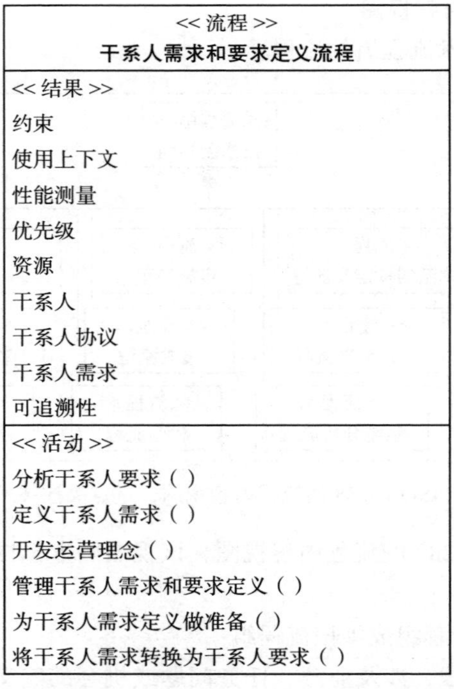

<< 流程 >> **干系人需求和要求定义流程**
<< 结果 >> 约束 使用上下文 性能测量 优先级 资源 干系人 干系人协议 干系人需求 可追溯性
<< 活动 >> 分析干系人要求 ( ) 定义干系人需求 ( ) 开发运营理念 ( ) 管理干系人需求和要求定义 ( ) 为干系人需求定义做准备 ( ) 将干系人需求转换为干系人要求 ( )

图 5.18 ISO 15288 的流程内容视图，重点关注干系人需求和要求定义流程

图 5.18 显示了 ISO 15288 的流程内容视图，重点**关注干系人需求和要求定义流程**，并使用 SysML 块定义图进行了可视化。该图的各个部分可视化如下：

- 流程本身使用 SysML 块进行可视化。
- 每个工件都使用 SysML 属性进行可视化。
- 每个活动都使用 SysML 操作进行可视化。

这个流程，以及各种流程组中的一些其他流程，将在本书的后续内容中更详细地讨论。

6. 协议流程组的流程内容视图

图 5.19 显示了组成协议流程组的流程。

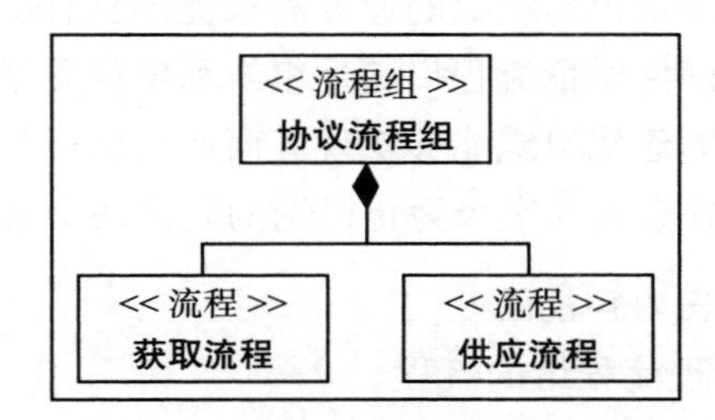

图 5.19 ISO 15288 的流程内容视图，重点关注协议流程组

图 5.19 显示了 ISO 15288 的流程内容视图，这次关注的是协议流程组，使用 SysML 块定义图进行可视化。

组成协议流程组的流程如下：

- **获取流程**，即根据客户的需求获取产品或服务。
- **供应流程**，涉及向客户提供满足约定需求的产品或服务。

请注意，这里只显示了两个流程，而技术流程组中有 14 个。这表明本标准对技术和工程活动的重视程度。

7. 组织项目支持流程组的流程内容视图

图 5.20 显示了组成组织项目支持流程组的流程。

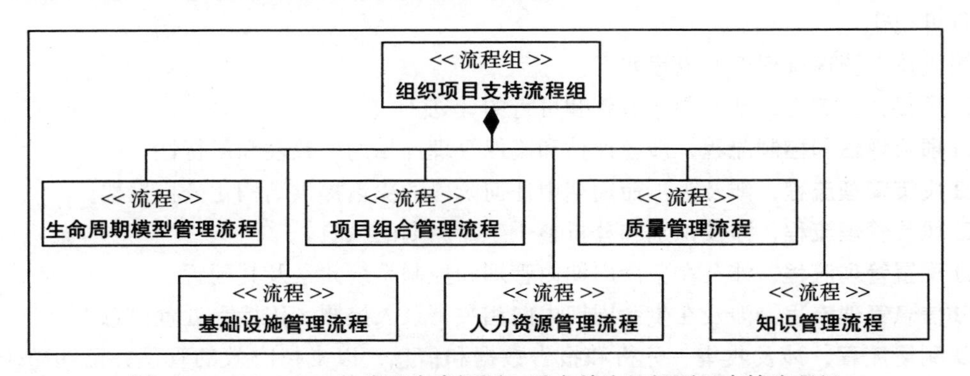

图 5.20 ISO 15288 的流程内容视图，重点关注组织项目支持流程组

图 5.20 显示了流程内容视图，强调组织项目支持流程组，使用 SysML 块定义图进行可视化。

构成组织项目支持流程组的流程如下：

- **生命周期模型管理流程**，涉及组织使用的生命周期流程的定义、维护和可用性的保证。
- **基础设施管理流程**，涉及为项目提供基础设施和服务，以在整个生命周期内支持组织和项目。
- **项目组合管理流程**，涉及提供合适的项目以满足组织的战略目标。
- **人力资源管理流程**，涉及根据组织的业务需求提供具有适当能力的适当人员。
- **质量管理流程**，涉及确保质量流程集满足组织和项目质量目标并实现客户满意度。
- **知识管理流程**，涉及创建使组织能够实现其商业目标所需的能力和资产。

同样，请注意这里的流程数量与迄今为止讨论的其他两个流程组的数量。

8. 技术管理流程组的流程内容视图

图 5.21 显示构成技术管理流程组的流程。

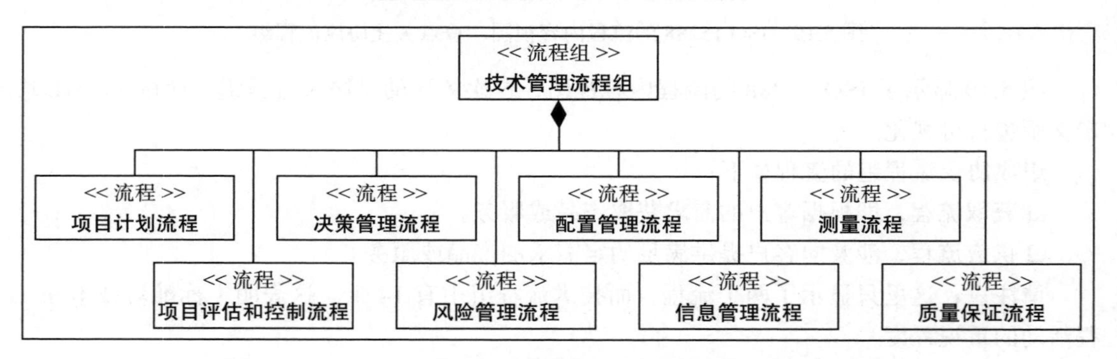

图 5.21 ISO 15288 的流程内容视图，重点关注技术管理流程组

图 5.21 显示了 ISO 15288 的流程内容视图，强调技术管理流程组，使用 SysML 块定义图进行可视化。

构成技术管理流程组的流程如下：

- **项目计划流程**，涉及制定有效和可行的计划。
- **项目评估和控制流程**，涉及评估和确保管理计划的一致性和可行性。
- **决策管理流程**，涉及为生命周期中任何阶段的决策提供结构化分析框架。
- **风险管理流程**，涉及识别和分析整个生命周期的风险。
- **配置管理流程**，涉及在生命周期内管理和控制系统元素及其配置。
- **信息管理流程**，涉及在生命周期内向相关干系人控制、传播和处置信息。
- **测量流程**，涉及收集、分析和报告数据和信息，以支持有效的管理并证明整个生命周期的质量。

- **质量保证流程**，它与确保组织流程的有效应用有关。

同样，请注意每个流程组内流程数量的差异，这表明该标准的重点在哪里，主要是在技术和技术管理领域。

5.4.3 ISO 15288 合规演示

标准模型的主要应用之一是将其用作合规判定基础。

如果使用七视图方法开发流程集，然后使用相同的方法对许多标准进行建模，则生成的模型可能直接相关，以演示任何合规和不合规领域。事实上，这是一个将在本书后续内容中探讨的应用程序，其中将讨论 MBSE 的特定技术，并通过将它们映射回 ISO 15288 流程模型来证明它们的起源。

既然已经讨论了流程建模，我们可以看看如何定义本章到目前为止所描述的视图的框架。

5.5 定义框架

到目前为止创建的视图代表了我们在第 2 章中详细讨论的 MBSE 图的中心部分。每个视图都使用 SysML 进行了可视化，它们组合在一起表示 MBSE 图的右侧。这些视图组合在一起形成了整体模型，但这些视图必须保持一致，否则它们不是视图而是图片！这就是 MBSE 图的左侧发挥作用的地方，因为在框架中捕获所有视图的定义非常重要，该框架包括本体和一组视图。因此，现在是确保这些视图得到彻底和正确定义的时候了，这就是本节的目标。

5.5.1 定义框架中的观点

在第 2 章讨论过，有必要为每个视图提出一些问题，以确保它是一个有效的视图。对于整个框架和视图，还必须提出一系列问题。将这些问题结合起来会产生一组问题，从而可以定义整个框架。因此，值得提醒一下这些问题是什么。

- 为什么需要框架？这个问题可以使用**框架上下文视图**来回答。
- 框架使用的总体概念和术语是什么？这个问题可以使用**本体定义视图**来回答。
- 作为框架的一部分，哪些视图是必要的？这个问题可以使用**观点关系视图**来回答。
- 为什么需要每个视图？这个问题可以使用**观点上下文视图**来回答。
- 每个视图的结构和内容是什么？这个问题可以使用**观点定义视图**来回答。
- 应该应用哪些规则？这个问题可以使用**规则集定义视图**来回答。

当这些问题得到回答时，可以说已经定义了一个框架。这些问题中的每一个都可以使用一组特殊的视图来回答，这些视图统称为**架构框架（FAF）**（Holt & Perry，2019）。此时，只需考虑创建一个特定视图来回答每个问题，如以下部分所述。

5.5.2 定义框架上下文视图

框架上下文视图首先指定了为什么需要整个框架，在这种情况下，它将以流程视角的形式定义流程建模的七视图方法的基本需求，如图 5.22 所示。

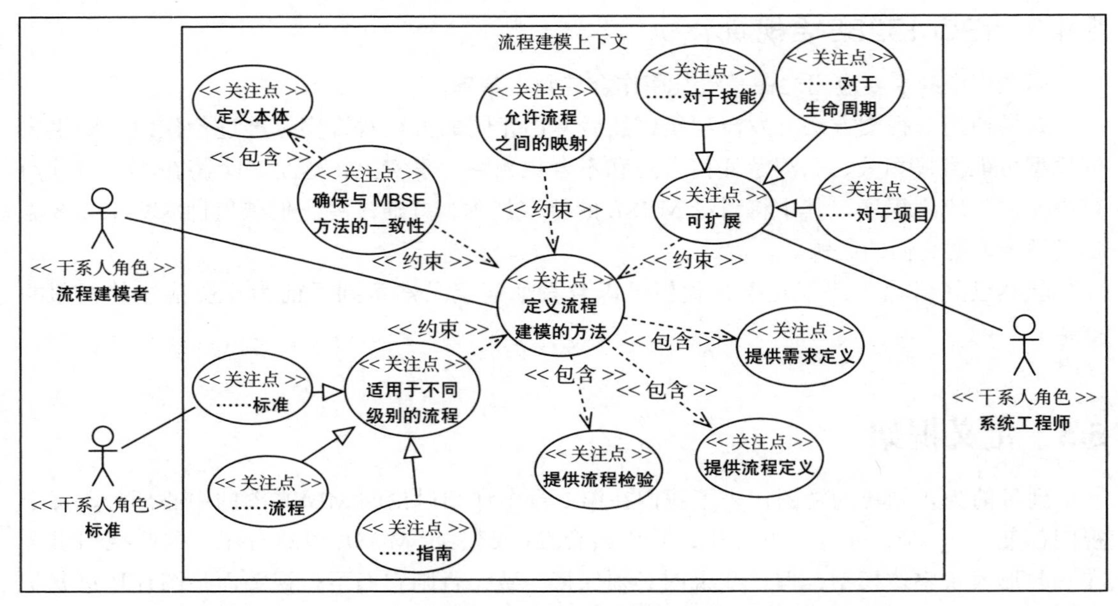

图 5.22 用于流程建模的七视图方法的框架上下文视图

图 5.22 显示了用于流程建模的七视图方法的框架上下文视图，使用 SysML 用例图进行了可视化。

流程建模的七视图方法的主要目的是**定义流程建模的方法**，该方法包括以下三个需求：

- **提供需求定义**，允许定义要建模的流程集的基本目的。
- **提供流程定义**，允许定义流程集中的流程。
- **提供流程检验**，展示流程集如何满足原始需求。

主要目标还受到以下约束：

- **确保与 MBSE 方法的一致性**，其中包括定义本体。这可确保整体方法基于 MBSE 最佳实践。
- **允许流程之间的映射**，这可以证明与其他流程的合规性。
- **可扩展**，有三个具体细化：**技能**、**生命周期和项目**。这确保了该方法是灵活的，并且可以适用于其他与流程相关的应用程序。
- **适用于不同级别的流程**，具体为：**标准**、**流程和指南**。这确保了该方法足够灵活，可以应用于不同的流程抽象级别。

这只是一个简短的解释，因为用例图将在下一章中深入介绍。

5.5.3 定义本体定义视图

本体定义视图以本体的形式捕获与框架相关的所有概念和相关术语。这已经在图 5.1、图 5.2 和图 5.3 中定义了与流程相关的视图的本体。该视图中显示的本体元素提供了本章迄今为止创建的实际视图所使用的所有构造型。

相关的本体元素通常会被收集到一个视角中，正如本书前面所讨论的那样。在本章中，创建了一个与流程相关的新视图。

5.5.4 定义观点关系视图

观点关系视图标识需要哪些视图，并且对于每组视图，标识包含其定义的观点。记住，观点可以被认为是视图的一种模板。这些观点可以被收集到一个视图中，视图只是具有共同主题的观点的集合。

在本章中，重点是定义一组与生命周期相关的视图，因此创建**流程视角**是合适的。到目前为止已讨论的基本视图集显示在图 5.23 所示的视图中。

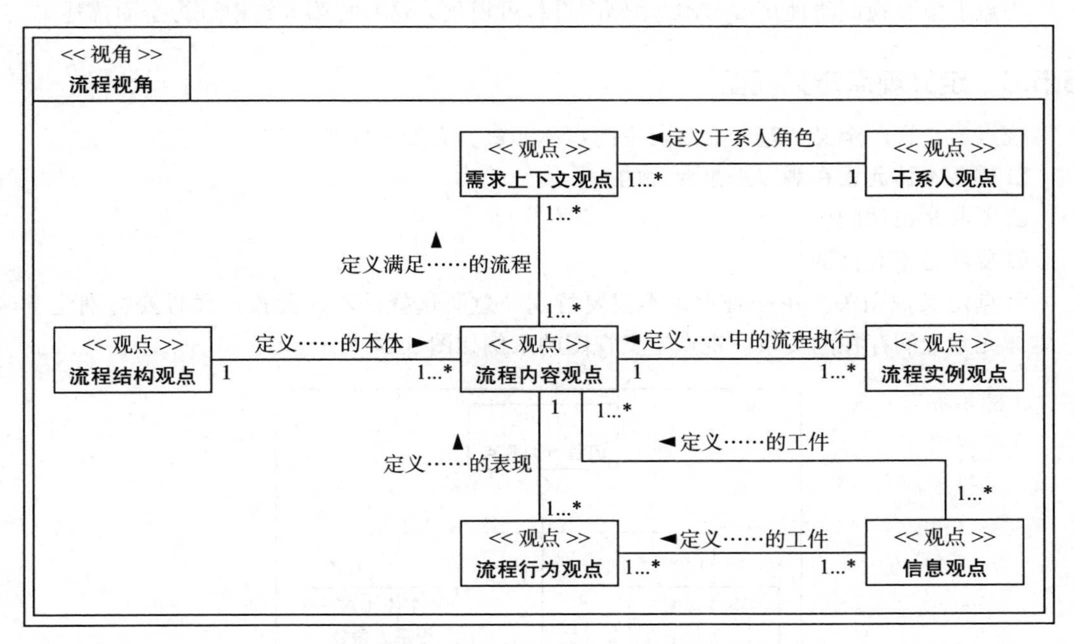

图 5.23 流程视角的观点关系视图

图 5.23 显示了使用 SysML 块定义图的流程视角的观点关系视图。

流程视角使用了 SysML 的包来进行展示，它属于 << 视角 >> 构造，它简单地收集了许多观点，如下所示：

- **流程结构观点**，允许捕获本体。
- **流程内容观点**，为流程集定义流程库。

- ❑ **需求上下文观点**，定义流程集中每个流程的需求。
- ❑ **干系人观点**，允许识别所有相关干系人。
- ❑ **流程行为观点**，指定单个流程如何在内部操作。
- ❑ **信息观点**，定义与单个流程或流程集相关的工件及其相互关系。
- ❑ **流程实例观点**，允许执行流程序列以满足原始需求。

此处定义的观点数量产生了该方法的原始名称：流程建模的七视图方法。

5.5.5 定义观点上下文视图

观点上下文视图指定了为什么首先需要一个特定的观点及其视图集。它将确定对观点感兴趣的相关干系人，并确定每个干系人希望从框架中获得什么好处。

每个观点都会有一个观点上下文视图。每个观点上下文视图都将追溯到框架上下文视图，因为它必须有助于组织的整体期望。因此，观点上下文视图的组合集将满足框架上下文视图中表示的总体需求。

观点上下文视图将使用 SysML 用例图进行可视化，这将在第 6 章中进行全面描述。

5.5.6 定义观点定义视图

观点定义视图定义了包含在观点中的本体元素，有如下区别：

- ❑ 哪些本体元素在观点中是允许的？
- ❑ 哪些是可选的？
- ❑ 哪些是不允许的？

观点定义视图关注单一观点，不仅要特别注意所选择的本体元素，而且要特别注意这些本体元素之间存在的关系。观点定义视图的示例如图 5.24 所示。

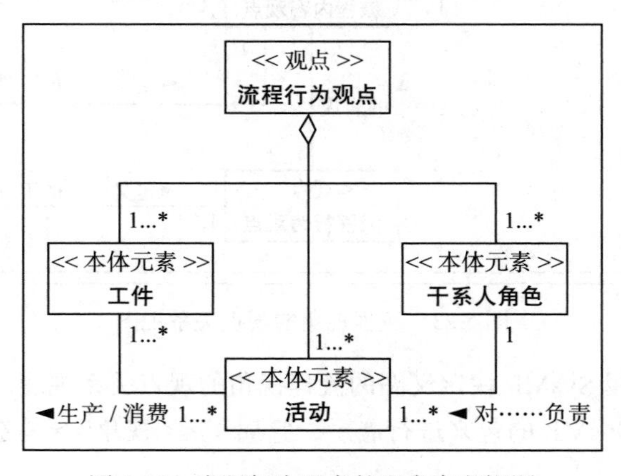

图 5.24 流程行为观点的观点定义视图

图 5.24 显示了流程行为观点的观点定义视图，使用 SysML 块定义图。因此，流程行为

观点包含以下本体元素：

- 一个或多个**工件**。
- 一项或多项**活动**。
- 一名或多名**干系人**。

除了这些本体元素之外，观点中还包括以下本体关系：

- **一项或多项活动生产 / 消费一项或多项工件**。
- **每个干系人负责一项或多项活动**。

请记住，并不是来自本体的所有本体关系都需要包含在内，只需要包含那些在视图中显示出来的关系。

5.5.7 定义规则集定义视图

规则集定义视图识别并定义了许多可能应用于模型的规则，以确保模型与框架一致。

这些规则主要基于本体定义视图和观点关系视图。在每种情况下，规则都是通过识别存在于以下位置的关键关系及其相关多样性来定义的：

- 观点定义视图中的观点之间。
- 本体定义视图中的本体元素之间。

图 5.25 显示了流程视图的一个规则示例。

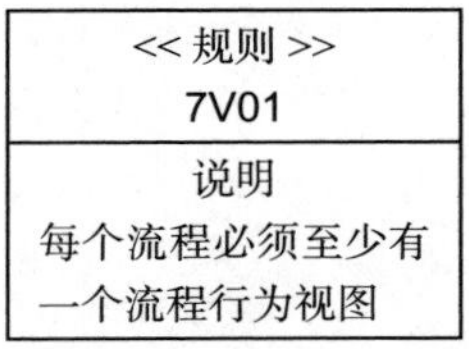

<< 规则 >>
7V01
说明
每个流程必须至少有
一个流程行为视图

图 5.25 规则集定义视图示例

图 5.25 显示了使用 SysML 块定义图的规则集定义视图示例，图上的每个块表示一个来自本体定义视图或观点关系视图的规则。

规则如下：

- **每个流程必须至少有一个流程行为视图**。这基于观点关系视图中的**流程内容观点**和**流程行为观点**之间的关系。

当然，这里可以定义任意数量的其他规则，但并非每个关系都会产生一个规则，因为这是由建模者自行决定的。

5.6 总结

本章首先介绍了流程的概念以及为什么它们对 MBSE 如此重要。流程被收集到一个流程集中，与框架一起构成所有好的 MBSE 方法的核心。

同时，介绍了一种流程建模的方法，称为流程建模的七视图方法，该方法用于显示如何定义流程。

然后，同样的方法也被用来展示如何对标准进行建模，这将在本书的后续内容中再次提及。

最后，定义了流程视角的框架。

5.7 自测任务

- ❑ 考虑图 5.1 呈现的流程本体，并将其映射到组织中的概念和术语中。
- ❑ 确定组织中的单个流程，并创建一组由七个视图组成的流程建模。
- ❑ 将问题 1 中创建的流程模型映射到本章中创建的 ISO 15288 流程模型。使用流程结构视图在概念之间进行映射，使用流程内容视图在流程之间进行映射。

5.8 参考文献

- [Holt & Perry 2019] *Holt, JD* and *Perry*, SA. *SysML for Systems Engineering – a Model-Based approach*. Third edition. IET Publishing, Stevenage, UK. 2019

第三部分 *Part 3*

系统工程技术

在这一部分中，我们将学习一些特定的技术，这些技术可以让你实现本书第二部分系统工程概念中讨论的内容。

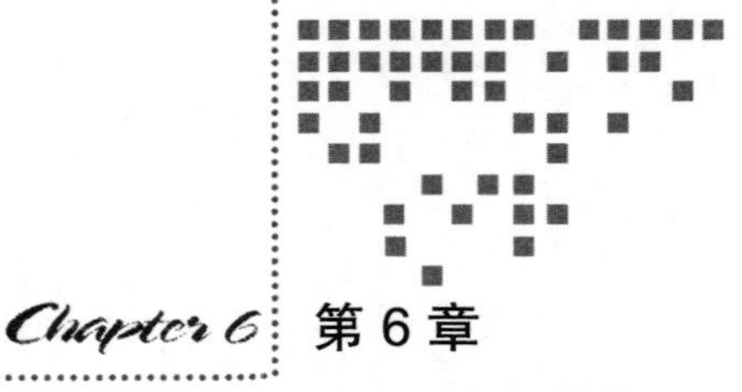

Chapter 6 第6章

需求和要求

本章重点介绍与 MBSE 相关的最重要的技术之一，即建模**需求**和**要求**。

了解需求对于任何系统的成功都至关重要，因为它们提供了系统所有方面的定义，例如系统的预期用途、性能、功能、形式和意图。

不理解一个系统的需求，就无法判断交付的系统是否符合目的。这是因为该系统的目的不为人知，而是由其需求来描述的。因此，至关重要的是所有需求都被明确定义，并且所有干系人都能充分理解它们。这很重要，因为不同的干系人可能会根据他们的上下文以不同的方式解释这些需求陈述。事实上，上下文的主题将被详细描述，因为它是在需求能够被干系人真正理解和接受之前必须清晰指定的最重要的方面之一。

我们的讨论从考虑与需求和要求相关的基本概念开始。

6.1 需求和要求概述

本节介绍需求的关键概念，并讨论不同类型的需求是如何存在的，例如**要求**、**能力**和**目标**。我们将讨论定义术语的确切含义的重要性，并且到目前为止已经在本书中开发的 MBSE 本体也将被扩展以引入这些新概念。我们将从查看实际需求开始……

定义需求

与系统工程相关的最重要的概念之一是需求，如图 6.1 所示。

图 6.1 显示了一个本体定义视图，它介绍了需求的概念及其与系统的关系，使用 SysML 块定义图将其可视化。

图 6.1 显示基本需求的本体定义视图

图 6.1 显示了一个或多个需求，描述了一个或多个系统的目的。需求的概念之所以重要，主要有以下几个原因：

- 它提供了系统所需功能的说明。
- 它在客户和供应商干系人角色之间就将要交付的内容作为系统的一部分达成一致意见。
- 它是客户接受系统的方式。换句话说，只有在所有约定的需求都得到满足的情况下，一个系统才可能被客户接受。

请记住，从第 1 章开始，系统工程的主要目标是实现一个成功的系统，满足这些需求才能确保系统成功实现。

此外，将在开发生命周期中追溯需求，以确保项目始终如一地持续满足其总体目标。

以下将讨论三个主要的需求领域：定义存在的不同类型的需求，使用用例描述每个需求，以及使用场景检验用例和需求。

1. 定义需求类型

需求的概念是一个通用的概念，可以确定许多不同类型的需求，具体取决于正在开发的系统类型和系统将部署的领域。图 6.2 显示了不同类型需求的一些示例。

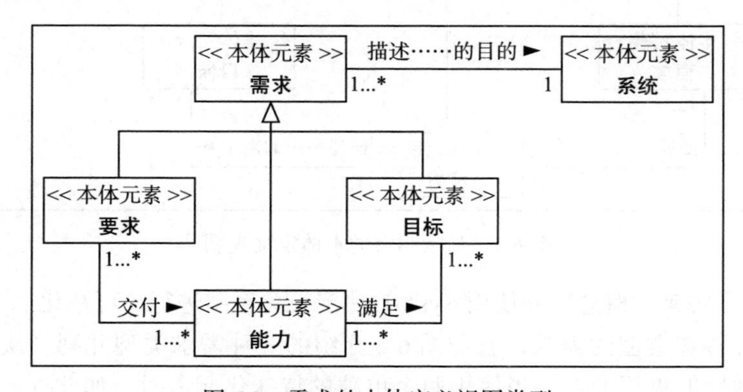

图 6.2 需求的本体定义视图类型

图 6.2 通过显示三种不同类型的需求来显示需求的基本概念，并使用 SysML 块定义图进行可视化。

可以看出，需求分为三种，分别是：

- **要求**：有助于描述系统的目的，并交付一个或多个功能。需求描述了系统的特定需求，并且可以应用于系统元素的不同级别，例如系统、子系统等（请注意，图 6.2 中未显示)。例如:“该电机应产生 × × kW 的电力。”

- ❑ **能力**:有助于描述由一个或多个需求交付的系统的目的,并满足一个或多个目标。例如:“这辆车应该具备自适应巡航控制功能。”
- ❑ **目标**:有助于描述由一项或多项功能实现的系统目的。例如:“在与我们的竞争对手比较时,这辆车应该是同类中的最佳。”

这些类型的需求通常被称为功能性需求,因为它们描述了必须交付的系统的特定功能。本书不会明确使用该术语,只使用本体定义视图中指定的术语。

请注意,在这一点上,需求本身并没有被单独描述,因为这将在下一节讨论需求描述和用例时以两种方式完成,届时将提供这些不同类型需求的几个示例。

应该强调的是,此处显示的三种需求类型只是示例,因此仅供参考,你可以自行定义适合自己的需求类型。

此时还必须考虑另一种类型的需求,它可能适用于所有需求类型,如图 6.3 所示。

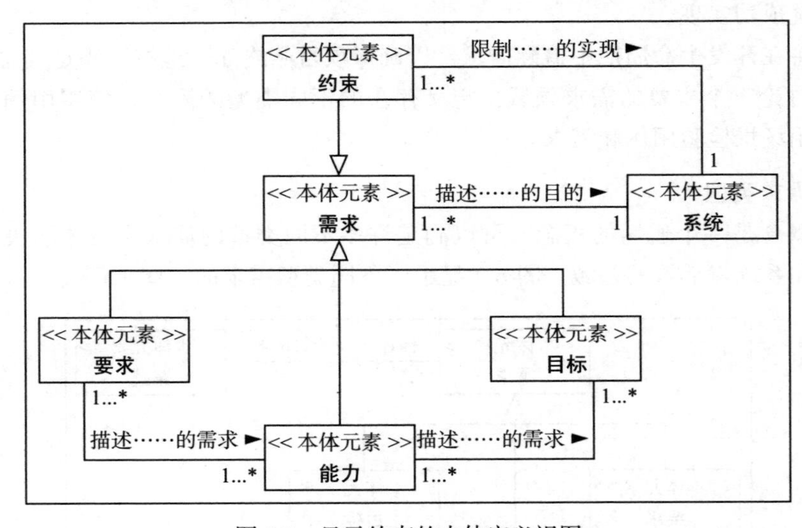

图 6.3 显示约束的本体定义视图

图 6.3 介绍了**约束**的概念,并使用 SysML 块定义关系图进行了可视化。

约束是一种特殊类型的需求,它与图 6.2 介绍的三种需求类型并列。从建模的角度来看,这是一个微妙但重要的点。当使用两个单独的特殊化元素时,如此处所示,它们实际上被视为完全不同类型的特殊化元素。因此,可能出现以下三种情况:

- ❑ 需求既可能是一种要求,也可能是一种约束。
- ❑ 需求既可能是一种能力,也可能是一种约束。
- ❑ 需求既可能是一种目标,也可能是一种约束。

这是一个非常强大的建模机制,在定义 SysML 的特殊化元素时提供了相当大的灵活性。

一个或多个约束以某种方式限制了系统的实现。需求描述了系统的一个期望功能,而约束，虽然仍然是需求，但将限制需求在系统中可能实现的方式。

约束通常被称为非功能性要求（Non-functional Requirement），但本书不会明确使用这个术语，只使用本体定义视图中指定的术语。

约束通常比标准需求更难满足。此外，可以开发一个满足所有原始需求的系统，但是如果不满足约束条件，就不可能部署该系统。

可能存在许多不同类型的约束，例如：

- **质量约束**：满足特定标准。例如，欧洲的所有汽车都必须满足ISO 26262关于道路车辆——功能安全的基本要求，否则不允许在公共道路上使用。
- **环境约束**：限制系统的排放。例如，由于汽油或柴油发动机产生的排放水平，汽车可能仅限于使用电动机，而不是内燃机。
- **性能约束**：指定与系统相关的效率度量。例如，电动机的功率可能比根据其参数所能达到的需求要小。
- **实施约束**：在系统建设中使用特定材料或禁止使用特定材料。例如，由于某些焊料含铅量高，只有某些类型的焊料可以用于汽车电路板的制造。

当然，这并不是一个详尽的约束列表，而是应该为你提供一些关于约束的绝对多样性的指示，这些约束可能会以某种方式限制系统的实现。

正如本章稍后将介绍的，约束必须与其他需求相关，或者换句话说，它们必须约束现有的需求。

2. 描述需求

需求和约束（本身就是一种特殊的需求）都是概念性的，必须以某种方式进行描述。这将通过两种方式实现：创建需求描述和定义需求的用例。图6.4介绍了这两者中的第一个——需求描述。

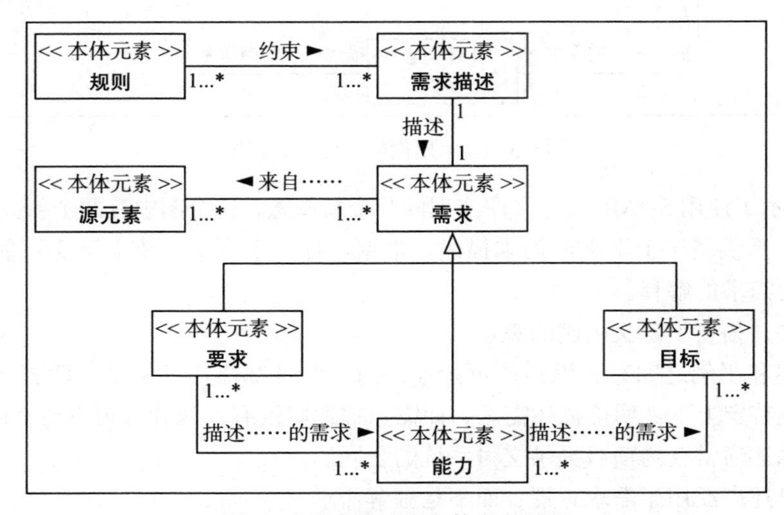

图6.4 需求描述的本体定义视图

图 6.4 使用 SysML 块定义图进行了扩展，引入了几个新概念。该图中新增了三个概念，具体如下：

- **需求描述**，它提供了一组基于文本的功能，用于描述单个需求。这些特性通常是一个属性列表，例如名称、描述、标识符和优先级等，必须为每个需求描述定义这些属性。
- **源元素**，提供了需求来源的参考。所有需求都必须来自某个地方，并且源元素为需求提供了一组合法来源。
- **规则**，它提供的指导可能会限制定义需求描述的方式。规则将限制需求描述，例如，规则可能禁止使用某些词，例如应该、可以、合理等。

需求描述是描述一组需求的重要部分，但是当仅使用基于文本的需求描述（即需求描述的上下文）来描述需求时，通常会出现一个重大缺陷。在许多情况下，很难明确地看到编写需求描述的上下文或观点。这可能导致不同的干系人对单个需求描述有不同的解释，而这些差异并不明显。这对于真正理解整体需求可能是灾难性的，因此，还必须使用用例来描述需求，如图 6.5 所示。

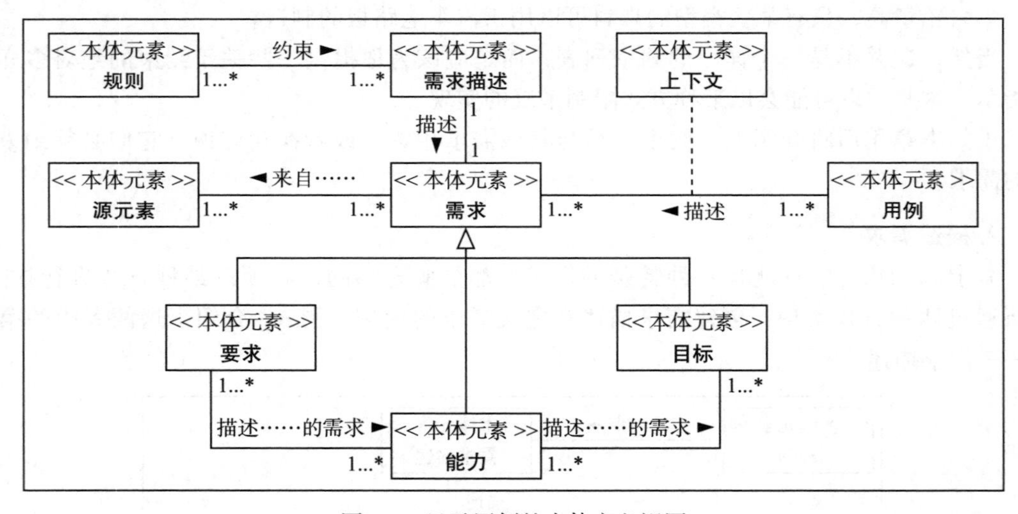

图 6.5 显示用例的本体定义视图

图 6.5 显示了使用 SysML 块定义图实现的几个新概念。这个图中有两个新概念，分别是：

- **用例**，提供基于上下文的需求描述。根据选择的上下文，该上下文可能会完全改变对特定需求的解释。
- **上下文**，描述了定义用例的观点。

需求描述和用例之间存在混淆的可能性，因为两者都描述了需求。两者之间的区别在于，用例通过特定上下文明确描述需求，而需求描述则没有。两者都很重要，原因不同：

- 需求描述通常会为项目提供交付系统的合同。
- 需求描述广泛用于需求管理，而不是理解需求。

- 用例提供上下文，因此可以真正理解对单一需求的多种不同解释。

因此，单一需求有一个需求描述是可能的并且通常是常见的，并且单一需求也可以具有由多个用例在模型中捕获的多种解释。

3. 检验需求和用例

如果一个需求可以以多个用例的形式有多种解释被接受，那么检验每个需求的方式也将开放给多种解释。这些多重检验是在使用场景的模型中捕获的，图 6.6 介绍了这些场景。

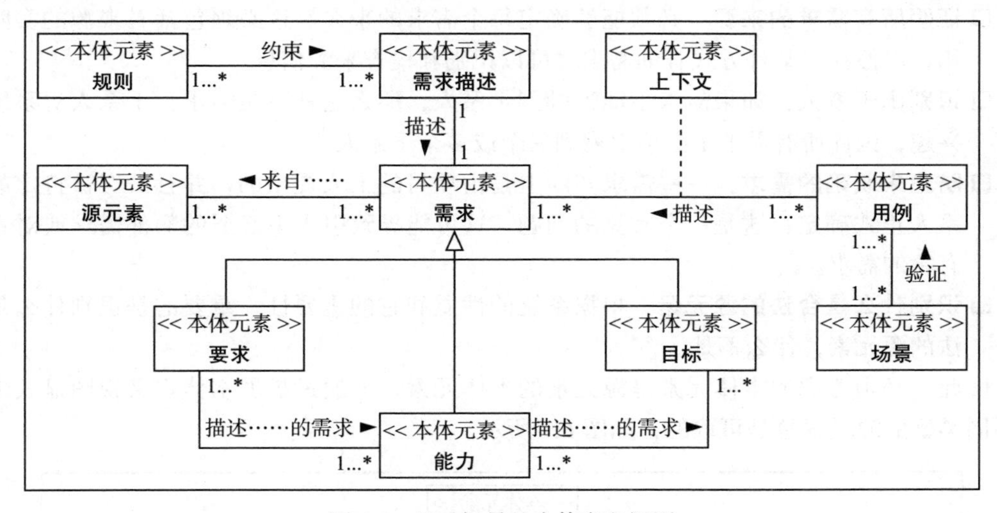

图 6.6 显示场景的本体定义视图

图 6.6 显示，场景提供了一种通过用例检验需求的机制。为了使正在开发的系统取得成功，必须证明可以满足每个需求。由于每个需求可能有多个用例，因此可以证明每个需求都已得到满足，这一点很重要。这是通过定义一些检验每个用例的场景来实现的。

一个场景可以通过以下两种不同的方式来实现：

- **操作场景**，显示导致特定结果的一系列事件或行动。这些操作场景在本质上通常是连续的。
- **性能场景**，允许更改系统的参数以证明它可以满足特定的结果。这些性能场景通常是数学性质的。

本节介绍的概念为需求提供了本体定义视图。我们将在下一节中详细讨论基于这个需求本体的许多视图的实现，这一节将讨论可视化需求。

6.2 使用不同的 SysML 图可视化需求

上一节以需求本体的形式定义了与需求相关的概念。本节将更详细地介绍其中的每一个，并展示如何使用许多不同的视图来实现需求，每个视图都将使用 SysML 表示法进行可视化。

6.2.1 可视化源元素

本节讨论定义源元素的重要性，并介绍用于可视化这些源元素的源元素视图。重要的是，所有需求都应该有一个起源，而源元素允许我们准确识别每个需求来自何处。我们需要识别这些源元素有五个基本原因，如下所示：

- **确定为系统定义的所有需求的来源**：这是经常被忽视或完全忽略的事情，但出于多种原因，这一点很重要。
- **证明所有需求的来源**：必须能够确定每个需求的来源。这必须包括对来源的实际引用，以便在以某种方式查询需求时可以识别和检查来源信息。
- **识别源干系人**：如果需求不能追溯到干系人，那么它就不是需求！干系人对系统感兴趣，因此所有需求都必须追溯到一个或多个干系人。
- **防止未明确的需求**：一些需求实际上是由项目的工人提出的，并且没有被特定的干系人正式确定，这是一个常见的问题。这可能导致引入不必要的额外需求或对系统有害的需求。
- **识别什么是合法的源元素**：根据系统的性质和它的重要性，重要的是识别什么是合法的源元素，什么不是。

因此，必须考虑的本体元素是源元素的本体元素，但通过扩展本体定义视图显式地指定不同类型的源元素总是可取的，如图 6.7 所示。

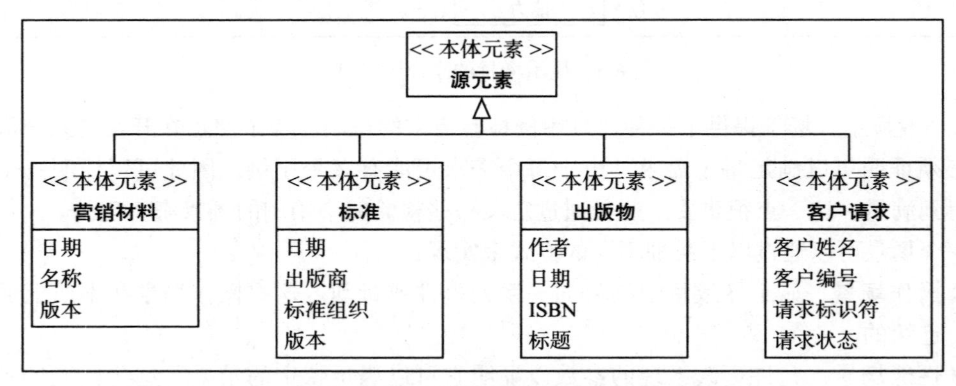

图 6.7 扩展的本体定义视图显示了源元素的类型

ISBN——International Standard Book Number，指国际标准书号。

图 6.7 显示了此处引入的四种新类型的源元素，这些元素使用 SysML 特殊化关系表示，如下所示：

- **营销材料**，它代表了营销干系人所使用的信息，以提供正在开发的最终产品的指示。例如，对于汽车来说，这可能是销售文档，它提供了潜在客户可能需要的新车功能，并且可能必须引入正在开发的新汽车系统中。
- **标准**，它代表了某种与汽车相关的最佳实践参考。这可能是一个安全标准，如 ISO 26262

或 ENCAP 评级标准，作为新车推广的一部分。当然，这些标准可能涵盖系统的任何方面，或者正在运行用于开发该系统的项目。

- **出版物**，可能是一本书（例如这本书），也可能是产生需求的科学论文。例如，一本书可以用作特定领域（例如 MBSE）中最佳实践的行业标准。
- **客户请求**，可能是来自现有客户的特定请求。例如，使用旧版本汽车的客户可能都有类似的抱怨，这可以通过为后续版本的汽车引入新的需求来解决。

请注意，每种新类型的源元素都有许多与之关联的属性，这些属性允许引用特定的源元素。

与识别合法源元素的方法相同，也可以识别不被接受为有效的源元素，如图 6.8 所示。

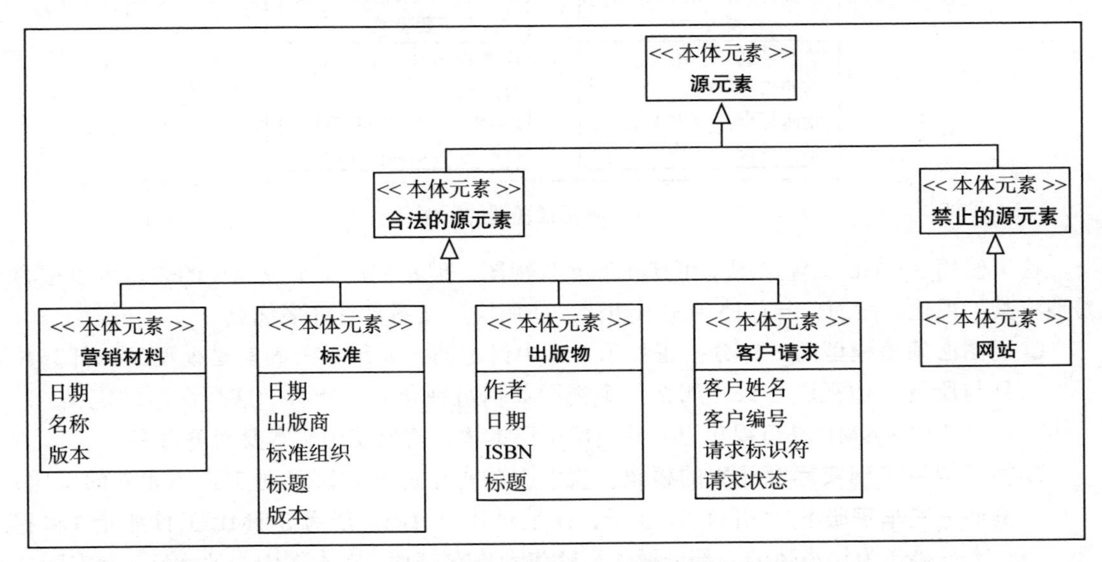

图 6.8 显示合法和禁止的源元素的本体定义视图

图 6.8 显示了另一个扩展的本体定义视图，它引入了新级别的源元素特殊化。

图 6.7 显示了源元素的类型，但图 6.8 通过定义以下内容引入了新级别的分类：

- **合法的源元素**，它与之前看到的源元素类型的集合相同。但是这一次，它们被明确标识为合法，因此可能在模型中被允许。
- **禁止的源元素**，它提供了一个新的源元素集合（在本例中，只有一个网站），这些源元素被认为是禁止的。请注意，禁止的源元素上没有其他属性，因为它们可能不会添加到模型中，因此不需要明确的规范。

这个扩展的本体可以用作**源元素视图 (Source Element View)** 的基础，图 6.9 显示了一个例子。

图 6.9 中的每个块表示单个源元素，但使用了从图 6.6 中扩展的本体定义视图中提取的构造型，所有这些构造型都是源元素的类型。注意，现在每个源元素的属性值是如何被填

充的，以精确指定源元素是什么。

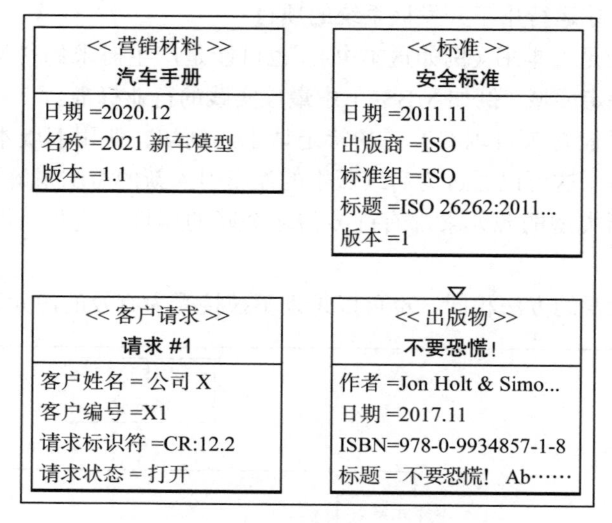

图 6.9 源元素视图的示例

这里使用 SysML 块定义图来可视化源元素视图，但是使用文本或简单的表也可以很容易地将其可视化。然而，与仅使用文本相比，使用块定义图具有许多优点：

- **视图必须是模型的一部分**：正如第 2 章中讨论的，如果视图确实是模型的一部分并且与所有其他视图一致，那么每个视图如何可视化并不重要（这是视图的定义！）。通过使用 SysML 来可视化视图并使用底层本体，这比使用文本要简单得多。
- **视图提供了到实际源元素的桥梁**：视图上的每个源元素都是对实际源元素的引用，例如，**汽车手册**不是实际的小册子，而是对其的引用。所有 SysML 工具都允许将超文本链接作为块描述的一部分插入，这将允许在模型（在本例中为源元素）和实际文档（例如**汽车手册**）之间建立直接的桥梁。
- **确保可追溯性**：继前两点之后，现在可以确保整个模型的完全可追溯性，因为模型中的所有内容和模型外部的源元素文件现在都可以完全追溯。

源元素视图经常被忽视，但它是一个非常重要的视图，必须始终存在于任何需求模型中。

与特定框架中的所有视图一样，创建视图没有固有的顺序，因此，可以在任何时候创建源元素视图。在某些情况下，它可能是创建的第一个视图，例如，如果需求建模的起点是一组源文档。作为另一个示例，需求建模的起点可能是创建上下文，在这种情况下，源元素视图不会是第一个被创建的视图。

6.2.2 可视化需求描述

在定义任何类型的需求（根据这里介绍的本体，要求、功能或目标）时，想要使用文本依次描述每个需求是自然而直观的。这既有用又重要，是任何需求建模练习的关键部分。

在许多情况下，由于使用文本作为需求管理活动的一部分来定义需求的历史传统，这将是生成的第一个视图。

在定义一个单独的需求时，通常要确定与每个需求相关的一些属性，当这些属性结合在一起时，就形成了对该需求的描述。这是由**需求描述**在本体中捕获的。

没有必须为每个需求定义的明确的属性集，最终由建模者决定哪些是合适的。图 6.10 显示了一个典型的属性集。

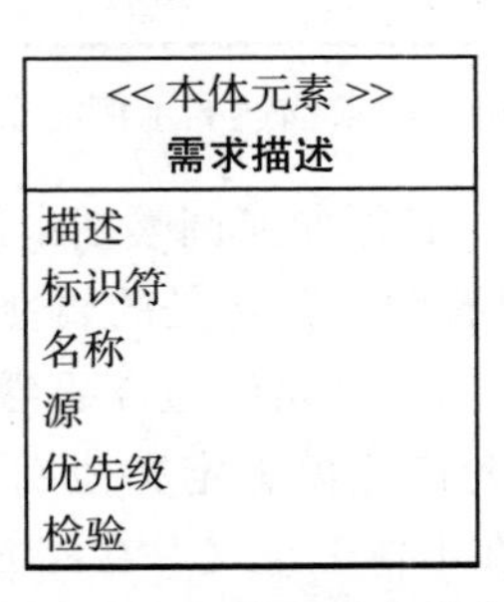

图 6.10　关注需求描述的本体定义视图

图 6.10 显示了视图上显示的单个本体元素，这是本章前面讨论过的需求描述，如图 6.1 所示。但是，这一次已经确定了一些属性，如下所示：

- **描述**，基于文本的描述，使用简单的语句详细描述需求。
- **标识符**，它为需求描述提供唯一的参考，以后可用于追溯目的。
- **名称**，它提供了一个高级标签，可以用于对需求的简单描述。
- **源**，直接指负责识别与此需求描述相关的原始需求的干系人。
- **优先级**，表明需求的重要性。通常，这可以设置为强制的、可取的或可选的。
- **检验**，直接指将用于证明需求已得到满足的场景数量。场景将在本章后面讨论。

已经确定的每个需求都有一个与之相关联的需求描述，这些可以使用 **SysML 需求图建模**。SysML 需求图是一个新的图，到目前为止在本书中还没有详细讨论。需求图实际上是 SysML 块定义图的变体，包含两个基本元素：

- **要求**，这是一种特殊类型的块，在 SysML 中被定型为 << 要求 >>，并有两个与之关联的预定义属性：ID，它提供唯一标识符；text，它允许定义文本描述。
- **关系**，其允许将需求块关联在一起。

因此，这些 SysML 需求图可用于在需求描述视图中可视化一组需求描述，如图 6.11 所示。

图 6.11 显示了一个需求描述视图，它关注于单个需求的描述，并且使用 SysML 需求块可视化。

在此示例中，有一个名为**出入车**的需求描述，它使用 SysML 需求块在图中表示。请注意需求描述的属性是如何用适当的值填充的。

<< 要求 >>
出入车

描述 = 这辆车将……
标识符 =REQ#021
名称 = 出入车
源 = 司机
优先级 = 强制的
检验 =SC#45,SC#46

图 6.11 单个需求描述的示例需求描述视图

图 6.11 还显示了在某些情况下，必须如何调整基本的 SysML 语言来适应项目的特定需求。在 SysML 语言中，需求块上只有两个预定义的属性，这不足以完全描述需求描述。然而，这并不是对 SysML 的疏忽，实际上这是经过深思熟虑的。通过仅指定少量属性（在本例中，仅指定 ID 和 text 属性），它允许建模者定义他们自己的一组属性以满足他们自己的目的。在此示例中，使用的属性是在本体上定义并在图 6.9 中描述的属性。

此处的示例关注单个需求描述，当然，在实际项目中，永远不会存在仅包含单个需求描述的需求描述视图，因为显示多个需求描述以及它们之间的关系更为典型。图 6.12 给出了一个示例。

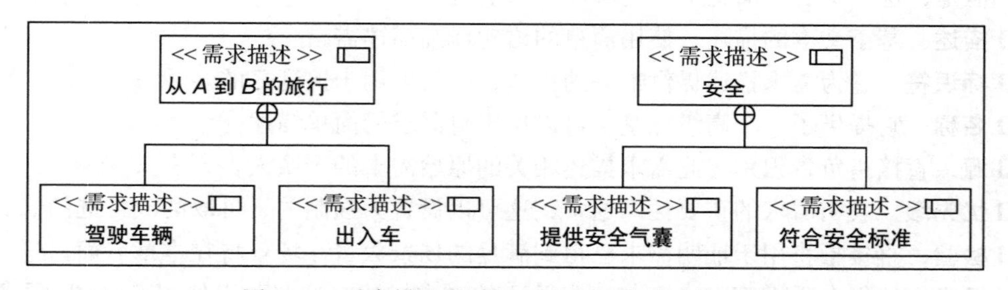

图 6.12 需求描述视图显示多个需求描述的示例

图 6.12 显示了另一个需求描述视图，该视图显示了多个需求描述，并使用 SysML 需求图进行可视化。

在此示例中，显示了两个高级需求描述及其相关的低级需求描述。这种分解在 SysML 中通过使用嵌套符号（带叉号的圆圈）来显示，这只是 SysML 需求图上可能使用的众多关系之一。嵌套结构允许将需求描述分解为更低级别的需求描述。

在需求图中可能使用的另一个有用的关系是 **<< 追溯 >>** 关系，参考图 6.13。

图 6.13 显示了另一个显示可追溯性的需求描述视图，该视图使用 SysML 需求图进行可视化。

在此示例中，**<< 追溯 >>** 关系已用于显示需求描述和源元素之间的显式可追溯性（在本例中，源元素的两个特殊化：**<< 标准 >>** 和 **<< 客户请求 >>**）。展示溯源的能力是非常强大的，但是展示的任何溯源路径都必须与本体一致。在这种情况下，<< 追溯 >> 关系显示了需求描述和源元素之间的显式可追溯性。这与图 6.3 中的本体一致，图 6.3 显示了从需求描述到需求再到源元素的可追溯路径。如果本体中不存在这条溯源路径，那么这个视图上的 **<< 追溯 >>** 关系就不正确，会破坏模型！每个视图上的所有内容，包括元素和关系，都必须是来自本体的本体元素和本体关系的直接实例。

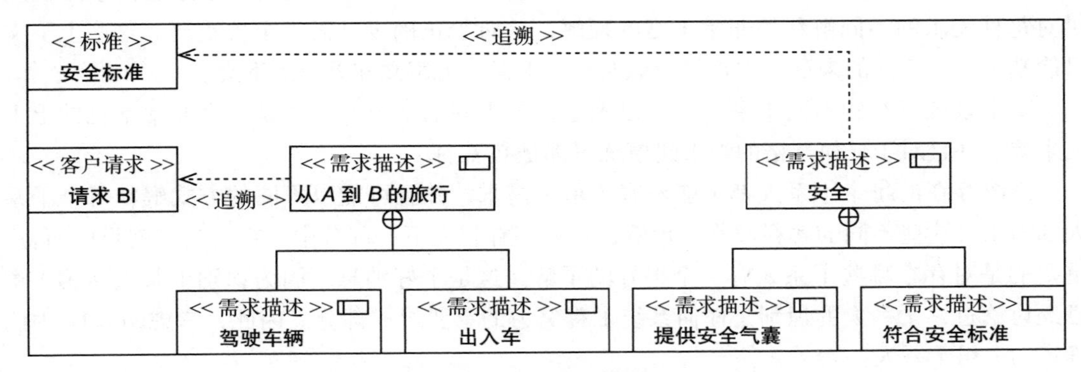

图 6.13　显示可追溯性的需求描述视图

需求图上还可以使用其他几种类型的关系，如下所示：

- **复制**，这表明 SysML 需求块是另一个需求块的精确和直接副本。当不同的源元素可能导致单个需求描述的多个副本时，这很有用。
- **派生**，其中创建了一个以前不存在的 SysML 需求块，直接作为现有 SysML 需求块的结果。
- **改进**，其中一项 SysML 需求块已根据现有 SysML 需求块进行更改或修改。例如，这可能是在措辞正确的情况下，或者正如将在下一节中看到的那样，是某些用例建模的结果。
- **满足**，其中模型的其他方面可能与 SysML 需求块相关，以显示验证或检验。

在使用 SysML 需求图时必须谨慎，因为它们旨在用于管理需求，而不是理解那些需求。从历史上看，SysML 需求图是基于来自几个商业需求管理工具的标准视图，因此标准关系的名称对一些读者来说可能比较熟悉。

这存在很大的潜在危险，因为许多人会生成需求的文本描述（需求描述视图），然后错误地认为他们已经设计了这些需求。这是不对的，因为这种类型的视图和相关的 SysML 需求图旨在用于管理需求而不是设计需求。因此，对仅由需求描述视图组成的一组需求，可能没有太多信心或没有信心。

需求描述视图是一个重要的视图，但它只是一个单一的视图。为了获得对需求的完整、彻底和严格的理解，必须考虑在那里提出的一整套视图。必须考虑的其他视图的一个基本方面是上下文的概念，当只考虑基于文本的描述时，这一概念经常被忽略。

这个重要的上下文概念，以及如何对其建模，将在下文进行描述。

6.2.3 可视化上下文定义

将要讨论的下一个视图是上下文定义视图。在对需求进行建模时，识别和定义上下文对于了解潜在需求至关重要。

每个上下文都提供了一个观点，从中考虑了每个需求。从不同的背景来看需求可以提供对每种需求的不同解释的非常丰富的理解，这对于正确设计需求至关重要。这些上下文可能基于许多不同的来源，本章将考虑两种：**干系人上下文**和**系统上下文**。

基于系统存在的不同干系人，可以确定许多不同的上下文。这是一个非常常见的上下文来源，并且对于任何严格的需求建模练习都是必需的。

系统存在的每个干系人都可能着眼于单一需求，并且可能以不同的方式解释每个干系人的需求。这些不同的解释被称为**用例**，这些解释将在下一部分中进行讨论。就目前而言，重要的是对存在哪些干系人有一个很好的了解。这是个好消息，因为识别干系人在第 1 章已经讨论过，干系人的识别是任何系统工程努力的重要组成部分。因此，考虑图 6.14 中已确定的一组干系人。

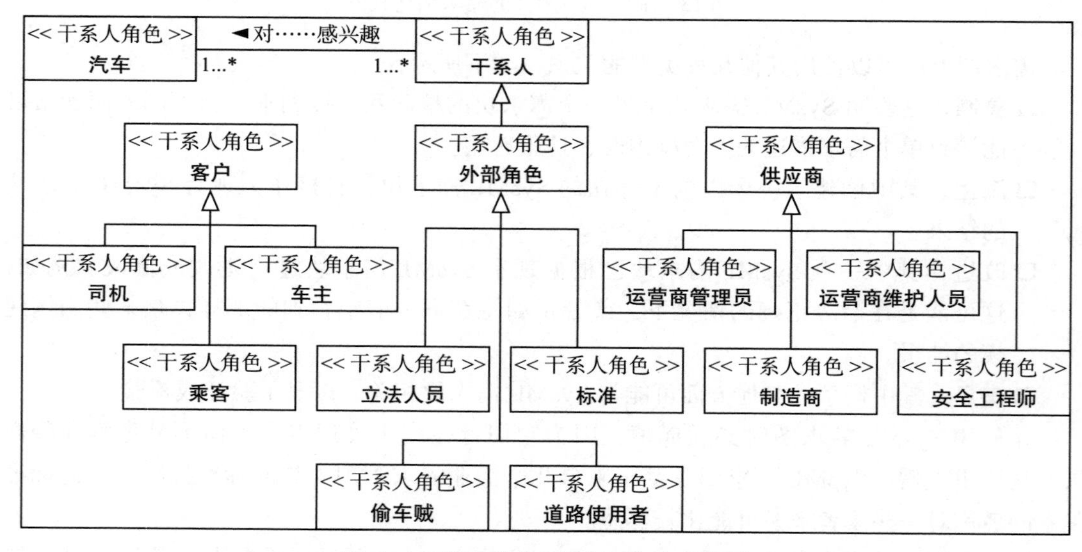

图 6.14 基于干系人的上下文定义视图

图 6.14 显示了使用 SysML 块定义图可视化的上下文定义视图。这与本书前面提到的一些干系人视图非常相似，但这个视图有不同的名称。这是因为该视图不一定基于干系人，而可能基于系统结构，例如，其中的图看起来会有所不同（这将在下一个图表中考虑）。因此，使用术语上下文定义视图，因为这允许视图专注于上下文的其他来源，而不仅仅是干系人。

请注意，干系人的分类层次结构与之前看到的相同，但这次，视图中添加了更多干系人。该视图总共显示了 11 个不同的干系人，这意味着，由于存在 11 个不同的上下文，因此每个需求可能会有 11 种不同的解释。最初，这可能非常令人生畏，因为它可能需要进行大量工作以全面了解需求。这是真实的，但它是一个很好的例子，说明了需求的复杂程度并为建模提供了理由。如果没有进行建模，那么对每种需求的不同解释可能会被隐藏起来，此时将不予考虑。在生命周期的后期，当这些不同的解释浮出水面时，这种隐藏的复杂性几乎总是会导致问题。

应始终构成全面需求建模练习的一部分的另一个上下文来源是系统结构。为了说明这一点，请参考图 6.15。

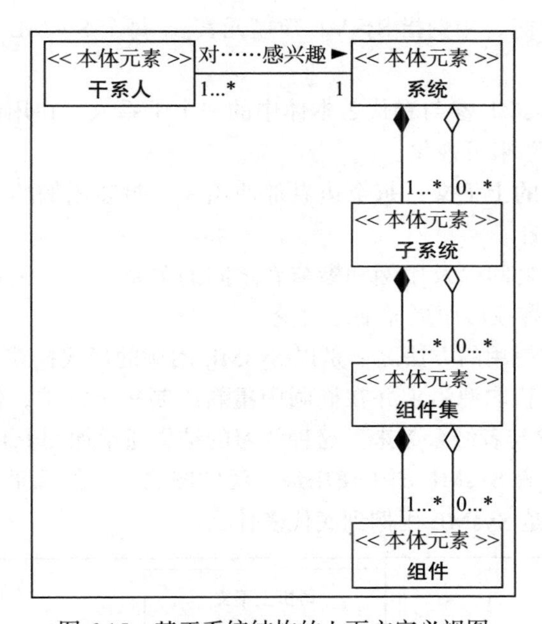

图 6.15 基于系统结构的上下文定义视图

图 6.15 显示了该视图与图 6.14 中的视图是同一类型的视图，但看起来非常不同，因为该视图的重点是系统结构，而不是干系人。实际上，请注意**系统**是如何在图 6.14 中作为单个块“干系人”出现的，而**干系人**出现在图 6.15 中并且详细显示了系统。

在考虑基于干系人的上下文时，每种类型的干系人都会产生自己的上下文。当考虑基于系统结构的上下文时，系统层次结构中的每个级别都会产生一个上下文。

现在已经定义了这些上下文定义视图，现在可以查看上下文本身并考虑用例建模了，这将在下一小节中讨论。

6.2.4 可视化上下文

上一节确定了许多上下文，本节将研究如何对每个上下文建模。这需要查看用例，对于每个需求，将使用 SysML 用例图为这些用例建模。SysML 用例图已经在本书中介绍了，特别是在查看框架和观点定义的上下文时，但是它们只在非常高的级别上考虑过。在本小节中，将详细讨论用例图，并根据现有的汽车示例说明各种建模构造。

SysML 用例图是使用最广泛的图之一，但它经常被误用或没有被正确使用。这样做的主要原因是用例图的目的是非常简单的，这导致了用例图很容易产生误解。因此，一个好的用例图的简单性可能具有欺骗性，因为它可能需要大量的努力和结构化的思考才能使它们正确。

用例图有四个主要的建模结构，如下所示：

- **用例**：每个 SysML 用例代表本体中的一个概念性用例。[这容易混淆，因为这两个术语是一样的！注意，当其英文大写（Use Case）时，用例指本体元素，而当其英文小写（use case）时，用例指 SysML 建模元素。] 每个 SysML 用例都通过用例图中的椭圆可视化。
- **参与者**：每个 SysML 参与者代表本体中的一个干系人。在用例图中，每个参与者都由图例中的“人”来可视化。
- **边界，表示实际的上下文**：每个边界都使用一个封装用例的大矩形来可视化，该矩形在外部有参与者。
- **关系**，表示用例之间以及用例和参与者之间的关系。根据关系的性质，这些用不同的线表示。这些将在后面更详细地讨论。

SysML 用例图通常使用的方法之一是以 SysML 用例的形式捕获源需求。这通常被视为一种简单的练习，包括获取源需求并在椭圆中重新绘制每个需求，使其成为 SysML 用例，然后将这些与 SysML 参与者结合起来。这种练习的结果通常如图 6.16 所示。

SysML 用例图是所有 SysML 图中使用最广泛的图之一，但几乎是所有图中使用最糟糕的！这主要是因为不清楚 SysML 用例到底代表什么。

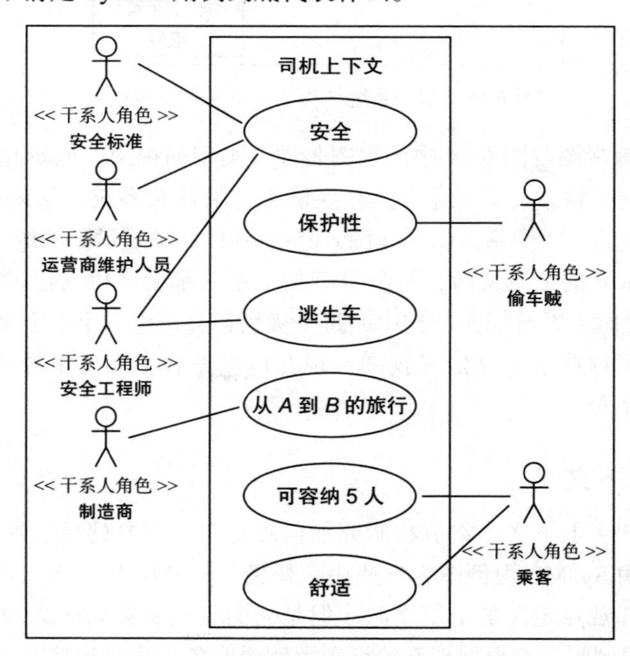

图 6.16 如何不创建 SysML 用例图的示例

图 6.16 显示了如何不创建 SysML 用例图的示例，前面讨论了该图不可接受的原因。

在图 6.16 中，已经获得了一组初始的需求描述，实际上，通过为每个需求描述创建 SysML 用例，已经使用 SysML 用例图重新绘制了这些描述。考虑两个用例**安全**和**从 *A* 到 *B* 的旅行**，然后将它们与图 6.11 中的需求描述进行比较，很明显，它们是一样的。因此，这里显示的 SysML 用例直接表示最初确定的需求描述。这从根本上是错误的，因为 SysML 用例应该代表本体中的用例，而不是需求描述。

由于 SysML 和建模世界中使用相同的术语，这可能会非常令人困惑，因此请考虑以下几点：

- 每个需求都由一个需求描述来描述。这直接取自图 6.1 中的本体定义视图。
- 每个需求都由一个或多个用例通过上下文来描述。这也直接取自图 6.1 中的本体定义视图。

因此，需求描述和用例的本体元素之间的区别在于，用例是基于上下文的，而需求描述不是。

现在考虑 SysML 用例图及其相关的 SysML 用例：

- 每个 SysML 用例必须代表一个用例的本体元素（在上下文中对需求的描述）。
- 每个 SysML 用例不能直接表示需求描述的本体元素，因为没有定义上下文。

图 6.16 的第一个主要问题是 SysML 用例代表的是需求描述，而不是用例。

图 6.16 的第二个主要问题与系统工程和系统思维的基础有关。这里的图在 SysML 用例之间没有关系，因此，没有显示所显示的视图的复杂性。建模的一个关键方面是，建模将识别复杂的区域，因为关键模型元素之间的关系被可视化地显示出来，而不是被忽略，这导致了隐藏的复杂性。

SysML 用例之间的关系有几种基本类型，如图 6.17 所示。

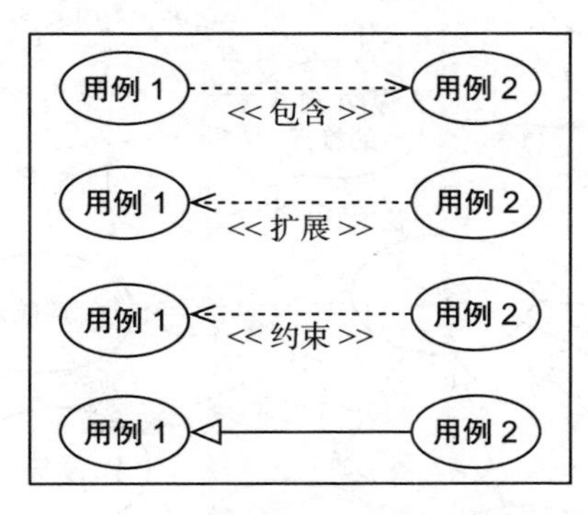

图 6.17　基本 SysML 用例图关系

图 6.17 显示了使用 SysML 用例图可视化的基本 SysML 用例图关系。

SysML 用例之间可以使用四种基本类型的关系，如下所示：

- **<< 包含 >>** 关系。这被理解为**用例 1 包含用例 2**。这意味着用例 1 将总是包含用例 2，或者换一种说法，为了满足用例 1，那么用例 2 也必须满足。这可以被认为是两个 SysML 用例之间的强制依赖关系。

- **<< 扩展 >>** 关系。这被理解为**用例 2 扩展了用例 1 的功能**。这意味着用例 1 有时将包含用例 2，这取决于环境和特定的条件。换句话说，为了满足用例 1，有时有必要满足用例 2。这可以被认为是两个 SysML 用例之间的可选依赖项。
- **<< 约束 >>** 关系。这被理解为**用例 2 约束着用例 1**。换句话说，用例 2 将限制用例 1 的实现方式。
- **一般化 / 特殊化关系**。这被理解为**用例 2 是用例 1 的类型，或者用例 1 具有用例 2** 的类型。这与块定义图中的一般化 / 特殊化关系完全相同，包括对特殊化关系的继承。

这四种基本类型的关系允许定义 SysML 用例之间的依赖关系，并提供了一种强大的机制来增加对底层用例的理解。

在参与者和 SysML 用例之间还有另一种类型的关系，它确定了特定参与者对特定 SysML 用例的某种兴趣。

为了说明这些关系是如何工作的，请参考图 6.18，它通过添加一些新的用例扩展了图 6.15，但更重要的是，它显示了如何使用这些关系。

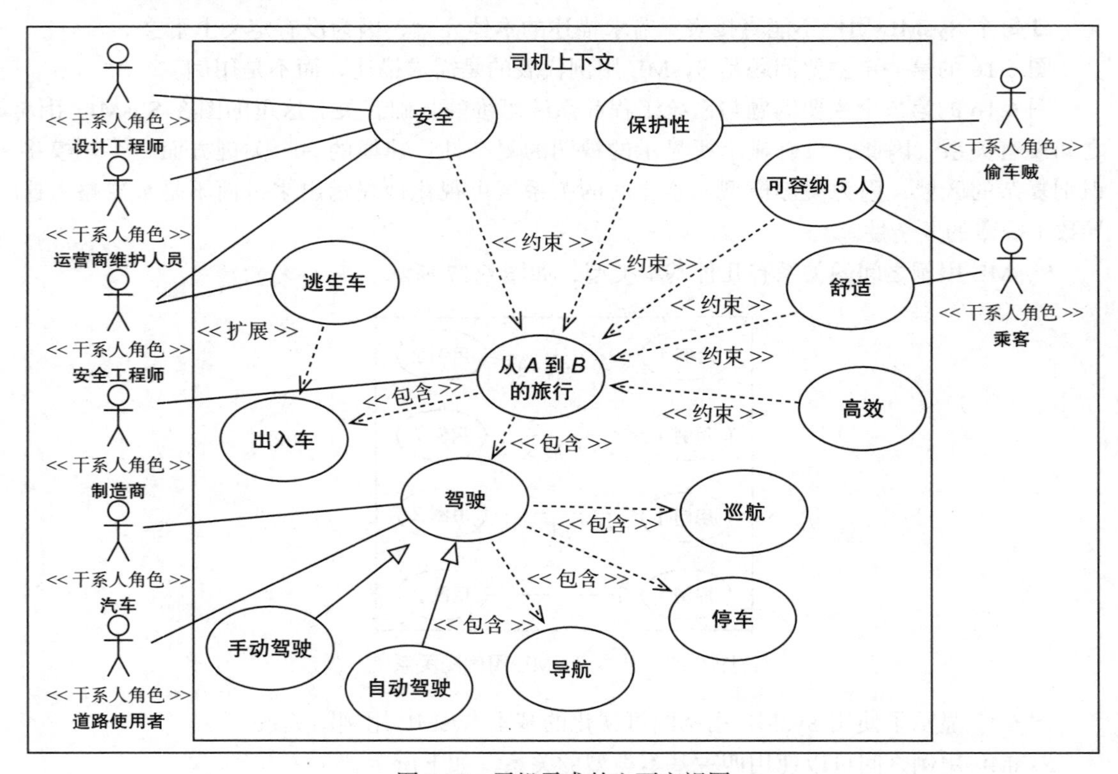

图 6.18 司机需求的上下文视图

图 6.18 显示，从建模的角度来看，该图有许多有趣的方面。首先，需求上下文视图表

示单个上下文。在这种情况下，上下文基于司机的观点。当基于干系人描述上下文时，该上下文必须基于存在于上下文定义视图中的干系人之一。在本例中，如图 6.14 所示。

潜在地，来自上下文定义视图的每个干系人可能都有自己的上下文，这将导致每个干系人都有一个需求上下文视图。

上下文的名称（在本例中为**司机**）写在图表的边界框（大矩形）内。用例图有边界的事实表明它代表了一个上下文。可能有没有边界的用例图，因此不代表上下文。在这种情况下，这些用例图将来自另一个用例图的更高级别用例的分解。通过这种方式，可能需要上下文用例图，但最终，最高级别必须是具有自己边界的上下文。

因此，边界指示了一个上下文，相关的干系人将不会显示在图中。对于本例，不需要在图中显示**司机**干系人，因为整个图本身代表了司机的观点或上下文。

边界显示了与边界内的上下文相关的 SysML 用例，而与上下文相关的参与者位于上下文边界之外。如果干系人对某个上下文感兴趣，则由 SysML 参与者表示，然后在参与者符号（人）和它感兴趣的 SysML 用例之间建立关联。这是用一条笔直的、没有装饰的直线图形化地表示的，如图 6.18 所示，在“**安全工程师**”和“**安全**”之间，以及“**运营商维护人员**”和“**安全**”之间。

在阅读 SysML 用例图时，寻找最高级别的 SysML 用例作为起点是很有用的。在这种情况下，它是从 *A* 到 *B* 的旅行用例。这是因为它有自己的包含项，但不包含在任何更高级别的用例中。因此，可以通过以下方式阅读此图中的用例：

- **从 *A* 到 *B* 的旅行包括驾驶和出入车**：**<< 包含 >>** 关系意味着必须始终满足两个包含的用例才能满足**从 *A* 到 *B* 的旅行**。
- **从 *A* 到 *B* 的旅行受到安全、护保性、可容纳 5 人、舒适和高效的约束**：这意味着约束用例将限制**从 *A* 到 *B* 的旅行**可以实现的方式。例如，可以通过生成一个乘客在汽车顶部不稳定地平衡的系统来满足**从 *A* 到 *B* 的旅行**用例。虽然这会满足**从 *A* 到 *B* 的旅行**，但它不会满足安全，因此会限制**从 *A* 到 *B* 的旅行**的实现方式。
- **出入车由逃生车扩展**：这意味着逃生车并不总是出入车的一部分，但可能取决于某些条件。在这种情况下，条件可能与发生的紧急情况有关，例如撞车。扩展通常用于非典型条件，在理想世界中，这些条件永远不必满足，但为了安全（在这种情况下），仍然必须考虑。
- **“驾驶”有两种类型，分别是手动驾驶和自动驾驶**：每一种类型都将包括**“驾驶”**下面的三个包含项。两个特殊化之间的任何差异都可以添加到它们的特定用例中。
- **“驾驶”包括导航、停车和巡航**：同样，这些使用标准 **<< 包含 >>** 关系，如本列表前面所述。

这些关系非常重要，并提供了对用例的更完整的理解。事实上，改变其中一种关系可以完全改变图的整体含义。例如，**导航**用例具有 **<< 扩展 >>** 关系，而不是 **<< 包含 >>**。这意味着导航不会一直都需要，而原始的 **<< 包含 >>** 总是需要它。

探索不同的上下文

与需求描述相反，用例的定义特征是用例具有上下文，因此，根据干系人的观点，可能采用不同的解释。我们将对此进行更详细的探讨，并提供这些不同解释的一些例子。为了说明这一点，我们将考虑用例**安全**，并从几个上下文中探讨它的含义。SysML 用例**安全**是根据图 6.10 中的需求描述创建的，但是，为了使其成为一个真正的建模用例（来自本体），它可能根据其上下文具有不同的含义。

在此考虑的第一个上下文是**司机**的上下文，如图 6.19 所示。

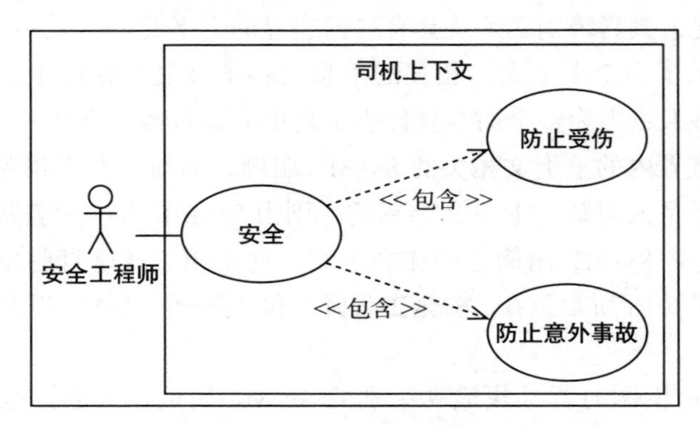

图 6.19 聚焦于司机上下文安全的上下文视图

图 6.19 显示了来自司机上下文的**需求上下文视图**，它关注**安全**用例，并且使用 SysML 用例图可视化。

可以通过添加其他用例并添加与**安全**的相关关系来探索**安全**用例的确切含义。

从**司机**上下文可以看出，**安全**包含两个内容，分别是：**防止受伤**和**防止意外事故**。

理解上下文非常简单：想象一下你是这个例子中的**司机**，**安全**对你来说意味着什么？它提供了一个真实的用例作为答案，也就是说，从司机的角度对**安全**用例的具体解释。

请注意，**安全工程师**干系人在这里由位于上下文边界之外的 SysML 参与者表示。当考虑**安全工程师**的上下文时，这将在下一次讨论中变得重要。

现在考虑相同的用例，但来自不同的上下文，如图 6.20 所示。

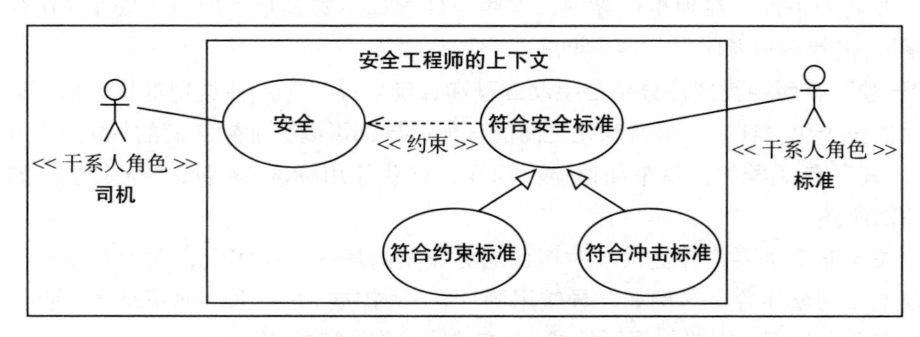

图 6.20 关注安全工程师上下文的需求上下文视图

图 6.20 显示，为了从**安全工程师**的上下文中理解**安全**的用例，你应该进行相同的假设——假设你是**安全工程师**并提出同样的问题：对你来说，**安全**是什么意思？在这种情况下，答案是“**安全**”就是要**符合安全标准**，这可以通过约束**符合安全标准**来体现。事实上，通过引入两个新用例，指定两种不同类型的**安全标准**，这更进一步**符合约束标准**、**符合冲击标准**。

请注意此处存在**司机**，它由系统边界外的 SysML 参与者显示。该干系人必须存在于此处，因为图 6.19 显示了司机的上下文，而**安全工程师**干系人被展示为参与者。因此，如果司机上下文对**安全工程师**干系人感兴趣，那么反过来也必须是正确的——**安全工程师**上下文必须将**司机**干系人作为上下文边界之外的参与者。实际上，图 6.19 中**安全工程师**参与者和**安全用例**之间的关联线与图 6.20 中**司机**参与者和**安全用例**之间的关联线相同。这表明这两个用例以某种方式联系在一起。在此示例中，这两个用例具有相同的名称，但情况不一定如此。事实上，这是识别哪些用例相关以及它们是否互补、相同或相互冲突的有效方法。

图 6.21 显示了来自另一个上下文的相同 SysML 用例，该用例将允许自己的解释被理解。

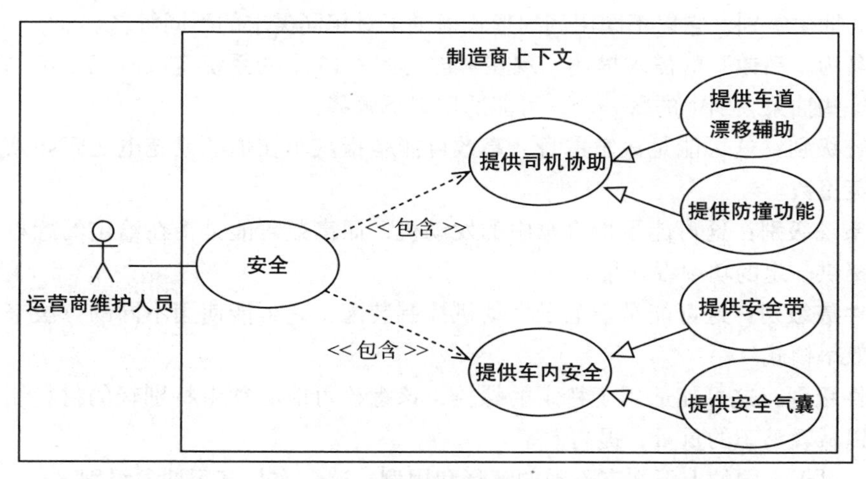

图 6.21　需求上下文视图，重点关注来自制造商上下文的安全

图 6.21 显示了**制造商上下文**中的**需求上下文视图**。重点是为汽车提供与安全相关的功能。同样，这是对**安全**用例的一种非常不同的解释。

注意，图 6.21 中有一个由**运营商维护人员**参与者表示的干系人。这将意味着将为**运营商维护**干系人提供一个上下文，而**制造商**将作为干系人出现在此上下文中。事实上，这可以在图 6.22 中看到。

图 6.22 表明，在这种情况下，重点是确保汽车在维护时是安全的。

这四个示例都表明，可以使用用例在模型中捕获对单一需求的多种解释。为了全面了解系统的需求，必须考虑多种环境。

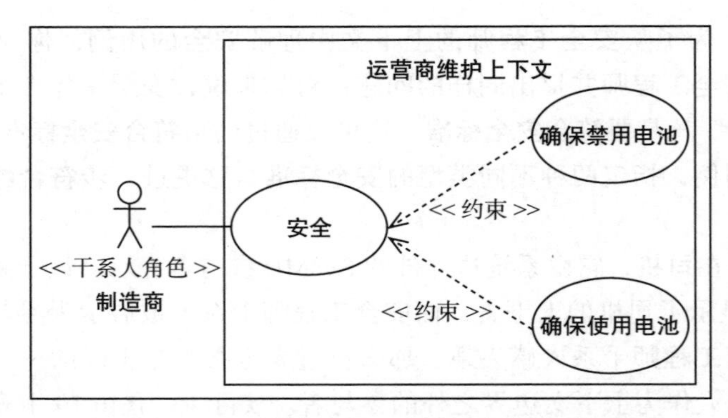

图 6.22 关注运营商维护上下文的需求上下文视图

基于干系人的上下文是一个必要的考虑因素，因为它们可以很好地理解不同干系人对系统的期望是什么。即使最终的目标是理解系统的需求，如果不理解干系人对系统的需求，就不可能成功地做到这一点。

在考虑系统时，再次强调，考虑上下文是全面理解系统需求的关键。系统上下文可能基于系统的抽象级别，它以不同用例的形式提供了对相同需求的不同解释。

考虑名为“**高效**”的需求描述，现在考虑为图 6.13 中的系统定义的四个不同的抽象级别。对于这些抽象级别中的每一个，可能适用以下解释：

- **系统级别**：这可能是汽车本身，**高效**可能是指汽车在加油或充电之间必须行驶的最少英里数。
- **子系统级别**：这可能是指汽车中的发动机，而**高效**可能是指在给定的燃料使用情况下提供一定的功率吞吐量。
- **组件集级别**：这可能是指电子发动机控制装配，它可能使用不同的算法来实现不同的效率模式。
- **组件级别**：这可能适用于特定的螺栓，该螺栓可能必须由特别轻的材料制成，这样可以减轻整车的重量，提高效率。

同样，对于不同的上下文有不同的解释和用例，这一次是基于抽象级别。

上下文的概念非常重要，它直接引出下一个主题，即检验。如果单个需求（用例）的不同解释被接受，那么根据用例的不同，这些需求被满足的证明方式将会不同。整个检验主题是通过考虑场景来解决的，这将在下一小节中讨论。

6.2.5 可视化场景

系统工程项目最重要的方面之一是能够证明系统的原始需求已经得到满足。满足原始需求被称为检验，一个系统不能被接受投入使用，除非它能被检验。

在这一点上需要明确一个重要的区别，因为术语验证（verification）经常与术语检验（validation）相混淆。本书使用的定义如下：

- **验证**使我们能够证明我们已经正确构建了系统。
- **检验**使我们能够证明我们已经建立了正确的系统。

这是一个微妙但重要的区别，因为任何系统都必须经过验证和检验。

检验涉及证明已经构建了正确的系统，或者换句话说，它满足了最初的需求。因此，对所有原始需求有一个透彻的了解是很重要的。

上一节介绍了上下文的概念，并讨论了不同的上下文如何导致对相同需求的不同解释。因此，如果对需求的解释可能不同，那么满足所有这些不同的解释就变得很重要。因此，通过证明可以满足系统的相关用例来满足系统的需求。

建模中用于执行检验的机制是为每个用例创建多个场景。一个场景可以通过两种不同的方式实现：

- **操作场景**，显示导致特定结果的一系列事件或行动。这些操作场景在本质上通常是连续的。
- **性能场景**，允许更改系统的参数以证明它可以满足特定的结果。这些性能场景通常是数学性质的。

SysML 可用于可视化这两种类型的场景，这将在接下来的两节中讨论。

每个上下文中的所有 SysML 用例都必须使用任一类型的场景进行检验或进行两种检验。

1. 可视化操作场景

操作场景是任何需求建模练习中非常强大且必不可少的部分。它们允许通过询问每个用例的情况来探索不同的选项。图 6.23 显示了一个操作场景的示例。

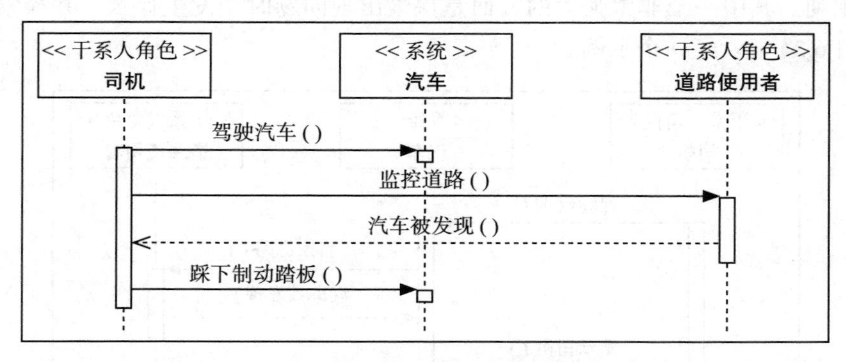

图 6.23 显示操作场景的检验视图示例

图 6.23 显示了一个场景被定义为用例的实例。块的实例已经在第 2 章中讨论过，并用于表示一个真实的块示例。SysML 用例的实例以完全相同的方式工作，因为探索了如何实现用例的许多真实示例。

第一步是确定检验需求的 SysML 用例。在此处的示例中，已选择的 SysML 用例是**司机**上下文中的**手动驾驶**，如图 6.18 所示。下一步是确定对所选用例感兴趣的干系人。在此示例中，可以看出**汽车**和**道路使用者**都与**手动驾驶**用例相关，并通过其父用例**驾驶**继承。

现在可以使用上下文干系人作为 SysML 生命线，两个相关干系人作为其他生命线来创建序列图。

接下来，有必要考虑所选用例的意外结果，为其命名，然后考虑导致该结果实现的一系列事件。

在这个例子中，场景可以被命名为成功应用手动制动。这个名字很好地总结了预期的结果。

接下来，将事件绘制到图中。首先是**司机**和**汽车**之间的交互，它被命名为**驾驶汽车 ()**；接着，在**司机**和**道路使用者**之间有一个交互，这被称为**监控道路 ()**；然后有一个直接的响应，那就是**汽车被发现 ()**；最后，司机通过**踩下制动踏板 ()** 再次与汽车交互。

在为用例定义场景时，用于命名交互的语言是有意在一个高的、非技术的级别上编写的。所使用的语言应该是查看此图表的目标干系人能够理解的语言。在这一点上，主要目标是使场景易于理解和交流，所以在编写语言时要牢记这一点。

序列图必须与 SysML 用例图一致，并且必须应用以下 SysML 一致性检查：

- 序列图上的每条生命线都必须是用例图上的参与者或边界。
- 序列图上的每个交互都必须是用例图上参与者和用例之间关联的一个实例。

如果两个图不一致，则需要更改序列图或用例图以使其一致。例如，如果序列图上有一条生命线不在用例图中，则需要将其添加到用例图中或将其从序列图中删除。

通常会为每个用例显示多个场景，并探索模型如何对不同事件做出反应以获得相同的结果，以了解系统在典型条件下必须如何表现。这些场景通常被称为**晴天场景**，因为它们代表一切顺利。其中一个非常强大的方面是探索出现问题时会发生什么，并探索所谓的**雨天场景**。图 6.24 显示了一个示例。

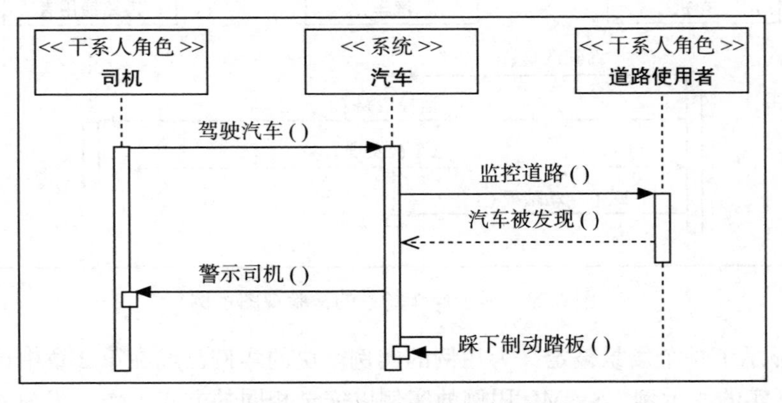

图 6.24 显示操作场景的检验视图示例

图 6.24 显示了与图 6.22 中的场景相同的用例场景，但它看起来非常不同。在本例中，该场景考虑的是，如果**司机**正在驾驶**汽车**，而**汽车**本身发现了另一个**道路使用者**，然后自

动控制制动踏板被踩下，会发生什么情况。这个场景的标题是“自动踩下制动踏板”。

该场景以同样的方式开始，**司机**与**汽车**交互，但这一次，是汽车为其他**道路使用者**监控道路。制动踏板仍然在被使用，但这一次，制动踏板是由**汽车**而不是**司机**来使用的。

为每个用例生成的场景数量也可能很有趣，并揭示了每个用例的抽象级别。考虑以下三条经验法则：

- **单个用例只有一个场景**：用例过于详细，应抽象为更高级别的用例。
- **单个用例有 2 ～ 9 个场景**：大量场景展示了对用例的清晰理解。
- **单个用例超过 10 个场景**：用例过于高级，应分解为较低级别的用例。

这三条规则实际上非常强大，因为它们为用例图提供了另一个级别的检查。

第二类场景，性能场景，将在下文中讨论。

2. 可视化性能场景

性能场景与操作场景的工作方式相同，因为它们允许探索不同的假设。然而，它们不是基于具有特定结果的一系列事件，而是考虑如何改变参数值以产生特定结果。

性能场景使用 SysML 参数图进行可视化，但为了使用参数图，还必须有一个关联的块定义图来定义许多参数约束，如图 6.25 所示。

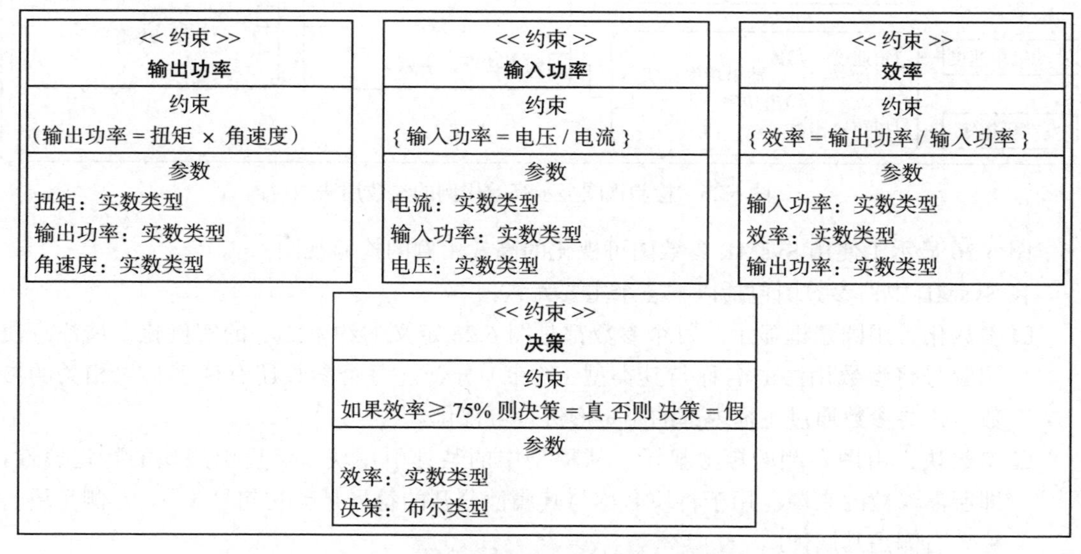

图 6.25 显示高效用例的约束定义的检验视图

图 6.25 显示了一个检验视图，该视图显示了高效用例的约束定义，并使用 SysML 块定义图进行了可视化。

对于此示例，请考虑图 6.18 中的**司机**上下文中的用例——**高效**。

图 6.25 显示被定型为四个 **<< 约束 >>** 块，这是一个标准的 SysML 构造。每个约束块有三个隔间：

- **名称**：约束的名称。
- **约束定义**：使用方程、启发式、规则或任何其他符号定义约束。
- **参数定义**：约束定义中使用的每个参数的定义。

在此示例中，定义了四个约束：

- 输出功率，由扭矩和角速度的乘积定义。
- 输入功率，由电压和电流的乘积定义。
- 效率，由输出功率 / 输入功率的值定义。
- **决策**，由简单的布尔值定义。

这些约束可以预定义为标准库的一部分，也可以专门为系统定义。在任何一种情况下，都可以构建一个可以跨多个项目使用的约束库。

通过实例化它们，然后使用 SysML 参数图将它们连接在一起形成一个网络来使用这些约束，图 6.26 给出了一个示例。

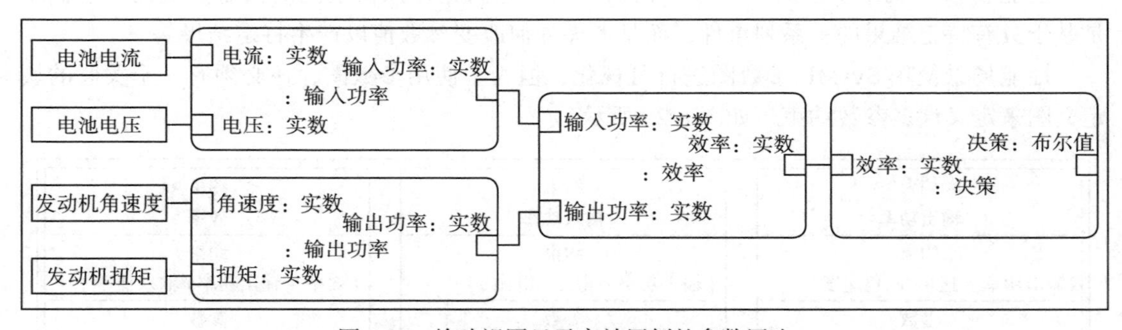

图 6.26　检验视图显示高效用例的参数用法

图 6.26 显示了使用 SysML 参数图可视化的高效用例的检验视图。

在 SysML 中，参数图包括以下三个主要元素：

- 参数化，用圆角框显示。每个参数都是图 6.25 定义的约束之一的实例化。请注意使用冒号将参数用法的名称与其类型（约束）分开。每个参数还有许多与之相关的参数，这些参数通过主框内部的小矩形进行可视化。
- 参数块，由图左侧的矩形显示。从模型中的某处引用块，然后引用块的特定属性，即所需参数的来源。用于将块名称与其属性分开的符号是英文句号（.），左侧是块名称，右侧是其属性。
- 连接，用线条表示。这些连接将模型中的参数与参数约束的特定参数连接在一起。

这些参数图显示了参数约束的网络及其之间的关系。通过这种方式，可以更改一些输入参数并监控结果输出。例如，可以尝试不同的场景，其中参数代表不同的电池，以查看汽车是否仍能满足**高效**用例。

参数图的潜在价值确实非常大，但是，由于不同工具的功能差异很大，因此通常无法实现此价值。参数图在 SysML 的视觉世界和数学世界（例如仿真）之间形成了一座天然的桥梁。因此，通常希望能够将此类参数图与数学工具结合使用，以实现模型的全部优势。这将成为一个主要的工具问题，因为工具的互操作性成为最重要的问题。

对于实际项目，同时使用操作场景和性能场景是一种非常强大的机制，可以探索许多不同的场景，因此需要满足底层的用例和需求。如果可以定义这些场景，然后获得相关干系人的一致同意，认为它们是正确的，那么它们将成为检验的核心，从而被最终系统接受。在任何项目中，尽快定义是一件非常好的事情，因为所有的后续设计工作都可能被证明可以追溯并满足这些场景，从而在项目生命周期中提供持续的检验。

6.3　生命周期和流程

本章讨论的需求建模是在典型的开发生命周期中进行的。考虑到这一点，请考虑下面的开发生命周期模型，该模型在第 4 章中介绍过，如图 6.27 所示。

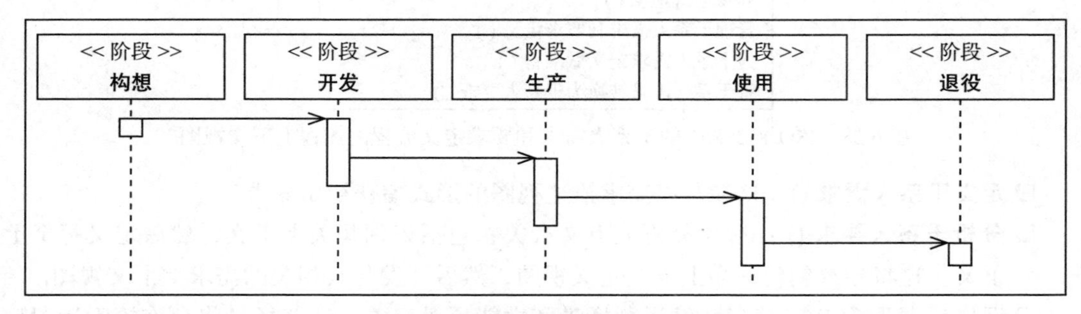

图 6.27　开发生命周期模型的示例

图 6.27 显示了一个使用 SysML 序列图可视化的开发生命周期示例。这个生命周期模型中的阶段是 ISO 15288 中的阶段，各阶段的执行是一个简单的线性序列。

需求建模发生的明显位置是在该图的第一阶段：**概念**。这是大多数需求建模将发生的地方，但需求也将在整个生命周期中重新审视，因为需求会随着时间的推移而变化，而且非常重要的是，与需求相关的一些上下文可能会发生变化。

需求建模的方法必须映射到最佳实践，使用第 5 章中讨论的七视图方法，可以使用从 ISO 15288 中抽象出来的流程上下文视图，如图 6.28 所示。

整个流程由 SysML 块表示，而结果使用 SysML 属性显示，活动使用 SysML 操作显示。此处显示的流程代表了最低限度的建议活动和结果，而不是一种规定性的方法。如果可以将本章讨论的需求建模技术映射到这个最佳实践流程，那么它就为建模方法提供了可信度和来源。

ISO 15288 要求的活动映射到建模中：

- **为干系人需求定义做准备 ()**：在建模术语中，这涉及识别将用于需求建模的源元素，并将导致源元素视图的创建。

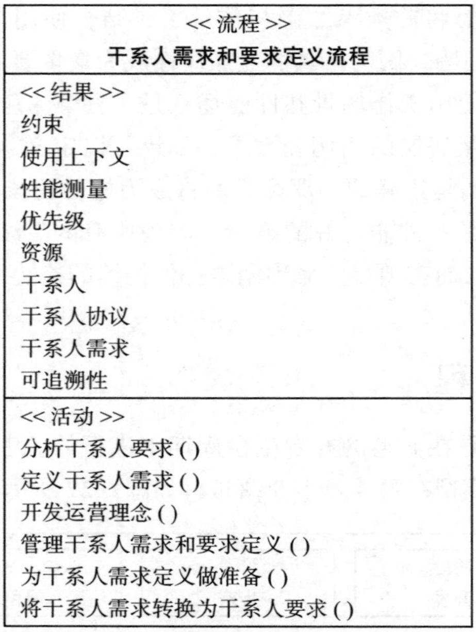

<< 流程 >> **干系人需求和要求定义流程**
<< 结果 >> 约束 使用上下文 性能测量 优先级 资源 干系人 干系人协议 干系人需求 可追溯性
<< 活动 >> 分析干系人要求 () 定义干系人需求 () 开发运营理念 () 管理干系人需求和要求定义 () 为干系人需求定义做准备 () 将干系人需求转换为干系人要求 ()

图 6.28 ISO 15288 中的干系人需求和要求定义流程的流程上下文视图

- **定义干系人需求 ()**：这涉及以需求描述视图的形式捕获初始需求。
- **分析干系人要求 ()**：这与分析上下文有关，包括识别相关上下文，然后定义每个上下文。这将导致创建许多上下文定义视图，然后开发与其相关的需求上下文视图。
- **开发运营理念 ()**：这与开发运营场景和性能场景有关，这些场景将允许探索运营概念。这将导致创建各种检验视图。
- **将干系人需求转换为干系人要求 ()**：这涉及在不同的抽象级别上应用相同的建模技术。例如，本体论将定义两种类型的需求：干系人需求和干系人要求，它们彼此关联。这两种类型的需求都可以有为它们定义的任何或所有需求视图。
- **管理干系人需求和要求定义 ()**：这与需求模型的整体管理和可追溯性有关。由于本体的存在，模型中固有的可追溯性和框架视图定义提供了所有管理，就每个视图的基本原理、内容和结构以及视图可追溯性而言。

ISO 15288 要求的结果映射到模型视图，如下所示：

- **约束**：这映射到具有与其关联的 << 约束 >> 关系的任何用例。
- **使用上下文**：这映射到操作场景。
- **性能测量**：这映射到性能场景。
- **优先级**：这是需求描述视图中的需求属性。
- **资源**：同样，这将映射到需求描述视图中的需求属性。
- **干系人**：这将映射到上下文定义视图中的干系人。
- **干系人协议**：视图的组合集将提供干系人协议。

- **干系人需求**：这映射到需求描述视图上。
- **可追溯性**：这是通过本体定义视图和观点关系视图在框架中捕获的。

现在可以将这些建模视图收集在一起，并从需求的角度进行定义，这将在下一节中讨论。

6.4 定义框架

到目前为止，已创建的视图代表“MBSE in a slide”图的中心部分，这在第2章中进行了详细的讨论。每个视图都使用SysML进行了可视化，SysML代表“MBSE in a slide”图的右侧。这些视图组合在一起形成了整体模型，但这些视图必须保持一致，否则它们不是视图，而是图片！这就是“MBSE in a slide”图的左侧发挥作用的地方，因为在框架中捕获所有视图的定义非常重要。该框架包括本体和一组观点。因此，现在是确保这些观点得到彻底和正确定义的时候了，这就是本节的目标。

6.4.1 定义框架中的观点

在第2章中讨论过，有必要为每个视图提出一些问题，以确保它是一个有效的视图。还有一组必须对整个框架提出的问题以及观点，这些问题的组合产生了一组允许定义整个框架的问题。因此，有必要提醒一下这些问题是什么：

- 为什么需要框架？这个问题可以使用**框架上下文视图**来回答。
- 框架使用的总体概念和术语是什么？这个问题可以使用**本体定义视图**来回答。
- 作为框架的一部分，哪些视图是必要的？这个问题可以使用**观点关系视图**来回答。
- 为什么需要每个视图？这个问题可以使用**观点上下文视图**来回答。
- 每个视图的结构和内容是什么？这个问题可以使用**观点定义视图**来回答。
- 应该应用哪些规则？这个问题可以使用**规则集定义视图**来回答。

当这些问题得到回答时，就可以说框架已经定义好了。这些问题都可以用一组特殊的视图来回答，这组视图被统称为“**架构框架的框架**”（FAF）（Holt & Perry，2019）。此时，只需考虑创建一个特定的视图来回答每个问题，如下面的部分所述。

6.4.2 定义框架上下文视图

框架上下文视图指定了为什么在第一个实例中需要整个框架。它将确定对框架感兴趣的相关干系人，并确定每个干系人希望从框架中获得什么好处，如图6.29所示。

图6.29显示了需求框架的**框架上下文视图**，它是使用SysML用例图可视化的。

注意这里使用用例图捕捉上下文的应用，本章描述了这种方法。从此处开始，将使用SysML图来定义任何上下文。

图6.29解读如下：

- 主要用例是**支持捕获需求**，它以四种不同的方式完成：**支持捕获关注点**、**支持捕获**

需求、**支持捕获能力**和**支持捕获目标**。

- 主要用例包括**描述每个需求**和**在上下文中考虑需求**这两个较低级别用例，后者本身包括**定义检验方法**和**识别上下文**。
- 主要用例也受到四个方面的约束：**必须基于模型**、**符合标准**、**确保需求的可追溯性**和**确保风格一致**。

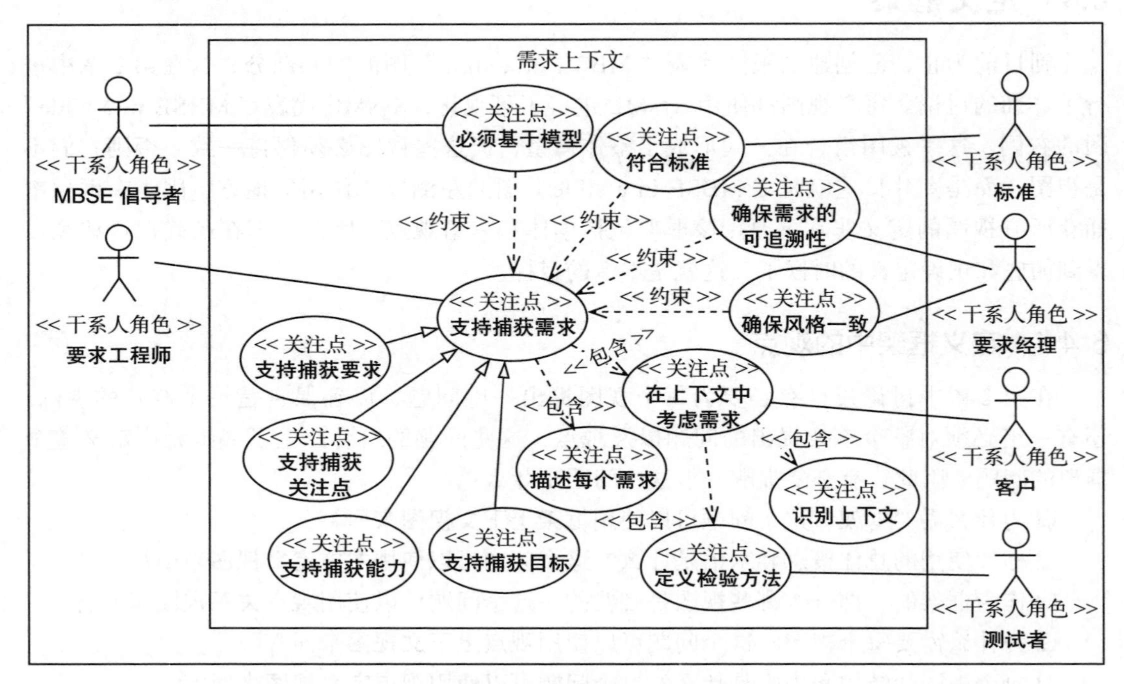

图 6.29 需求框架的框架上下文视图

请注意，在图 6.29 中，每个 SysML 用例都被定型为 << 关注点 >>。关注点是与框架或其观点之一特别相关的需求。

6.4.3 定义本体定义视图

本体定义视图以本体的形式获取与框架相关的所有概念和相关术语。这已经在图 6.5 中定义生命周期相关视图的本体时完成。视图中显示的本体元素提供了本章迄今为止创建的实际视图所使用的所有构造型。

相关的本体元素通常会被收集到一个**视角**中。在本章中，我们创建了一个与需求相关的新**视角**。

6.4.4 定义观点关系视图

观点关系视图识别哪些视图是需要的，并且对于每组视图，识别将包含其定义的观点。

请记住，观点可能被认为是视图的一种模板。可以将这些观点集合在一起形成一个观点，即简单的具有共同主题的观点的集合。在本章中，重点是定义一组视图与生命周期的关系，因此创建一个需求视角是合适的。到目前为止已讨论的基本视图集如图 6.30 所示。

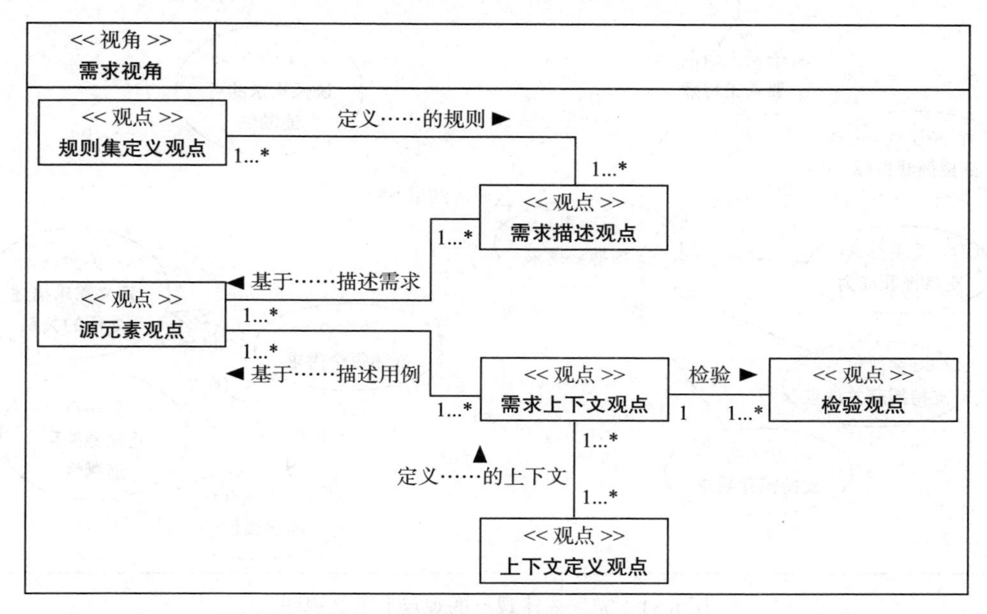

图 6.30　需求视角的观点关系视图

图 6.30 显示了使用 SysML 块定义图的需求视角的观点关系视图。

需求透视图使用 SysML 包显示，构造型为 << 视角 >>，它简单地将多个观点收集在一起。需求视角定义了六个观点：

- **源元素观点**，其确定了构成模型的所有需求源。**需求描述观点**和**需求上下文观点**都基于**源元素观点**。
- **规则集定义观点**，其定义了限制**需求描述观点**中包含的信息的规则。
- **需求描述观点**，其提供对每个单独需求的基于文本的描述，并受**规则集定义观点**和**源元素观点**的约束。
- **需求上下文观点**，其描述了一组基于**源元素观点**中包含的信息的用例，其上下文由**上下文定义观点**定义。**需求上下文观点**也由检验观点检验。
- **上下文定义观点**，其定义了各种**需求上下文观点**的上下文。
- **检验观点**，其用于检验**需求上下文观点**中定义的用例。

此处已识别的每个观点现在可以由其自己的观点上下文视图及其观点定义视图来描述。

6.4.5　定义观点上下文视图

观点上下文视图指定了为什么在第一个实例中需要特定的观点及其视图集。它将确定对观点感兴趣的相关干系人，并确定每个干系人希望从框架中获得什么好处。

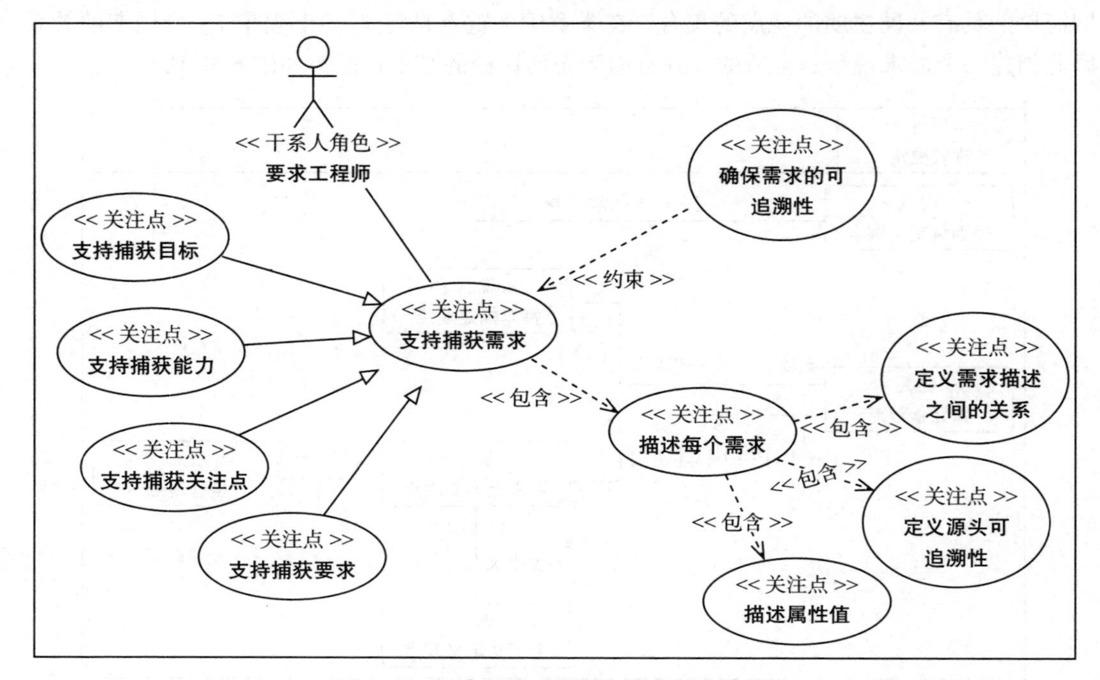

图 6.31 需求描述观点的观点上下文视图

图 6.31 显示了需求描述观点的观点上下文视图，使用 SysML 用例图可视化。

注意，乍一看，这个图看起来与图 6.29 非常相似，这是有意义的，因为每个观点上下文视图必须与更高级别的框架上下文视图一致。事实上，直接从框架上下文视图中提取观点上下文视图上的高级用例是相当常见的，就像这里的情况一样。

主要的区别在于视图中包含了什么，视图中省略了什么：

- 图 6.31 包括用例**描述每个需求**，然后将其分解为三个较低级别的用例，它们是：**描述属性值**、**定义源头可追溯性**以及**定义需求描述之间的关系**。
- 图 6.31 中故意排除了图 6.29 中的“定义上下文中的需求”用例，因为这不是这个观点的关注点之一，而是包含在“需求上下文观点”的“观点上下文视图”中。

这里必须注意的是，只包括与被审查的观点相关的用例，因为这是上下文的全部要点。既然已经确定了观点必须存在的原因，那么可以考虑观点定义视图。

6.4.6 定义观点定义视图

观点定义视图定义包含在观点中的本体元素并显示以下内容：

- 哪些本体元素在观点中被允许存在？
- 哪些本体元素在观点中是可选的？

❑ 哪些本体元素不允许出现在观点中？

观点定义视图侧重于单一观点，不仅要注意被选择的本体元素，还要注意这些本体元素之间存在的关系。

图 6.32 显示了需求描述观点的观点定义视图示例。

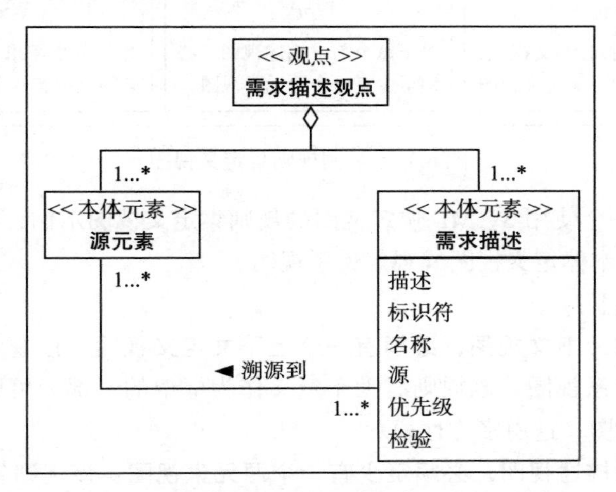

图 6.32　需求描述观点的观点定义视图示例

图 6.32 使用 SysML 块定义图显示了**需求描述观点的观点定义视图**。

此视图定义了该观点描述的所有视图中允许的确切内容。该观点将始终包含以下信息：

❑ **观点名称**，构造型为 **<< 观点 >>**，是该视图的焦点。此处确定的观点必须来自图 6.30 所示的**观点关系视图**。

❑ **许多本体元素**的构造型为 **<< 本体元素 >>**。这些本体元素中的每一个都必须来自**本体定义视图**，如图 6.1 所示。

在与此观点相关联的视图上合法的两个本体元素如下所示：

❑ **源元素**，代表需求的起源。

❑ **需求描述**，连同此处显示的属性，将描述每个需求。

每个观点中允许的观点和本体元素受到许多规则的约束，这些规则将在需求视角的规则集定义视图中进行描述。

6.4.7　定义规则集定义视图

规则集定义视图识别并定义了许多可以应用于模型的规则，以确保它与框架一致。

这些规则主要基于本体定义视图和观点关系视图。在每种情况下，规则都是通过识别存在的关键关系及其相关多样性来定义的：

❑ **观点定义视图**中的观点之间。

❑ **本体定义视图**中的本体元素之间。

图 6.33 显示了这些规则的一些示例。

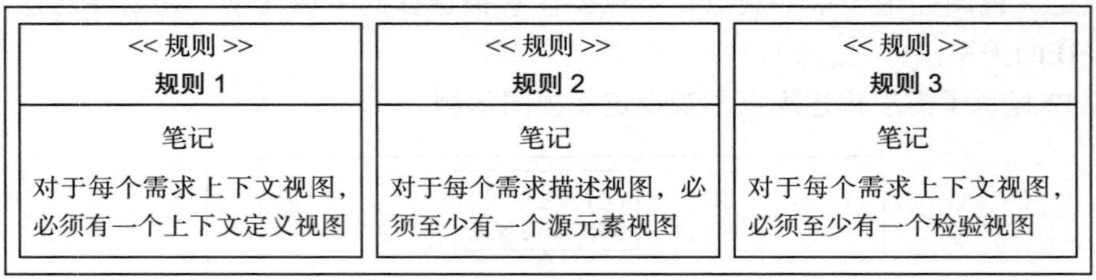

<< 规则 >> **规则 1**	<< 规则 >> **规则 2**	<< 规则 >> **规则 3**
笔记 对于每个需求上下文视图，必须有一个上下文定义视图	笔记 对于每个需求描述视图，必须至少有一个源元素视图	笔记 对于每个需求上下文视图，必须至少有一个检验视图

图 6.33 示例规则集定义视图

图 6.33 显示了一个使用 SysML 块定义图的规则集定义视图示例，图中的每个块表示一个规则，该规则来自本体定义视图或观点关系视图。

这些规则定义如下：

- **对于每个需求上下文视图，必须有一个上下文定义视图**：该规则直接派生自图 6.30 所示的**观点关系视图**。该规则有助于定义作为框架的一部分可以创建多少与每个观点相关联的视图，这由多样性表示。
- **对于每个需求描述视图，必须至少有一个源元素视图**：该规则直接派生自图 6.30 所示的**观点关系视图**。该规则有助于确定所有需求描述的可追溯性都是强制性的，由 1...* 多样性表示。
- **对于每个需求上下文视图，必须至少有一个检验视图**：该规则直接派生自图 6.30 所示的观点关系视图。该规则确定了对需求上下文视图中每个用例的检验是强制性的。否则，通常会弹出类似"错误！没有找到引用源"的问题。

请注意规则是如何从**观点关系视图**、观点、本体定义视图和本体元素中派生出来的，实际的规则描述本身应用于观点的实例和本体元素的实例。

当然，这里可以定义任意数量的其他规则，但并非每个关系都会导致规则，因为这是由建模者自行决定的。这里显示的观点构成了需求视角。请记住，框架将其观点分组到称为"视角"的集合。这允许在框架中引入更多的结构，当框架开始扩展时这一点尤为重要。

6.5 总结

本章探讨了需求的概念，并讨论了与所涵盖的不同概念相关的建模。首先，讨论了需求概念和不同类型需求（如需求和能力）的重要性。这让我们了解了如何以两种方式分析需求：使用基于文本的属性和描述来描述每个需求，以及通过探索每个需求的上下文来真正理解潜在需求。

上下文作为需求建模的一个最重要的方面被引入，为了建立这种理解，了解对系统感兴趣的干系人非常重要。这些干系人中的每一个都有可能以不同的方式向所有其他干系人解释每个需求，这被称为建模用例。

每个用例及其相关的需求描述都必须经过检验，我们讨论了两种检验方式：性能检验和操作检验，它们使用场景建模并在检验视图中捕获。

本章还讨论了最佳实践的重要性，通过考虑 ISO 15288 中的特定流程并将建模视图直接与其活动和结果相关联，这与视图相关。

最后，所有这些视图都被捕获为使用 FAF 的整体框架定义的一部分。该框架本身包含许多用于描述模型的视图。

因此，本章展示了如何采用简单的、基于文本的需求，并使用 MBSE 建模技术充分探索和理解它们。

下一章从需求建模开始，讨论设计以及如何对其不同方面进行建模。

6.6　自测任务

- ❑ 关注的概念是作为与框架或观点定义特别相关的需求引入的。重新访问图 6.6 并添加关注的概念。
- ❑ 考虑一组特定于你的组织的干系人，并在**上下文定义视图**中捕获这些干系人。
- ❑ 选择与你熟悉的任何项目相关的单一需求，并通过创建**需求描述视图**使用文本对其进行描述。
- ❑ 根据你对问题 1 和问题 2 的回答，对你的需求进行描述，并从三四个不同的干系人的角度进行考虑。从每一个角度出发，创建一个**需求上下文视图**。
- ❑ 从**需求上下文视图**中选择任何用例并定义一些检验视图。尝试基于性能的场景和操作场景。现在比较和对比每个场景。
- ❑ 图 6.31 中存在不一致之处，因为图中省略了本体关系。检查每个本体元素及其关系并推断缺失的部分。

6.7　参考文献

- [Holt & Perry. 2019]: Holt, JD and Perry, SA. *SysML for Systems Engineering – a Model-based approach*. Third edition. IET Publishing, Stevenage, UK. 2019
- [Royce, 1970]: Royce, Winston. *Managing the Development of Large Software Systems*, Proceedings of IEEE WESCON, 26 (August): 1–9

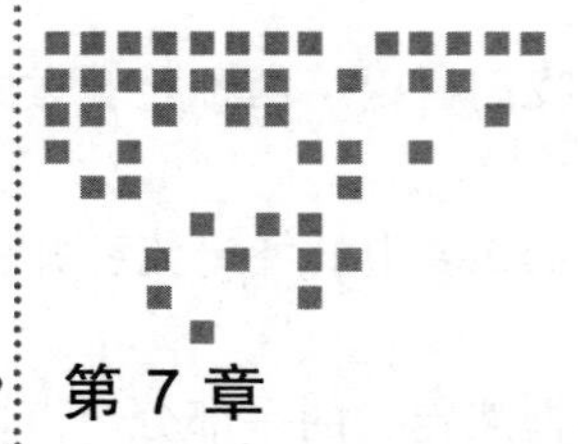

Chapter 7 第7章

设计建模

本章讨论如何通过开发有效的设计来定义解决方案，讨论设计抽象的各个层次，如架构设计和详细设计，此外，还介绍设计的不同方面，如逻辑设计、功能设计和物理设计，并定义它们之间的关系，然后讨论设计如何适应系统生命周期，哪些流程是相关的，以及如何遵守它们。

7.1 定义设计

在考虑系统的开发时，在生命周期的早期阶段可以考虑三个概念：

- **了解需求**：涉及识别系统的需求，例如系统的目标、功能和需求。这在第6章中有过介绍，通常在ISO 15288生命周期的概念阶段进行。
- **了解问题**：包括分析系统的需求以理解问题或问题域。在系统工程中，这通过上下文建模和场景建模来解决。这也在第6章中进行了讨论，通常在ISO 15288生命周期的概念阶段进行。
- **了解解决方案**：与解决因了解系统需求而出现的问题有关。这通常在ISO 15288生命周期的开发阶段进行。

设计与这三点中的第三点有关。

解决问题的方法有很多，因此，有很多技术可以应用于设计。对于给定问题，不能只考虑一个解决方案，要考虑多个解决方案，这一点很重要。然后评估这些解决方案并选择最合适的解决方案。这些解决方案称为**候选解决方案**，可以在任何设计级别考虑。

在本章中，我们将研究在执行设计时可能应用的一些建模技术。

我们可进行两个层面的设计，即**架构设计**和**详细设计**。

7.1.1 架构设计

架构设计，有时被称为上层设计，主要将系统视为单个实体，关注它如何分解为子系统。这些架构设计视图在本质上也经常是概念性的。图 7.1 显示了在第 2 章中首次介绍的系统结构视图，这将构成我们讨论的架构设计的基础。

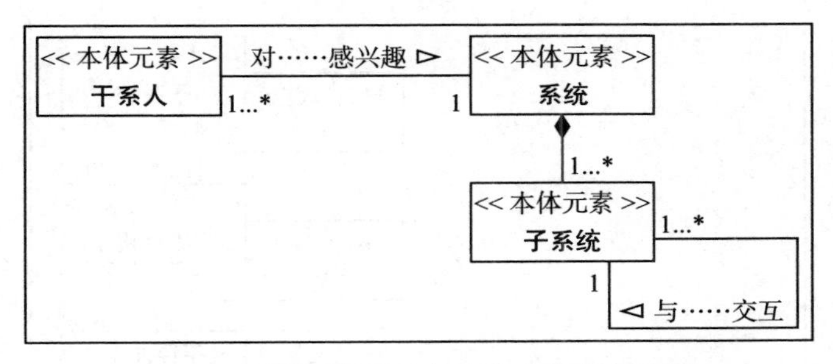

图 7.1 显示上层系统概念的本体定义视图

图 7.1 为本体定义视图，该视图显示了使用 SysML 块定义图可视化的上层系统概念。

架构设计主要包括以下内容：

- 一个或多个干系人与系统交互。
- 每个系统都包含许多子系统，其中一些是自有的，一些是非自有的。

因此，架构设计主要关注系统及其与处于同一抽象级别（干系人）的实体及其组成（子系统）的交互方式。架构设计通过系统和相关接口来解决问题。

低于此级别的设计都被视为详细设计的一部分。

7.1.2 详细设计

架构设计关注的是系统及其相关的干系人和子系统，而详细设计则关注较低抽象级别的设计，如图 7.2 所示。

图 7.2 是一个扩展的本体定义视图，它显示了更详细的系统结构级别，使用 SysML 块定义图可视化。

详细设计关注的是将每个子系统分解成它们的组成部分——在本例中是组件集及其组件。

在详细设计中，重点是了解子系统、组件及其接口。

在这两种设计案例中，我们都使用以下视图来表示设计：

- **系统结构视图**，其中考虑了系统元素及其关系。
- **系统配置视图**，其中考虑了各个配置的系统元素之间的特定关系。
- **系统行为视图**，其中考虑了系统元素之间的交互关系。
- **接口标识视图**，其中考虑了各种系统元素的端口位置。
- **接口定义视图**，其中指定了每个单独的端口和接口。
- **接口行为视图**，其中考虑了端口和接口之间的交互关系。

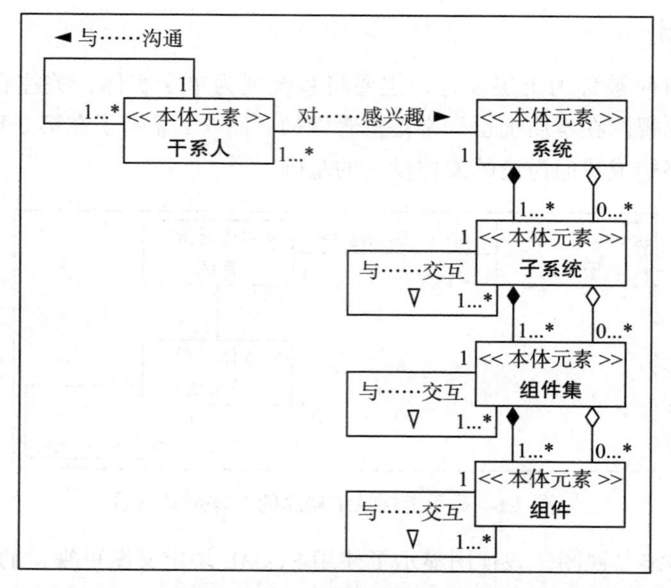

图 7.2　扩展的本体定义视图显示了更详细的系统概念

所有这些视图都在第 3 章中进行了介绍。除此之外，一些针对功能建模的新视图如图 7.3 所示。

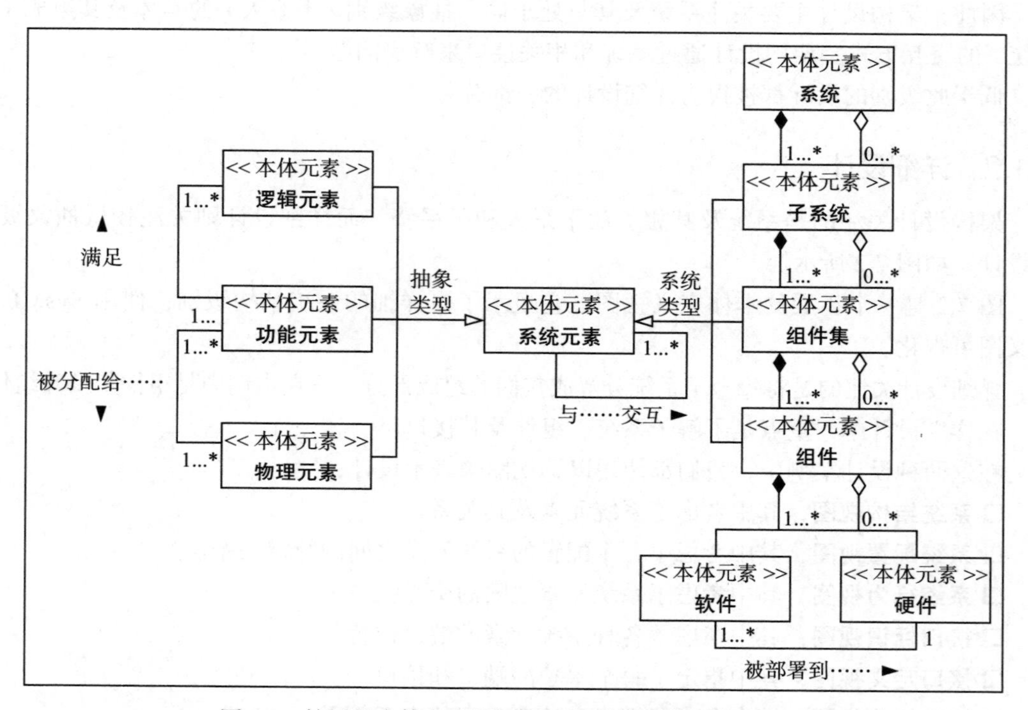

图 7.3　扩展的本体定义视图显示了系统元素的抽象类型

图 7.3 显示了另一个本体定义视图，该视图已被扩展为显示系统元素的抽象类型，使用 SysML 块定义图可视化。

图 7.3 显示了三种类型的系统元素：

- **逻辑系统元素**，由功能系统元素满足。
- **功能系统元素**，满足逻辑系统元素，被分配给一个或多个物理系统元素。
- **物理系统元素**，为之分配哪些功能系统元素。

图 7.3 中有一个有趣的 SysML 建模构造，因为可以看出系统元素中出现了两种特殊化关系。通常，这些都将与一个一般化类型结合在一起，但也可以显示与同一模型元素相关的两种完全不同类型的一般化类型。这两个一般化类型通过添加限定词来区分，在本例中限定词为**抽象类型**和**系统类型**，它们被称为**鉴别器**。因此，图 7.3 告诉我们有两种不同的一般化类型：

- **抽象类型**，根据系统元素的抽象类型显示三种类型的系统元素。
- **系统类型**，基于系统层次结构显示不同类型的系统元素。

当使用这些鉴别器时，父块（在本例中为系统元素）可能有两种类型与之关联，一种来自**抽象类型**，另一种来自**系统类型**。例如，系统元素可能既是**逻辑元素**又是**子系统**元素。这提供了巨大的灵活性，因为它现在意味着每个**子系统**、**组件集**和**组件**都可能是**逻辑元素**、**功能元素**和**物理元素**。

在这里应该强调，使用本体定义视图定义的这些术语完全取决于建模者。这一点很重要，因为这意味着图 7.3 中所展示的只是本书将使用的概念和术语的定义。你必须定义本体以满足自己的需求，并且必须表示你在组织中工作的方式。

在本章中，我们将考虑如何具体地使用它们来执行可应用于架构和详细级别的三种不同类型的建模：逻辑建模、功能建模和物理建模。

7.1.3　定义逻辑模型元素

在逻辑模型中，每个模型元素都代表一个事物的抽象概念。至关重要的是，逻辑模型中的元素独立于任何特定的解决方案，请看图 7.4。

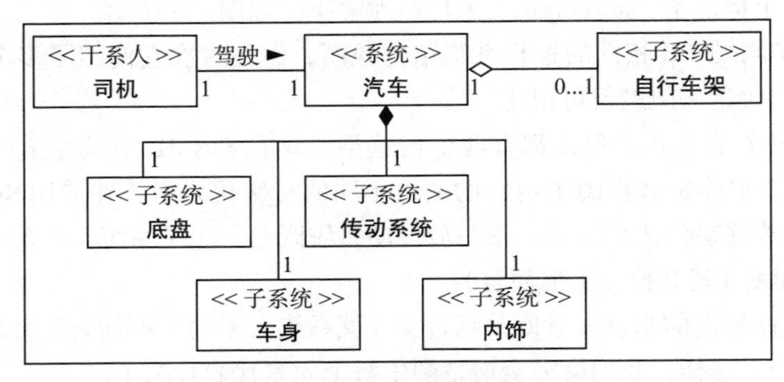

图 7.4　汽车系统的逻辑系统结构视图

图 7.4 展示了汽车系统的逻辑系统结构视图，使用 SysML 块定义图进行了可视化。

图 7.4 中的每个块都代表一个逻辑元素。每个逻辑元素都是一个概念，并且独立于任何解决方案。因此，**传动系统**是传动系统的概念，并不是指传动系统的任何具体实现。这是一种非常强大的建模技术，逻辑模型在现实项目中非常普遍。这样做的原因之一是我们可以有一个通用的逻辑模型，这样它就可以应用于所有项目，但在不同的项目中以不同的方式实现。

传动系统逻辑系统元素现在可以分解为更详细的部分，如图 7.5 所示。

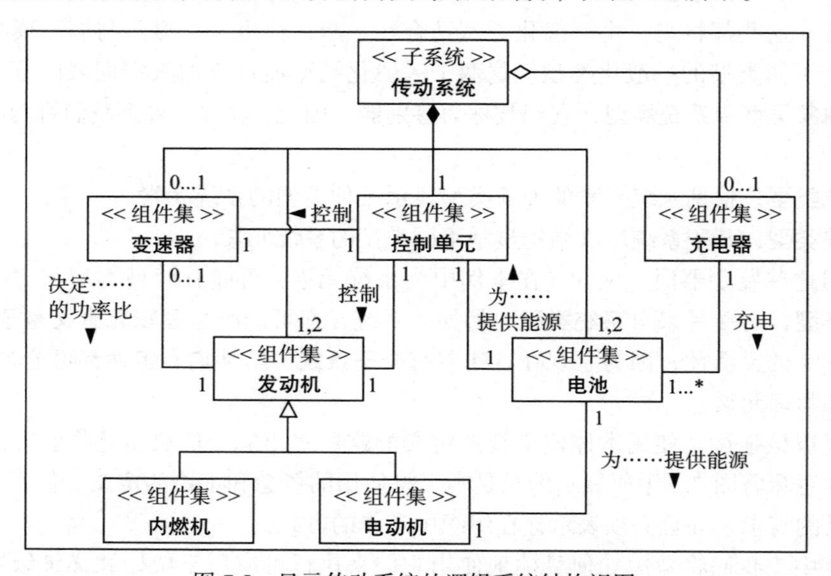

图 7.5 显示传动系统的逻辑系统结构视图

图 7.5 为逻辑系统结构视图，它侧重于**传动系统**，使用 SysML 块定义图可视化。

图 7.5 之前在第 3 章中讨论过，但是现在它有了更多的含义，因为我们现在知道它是一个逻辑视图，因此，图中的每个块都表示一个逻辑系统元素。这可能会令人困惑，因为你可能想知道如何确定图中的每个系统元素都是逻辑元素，而不是功能元素或物理元素。这可以通过使用多个构造型（stereotype）来巧妙地解决，如图 7.6 所示。

图 7.6 展示了与图 7.5 相同的逻辑系统结构视图，但是这次它使用了多个构造型，并且仍然使用 SysML 块定义图进行可视化。

图 7.6 中的每个系统元素现在都有两个构造型，这在 SysML 中是完全合法的。这两个构造型对应图 7.3 本体定义视图中定义的两组不同的特殊化元素，并使用 SysML 鉴别器进行限定。因此，从这些构造型来看，很明显**传动系统**既是一个子系统（就系统元素的类型而言），又是逻辑元素（就其抽象类型而言）。

它的每个较低级别的系统元素既是组件集（就系统元素的类型而言）又是逻辑元素（就其抽象类型而言）。这样，我们就完全清楚图中每个元素代表什么了。

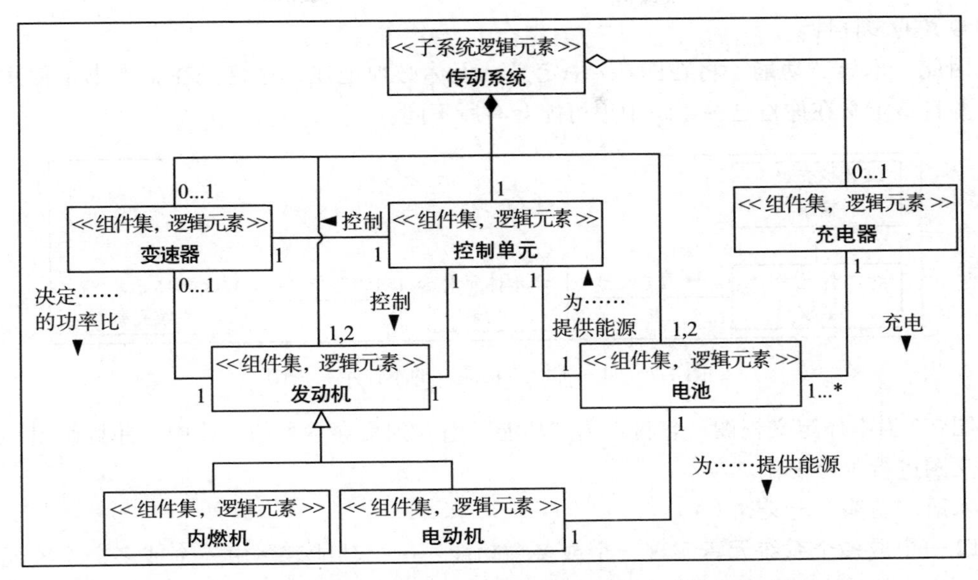

图 7.6　逻辑系统结构视图显示了使用多个构造型的传动系统

这些逻辑系统元素的使用意味着逻辑**传动系统**的概念将始终具有相同的基本结构。然而，由于这些都是逻辑系统元素，因此对于如何在实际项目中实现这些块没有任何暗示。这对于定义通常称为**参考模型**或**参考架构**之类的东西很有用。 在定义参考模型时，逻辑视图形成了一个基线，所有面向解决方案的视图（例如功能视图和物理视图）都可以从中导出。这允许定义一组通用的逻辑元素，然后可以将之专门用于特定的解决方案。接下来将进行扩展，将讨论功能和物理系统元素。

7.1.4　定义功能模型元素

本小节将讨论功能模型元素的概念，将引入的主要新概念之一是功能。“**功能**”(function) 这个词可以说是几乎所有行业中使用的最有争议的术语之一，因为它在不同领域具有不同的含义。下面只是对“**功能**”的一小部分解释示例：

- 它可以是一个数学函数，它基于一组输入参数，执行一个或多个数学运算，然后返回结果。
- 它可以是组织中的一个部门，例如，具有工程职能、管理职能、人力资源职能等的部门。
- 它可以是职务，例如，一个人可能具有定义其在企业中的工作的系统工程师职位。
- 它可以是由系统元素执行的活动单元，例如，汽车中的制动踏板可能会实现制动功能。
- 它可以是一个软件函数，其中一组参数被传递给一个不同的模块，该块在返回一个特定值之前执行一些转换。
- 它可以是聚会或社交活动。

这绝不是对这个术语的全部解释，这里给出的部分只是为了显示可能归因于这个词的不同含义的多样性。

因此，术语“**功能**”将在图 7.7 中定义，但你必须记住，这将是在整本书中使用的定义，并且该定义在你自己的组织中很可能会有所不同。

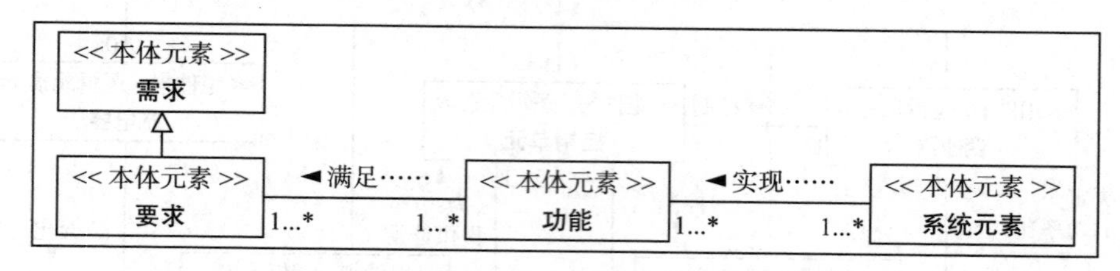

图 7.7 引入术语“功能”的本体定义视图

图 7.7 为本体定义视图，它将术语“功能”引入到贯穿本书的本体中，并且使用 SysML 块定义图进行了可视化。

术语“**功能**”定义如下：

- **一个或多个系统元素实现一个或多个功能**：一个功能表示由一个或多个系统元素的组合执行实现的某种任务。请记住，系统元素可能是子系统、组件集或组件。因此，功能可能存在于任何或所有这些级别。
- **一个或多个功能满足一个或多个要求**：单个功能或功能组合的执行可以满足系统的一个或多个要求。

还应该记住，功能与逻辑元素类似，独立于任何特定的解决方案。当我们考虑物理系统元素时，将讨论如何定义问题的具体解决方案。

添加新的功能本体元素对于更广泛的本体也具有更广泛的含义，如图 7.8 所示。

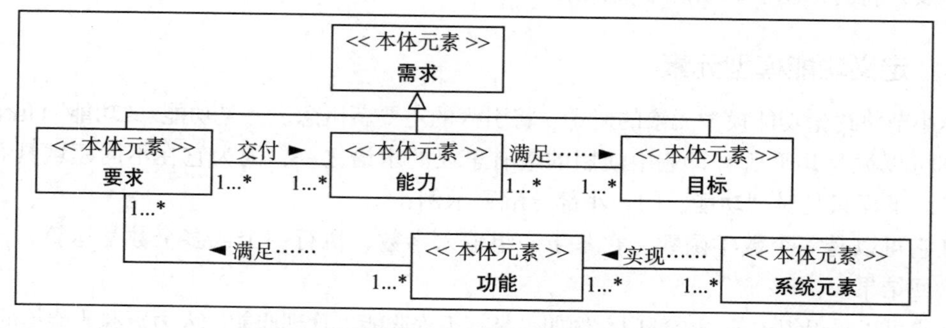

图 7.8 显示功能和扩展需求的本体定义视图

图 7.8 为本体定义视图，再次显示了术语“**功能**”，但这次还扩展了**需求**的类型，由 SysML 块定义图实现。

“需求”的概念已经扩展到包括第 6 章中定义的其他两种类型（即**能力和目标**）的需求。这使得“功能”的概念对于更广泛的本体非常重要，因为它在系统相关视图方面提供了需求建模和解决方案之间的关键连接。因此，“功能”的概念是跨模型可追溯性的重要组成部分。现在可以通过遵循本体元素之间的路径来追踪系统元素与任何类型的需求之间的关系。例如，可以通过以下路径追踪系统元素与原始目标之间的关系：**系统元素实现功能；功能满足要求；要求交付能力；能力满足目标**。

可追溯性是一个非常重要的概念，适用于整个系统工程，是 ISO 15288 的基本要求，它规定在整个系统生命周期中所有需求都必须可追溯。

这是本体另一个合适的用途，因为当本体就位时，整个系统开发的可追溯性是模型固有的。当使用建模工具实现这一点时，这种可追溯性可能是自动化的，从而使其变得毫不费力。可追溯性很重要，原因有很多，包括以下两个：

- **影响分析**：在此，可追溯性以正向方式应用，以查看需求变化可能对解决方案产生的影响。例如，如果其中一个目标发生变化，则可以在整个模型中跟踪其相关元素（在本例中为系统元素）。
- **回归分析**：在这里，可追溯性以向后的方式应用，以查看解决方案的变化可能对需求产生什么影响。例如，如果一个系统元素发生变化，则可以追溯到与其相关的任何一个原始需求（要求、能力和目标）。

功能还与所有不同类型的系统元素有重要关系，如图 7.9 所示。

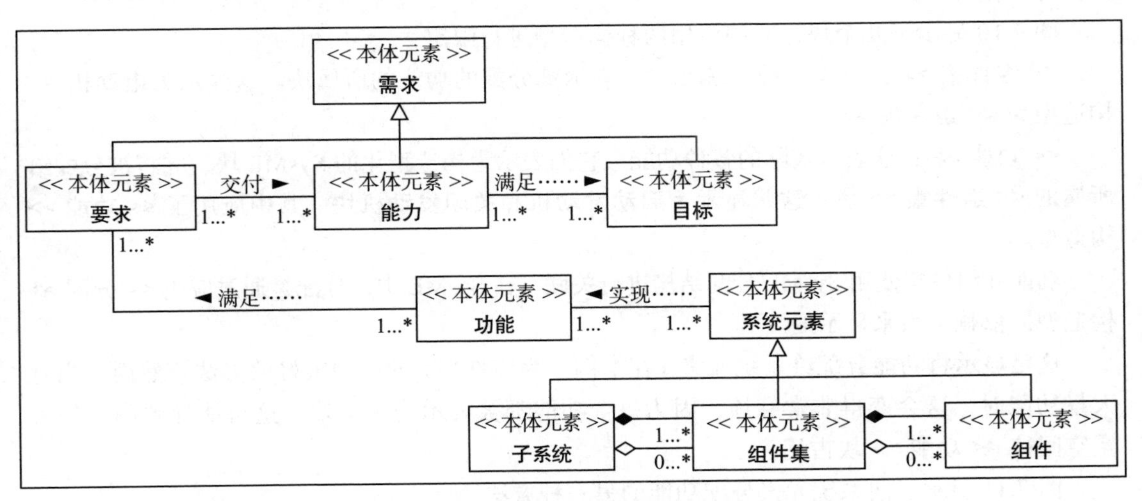

图 7.9 本体定义视图显示功能并扩展系统元素

图 7.9 展示了一个显示功能的本体定义视图，但是它扩展了系统元素的概念，并使用 SysML 块定义图进行了可视化。

本体现在具有与系统元素的概念直接相关的功能概念。这提供了一个有趣的见解，因为系统元素具有三个特殊化元素：**子系统、组件集和组件**。由于使用了特殊化关系，继承的概念从系统元素应用到它的三种类型。这意味着功能和系统元素之间的关系现在由三个特殊化元素继承了。由此，我们现在可以推断功能可以应用于系统元素的三个抽象级别（由组合和聚合表示）。

这可能会导致一些混淆，因为当使用术语“功能”时，需要明确它适用于系统元素层次结构的哪个级别。这可以在图中隐式地实现，也可以在考虑功能结构时显式地实现。

1. 定义功能的结构方面

尽可能明确总是一个好主意，因为依赖隐含的概念会导致人们对模型做出假设。在模型中有两种主要方式可以表示功能和系统元素之间的关系，第一种方式如图 7.10 所示。

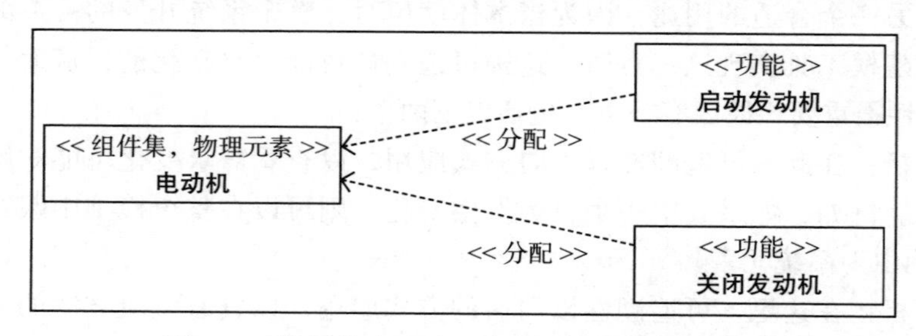

图 7.10 使用分配显示显式关系的功能分配视图

图 7.10 显示了如何使用分配对功能和系统元素之间的显式关系建模，通过 SysML 块定义图可视化。

图 7.10 显示了几个块，它们使用两种构造型进行限定：

<< 组件集 >>：这是一种系统元素，表示被分配的功能的所属块。这显示为**电动机**块，构造型为 **<< 组件集 >>**。

<< 功能 >>：这表示实际的各种功能，它们表示为构造型化的 SysML 块，并将被分配给所属的 **<< 组件集 >>** 块。这些显示为**启动发动机**和**关闭发动机**块，其中应用了 **<< 功能 >>** 构造型。

功能和组件集使用 SysML 分配结构进行**关联**。在 SysML 中，分配是通过应用 **<< 分配 >>** 构造型的依赖关系来显示的。

这是显示将功能分配给系统元素（在本例中为组件集）的一种很好的方法。然而，当有大量功能时，这会变得非常麻烦，因为每个功能都被表示为一个块，这可能导致图上的大量空间被 **<< 功能 >>** 块占用。

图 7.11 显示了向系统元素分配功能的另一种方法。

<< 组件集 >> **踏板**	<< 组件集，物理元素 >> **电动机**	<< 组件集，逻辑元素 >> **控制单元**
<< 功能 >> 踩下加速踏板 () 释放加速踏板 () 踩下制动踏板 () 释放制动踏板 ()	<< 功能 >> 启动发动机 () 关闭发动机 ()	<< 功能 >> 计算车速 () 检查车速 () 供电 () 给电池充电 ()

图 7.11 功能分配视图使用功能分隔区显示显式关系

图 7.11 显示，可以使用功能分隔区显式地将各种功能分配给系统元素，使用 SysML 块定义图可视化。

在此示例中，同一组功能（**启动发动机**和**关闭发动机**）被分配给同一系统元素（名为**电动机**的组件集）。功能分配不是通过与构造型块的关系来显示的，而是在所属块上赋予功能自己的分隔区，构造型为 **<< 功能 >>**。

注意这种方法在图上占用的空间少了多少。第二个 **<< 组件集 >>** 名为**踏板**，第三个 **<< 组件集 >>** 名为**控制单元**，它们已包含在图中，但该图占用的空间比图 7.10 中的要少。

至于这两种表示哪一种更好，由建模者自行决定，因为每种表示都有利有弊：

- **<< 分配 >>** 依赖项的使用使分配更加直观。此外，如有必要，还可以显示功能之间的关系。例如，在定义功能的行为时，可能需要显示不同功能之间的依赖关系。
- **<< 功能 >>** 分隔区的使用使图更小，并且使图更优雅。与以前的方法相比，可以在单个图上显示更多的分配。

既然已经定义了功能的结构方面，现在可以考虑功能的行为方面了。

2. 定义功能的行为方面

贯穿本书的标准建模方法始终考虑模型的结构和行为方面。到目前为止，我们已经考虑了定义功能确切含义的结构方面，以及如何将功能分配给不同抽象级别的系统元素。因此，下一步是考虑功能的行为方面，了解功能之间如何交互。

为此，我们将使用在第 5 章中首次介绍的 SysML 活动图。为了说明这一点，请考虑图 7.11 中的**踏板 << 组件集 >>**，它具有许多功能，因此，可以构建图 7.12。

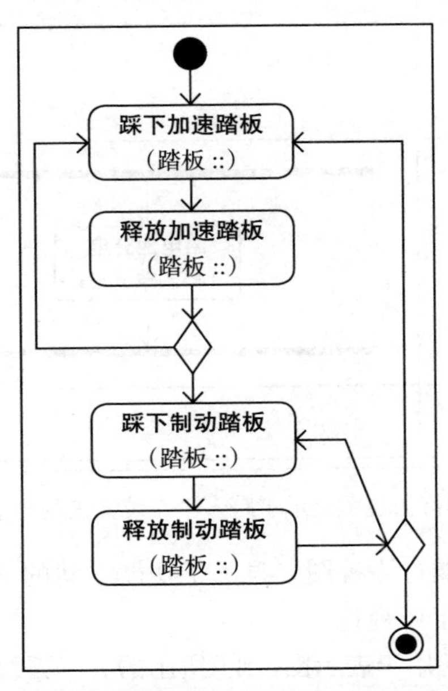

图 7.12　显示踏板系统元素的功能之间交互的功能行为视图

图 7.12 为功能行为视图，显示了**踏板**系统元素的功能之间的交互，使用 SysML 活动图可视化。

图 7.12 显示了各种功能的基本执行流程，如下所示：

- 第一个功能是**踩下加速踏板**。
- 下一步必须是**释放加速踏板**。
- 一旦释放加速踏板，有两种可能：返回并再次**踩下加速踏板**；向前行驶并**踩下制动踏板**。
- 紧随其后的下一个功能是**释放制动踏板**。在此之后，有三个选项：**踩下加速踏板**、**踩下制动踏板**或完成此图。

这个功能行为视图只适用于**踏板**系统元素块，从建模的角度来看，这是完全有效的。此视图可以扩展，以包括 SysML 泳道。泳道通常用于显示对特定 SysML 元素的分配，而在这种情况下，我们将展示跨多个系统元素的功能分配。这在图 7.13 所示的扩展功能行为视图中得到了说明。

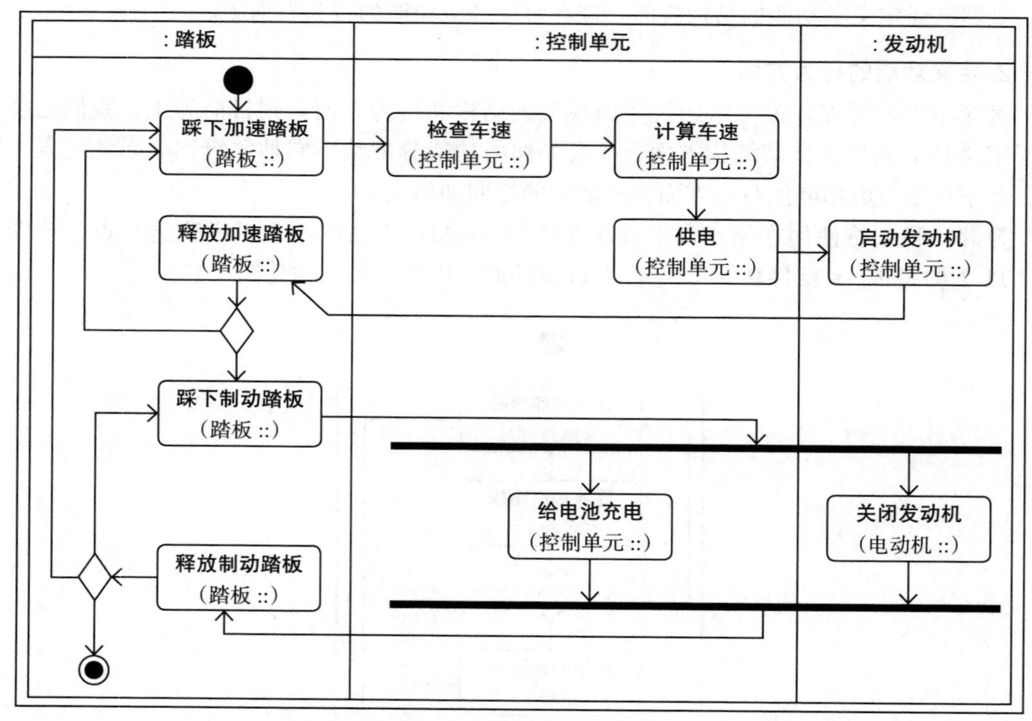

图 7.13 功能行为视图显示了跨多个系统元素的功能之间的交互

图 7.13 展示了扩展的功能行为视图，显示了功能之间的交互，但这次跨了多个系统元素，使用 SysML 活动图进行了可视化。

在此视图中，SysML 泳道用于表示图 7.11 所示的三个系统元素（**<< 组件集 >>**）。每条泳道都显示了相关的系统元素，在本例中为**踏板**、**电动机**和**控制单元**。但是，非常重要的是，它们中的每一个功能都显示在各自的泳道中。这允许在单个图中显示不同系统元素之间的功能流，这确实是一个非常强大的机制。

请注意图 7.12 和图 7.13 之间的差异，尤其是以下这些：

- 当考虑图 7.12 所示的单个系统元素时，只能显示该系统元素内的功能流。因此，流直接从**踩下加速踏板**到**释放加速踏板**。
- 当考虑图 7.13 所示的跨多个系统元素的功能流时，更容易看出不同系统元素的功能之间的流。因此，**踩下加速踏板**的流直接转到**检查车速**，这是分配给**控制单元**系统元素的功能。

功能建模的整个概念仍然应该独立于任何特定的解决方案，这就是我们将在下一小节讨论的内容，届时我们将讨论物理建模。

7.1.5　定义物理元素

在物理模型中，每个模型元素都是实际工件的具体表示。逻辑元素和功能元素都牢固地存在于概念世界，而物理元素则根植于现实世界。当我们查看逻辑元素和功能元素时，我们正考虑一个问题的概念性解决方案，该解决方案可以通过多种方式实现，具体取决于可以应用的特定技术和技巧。当我们考虑物理元素时，我们是在考虑使用特定技术和技巧来解决问题的实际解决方案。

1. 对物理元素的系统结构进行建模

为了说明这一点，我们将考虑**电动机**系统元素的分解。到目前为止，我们一直将电动机视为逻辑系统元素，但其实也可以将其视为物理系统元素，如图 7.14 所示。

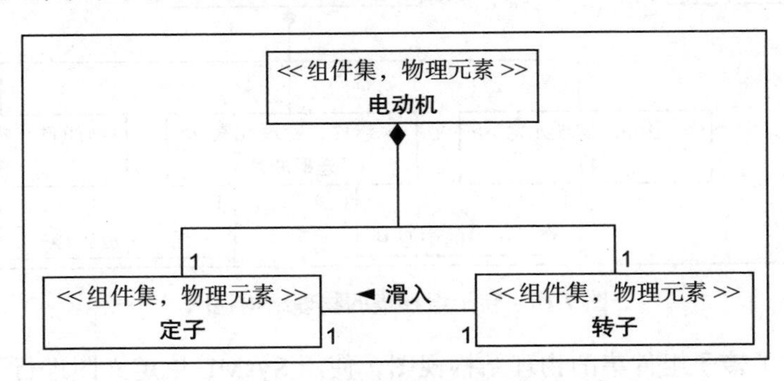

图 7.14　显示电动机组件分解的物理结构视图

图 7.14 为物理结构视图，显示了电动机系统元素的分解，使用 SysML 块定义图进行了可视化。关于此图，有几个有趣的点需要考虑：

- 首先，再次注意使用多个构造型来利用 SysML 鉴别器定义两种不同类型的系统元素。
- 其次，**电动机**块现在的构造型为 **<< 组件集 >>** 和 **<< 物理元素 >>**。这与我们在图 7.10 中看到的不同，图 7.10 应用的构造型是 **<< 组件集 >>** 和 **<< 逻辑元素 >>**。从建模的角度来看，这是完全可以接受的，但模型中出现的两个**电动机**必须是单独的模型元素，这一点至关重要。这可能会导致一些混淆，因为现在有两个具有相同名称但应用了不同构造型的模型元素。

- 最后，有一个构造型为 **<< 组件集 >>** 的块，它由另外两个构造型也为 **<< 组件集 >>** 的块组成。这实际上不符合原始本体，因为它需要从**组件集**到自身的组合或聚合（或两者兼有）。这是一个很好的例子，它可以说明本体如何随时间演变以反映系统建模的应用。

图 7.14 可以这样解读：

- **电动机**由一个**定子**和一个**转子**组成。
- **转子**滑入**定子**。

三个块都代表作为组件集的物理系统元素。

每个块都是一个物理组件集，而且代表现实生活中电动机的真实解决方案。构造型有助于表达这是一个物理模型，而不是逻辑模型。事实上，这是一个解决方案而不只是逻辑模型，这意味着当深入到定子和转子的细节时，我们还将处理物理系统元素，如图 7.15 所示。

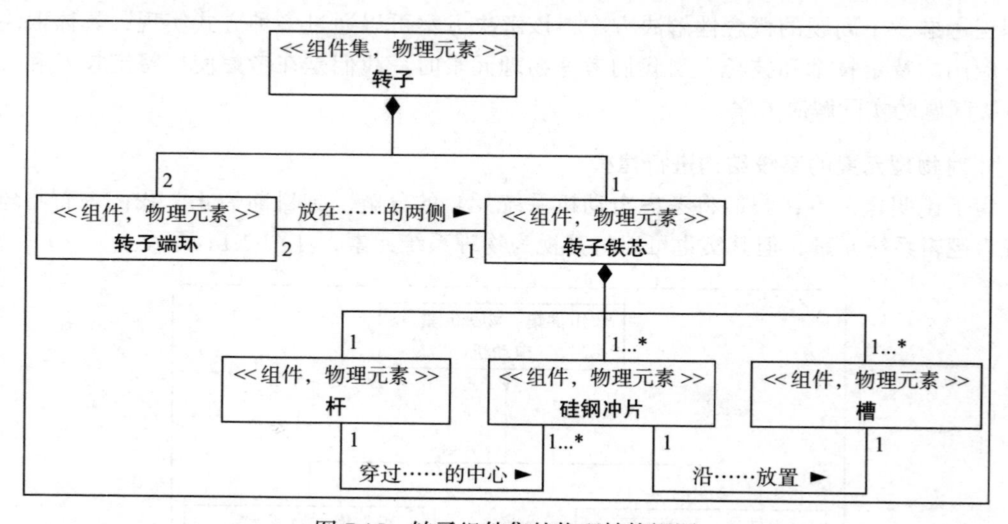

图 7.15 转子组件集的物理结构视图

图 7.15 展示了**转子**组件集的物理结构视图，使用 SysML 块定义图进行了可视化。

该物理结构视图侧重于将单个组件集（转子）分解为其组成部分（即组件），这些组件中的每一个都是一个物理系统元素。这再次表明，通过在每个块上使用两个构造型能准确显示块所代表的内容。

图 7.15 可以这样解读：

- **转子**包括两个**转子端环**和一个**转子铁芯**。
- 两个**转子端环**放置在**转子铁芯**的两侧。

❑ **转子铁芯**包含一根**杆**、若干**硅钢冲片**和若干**槽**组成。

❑ **杆**穿过若干**硅钢冲片**的中心。

❑ 每个**硅钢冲片**都沿着**槽**放置。

请注意，系统结构视图对于某些复合块的确切编号是不精确的，使用 1...* 而不是特定数字编号。此外，相应关系并不明确地表示块之间的接口，但它们将与接口保持一致。下文创建配置视图时，将同时考虑接口和具体数量的块实例。

图 7.16 显示了另一个主要组件集——**定子**的分解。

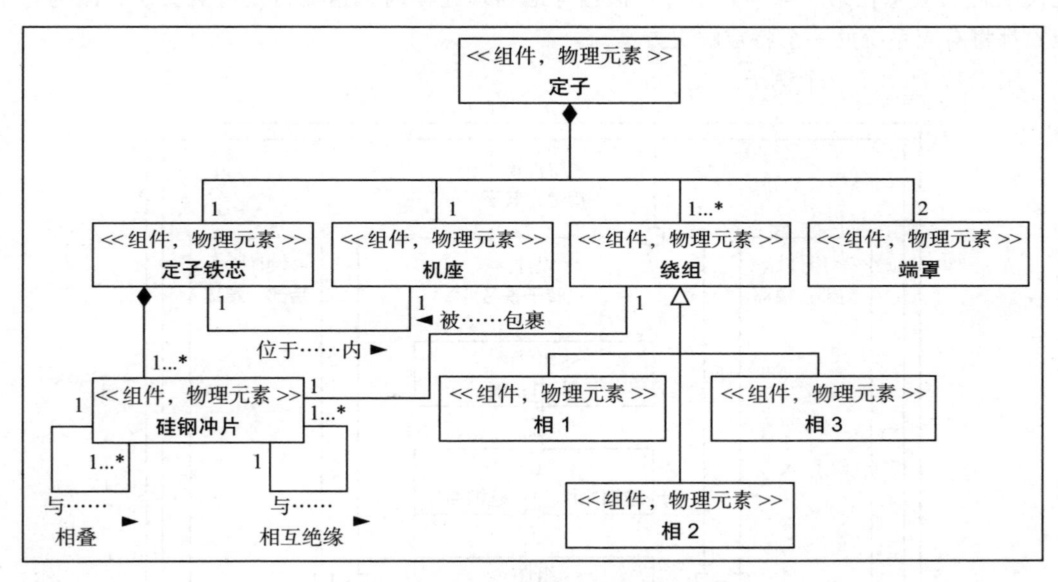

图 7.16　定子组件集的物理结构图

图 7.16 展示了**定子**组件集的物理结构视图，并使用 SysML 块定义图进行了可视化。

同样，图 7.16 使用多个构造型来显示所有系统元素都是物理元素，并且一个单独的组件集和多个组件关联。

图 7.16 可以这样解读：

❑ **定子**包括**定子铁芯**、**机座**、若干**绕组**和两个**端罩**。

❑ **定子铁芯**位于**机座**内，由若干**硅钢冲片**叠成。

❑ 每个**硅钢冲片**都与其他**硅钢冲片**相叠，也与其他**硅钢冲片**相互绝缘。

❑ **绕组**包裹在**硅钢冲片**上。

❑ **绕组**有三种类型，即**相 1**、**相 2** 和**相 3**。

这个视图非常简单，所有视图都应该如此。但是，这里有些东西值得重新审视。在考虑任何视图时，重要的是要查找可能导致视图本身产生潜在问题的异常情况。在本例中，请考虑**端罩**，并注意除了组件集之外，它与图上的其他元素都没有关系。这在任何图上都是不寻常的，应该始终受到质疑。在许多情况下，与其他块没有关系的独立块暗示着可能缺少某种关系。在本例中，图中的**端罩**和**硅钢冲片**之间应该有一个连接。

重要的是，要始终注意这种建模异常并始终质疑它们。建模者有责任回答这些问题，这应该被视为建设性的意见反馈，而不是批评。请记住，我们的目标是最终得到一个正确的模型，并且该模型将随着项目的推进而不断发展，因此查询图是确保内容正确的好方法。

2. 对物理元素的配置进行建模

既然已经对系统的通用结构进行了建模，是时候对解决方案的特定配置进行建模了。建模配置的概念在第 3 章中介绍过，但当考虑物理建模时，这变得更有意义了，因为每个配置都将对应系统的一个特定解决方案。

图 7.17 显示了一个例子。

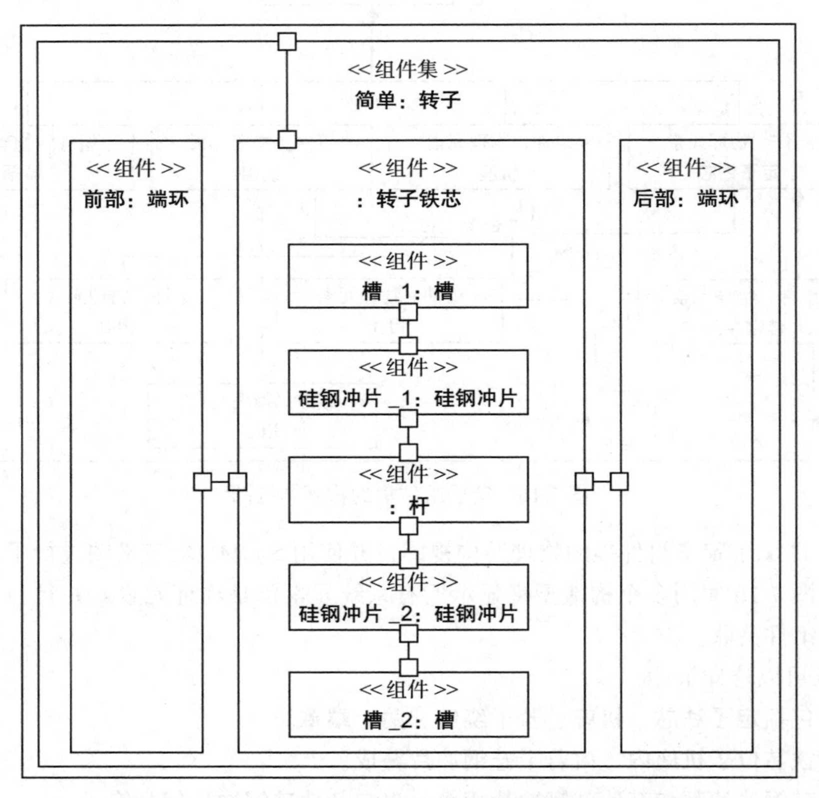

图 7.17 具有两个硅钢冲片的简单转子的物理配置视图

图 7.17 展示了一个简单转子的特定配置的物理配置视图，使用 SysML 块定义图进行了可视化。

请注意图 7.17 是如何与图 7.15 所示的**转子**组件集的物理结构视图保持一致的。

在这个例子中，配置是针对简单转子的，它由组件集部件名称指示，定义为**简单：转子**。它只有两个硅钢冲片，这可以从图中看到。这是一种非常有用的机制，因为它允许定义多个不同的配置。这些不同的配置可以形成不同的候选解决方案。在这种情况下，候选解决方案可能只是由不同的配置表示，或者，它可能使用不同的系统元素。为了说明这一点，请考虑图 7.18 所示的配置。

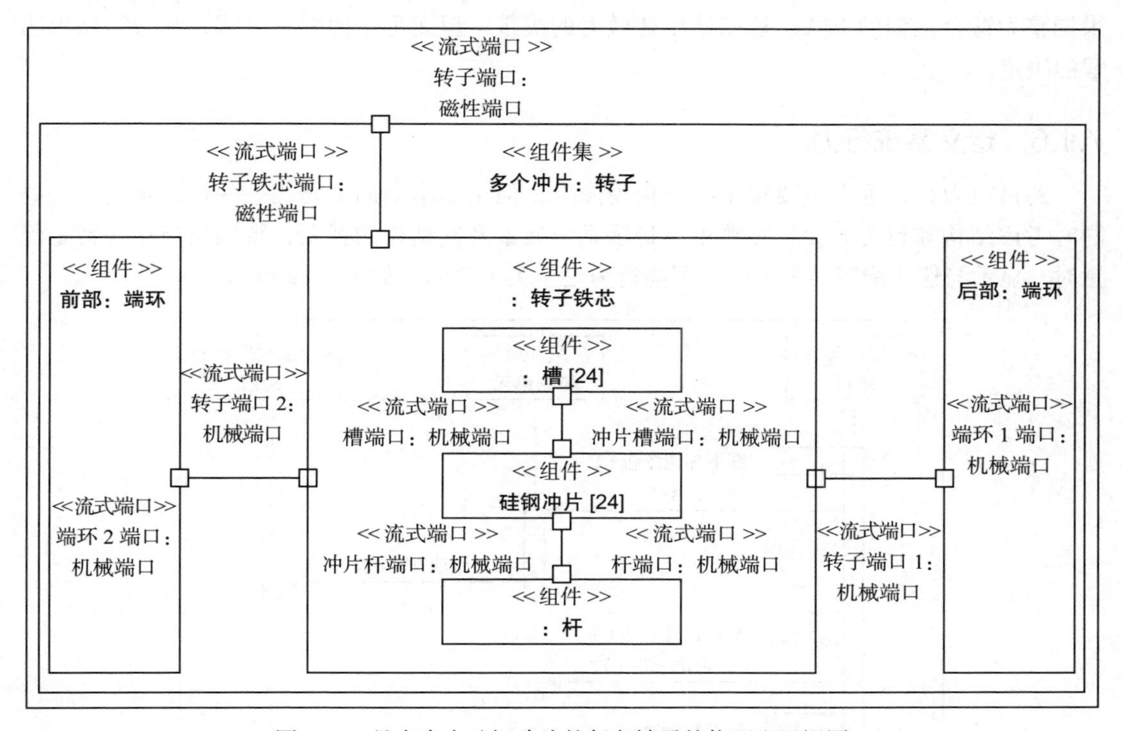

图 7.18　具有多个硅钢冲片的复杂转子的物理配置视图

图 7.18 展示了另一种可能的物理配置视图，这次显示了具有多个硅钢冲片的转子的复杂配置，使用 SysML 块定义图进行了可视化。

请注意图 7.18 是如何与图 7.15 所示的物理结构视图保持一致的。这一点很重要，因为它演示了如何在使用相同的物理结构视图的同时，使用与其关联的物理配置视图进行多种配置，在这种情况下，可以显示多个候选解决方案。

对于这种复杂的配置，还可以进行一些有趣的建模观察：

- **<< 组件 >>** 部分的多样性。注意有多个 [24]，分别与**槽**、**硅钢冲片**和**杆**组件相关，这是一种非常有用的机制，它允许我们显示实际上有多个零件，而不必显式地显示每一个。这可以被认为是一种显示重复元素的简写版本的方式，在单个视图中显示所有零件会使视图过于复杂，变得不可读。
- 有关端口定义的更多详细信息。在此视图中，端口定义显示了其类型和名称。这会向视图添加更多详细信息，但确实会使图更复杂并且可读性更差。

这两点都很重要，因为它们说明了建模者的技能和判断力是多么重要。当考虑可视化视图时，考虑哪个干系人将阅读图是很重要的。例如，如果是工程师在阅读视图，那么显示更多细节可能更合适，如图 7.18 所示，而如果是管理人员在阅读视图，则显示简单的视图可能更好，如图 7.17 所示。请记住，要考虑干系人的技能、知识和背景，并将可视化效果调整为适合他们的形式。这归结于建模者的决策，但无论采用哪种方式，都必须做出明智的决定。

7.1.6 定义系统行为

到目前为止，重点主要集中在结构视图上，但正如本书的主题之一一样，重要的是要同时考虑结构和行为。无论在哪里有显示系统元素及其结构的视图，特别是当存在特定配置时，显示与这些配置相关的一些可能行为是至关重要的，如图 7.19 所示。

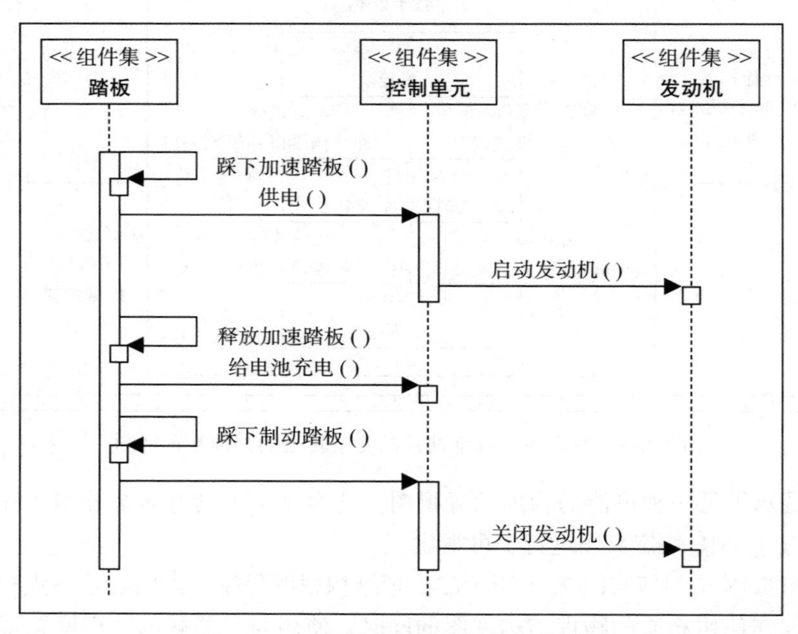

图 7.19 显示制动场景的系统行为视图

图 7.19 展示了使用 SysML 序列图可视化的制动场景的系统行为视图。

系统行为视图（例如此处显示的视图）非常灵活且功能强大，因为它们几乎可以应用于任何结构视图。例如，此处的示例涉及图 7.10 和图 7.11 描述的逻辑组件集，因此行为与逻辑组件集相关。然而，相同类型的视图，即系统行为视图，可以很容易地应用于物理配置视图，如图 7.17 和图 7.16 所示的视图。这演示了该视图的灵活性，也是不同视图之间保持一致性的好例子。

到目前为止讨论的视图都使用了良好的建模实践，现在是时候再次查看 ISO 15288——特别是与设计活动相关的流程，考虑这种建模如何与国际最佳实践相关联了。

7.2 遵守最佳实践流程

本章迄今为止介绍和讨论的将基于模型的技术应用于架构设计和详细设计的技术，都遵守国际最佳实践——ISO 15288（软件和系统工程生命周期流程）。

我们感兴趣的两个流程都来自技术流程组，分别是**架构定义流程**和**设计定义流程**。下面两个小节将逐一讨论这些问题。

7.2.1 遵守 ISO 15288 架构定义流程

与架构设计相关的 ISO 15288 流程是架构定义流程。这已使用第 5 章中描述的方法进行了捕获和建模，如图 7.20 所示。

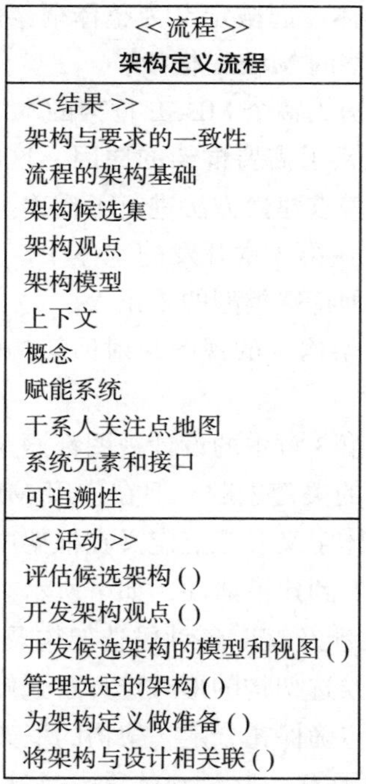

<< 流程 >>
架构定义流程

<< 结果 >>
架构与要求的一致性
流程的架构基础
架构候选集
架构观点
架构模型
上下文
概念
赋能系统
干系人关注点地图
系统元素和接口
可追溯性

<< 活动 >>
评估候选架构 ( )
开发架构观点 ( )
开发候选架构的模型和视图 ( )
管理选定的架构 ( )
为架构定义做准备 ( )
将架构与设计相关联 ( )

图 7.20 ISO 15288 架构定义流程的流程内容视图

图 7.20 展示了 ISO 15288 架构定义流程的流程内容视图，使用 SysML 块定义图显示。

图 7.20 使用标准 SysML 来表示流程视角本体概念，如下所示：

- 块名称显示流程名称。
- 中间部分显示与流程相关的结果，表示为构造型化的 SysML 属性。
- 底部显示与流程相关的活动，表示为 SysML 操作。

与 ISO 流程相关的结果映射到下面所讨论的视图中：

- **架构与要求的一致性**：这与建立从架构设计视图到需求的可追溯性有关。由于存在本体，这种可追溯性是模型固有的。

- **流程的架构基础**：这与为架构设计建立流程有关，该流程可以与整个生命周期中的所有其他流程集成。同样，通过使用七视图方法定义特定流程并将它们映射回最佳实践，模型中已经涵盖了这一点。这在第 5 章中有详细讨论。
- **架构候选集**：系统将有多个解决方案，这些解决方案被表示为不同的架构视图集，我们可以评估这些候选架构视图并缩小范围以找到首选解决方案。
- **架构模型**：这是被认为构成架构所必需的视图的集合。这将包括本章讨论的所有视图、第 3 章讨论的与系统和接口相关的视图、第 4 章的生命周期视图、第 5 章的流程，以及第 6 章讨论的需求模型。实际上，架构模型可以包含本书中讨论的任何视图。
- **架构观点**：这些观点与本体一起被定义为整体框架的一部分。这些框架在本书中不断得到发展，最终形成完整的 MBSE 框架。
- **概念**：这些概念被定义为构成整个 MBSE 框架的本体的一部分，该框架贯穿全书。
- **上下文**：架构的上下文定义了需要框架的原因。这已从贯穿全书的每个视角进行了定义，并使用第 6 章中的需求建模方法进行了描述。
- **赋能系统**：赋能系统包含在第 3 章开发的本体中，并且存在于感兴趣的系统边界之外。这也可以被认为是一种特殊类型的干系人。
- **干系人关注点地图**：它将架构中的视图映射回架构的原始上下文，其中包含许多干系人关注点。
- **系统元素和接口**：本章和第 3 章中的设计视图都涵盖了这一点。
- **可追溯性**：这是系统工程的关键主题，但在应用 MBSE 方法时会被隐式实现，因为所有可追溯性都是通过本体定义和观点定义在框架中建立的。

流程中标识的活动可以被映射到建模活动，如下所示：

- **评估候选架构 ()**：此活动涉及获取各种候选架构及相关视图，并评估它们是否符合基本需求，包括约束。以候选架构的形式选择首选解决方案。
- **开发架构观点 ()**：此活动与确保充分定义架构的框架有关。
- **开发候选架构的模型和视图 ()**：此活动的重点是基于架构框架填充架构视图。这是创建模型本身及其关联视图的地方。
- **管理选定的架构 ()**：此活动的重点是确保流程到位，使架构能够随着项目的推进而发展壮大。这些流程将涵盖诸如架构治理、制定架构策略以及确保其得到满足等领域。
- **为架构定义做准备 ()**：此活动确保架构的原始上下文和评估方式得到定义。这还包括充分了解相关干系人（包括赋能系统），以便开发架构，以及确定要使用的特定工具和符号。
- **将架构与设计相关联 ()**：此活动与架构的可追溯性相关，这次是与设计相关。所有可追溯性路径都被定义为框架的固有部分。

请注意本书中描述的所有建模是如何组合在一起形成整体架构的。在这一点上，重新审视“MBSE in a slide”很有趣，如图 7.21 所示。

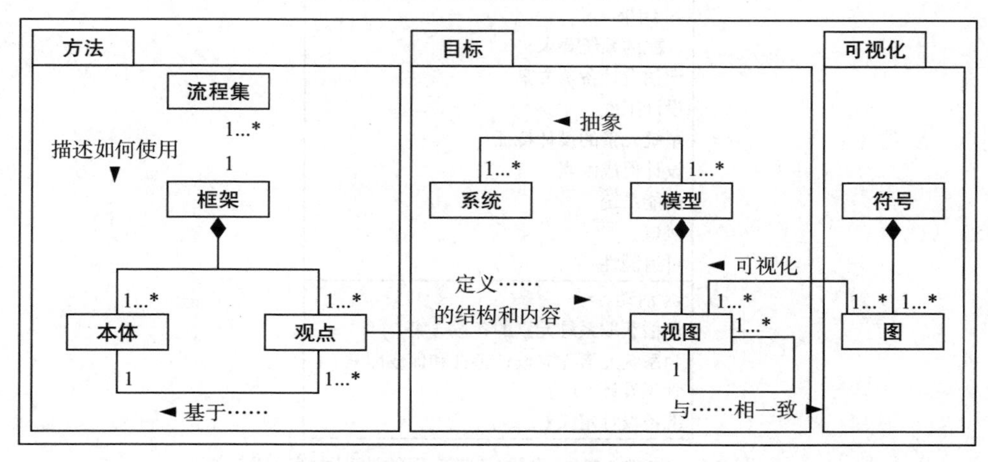

图 7.21 重新审视 MBSE

图 7.21 显示了最初在第 2 章介绍的“ MBSE in a slide”。原始的图没有使用特定的符号，但是有必要显示它是使用 SysML 块定义图来实现的。

ISO 15288 中与架构定义流程相关的所有信息都可以轻松映射到“ MBSE in a slide”。事实上，如果图中的“模型”一词被“架构”取代，那么作为流程的一部分，它将完美地可视化需要完成的工作。

这也表明架构和 MBSE 的关系有多密切。值得记住的是，所有架构都是模型，但并非每个模型都是架构。 因此，建模是架构定义的重要组成部分。

正如建模对于架构设计至关重要一样，对于详细设计也是如此。

7.2.2 遵守 ISO 15288 设计定义流程

与详细设计相关的 ISO 15288 流程是设计定义流程。这已使用第 5 章描述的方法进行了捕获和建模。该流程的流程内容视图如图 7.22 所示。

图 7.22 展示了 ISO 15288 设计定义流程的流程内容视图，使用 SysML 块定义图显示。

与 ISO 流程相关的结果可以映射到目前已讨论的视图，如下所示：

- **分配的系统要求**：所有系统元素必须分配给原始需求。这是一项可追溯性工作，因为所有系统元素和不同类型需求之间的可追溯性已在框架中建立并且是框架固有的。
- **评估设计备选方案**：与必须评估多个候选架构的方式相同，特定系统元素也可能有多个候选设计。同样，需要对这些进行评估并选择首选设计。
- **设计工件**：这是一个通用术语，适用于与详细设计相关的任何视图。这些视图已在本章和第 3 章中进行了讨论。

<<流程>>
设计定义流程

<<结果>>
分配的系统要求
评估设计备选方案
设计工件
系统元素的设计特征
设计促成因素
赋能系统
接口
可追溯性

<<活动>>
评估获取系统元素的备选方案 ()
为系统元素建立设计特征和促成因素 ()
管理设计 ()
准备设计定义 ()

图 7.22 ISO 15288 设计定义流程的流程内容视图

- **系统元素的设计特征**：每个系统元素可能有许多与设计相关的特征，可能是与性能相关的特性、质量特性、环境特性等。描述这些不同类型特征的术语可能看起来很熟悉，这是有充分理由的。这些特征可以直接从需求建模时确定的约束中导出。请记住，所有详细的设计视图都可以追溯到需求，使用框架中固有的可追溯性关系可以相对直接地了解哪些约束适用于哪些系统元素。这些在第 6 章中进行了详细讨论。
- **设计促成因素**：这些设计促成因素可能包括选择特定设计相关活动所需或推荐的特定方法、技术、符号或工具。
- **赋能系统**：这与上一小节的非常相似。与特定系统元素交互的赋能系统必须被识别和建模到可以设计系统元素本身的程度。
- **接口**：必须识别并定义系统元素之间的接口以及与赋能系统之间的外部接口，并且必须指定它们的连接。接口在第 3 章中进行了详细讨论。
- **可追溯性**：可追溯性是框架固有的，因此已经很好地建立起来了。

与 ISO 流程相关的活动可以映射到目前已讨论的视图，如下所示：

- **评估获取系统元素的备选方案 ()**：此活动涉及评估各种候选解决方案，这次针对系统元素。
- **为系统元素建立设计特征和促成因素 ()**：这包括识别必须应用于系统元素的各种约束。
- **管理设计 ()**：这涵盖为了在项目生命周期中管理、配置详细设计视图而必须到位的流程。
- **准备设计定义 ()**：此活动确保详细设计的原始上下文及其评估方式得到定义。这还包括充分了解相关干系人（包括赋能系统），以便可以开发详细的设计视图，以及确定要使用的特定工具和符号。

本章介绍和讨论的整个方法已被证明符合 ISO 15288 形式的国际最佳实践。所显示的视图必须被定义为整个框架的一部分，下一节将在现有框架视图的基础上，向框架添加一些架构设计和详细设计视图。

7.3 定义框架

到目前为止，已经创建的视图代表了“MBSE in a slide”图的中心部分，我们在第2章中详细讨论过 MBSE 图，并且在前面也对其进行了回顾。每个视图都使用 SysML 可视化，代表 MBSE 图的右侧。这些视图汇集在一起形成了整体模型，但是这些视图必须是一致的，否则它们就不是视图，而是图片！这就是 MBSE 图左侧发挥作用的地方，因为在框架中捕获所有视图的定义很重要。该框架包括本体和一组观点。因此，现在应确保这些观点得到全面且正确的定义，这也是本节的目的。

7.3.1 定义框架中的观点

我们在第2章中讨论过，有必要对每个视图提出一些问题，以确保它是一个有效的视图。对于整个框架，以及视图和这些结果的组合，也必须提出一系列问题，以便对整个框架进行定义。因此，有必要提醒一下这些问题是什么：

- 为什么需要框架？这个问题可以使用**框架上下文视图**来回答。
- 该框架使用的总体概念和术语是什么？这个问题可以使用**本体定义视图**来回答。
- 作为框架的一部分，哪些视图是必要的？这个问题可以使用**观点关系视图**来回答。
- 为什么需要每个视图？这个问题可以使用**观点上下文视图**来回答。
- 每个视图的结构和内容是什么？这个问题可以使用**观点定义视图**来回答。
- 应采用什么规则？这个问题可以使用**规则集定义视图**来回答。

当这些问题得到回答时，就可以说框架已经定义好了。这些问题，都可以使用一组特殊的视图来回答，这些视图统称为**架构框架的框架**（Holt & Perry，2019）。此时，只需考虑创建一个特定视图来回答每个问题，如下文所述。

7.3.2 定义框架上下文视图

框架上下文视图指定了为什么首先需要整个框架。它将确定对框架感兴趣的相关干系人，并确定每个干系人希望从框架中获得什么好处，如图 7.23 所示。

图 7.23 展示了设计框架的框架上下文视图，使用 SysML 用例图进行了可视化。

注意，这里使用用例图来捕获上下文，这是在第6章中描述的一种方法。图 7.23 可以这样解读：

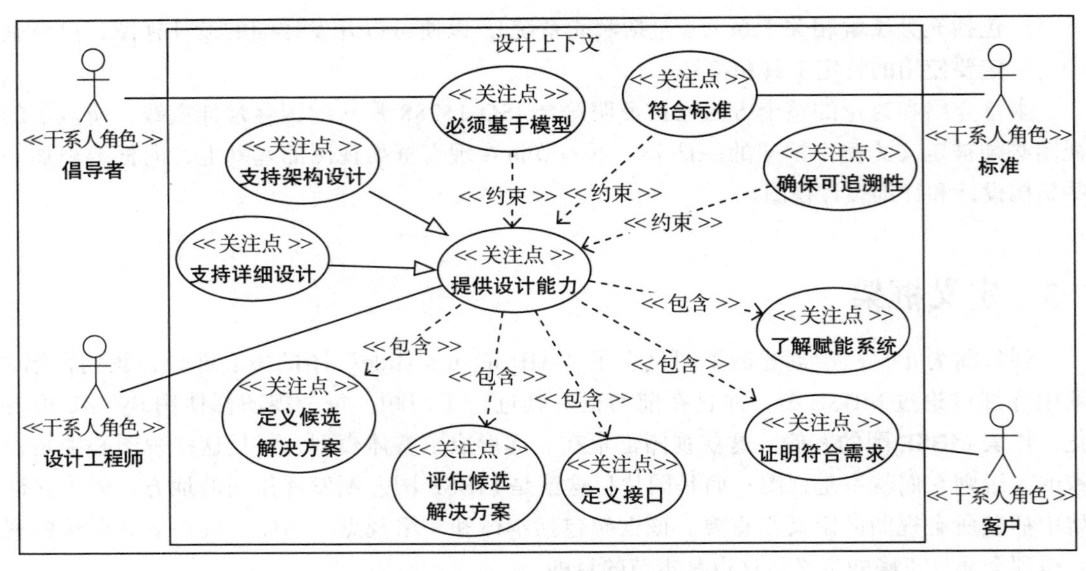

图 7.23 设计框架的框架上下文视图

- ❑ 设计框架的主要目的是**提供设计能力**。这是一个通用术语，用于在单个语句中捕获整个上下文的总体意图。能够识别给定上下文图中的哪个用例是主要用例很有用，这可以通过寻找具有多个 **<< 包含 >>** 关系和多个 **<< 约束 >>** 关系的用例来实现。这通常会标识一个高级用例，并且它是阅读上下文视图的建议起点。
- ❑ 有两种主要的设计类型，它们由来自主要用例的两个特殊化关系显示：**支持架构设计**和**支持详细设计**。这是这里使用的一个强大结构，因为它意味着附加到父用例（在本例中为**提供设计能力**）的任何东西也将被继承到特殊化关系，用于两个子用例。
- ❑ 整体设计能力**必须基于模型**。这是一个常见的用例，将出现在我们所有的系统工程上下文视图中。由于 MBSE 是本书提倡的方法，因此在这里看到它也就不足为奇了。
- ❑ 贯穿本书的另一个共同主题是**符合标准**，因此，它再次作为一个用例出现在这里。这将为我们在系统工程中所做的一切执行最佳实践，并允许我们将总体方法向感兴趣的干系人演示。
- ❑ 几乎每个系统工程标准中都提到的常见活动之一都与**确保可追溯性**有关。这对于证明**符合原始需求**以及允许工程人员在对模型进行更改时进行影响分析至关重要。
- ❑ 主要用例有四个 **<< 包含 >>** 关系，第一个是**定义候选解决方案**。任何强大设计的一个重要方面都是考虑多种解决方案，探索不同的方法来解决同一问题。
- ❑ 继上一点之后，还需要能够比较解决方案，以便**评估候选解决方案**。这将提供一种机制来确保评估的公平性并涵盖需求建模期间探索的所有标准。
- ❑ 设计的关键部分是**定义接口**，因此这成为架构设计和详细设计的重要组成部分。
- ❑ 如果不考虑系统边界之外发生的事情，就不可能定义一个好的解决方案，而这是通过了解**赋能系统**来实现的。这允许更广的系统上下文被理解，并且可以开发与任何赋能系统集成的设计。

- 最后，在生命周期的任何阶段都必须能够**证明符合需求**。这是交付成功系统的核心，也是系统工程的主要目标。

请注意，在图 7.23 中，每个 SysML 用例都被构造为 **<< 关注点 >>** 构造型。关注点是与框架或其中一个观点特别相关的需求。

7.3.3 定义本体定义视图

本体定义视图以本体的形式捕获与框架相关的所有概念和术语。这已经完成了，图 7.2 已定义了与设计相关的视图的本体。视图中显示的本体元素提供了本章迄今为止所创建的实际视图使用的所有构造型。

正如在其他章中讨论的那样，相关的本体元素通常会被收集到一个**视角**中。本章创建了一个与设计相关的新视角。

7.3.4 定义观点关系视图

观点关系视图标识需要哪些视图，并且对于每组视图，标识将包含其定义的观点。请记住，观点可能被认为是一种视图模板。这些观点可以收集在一起形成一个视角，它是具有共同主题的观点的集合。

在本章中，重点是定义一组与设计相关的视图，因此创建**设计视角**是合适的。到目前为止讨论的基本视图集如图 7.24 所示。

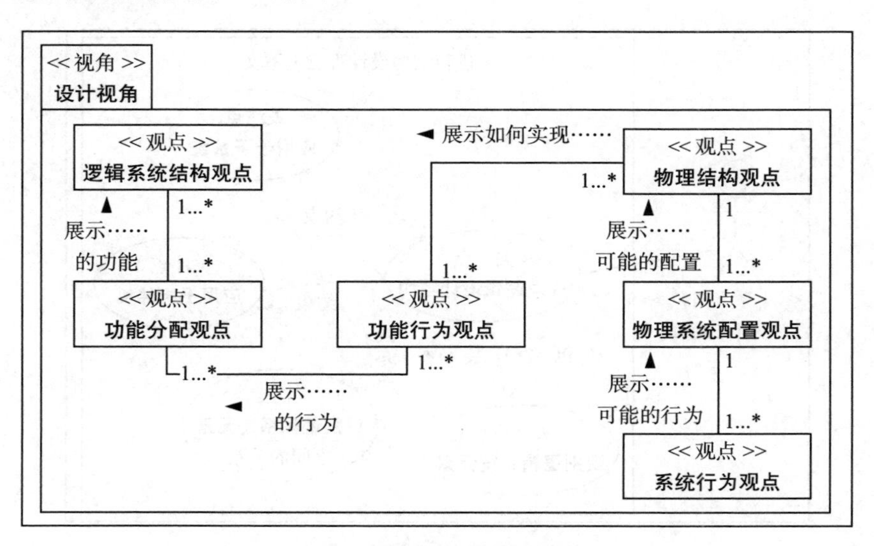

图 7.24 设计视角的观点关系视图

图 7.24 使用 SysML 块定义图显示了设计视角的观点关系视图。

需求视角使用 SysML 包显示，构造型为 **<< 视角 >>**，它简单地将多个观点收集在一起。本章定义了六个构成设计视角的观点。这个视角其实还有更多可能的观点，这将在这些基本的观点描述之后再讨论：

- **逻辑系统结构观点**：识别高级逻辑系统元素和它们之间的基本关系。
- **功能分配观点**：确定关键功能并将它们分配给不同抽象级别的各种系统元素。
- **功能行为观点**：允许分解特定功能并描述它们的行为。
- **物理结构观点**：显示如何使用物理系统元素实现各种功能。
- **物理系统配置观点**：显示特定物理系统元素的不同配置。
- **系统行为观点**：显示每个配置的许多可能行为。

这组观点主要集中在系统的设计上。当然，这只是一个例子，可能还有更多的观点与设计相关。例如，在第 3 章中描述的所有与接口相关的观点也将包含在这个视角中。

还应该指出的是，此时，人们可能开始将设计视角称为系统架构。尽管架构肯定会包含所有设计观点，但架构的范围要广得多。例如，所有观点及其视角，如生命周期视角（第 4 章）、流程视角（第 5 章）和需求视角（第 6 章），也将被包含在更广的架构框架中。

这里已经确定的每个观点，现在都可以使用它自己的观点上下文视图和它的观点定义视图来描述。

7.3.5 定义观点上下文视图

观点上下文视图指定了为什么首先需要特定的观点及其视图集。它将确定对观点感兴趣的相关干系人，并确定每个干系人希望从框架中获得什么好处，如图 7.25 所示。

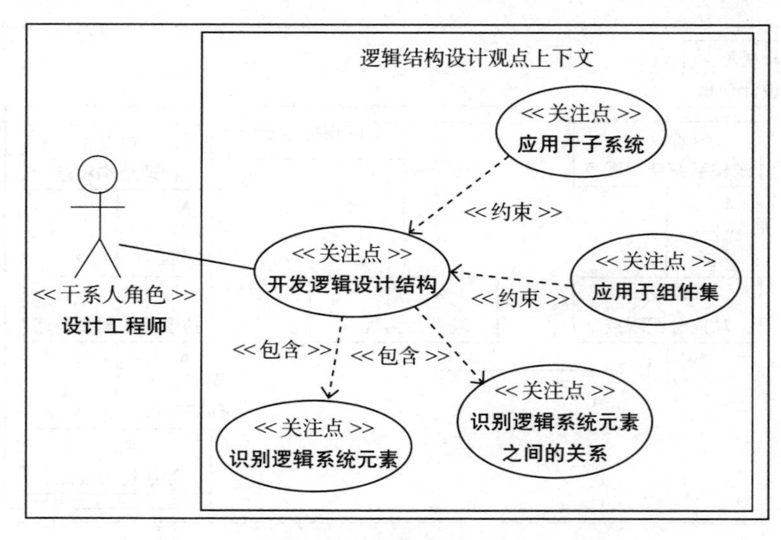

图 7.25 逻辑系统结构观点的观点上下文视图

图 7.25 展示了逻辑系统结构观点的观点上下文视图，使用 SysML 用例图进行了可视

化。图 7.25 可以这样解读：

- 逻辑系统结构观点的主要目的是**开发逻辑设计结构**。请注意，这已被确定为最高级别的用例，因为它有两个 **<< 包含 >>** 依赖项和两个 **<< 约束 >>** 依赖项。
- **识别逻辑系统元素**很重要，因为它设定了这个观点所关注的系统元素类型的范围。在这个例子中，它是显式的逻辑系统元素，我们可以由此推断，它不适用于功能系统元素或物理系统元素。建模时，重要的是要看到什么在观点的范围内，以及什么不在观点的范围内。
- **识别逻辑系统元素之间的关系**同样重要，因为它显式地声明关系，而不指定实际的接口。这告诉我们只显示一般的关系，而不显示特定的接口或它们的连接。
- **应用于子系统**和**应用于组件集**。这两个用例让我们看到逻辑系统元素仅在两个抽象级别上应用，即仅应用于子系统级别和组件集级别。同样，我们可以由此推断，这些逻辑系统元素不适用于系统或组件系统元素。

既然现在观点必须存在的原因已经被确定，那么接下来就可以考虑观点定义视图了。

7.3.6 定义观点定义视图

观点定义视图定义了包含在观点中的本体元素。它显示以下内容：

- 观点中允许使用哪些本体元素。
- 哪些本体元素在观点中是可选的。
- 哪些本体元素不允许出现在观点中。

观点定义视图侧重于单个观点，必须特别注意的不仅是所选的本体元素，还有这些本体元素之间存在的关系。

图 7.26 显示了需求描述观点的观点定义视图示例。

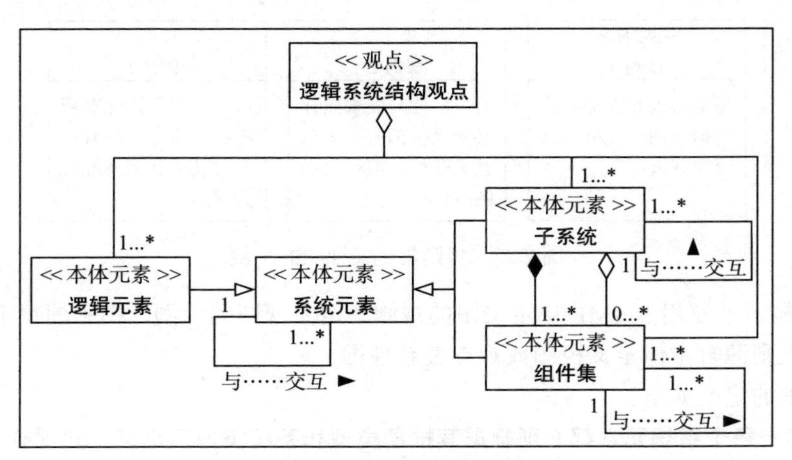

图 7.26 逻辑系统结构观点的观点定义视图

图 7.26 使用 SysML 块定义图显示了逻辑系统结构观点的观点定义视图。

此视图定义了观点描述的所有视图中允许的确切内容。该观点将始终包含以下信息：

- **观点名称**，构造型为 **<< 观点 >>**，它是该视图的焦点。此处标识的观点必须来自图 7.24 所示的观点关系视图。
- **一些本体元素**的构造型为 **<< 本体元素 >>**。这些本体元素中的每一个都必须来自图 7.3 所示的本体定义视图。

与此观点关联的视图上允许的本体元素如下：

- **逻辑元素**，指的是逻辑系统元素。这一点很重要，因为此处未显示其他两种类型的元素（功能元素和物理元素），这限制了该观点的范围。
- **子系统和组件集**。这些也很重要，因为它们将系统和组件都排除在范围之外。

这些关于范围的微妙之处非常重要，因为它表明了显式定义观点定义视图的重要性。另一个微妙之处是系统元素没有包含在这个观点中，因为与观点名称没有聚合关系。这是因为系统元素没有直接实例。它是抽象的，因此没有明确包含在观点中。

每个观点中允许的观点和本体元素受许多规则的约束，这些规则将在需求视角的规则集定义视图中进行描述。

7.3.7 定义规则集定义视图

规则集定义视图标识并定义了许多可应用于模型的规则，以确保它与框架保持一致。

这些规则主要基于本体定义视图和观点关系视图。在每种情况下，规则都是通过识别存在于以下位置的关键关系及其关联的多样性来定义的：

- 观点定义视图中的观点之间。
- 本体定义视图中的本体元素之间。

图 7.27 显示了这些规则的一些示例。

<< 规则 >> **规则 1**	<< 规则 >> **规则 2**	<< 规则 >> **规则 3**
每个系统元素都必须根据其抽象类型和系统类型来定义	每个功能分配视图都必须至少拥有一个与其关联的功能行为视图	每个物理系统配置视图都必须至少拥有一个与其关联的系统行为视图

图 7.27 规则集定义视图的示例

图 7.27 显示了使用 SysML 块定义图的规则集定义视图的示例。图中的每个块都代表一条规则，该规则源自本体定义视图或观点关系视图。

这些规则的定义如下：

- **规则 1：每个系统元素都必须根据其抽象类型和系统类型来定义**。此规则源自图 7.3 所示的本体定义视图，它显示每个系统元素有两种与之相关的特殊化关系，由 SysML 鉴别器定义。

- **规则 2：每个功能分配视图都必须至少拥有一个与其关联的功能行为视图**。此规则源自图 7.24 所示的观点关系视图。
- **规则 3：每个物理系统配置视图都必须至少拥有一个与其关联的系统行为视图**。此规则也源自图 7.24 所示的观点关系视图。

请注意规则是如何从观点关系视图、观点、本体定义视图，以及本体元素中派生出来的。实际的规则描述适用于观点（视图）的实例和本体元素的实例。

当然，这里可以定义任意数量的其他规则，但并不是每种关系都会产生规则，因为这是由建模者自行决定的。

因此，我们已经看到，与系统设计相关的观点已经在此被定义和讨论，它们将成为整本书中使用的整体 MBSE 框架的一部分。

7.4 总结

本章讨论了设计的基本问题。设计涉及为给定需求指定的特定问题提供解决方案。设计可以应用于两个级别，它们通常被称为架构设计和详细设计。架构设计通常更加抽象，并且级别较高，例如应用于系统和子系统级别；详细设计更关注整体解决方案的细节，并关注子系统、组件集和组件的结构。

本章还讨论了之前在第 3 章中看到的系统元素实际上可能具有不同的类型。在本章的本体示例中，这些类型是逻辑元素、功能元素和物理元素类型。可以看出，功能系统元素满足逻辑系统元素，而物理系统元素实现功能系统元素。

本章也讨论了最佳实践的重要性，通过考虑 ISO 15288 中的特定流程，将建模视图直接与其活动和结果相关联，这与视图相关。

最后，使用架构框架的框架将所有这些视图作为整体框架定义的一部分进行捕获。这个框架本身包含许多描述模型的视图。

第 8 章将研究验证和检验建模的技术，这些技术将用于测试本章中显示的设计视图。

7.5 自测任务

- 重新查看图 7.3 所示的本体定义视图，并考虑如何将其应用于你的组织。必要时，更改不同类型的系统元素以反映组织需求。
- 想一想术语“功能”及它对你所在组织的意义。更新本体以反映你对该术语的具体解释。将它与本章中使用的与设计相关的术语以及第 6 章中使用的与需求相关的术语相关联。
- 比较图 7.11 和图 7.12 中功能分配的两种不同可视化方式。你更喜欢哪种方式？为什么？

- ❑ 图 7.14 和图 7.3 的本体不一致。找出这种不一致并在本体上纠正它。
- ❑ 将你认为可能对架构的观点关系视图来说很重要的任何其他视角添加到图 7.24 所示的观点关系视图中。
- ❑ 为图 7.24 所示的至少一个其他观点定义观点上下文视图和观点定义视图。

7.6 参考文献

- Holt, JD and Perry, SA. *SysML for Systems Engineering – a Model-based approach.* Third edition. IET Publishing, Stevenage, UK. 2019

第 8 章 Chapter 8

验证和检验建模

到目前为止，本书介绍的建模与许多视图的创建有关，这些视图与指定和定义系统相关，并有助于交付成功的系统。请记住，系统工程的主要目标是交付成功的系统。

除了这些建模活动之外，测试我们生成的内容是否正确也很重要，这主要通过两种方式完成：

- **验证（verification）**：这有助于我们证明系统是有效的。这是 Boehm 总结的，非常有名，他问了一个问题："我们是否正确地构建了系统？"
- **检验（validation）**：这有助于我们证明系统确实在做它应该做的事情——它符合目的。Boehm 通过提问"我们构建了正确的系统吗？"再次巧妙地总结了这一点。

系统必须经过验证和检验，这一点很重要。必须记住，实现其中之一绝不意味着我们一定已经实现了另一个。

8.1 定义测试概念

在考虑主要测试概念之前，有必要退后一步，考虑在任何给定系统中可以测试什么。在建模术语中，模型的内容是由视图定义的，反过来，这些视图的结构和内容是由一组组成框架的观点定义的。这在第 2 章中有详细介绍。 观点本身是基于本体的，它在本书中得到了证明，是实现成功的 MBSE 和系统工程的基石。 因此，我们可以推断，本体构成了视图（以及模型）的核心，因为出现在视图上的每个元素实际上都是本体元素的一个实例。

如果我们现在问"组成模型的哪些元素可以被测试？"这个问题，那么答案是模型中的任何元素都可以在某种程度上进行测试。

我们现在可以推断，测试可以应用于任何本体元素，如图 8.1 所示。

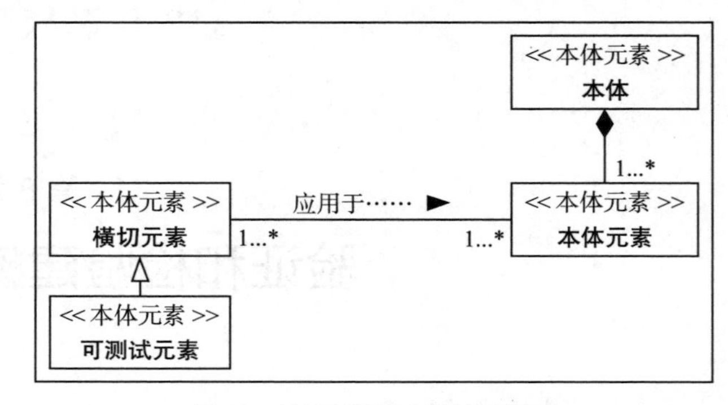

图 8.1 显示横切元素的元模型

图 8.1 展示了一个元模型，它侧重于横切元素，并使用 SysML 块定义图进行可视化。

图 8.1 引入了一个新的通用建模概念，即**元模型**。用最简单的术语来说，元模型可以定义为**模型的模型**。事实上，我们已经在本书的每一章中看到了大量的元模型，因为本体实际上是一种特殊类型的元模型，它是模型的模型，允许我们识别特定系统的概念和术语。事实上，每个本体都是一个元模型，但并非每个元模型都是一个本体。

在图 8.1 中使用元模型使我们能够将一个新概念与构成本体的每种类型的本体元素相关联。 可以应用于任何数量的其他本体元素的本体元素被称为**横切元素**，因为它可以应用于模型元素的整个范围。

图 8.1 可以理解为：

- 本体包括一个（或多个）**本体元素**。
- 一个或多个**横切元素**应用于一个或多个**本体元素**。
- 只有一种类型的**横切元素**，即**可测试元素**。
- 因此，使用继承法则，将一个或多个**可测试元素**应用于一个或多个**本体元素**。

这是一个非常强大的机制，因为我们现在定义了一个新的本体元素，它可以应用于任何其他的本体元素。如果仅使用 MBSE 本体完成此操作，则有必要在横切元素与构成本体的每个本体元素之间建立关联，这将使本体不可读！

现在可以采用可测试元素的概念，并对其进行扩展，以识别和定义许多其他与测试相关的概念，如图 8.2 所示。

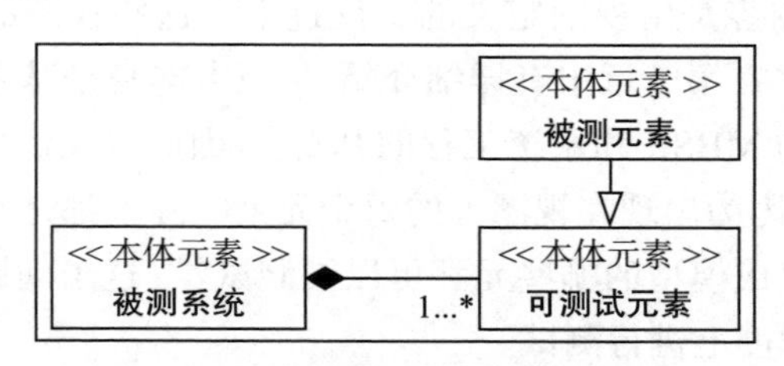

图 8.2 显示被测系统的本体定义视图

图 8.2 展示了一个本体定义视图，该视图侧重于被测系统的概念，并使用 SysML 块定义图进行可视化。

图 8.2 可以这样理解：

- 每个**被测系统**都包含一个或多个**可测试元素**。
- 有一种特殊类型的**可测试元素**，即**被测元素**。

被测系统的概念可以被认为只是一种特殊类型的系统（图 8.2 中未显示），它专门被用于测试。同理，还有一类特殊的可测试元素，具体就是被测元素。这种特殊类型的可测试元素是需要的，因为不是所有的可测试元素都将在每个单独的测试用例中进行测试，因此它是一种有用的机制，允许我们区分两者。

现在可以扩展这个本体，如图 8.3 所示。

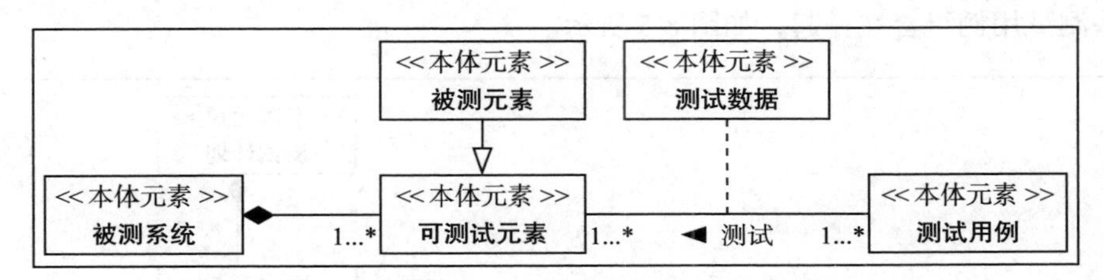

图 8.3　扩展的本体定义视图显示了**测试用例**的概念

图 8.3 展示了一个扩展的本体定义视图，其中包括**测试用例**的新概念，并且已使用 SysML 块定义图将其可视化。

测试用例的概念表示将应用于一组特定的可测试元素的单个测试。还可以看出，测试用例使用**测试数据**测试**可测试元素**。这很重要，因为通常每个测试用例都必须使用一个特定的数据集，以确保测试可测试元素的适当方面，并且可以使用相同的输入标准重复测试用例。

每个测试用例按照特定的结构在可测试元素上执行，如图 8.4 所示。

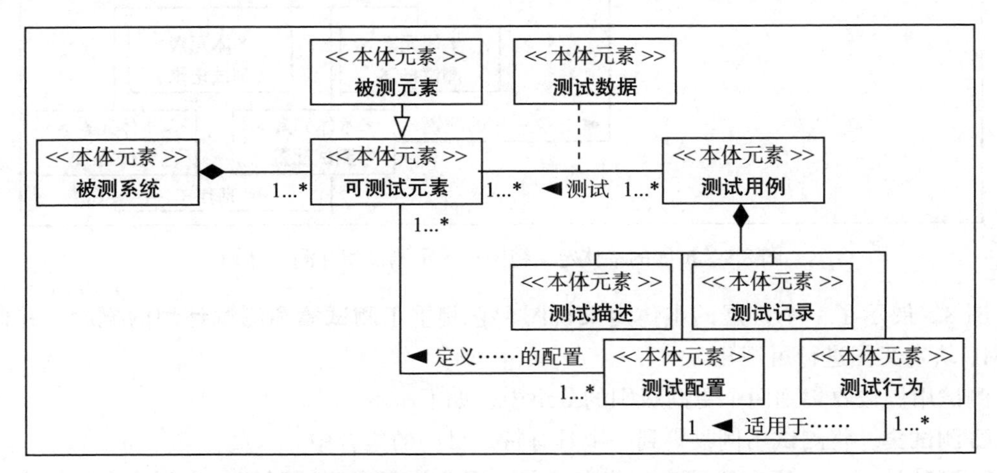

图 8.4　扩展的本体定义视图显示了测试用例的结构

图 8.4 展示了一个本体定义视图，该视图被扩展来显示**测试用例**的结构，并且使用 SysML 块定义图将其可视化。

可以看出，一个**测试用例**包含四个元素，如下所示：

- **测试描述**：这为**测试用例**提供了一个简单的基于文本的描述，例如**测试用例**的名称、唯一标识的版本号等。这将主要用于管理推动因素。
- **测试配置**：这提供了有关如何配置可测试元素以便执行**测试用例**的详细信息。这很重要，因为**测试用例**可能需要一组特定的连接，例如，可测试元素之间的连接。
- **测试行为**：这提供了一系列连续步骤，必须遵循这些步骤才能成功执行**测试用例**。此**测试行为**也将适用于特定的**测试配置**，以使其有效。
- **测试记录**：这为捕获每个**测试用例**的结果提供了一种机制。

这些测试用例组合在一起，如图 8.5 所示。

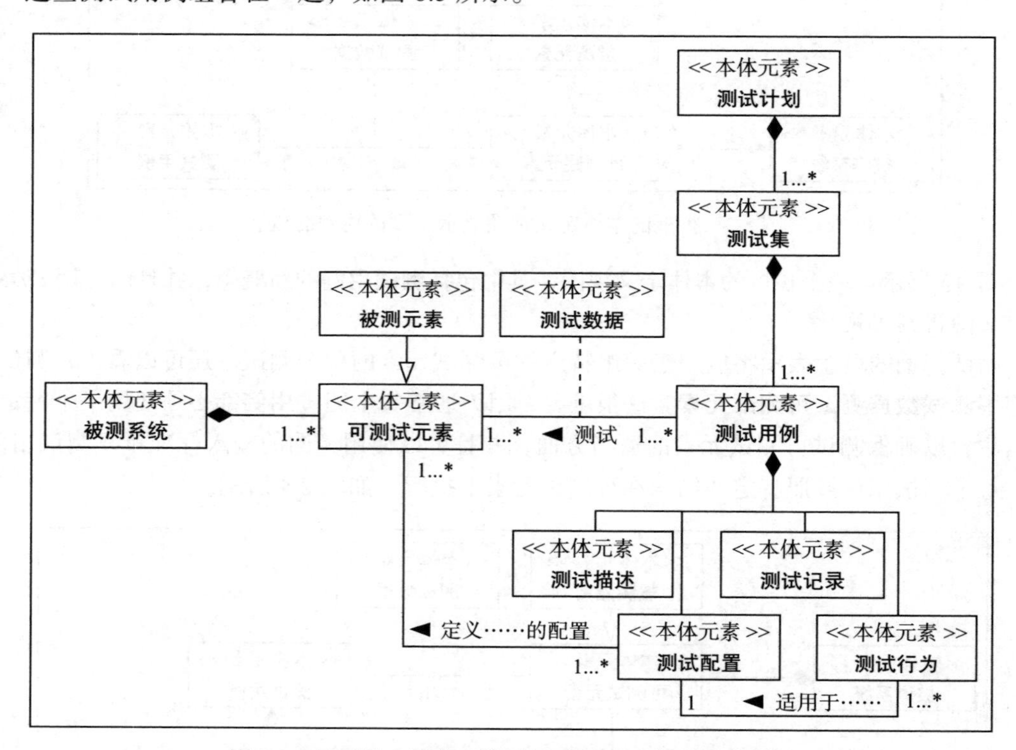

图 8.5 扩展的本体定义视图显示了测试集和测试计划

图 8.5 展示了一个扩展的本体定义视图，它侧重于**测试集**和**测试计划**的概念，并使用 SysML 块定义图进行可视化。

测试用例被收集到两个更高级别的分组中，如下所示：

- **测试集**，将测试用例收集到一个具有特定目的的集合中。
- **测试计划**，将所有测试集收集在一起，因此将所有测试用例收集到一个实体中。**测**

试计划描述了一组完整的测试用例。

这些分组是将级别引入测试的好方法，可以实现有效的管理。然而，这个本体中仍然缺少一些关键的东西，那就是测试上下文的概念，如图 8.6 所示。

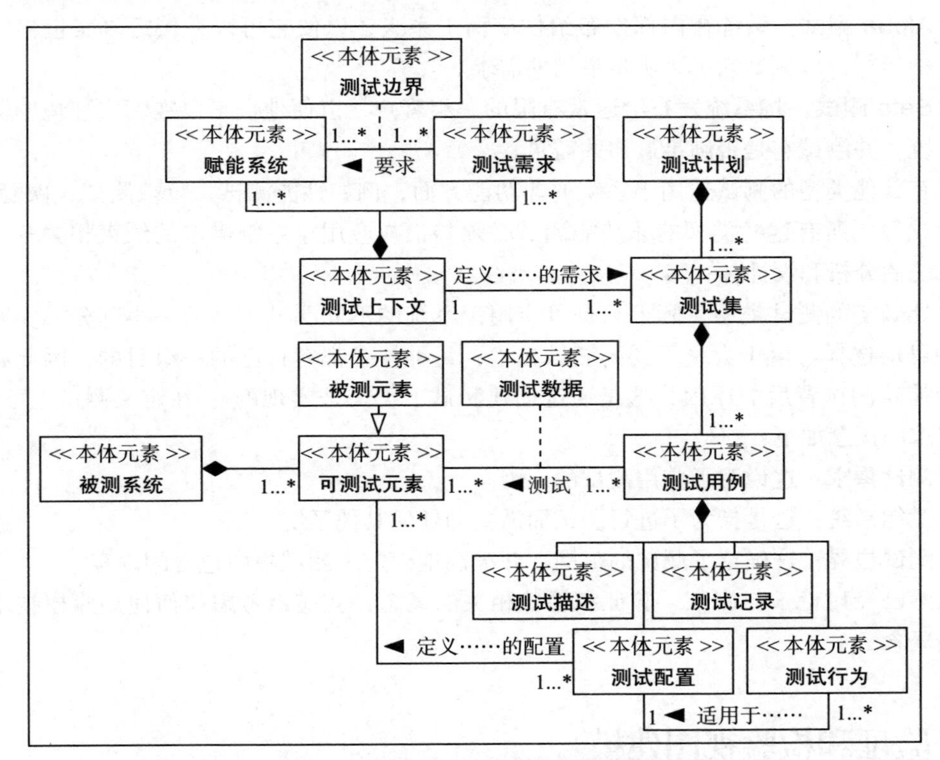

图 8.6 用于测试的完整本体定义视图

图 8.6 展示了用于测试的完整本体定义视图，它引入了**测试上下文**，并使用 SysML 块定义图进行了可视化。

贯穿本书的主题之一是始终询问为什么要做某件事，这已经在使用各种上下文类型的模型中被捕获，如第 6 章所描述的那样。测试的概念没有什么不同，必须首先了解为什么要进行测试的基本原理。当然，这个问题的明显答案是确保系统正常工作，但我们已经讨论过测试任何东西都有两个广泛的原因，即验证和检验。还存在许多其他类型的测试，例如，测试可以应用于系统的不同抽象级别，如下所示：

- **单元测试**：这适用于系统的最低抽象级别，参考我们在本书中使用的示例，它适用于我们系统的组件级别。
- **集成测试**：这将单元测试聚集在一起，并将它们聚合到更高的级别。在贯穿本书的示例中，集成测试将应用于系统的组件集和子系统级别。
- **系统测试**：这汇集了集成测试并将它们聚集在最高级别。在我们的示例中，这将适用于整个系统。

所有这些类型的测试都可以被认为是验证技术，因为它们正在测试系统是否根据各种规范和设计工件（即模型视图）工作。但是，同样重要的是，我们应用测试进行检验，例如：

- **验收测试**，向适当的客户干系人证明系统实际满足其原始需求。
- **Alpha 测试**，系统在内部发布给供应商干系人，以便它可以在接近真实世界的环境中运行，以测试它是否满足最初的需求。
- **Beta 测试**，将系统发布给通常有限的一组客户，以便他们可以在真实环境中测试系统，并测试它是否满足最初的需求。

还有其他类型的测试适用于系统的非功能方面，例如性能测试、负载测试、恢复测试、浸泡测试等。所有这些类型的非功能测试必须与最初应用于系统需求的约束相关联，然后进行系统的分析和设计。

此处确定的测试类型实际上只是可应用于系统的不同测试类型的一小部分，实际上有数百种可供选择。由于大量不同的测试技术，每种技术都有自己的一组目的，因此必须在模型中捕获测试背后的原因，这是通过创建测试上下文来实现的。在定义测试上下文时，强调需求的概念如下：

- **测试需求**：这说明了应用测试的原因。
- **赋能系统**：这是指为了进行测试而需要的任何其他系统。
- **测试边界**：这确定了测试的范围，并准确地确定了测试集中包含的内容。

既然已经讨论了与测试、验证和检验相关的概念，就应该考虑如何使用建模技术来实现这些概念。

8.2 验证和检验视图建模

现在应该清楚了，验证和检验对于交付一个成功的系统非常重要，因此是 MBSE 的基本部分。在本节中，我们将考虑如何应用建模技术来可视化测试、验证和检验的不同方面。

与基于模型的方法相比，建模的主要优势之一现在开始发挥作用，因为可以重用到目前为止已生成的许多视图，这些视图是系统开发的一部分，且用于测试目的。可以重用的视图越多，作为建模的直接结果添加到整个项目中的价值就越多。

重用现有视图还有其他好处。这样的优势之一是，通过使用用于开发系统的相同视图，可以保证用于测试活动的所有信息都是一致的，因为它使用相同的模型。请记住，早在第 2 章中，模型就被称为单一事实来源，这就是一个很好的例子。

8.2.1 测试环境建模

已经讨论过，理解为什么需要测试是重要的，并且可以通过创建测试上下文来捕获这一点。测试上下文的创建方式与本书中所有其他上下文相同，使用第 6 章中讨论的技术。图 8.7 显示了汽车系统的测试上下文示例。

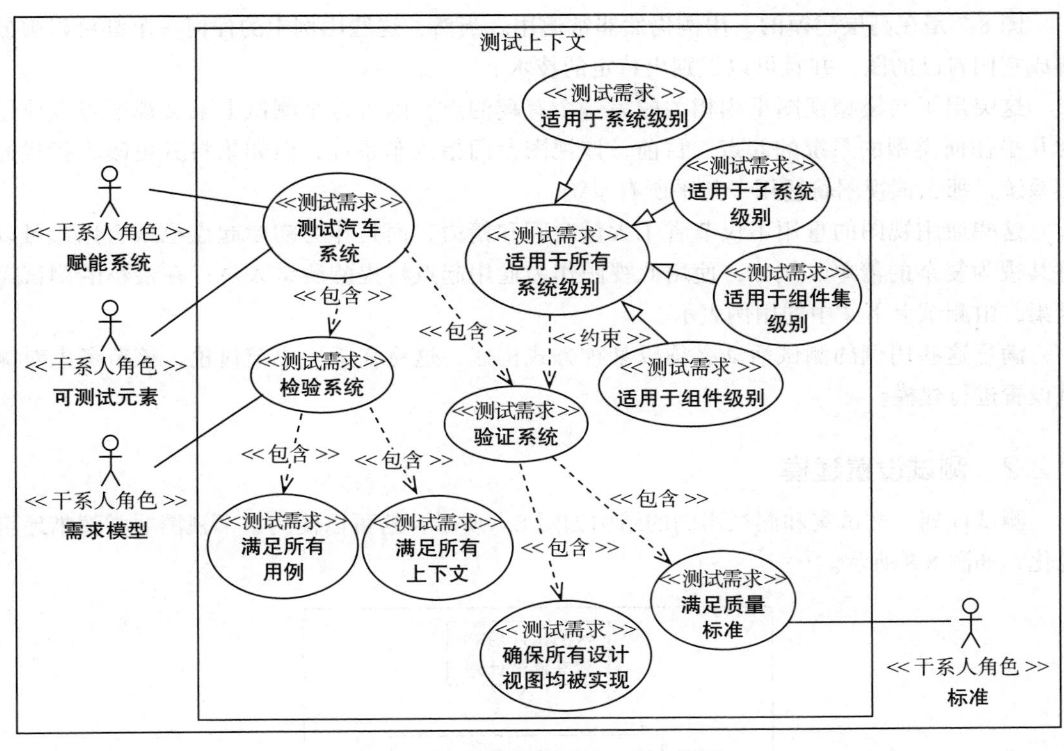

图 8.7　汽车系统的测试上下文视图

图 8.7 展示了汽车系统的测试上下文，并使用 SysML 用例图将其可视化。

图 8.7 中的用例表示测试需求，并被构造为 **<< 测试需求 >>**。这些测试需求如下：

- **测试汽车系统**：这是最高级别的 **<< 测试需求 >>**，适用于正在测试的可测试元素，也适用于成功进行测试所需的赋能系统。
- **检验系统**：这意味着需要证明系统满足其所有原始需求，因此需要关联到需求模型。
- **满足所有用例**：这是检验的一部分，但明确引用系统模型中存在的用例。
- **满足所有上下文**：这也是检验的一部分，但是引用了包含系统模型中用例的上下文。
- **验证系统**：这意味着有必要证明汽车系统能够工作，并已根据其各种规格和设计进行了开发，当然，参考了已经作为系统开发的一部分创建的模型视图。
- **确保所有设计视图均被实现**：这会强制根据模型检查系统。 这一点很重要，因为它还提供覆盖率检查，以确保实现整个模型或模型的指定部分。这包括验证和检验两部分。
- **满足质量标准**：这是针对一组确定的标准进行的质量检查，适用于标准干系人。
- **适用于所有系统级别**：这是一个高级约束，意味着所有验证用例都必须应用到图中指定的四个级别，即：**适用于系统级别**、**适用于子系统级别**、**适用于组件集级别**，**适用于组件级别**。

图 8.7 是在高层建模的，用例仍然非常通用。当然，这些用例中的任何一个都可以被分解成它们自己的图，并且可以识别出特定的技术。

这突出了与模型视图重用相关的另一个有趣的点，因为这个测试上下文视图可以应用为几乎任何类型的系统的起点。目前，该视图专门指汽车系统，但如果将其更改为指代通用系统，那么该视图将适用于几乎所有系统。

这些通用视图的重用不仅节省了大量时间和精力，而且作为初始起点也很有用，可以将其视为复杂的清单。例如，使用此视图作为通用起点将提醒测试人员存在最小的测试需求集，由测试上下文中的用例表示。

满足这些用例的测试活动必须以某种方式构建，这将在下一小节讨论，该节考虑对测试设置进行建模。

8.2.2 测试设置建模

测试计划、测试集和测试用例的结构如图 8.6 所示，这可以使用单个视图非常清晰地可视化，如图 8.8 所示。

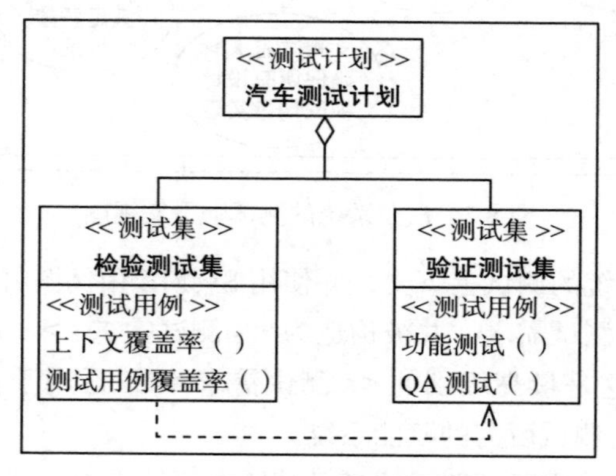

图 8.8 测试计划结构视图

图 8.8 展示了使用 SysML 块定义图可视化的汽车系统的测试计划结构视图。

图 8.6 中本体定义视图的三个抽象级别可以使用以下构造型表示：

- **<< 测试计划 >>**，它由 SysML 块可视化，并表示测试设置概念的最高级别，包括一个（或多个）**<< 测试集 >>** 的集合。
- **<< 测试集 >>**，它由 SysML 块可视化并构成 **<< 测试计划 >>** 的一部分，它本身包含一个（或多个）**<< 测试用例 >>** 的集合。
- **<< 测试用例 >>**，它由 SysML 操作可视化，并表示将要执行的实际测试。

这个视图是一种简洁的方式来显示需要执行的测试的整个层次结构。当然，它可能包含比这里显示的更多的测试集和测试用例。

由于这是一个结构视图，**<< 测试集 >>** 块显示了需要执行哪些测试集，但它没有显示测试集需要执行的顺序。这可以使用行为视图来指定，如图 8.9 所示。

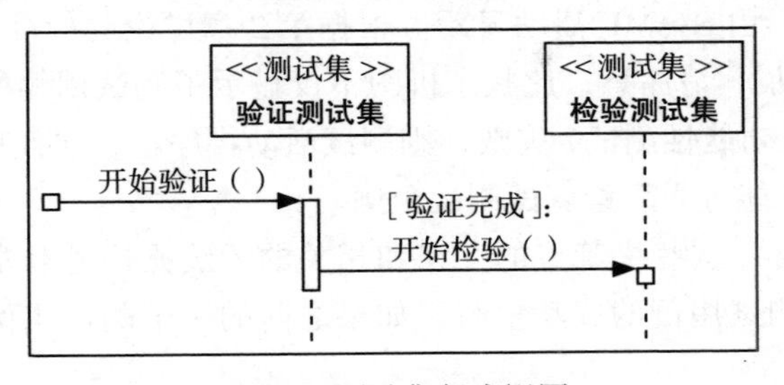

图 8.9　测试集行为视图

图 8.9 展示了图 8.8 中显示的汽车测试计划的测试集行为视图，并使用 SysML 序列图将其可视化。

图 8.9 中的 SysML 生命线表示在图 8.8 中首次标识的测试集实例，但是，因为这是一个行为图，我们看到的是测试集必须执行的实际序列。在图 8.8 和图 8.9 的视图之间有一个有趣的建模点。请注意，在图 8.8 中，有一个 SysML 依赖项，由**检验测试集**和**验证测试集**之间的虚线表示。这种依赖性以测试集的执行顺序在序列图中表现出来。由于**检验测试集**依赖于**验证测试集**，因此可以推断出这些测试集之间的强制顺序。由于它们之间的依赖关系，**检验测试集**必须始终遵循**验证测试集**。

从建模的角度来看，每个测试集上都有许多操作，因此，必须指定每个操作的行为如图 8.10 所示。

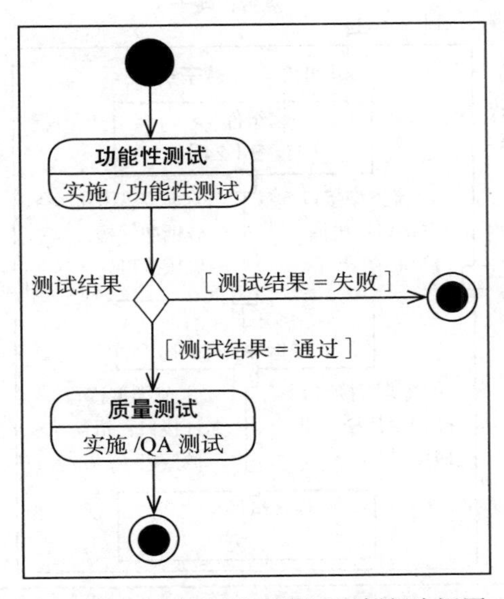

图 8.10　验证测试集的测试用例行为视图

图 8.10 展示了**验证测试集**的测试用例行为视图，并使用 SysML 状态机图进行了可视化。

在此视图中，每个 SysML 状态都代表一个测试状态。在此处显示的示例中，每个状态下只有一个测试用例，由 SysML 活动显示。根据第 2 章讨论的标准 SysML 建模指南，可以在此处显示多个活动。请注意，此状态机图不仅显示了测试用例的执行顺序，还显示了如果第一个测试用例（**功能性测试**）失败，则测试活动将停止，并且只有在该测试用例通过的情况下，测试进程才能进入**质量测试**测试用例。

从测试的角度来看，这些决策点的存在和相关的后续操作是非常重要的，因为一些测试用例依赖于另一个测试用例的成功执行，如果之前的一个测试用例失败了，那么继续测试就没有意义了。

到目前为止展示的视图显示了测试的设置、测试上下文以及它们必须执行的顺序和任何条件。还有必要对实际的测试用例建模，这将在下一小节中讨论。

8.2.3 测试配置建模

每个测试用例都依赖于被测元素中的不同系统元素，这些元素被连接到一个特定的配置中。这可能基于第 3 章和第 7 章讨论的现有配置视图。图 8.11 显示了一个示例。

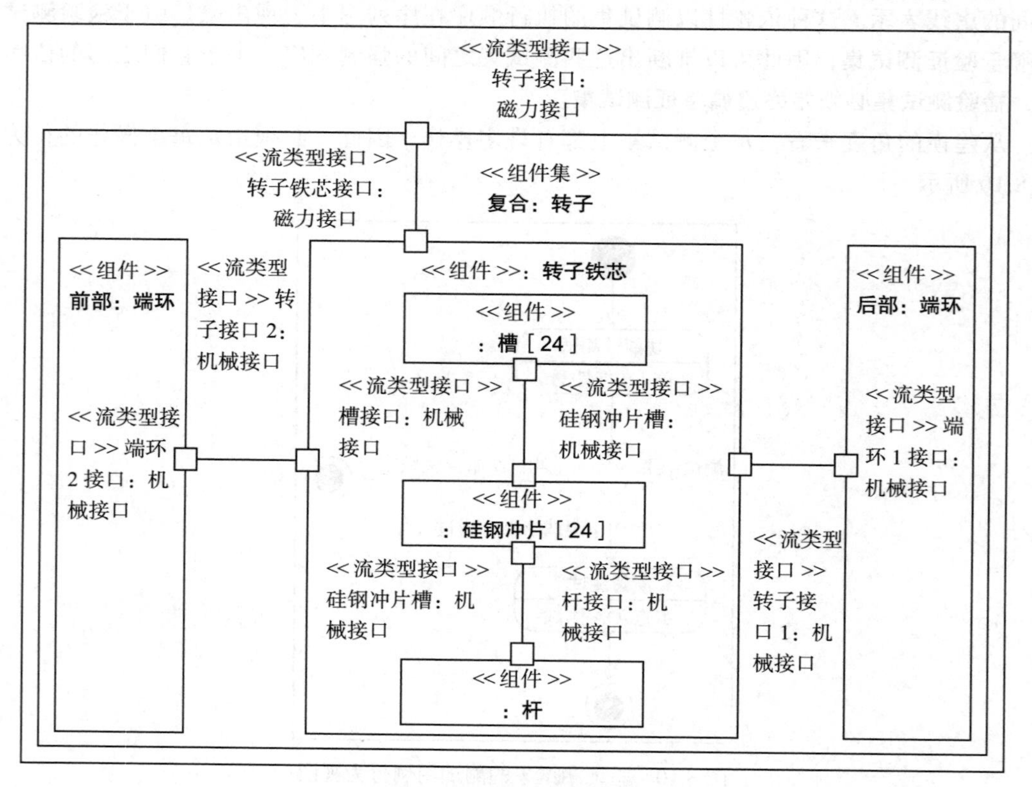

图 8.11 测试配置样例视图

图 8.11 展示了使用 SysML 内部框图可视化的测试配置视图示例。

此视图显示系统及其系统元素必须如何连接在一起以实现特定配置。这可用于各种测试目的。首先，它允许通过确保物理系统元素之间的连接存在并连接到适当的系统元素来验证它们之间的连接。它还将允许根据连接器类型等检查这些物理系统元素之间的连接。这些视图也可以用作系统设置视图的一部分，因为它们可以用于显示特定测试用例的特定系统配置。这有助于确保所有设计视图都已实现用例。

8.2.4 使用现有视图进行测试

图 8.7 显示了汽车系统的测试上下文，它列出了测试活动的基本需求。此图中的用例代表一组通用需求，适用于大多数类型的系统。在考虑这些通用用例时，MBSE 的一大好处就会浮出水面，这就是重用的概念。

当我们创建任何视图时，都需要花费时间和精力并消耗资源，因此最终会花费项目资金。 如果有可能采用我们之前创建的视图之一，然后将其用于生命周期中的其他活动，那么显然这将代表成本、时间和资源的节省。 使用已经存在的东西被称为重用，并且当建模被正确应用时，重用应该在任何开发中都很常见。

因此，如果可以通过使用现有视图来满足图 8.7 中作为测试需求呈现的用例，那么这将非常有吸引力地节省宝贵的项目资源。 我们将重新审视这些用例中的每一个，并考虑我们迄今为止在本书中生成的视图是否可以用于测试。

结构视图和行为视图都可以用于测试，并且作为一般规则，行为视图将直接用作特定测试的测试用例描述的一部分。结构视图将更多地用于确保正确设置和配置系统。

1. 满足检验系统用例

正如已经讨论过的那样，检验表明我们正在构建正确的系统并且基于系统的初始需求。因此，查看在第 6 章中生成的需求视图，并查看它们中的任何一个是否可以用作检验活动的一部分似乎是合乎逻辑的。这些观点包括以下内容：

- **源元素视图**：该视图可以以多种方式使用，有助于**满足所有用例**检验用例。 首先，它可以用来确保**所有必须满足的用例**都有一个有效的来源，因此，它本身就是有效的用例。 任何无法追溯到源元素的用例都会立即受到怀疑，必须进行调查以确保它们具有有效的来源。 如果不是，则必须将它们移除。 源元素视图也可以用作整个模型可追溯性的一部分，因为它代表将包含在视图集中的所有信息的起点。
- **需求描述视图**：此视图可用于帮助**满足所有用例检验用例**。 **需求描述视图**通常被用作合同的一部分，并将构成证明交付的系统符合目的的法律基础。 此视图也非常适合向非技术干系人展示，因为它将基于文本，因此，任何不了解技术符号（例如 SysML）的干系人都更容易访问。
- **上下文定义视图**：此视图有助于**满足所有上下文用例**，该用例用于识别交付系统需要考虑的所有相关上下文。这是所有检验的重要组成部分，因为它为确保所有相关干系人的所有相关观点都得到考虑提供了起点。

- **需求上下文视图**：此视图构成了**满足所有上下文**用例的基础，因为每个视图代表一个单独的上下文。这种**需求上下文视图**和**上下文定义视图**的组合将确保所有相关上下文都已被识别和定义。
- **检验视图**：它有助于**满足所有上下文**和**满足所有用例用例**。这是一组视图，它提供了证明上下文中任何特定用例或用例集合已被满足的标准。这些视图可以直接用作测试活动的测试脚本。
- **需求规则集视图**：此视图将有助于所有**检验系统**用例，因为它将确保需求视图集本身是正确的并符合需求框架。
- **可追溯性视图**：这些视图是测试活动的重要组成部分，因为它们允许执行影响和回归测试。例如，如果一个特定的测试用例失败，那么就有可能通过本体和观点定义，使用框架中固有的可跟踪路径，来确定哪些系统元素可能会受到测试用例失败的影响。就冲击测试而言，这可以向前追溯或向后追溯，以查看由于原始故障可能需要重新执行哪些其他测试用例。

因此，需求视图可以作为检验测试活动的一部分进行重用。这不仅节省了大量的成本、时间和精力，而且还提供了由模型表示的单一一致的信息集、单一的真相来源。

2. 满足验证系统用例

验证允许我们证明我们正在正确地构建系统。这意味着系统已经根据指定的方法和在生命周期开发期间生成的开发视图进行了开发。

验证系统用例包括两个较低级别的用例，我们将依次考虑它们。

这些用例中的第一个是确保实现所有设计视图，因此在模型中开始寻找相关视图的明显位置将是设计视角，这在第 7 章以及第 3 章中讨论过。作为设计视角的一部分，讨论了以下视图：

- **逻辑系统结构观点**：该视图允许定义逻辑系统元素，因此可用于满足**确保所有设计视图均被实现**用例。它还**满足三个其他用例——适用于系统级别**、**适用于子系统级别**和**适用于组件集级别**，因为这些是逻辑系统元素对其有效的级别。例如，逻辑系统结构观点（应用于系统级别）可能存在变化，如逻辑子系统结构视图（应用于子系统级别）和逻辑程序集结构视图（应用于程序集级别）。然后可以使用这些视图来测试被测系统的结构是否与指定设计视角结构相匹配。
- **功能分配观点**：该视图允许识别功能，然后将其分配给模型中的逻辑或物理系统元素。同样，这允许检查被测试的系统来确保所有功能都存在，并将它们分配给设计视角中正确的相应系统元素。这有助于**确保所有设计视图均被实现**用例。
- **功能行为观点**：此视图指定单个功能的行为。这对于测试非常强大，并且像所有行为视图一样，可以直接用作测试用例的测试脚本的一部分。用于可视化此视图的 SysML 活动图提供了为执行测试用例而必须执行的测试步骤。这有助于**确保所有设计视图均被实现**用例。

- **物理结构观点**：此视图标识构成整个系统及其层次结构的物理系统元素。此视图提供了一个检查，以确保所有物理系统元素都存在于被测系统中。这有助于**确保所有设计视图均被实现**用例。
- **物理系统配置观点**：这个视图显示了系统及其系统元素必须如何连接在一起以实现特定的配置。这可以用于各种测试目的。首先，它允许通过确保物理系统元素之间的连接存在并连接到适当的系统元素来验证它们之间的连接。它还允许根据连接器类型等检查这些物理系统元素之间的连接。这些视图也可以用作**系统设置视图**的一部分，因为它们可以用于为特定的测试用例显示特定的系统配置。这有助于**确保所有设计视图均被实现**用例。
- **系统行为观点**：这些视图通过定义场景来指定系统元素（物理的和逻辑的）的不同配置的行为。这些场景是操作场景（使用 SysML 序列图）或性能场景（使用 SysML 参数图），也可以直接作为每个测试用例的测试脚本的一部分。这些行为视图在很大程度上有助于**确保所有设计视图均被实现**用例。
- **接口标识视图**：这些视图允许在特定系统元素上标识接口，无论它们是逻辑的还是物理的。这些视图很重要，因为它们允许评估每个系统元素，来判断每个接口是否存在于适当的位置。它们还可用于为特定系统元素的采购（无论是商业的、现成的采购还是定制的采购）提供规范。在这两种情况下，这些视图都有助于**确保所有设计视图均被实现**用例。
- **接口定义视图**：这些视图准确地指定了每个接口的外观。它们还可用于为特定系统元素的采购（无论是商业的、现成的采购还是定制的采购）提供规范。在这两种情况下，这些视图都有助于**确保所有设计视图均被实现**用例。
- **接口行为视图**：这些视图允许通过将每个接口视为黑盒并测试与每个接口关联的终端输入和输出来测试接口。 同样，它们可用于为特定系统元素的采购（无论是商业的、现成的采购还是定制的采购）提供规范。在这两种情况下，这些视图都有助于**确保所有设计视图均被实现**用例。

构成**验证系统**用例的第二个用例是**满足质量标准**。乍一看，本书似乎并未涵盖这一点，但通过在两个不同的地方证明 MBSE 方法符合国际最佳实践标准，已对此进行了非常详细的介绍。这方面的第一个示例在第 5 章中进行了较高层次的展示，其中展示了如何使用建模来定义一组流程。用于对 MBSE 流程集（**源流程模型**）建模的七视图方法也用于对必须遵守的标准（或一组标准）(**目标流程模型**）建模，如 ISO 15288 所示。然后可以将 MBSE 流程集和所选标准的模型映射在一起以证明合规性。该映射是使用以下七个视图执行的：

- **流程结构视图**：该视图构成了所选流程或标准的本体。因此，它是在 MBSE 流程集（源流程模型）和所选标准（目标流程模型）之间建立基本映射的极好方法，因为它映射了每个流程中使用的术语，所以必须遵守这些标准。这是使用本体作为源流程模型和目标流程模型的领域特定语言的一个很好的例子。该映射随后构成了所有剩余合规性的基础，如在下一个要点中讨论的那样。

- **流程内容视图**：此视图允许根据流程的工件和活动来标识和总结流程集，并且可以将其视为流程库。这些用于源流程模型和目标流程模型的流程库现在可以映射在一起——在实际流程之间、每个流程中的活动之间，以及每个流程中的工件之间。必须记住，在源流程模型和目标流程模型之间进行映射时，流程、工件或活动之间不一定存在一对一的映射，这是完全正常且可以接受的。特定流程内容视图的示例可以在第 5 章、第 6 章和第 7 章中找到。
- **流程上下文视图**：该视图提供了需要每个流程模型的原因并定义了每个流程模型的范围。通过允许比较范围，映射源流程模型和目标流程模型的流程上下文视图提供了对两个流程模型是否兼容的有价值的洞察。这在识别流程内容视图之间的不合规情况（如前一个要点中所讨论的）时也很有用，因为范围的差异可能会导致不合规。
- **信息视图**：此视图提供了与源流程模型和目标流程模型相关联的各种工件的概述，以及每个工件的结构（这通常适用于源流程模型，而不是目标流程模型）和工件之间的关系。作为一个基本的映射，这是很有用的，但也提供了各种工件之间良好的可追溯性来源。同样，源工件和目标工件之间可能没有一对一的映射，这是很正常的。
- **干系人视图**：该视图允许识别与每个流程模型相关的干系人。这两者之间的映射是有用的，因为它有助于识别干系人中的任何差距，这些差距可用于确定任何技能差距或人员短缺。
- **流程行为视图**：提供特定流程的详细行为。这通常只存在于源流程模型中，因为大多数标准没有深入到这一级别的细节。在这些情况下，这些流程行为视图被映射到源流程模型和目标流程模型中的流程内容视图。
- **流程实例视图**：该视图显示了如何以特定的顺序执行流程，以证明流程上下文视图中的原始用例是可以检验的。同样，这些视图通常只会出现在源流程模型中，因为它是关于特定流程的非常详细的信息。然而，这些仍可用于检验目标流程模型的上下文是否已被源流程模型满足。

在执行此处描述的任何映射时，可以确定目标流程模型和源流程模型在哪里符合以及合规性中的任何差距。这些合规性差距通常可以通过两种方式来解决。第一种方法是为不合规存在的原因提供理由，例如目标流程模型中的流程超出范围。如果无法证明合规性，则必须更改源流程模型以反映不合规性并进行更新，例如，通过添加新流程、工件或活动，以确保消除差距。

可以根据相关标准证明 MBSE 方法合规性的第二种方法是比较框架本身的模型。通过考虑以下框架视图，可以证明贯穿本书描述的 MBSE 框架满足基于框架的标准，例如 ISO 42010——**系统和软件工程——体系结构描述**：

- **框架上下文视图**：这个视图捕获了为什么需要框架，并且可以映射到目标框架的等效视图。这也为映射到任何基于流程的标准的**流程上下文视图**提供了基础。

- **本体定义视图**：该视图捕获目标标准使用的主要概念和术语。这可用于映射到基于框架的标准中的**本体定义视图**，或基于流程的标准中的**流程结构视图**。
- **观点关系视图**：这个视图标识了各种观点以及它们之间的关系。该视图可以映射到基于框架的标准中的等效视图，或者映射到基于流程的标准中的**信息视图**。
- **观点上下文视图**：该视图捕获每个观点的基本需求。这可以映射到基于框架的标准中的等效视图，或者映射到基于流程的标准中的**流程上下文视图**。
- **观点定义视图**：该视图标识了将出现在每个观点上的本体元素。这可以从目标标准映射到等效的**本体定义视图**，或者从基于流程的标准映射到**流程结构视图**。

此处提到的两个标准为任何系统工程工作的合规性奠定了良好的基础。标准合规性是MBSE的一个重要组成部分，因为我们可以为作为模型一部分创建的所有视图提供起源，这很重要。事实上，这本书中的所有工作都符合这两个标准。

8.3 遵守最佳实践流程

到目前为止，在本章中介绍和讨论的将基于模型的实践应用于验证和检验的技术可用于遵守国际最佳实践，即ISO 15288——软件和系统工程生命周期流程。

感兴趣的两个流程都来自技术流程组，不出所料，它们是**验证流程**和**检验流程**。

8.3.1 遵守ISO 15288验证流程

与验证相关的ISO 15288流程是验证流程。这已使用第5章中描述的方法进行捕获和建模。该流程的流程内容视图如图8.12所示。

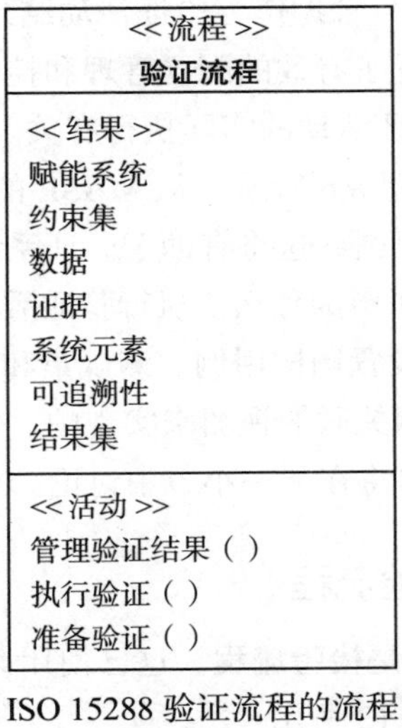

<<流程>>
验证流程

<<结果>>
赋能系统
约束集
数据
证据
系统元素
可追溯性
结果集

<<活动>>
管理验证结果()
执行验证()
准备验证()

图8.12 ISO 15288验证流程的流程内容视图

图8.12显示了ISO 15288验证流程的流程内容视图，并使用SysML块定义图表示。该

图使用标准 SysML 来表示流程视角本体概念，如下所示：

- 块名称显示进程名称。
- 中间部分显示与流程相关的结果，表示为构造型化的 SysML 属性。
- 底部显示与流程相关的活动，表示为 SysML 操作。

与 ISO 流程相关的结果映射到目前为止讨论的视图如下：

- **赋能系统**：这表示执行验证所需的任何其他系统。这直接映射到图 8.6 中显示的本体定义视图中的**赋能系统**概念。
- **约束集**：这表示对验证活动附加的任何限制，并作为图 8.6 中**测试上下文**的一部分捕获，特别是**测试需求**。
- **数据**：这表示用于直接对**被测元素**执行验证活动的信息。这在图 8.6 中由测试数据表示，它位于**测试用例**和**可测试元素**之间。实际上，此**测试数据**将采用作为 MBSE 活动的一部分生成的视图的形式。实际的硬数据（例如参数值），将在这些视图上以 SysML 属性值和 SysML 参数值的形式显示。
- **证据**：这表示作为验证活动的一部分生成并有助于最终结果集的信息。这在图 8.6 中由**测试记录**表示。
- **系统元素**：这表示作为验证活动主题的系统或系统元素。这在图 8.6 中由可测试元素表示，特别是**被测元素**。
- **可追溯性**：这是系统工程的关键主题，但在应用 MBSE 方法时会隐式地解决，因为所有可追溯性都是通过本体和观点定义在框架中建立的。
- **结果集**：这会捕获验证活动生成的最终结果。这在图 8.6 中由**测试记录**表示。

流程上识别的活动映射到建模活动，如下所示：

- **管理验证结果 ()**：此活动与管理作为验证活动结果生成的测试记录相关联。所有这些信息都必须仔细记录并置于有效的配置管理和控制之下。
- **执行验证 ()**：此活动与验证活动的实际执行有关。这与使用**测试数据**将测试用例应用于可测试元素有关，如图 8.6 所示。从 MBSE 的角度来看，此活动将根据需要使用模型中尽可能多的现有视图，这将有助于验证系统。
- **准备验证 ()**：此活动涉及了解为什么要执行验证活动以及执行此操作所需的所有必要的赋能系统。这还将包括设置测试用例、测试集和**测试计划**。这是通过创建与图 8.6 中的**测试上下文**和**测试用例**关联的视图来实现的。

验证流程由**检验流程**补充，这将在下一小节中讨论。

8.3.2 遵守 ISO 15288 检验流程

与检验相关的 ISO15288 流程是**检验流程**。这已使用第 5 章中描述的方法进行捕获和建模。该流程的流程内容视图如图 8.13 所示。

图 8.13 展示了 ISO 15288 流程检验流程的流程内容视图，并使用 SysML 块定义图显示。

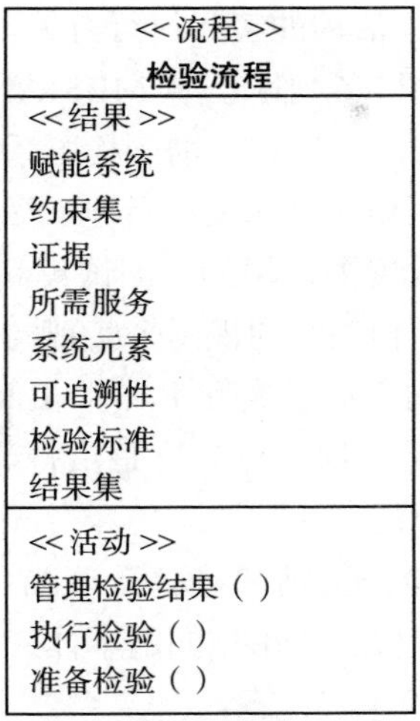

<< 流程 >>
检验流程

<< 结果 >>
赋能系统
约束集
证据
所需服务
系统元素
可追溯性
检验标准
结果集

<< 活动 >>
管理检验结果（）
执行检验（）
准备检验（）

图 8.13 ISO 15288 流程检验流程的流程内容视图

与 ISO 流程相关的结果映射到目前已讨论的视图，如下所示：

- **赋能系统**：这代表执行检验所需的任何其他系统。 这直接映射到图 8.6 中显示的本体定义视图中的**赋能系统**概念。
- **约束集**：这表示对检验活动附加的任何限制，并作为图 8.6 中**测试上下文**的一部分捕获，特别是**测试需求**。
- **证据**：这表示作为检验活动的一部分生成并有助于最终结果集的信息。 这在图 8.6 中由**测试记录**表示。
- **所需服务**：这表示执行检验活动可能需要的任何附加服务。这类似于**赋能系统**概念，如图 8.6 所示。在第 3 章中，我们将服务定义为一种特殊类型的系统，因此此映射在这里适用。
- **系统元素**：代表系统或系统元素，是检验活动的主题。这在图 8.6 中表示为**可测试元素**，特别是**被测元素**。
- **可追溯性**：这是系统工程的一个关键问题，但在应用 MBSE 方法时，这个问题会被隐式地解决，因为所有的可追溯性都是通过本体和观点定义在框架中建立起来的。
- **检验标准**：这表示用于直接对**被测元素**执行检验活动的信息。这在图 8.6 中由**测试数据**部分表示，也将直接引用作为 MBSE 活动的一部分生成的视图子集。尽管此处使用的特定视图可能会改变，但根据项目的不同，将使用的强制视图是在第 6 章中讨论的两种主要类型的检验视图。实际的硬数据（例如参数值），将在这些视图上以 SysML 属性值和 SysML 参数值的形式显示。
- **结果集**：这会捕获检验活动生成的最终结果。这在图 8.6 中由**测试记录**表示。

流程上识别的活动映射到建模活动，如下所示：

- **管理检验结果（）**：此活动与管理作为检验活动结果生成的测试记录相关联。所有这些信息都必须仔细记录并置于有效的配置管理和控制之下。

- **执行检验 ( )**：此活动与检验活动的实际执行有关。 这与使用**测试数据**将测试用例应用于可测试元素有关，如图 8.6 所示。从 MBSE 的角度来看，此活动将根据需要使用模型中尽可能多的现有视图，这将有助于检验系统。
- **准备检验 ( )**：此活动涉及了解为什么要执行验证活动以及执行此操作所需的所有必要的赋能系统。这还将包括设置测试用例、测试集和**测试计划**。这是通过创建与图 8.6 中的**测试上下文**和**测试用例**相关联的视图来实现的。

验证流程和检验流程是互补的，而且实际上非常相似。通过直接比较图 8.11 和图 8.12 所示的两个流程内容视图，可以看出这一点。这是执行流程建模的另一个优点，它使流程之间的相似性能够非常容易地可视化。

这种相似性不足为奇，因为验证活动和检验活动涉及测试的不同方面。同样，通过建模很容易看出这一点，因为验证和检验使用相同的本体，如图 8.6 所示，这告诉我们与每个本体相关的概念是相同的。

本章介绍和讨论的整个方法已被证明符合 ISO 15288 形式的当前国际最佳实践。已显示的视图必须定义为整体框架的一部分，下一节将通过向框架添加一些验证视图和检验视图来构建现有框架视图。

8.4 定义框架

到目前为止，已经创建的视图代表了在第 2 章中详细讨论过的“ MBSE in a slide”的中心部分，前一节也对其进行了回顾。每个视图都使用 SysML 进行了可视化，它表示“ MBSE in a slide”的右侧。这些视图组合在一起形成了整体模型，但是这些视图必须是一致的，否则它们不是视图而是图片！这就是“ MBSE in a slide”左侧发挥作用的地方，因为在框架中捕获所有视图的定义非常重要。该框架包括本体和一组观点，因此，现在是时候确保这些观点得到彻底和正确的定义了，这是本节的目的。

8.4.1 定义框架中的观点

在第 2 章中讨论过，有必要为每个视图提出一些问题，以确保它是一个有效的视图。对于整个框架和视图，还必须提出一些问题，并将这些问题组合成一组问题，从而可以定义整个框架。

当这些问题得到回答时，就可以说一个框架已经定义好了。这些问题中的每一个都可以使用一组特殊的视图来回答，这些视图统称为**架构框架的框架 (FAF)**（Holt & Perry，2019）。此时，只需考虑创建一个特定视图来回答每个问题，如以下部分所述。

8.4.2 定义框架上下文视图

框架上下文视图指定了为什么首先需要整个框架。它将确定对框架感兴趣的相关干系人，并确定每个干系人希望从框架中获得什么好处。验证和检验视角的框架上下文视图如图 8.14 所示。

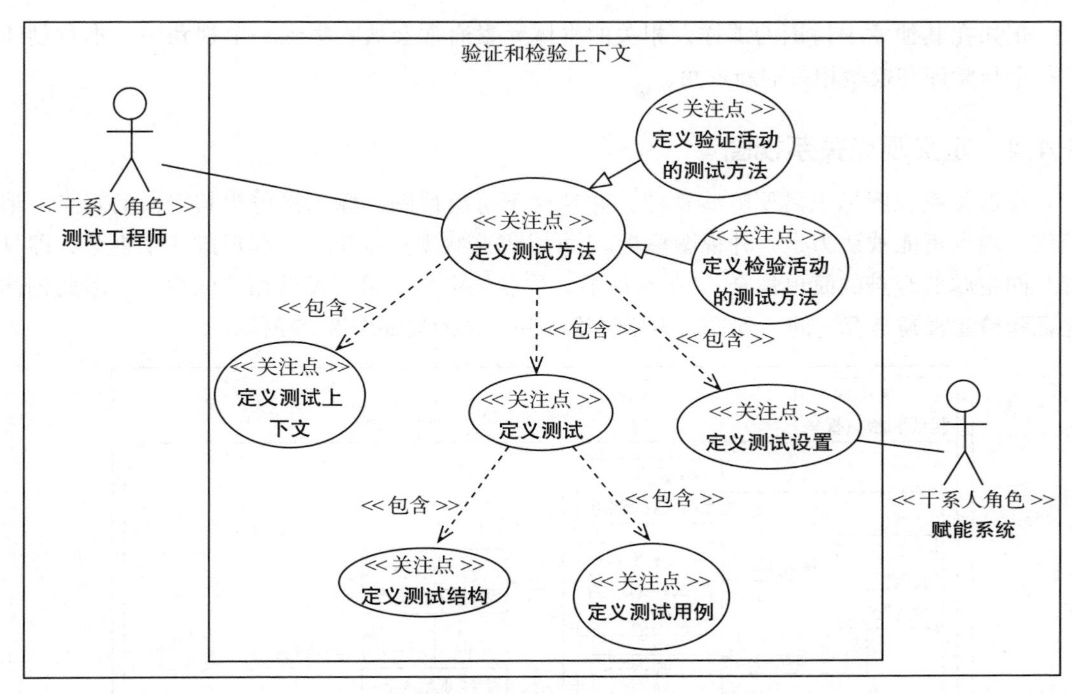

图 8.14 验证和检验框架的框架上下文视图

图 8.14 展示了使用 SysML 用例图可视化的验证和检验框架的框架上下文视图。

注意这里应用用例图来捕获上下文，其方法在第 6 章中进行了描述。

图 8.14 可以这样理解：

- 设计框架的主要目的是以两种方式**定义测试方法**：**定义验证活动的测试方法**和**定义检验活动的测试方法**。由于与特殊化关系相关的继承，以下三个内容包含不仅适用于**定义测试方法**用例，而且适用于它的两个特殊化。
- **定义测试上下文**，这意味着必须以测试上下文的形式捕获验证测试和检验测试的原因。
- **定义测试**，这要求实际的测试必须根据它们的结构（**定义测试结构**）和它们的测试用例（**定义测试用例**）来定义。
- **定义测试设置**，这要求必须对执行测试用例所需的整体设置进行定义。

注意，在这个图中，每个 SysML 用例都被构造为一个 << 关注点 >>。关注点是与框架或其中一个观点相关的需求。

8.4.3 定义本体定义视图

本体定义视图以本体的形式捕获与框架相关的所有概念和术语。这已经完成，因为设计相关视图的本体已在图 8.6 中定义。这个视图中显示的本体元素提供了本章迄今为止所创建的实际视图所使用的所有构造型。

正如在其他章中讨论的那样，相关的本体元素通常会被收集到一个**视角**中。本章创建了一个与验证和检验相关的新视角。

8.4.4 定义观点关系视图

观点关系视图标识需要哪些视图，并且对于每组视图，标识将包含其定义的观点。请记住，观点可能被认为是一种视图模板。可以将这些观点收集在一起形成一个视角，即具有共同主题的观点的简单集合。在本章中，重点是定义一组与设计相关的视图，因此创建**验证和检验视角**是合适的。到目前为止讨论的基本视图集如图 8.15 所示。

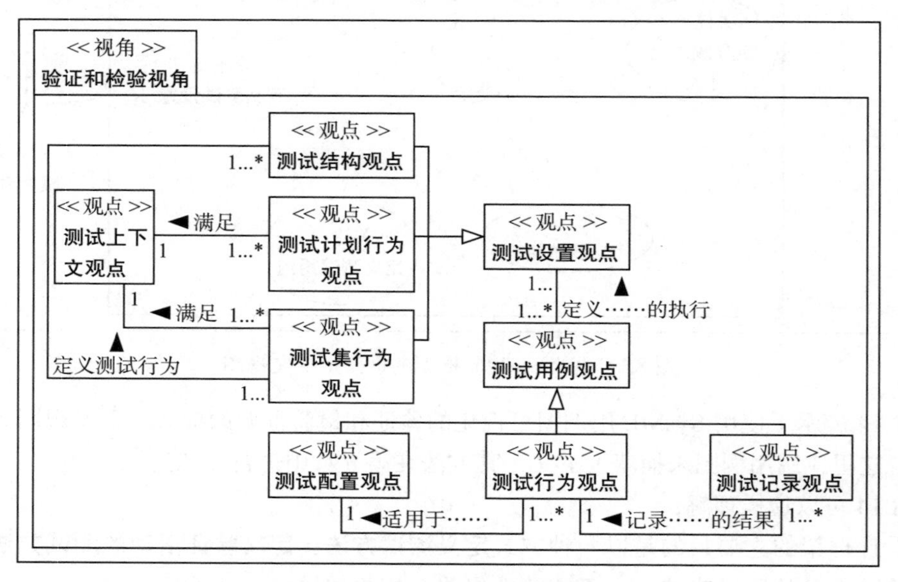

图 8.15　验证和检验视角的观点关系视图

图 8.15 使用 SysML 块定义图显示了**验证和检验视角**的**观点关系视图**。

验证和检验视角是使用 SysML 包显示的，构造型为 << 视角 >>，它只是将多个观点收集在一起。这里显示了 9 个观点，但应该注意的是，其中两个观点实际上是抽象观点。当 SysML 块被识别为抽象块时，这意味着它没有直接实例，因此通常用于显示块被用作没有直接实例化的泛型类型的情况。抽象块通过斜体化块名直观地显示出来，因此这里的两个抽象块是**测试设置观点**和**测试用例观点**。

因此，这两个观点不会有任何与它们相关的视图，它们被用作其特殊化观点的一般分类。非抽象观点如下：

- **测试上下文观点**，它定义了需要进行测试的原因。
- **测试结构观点**，这是抽象**测试设置观点**的一种类型，它根据测试用例、测试集和测试计划定义了测试的结构。
- **测试计划行为观点**，这是抽象**测试设置观点**的一种类型，它描述了测试集必须在每个测试计划中执行的顺序。

- **测试集行为观点**，这是抽象**测试设置观点**的一种类型，它描述了测试用例必须在每个测试集中执行的顺序。
- **测试配置观点**，这是抽象**测试用例观点**的一种类型，它定义了可测试元素的配置，以及为了执行测试用例所必需的任何赋能系统。
- **测试行为观点**，这是抽象**测试用例观点**的一种类型，它描述了每个测试用例的行为，描述了特定测试步骤必须执行的顺序。这可以认为是测试用例的一种脚本。
- **测试记录观点**，这是抽象**测试用例观点**的一种类型，并且记录每个测试用例的结果以及作为执行测试用例的结果而生成的任何其他相关信息。

这组观点侧重于验证和检验活动，它们与定义、设置和运行测试用例有关。 在每个测试用例的执行中使用的信息，在图 8.6 中称为本体定义视图上的**测试数据**，将采用现有视图和相关参数值的形式。

这里已经确定的每个观点现在都可以用它自己的观点上下文视图和观点定义视图来描述。

8.4.5 定义观点上下文视图

观点上下文视图指定了为什么首先需要特定观点及其视图集。它将确定对观点感兴趣的相关干系人，并确定每个干系人希望从该框架中获得什么好处。图 8.16 显示了**测试上下文观点**的观点上下文视图。

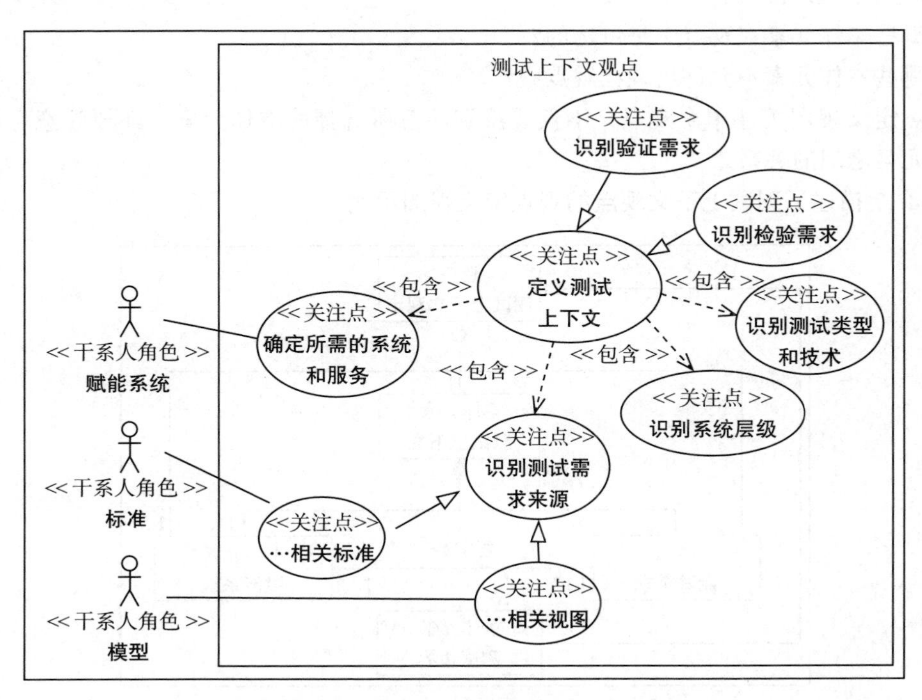

图 8.16 测试上下文观点的观点上下文视图

图 8.16 展示了测试上下文观点的**观点上下文视图**，使用 SysML 用例图可视化。

图 8.16 可以这样理解：

- 逻辑系统结构观点的主要目的是**定义测试上下文**。请注意，这已被确定为最高级别的用例，因为它有四个 **<< 包含 >>** 依赖项，并从中产生两个特殊化。这两种特殊化代表了两种主要的测试类型，即**识别验证需求**和**识别检验需求**。
- **确定所需的系统和服务**很重要，因为它可以识别作为测试配置的一部分可能需要的任何赋能系统，例如其他系统或服务。
- **识别测试需求来源**识别执行测试用例所必需的测试数据方面的任何要求。这可能是在验证被测系统是否符合其设计时用作测试一部分的特定视图（**... 相关视图**），或者在验证**模型**是否满足特定最佳实践参考（例如**标准**）时可能需要的**标准**（**... 相关标准**）。
- **识别系统层级**涉及从各种可测试元素中准确地识别被测试系统的哪一部分。
- **识别测试类型和技术**允许处理任何特定的测试要求并识别任何约束。例如，可能需要使用基于状态的视图（一种特定技术）来应用回归测试（一种测试类型）。

既然已经确定了观点必须存在的原因，那么可以考虑观点定义视图。

8.4.6 定义观点定义视图

观点定义视图定义了包含在观点中的本体元素。它显示以下内容：

- 观点中允许使用哪些本体元素？
- 哪些本体元素在观点中是可选的？
- 哪些本体元素不允许出现在观点中？

观点定义视图关注单个观点，不仅要特别注意所选择的本体元素，还要注意存在于这些本体元素之间的关系。

图 8.17 描述了**测试上下文观点**的观点定义视图示例。

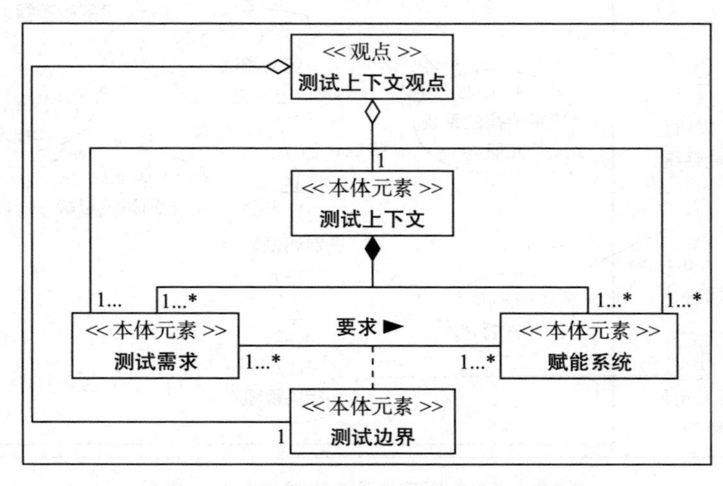

图 8.17 测试上下文观点的观点定义视图

图 8.17 使用 SysML 块定义图显示了**测试上下文观点**的观点定义视图。

图 8.17 定义了观点描述的所有视图中允许的确切内容。在与此观点相关的视图上合法的本体元素如下：

- **测试上下文**：它是观点的焦点。 每个**测试上下文观点**都与单个**测试上下文**有关。
- **测试需求**：这允许捕获与**测试上下文**相关的所有需求和约束。由于这些需求是上下文相关的，它们将由用例表示。
- **赋能系统**：代表执行测试用例所需的其他系统或服务。
- **测试边界**：这有助于定义**测试上下文**中包含的内容的范围。

每个观点中允许的观点和本体元素受到许多规则的约束，这些规则将在需求视角的规则集定义视图中描述。

8.4.7　定义规则集定义视图

规则集定义视图识别并定义了一些可能应用于模型的规则，以确保它与框架一致。

这些规则主要基于**本体定义视图**和**观点关系视图**。在每种情况下，规则都是通过识别存在的关键关系和相关的多样性来定义的。

在**观点定义视图**中的观点之间。

在**本体定义视图**中的本体元素之间。

图 8.18 显示了这些规则的一些示例。

<<规则>> **规则 1**	<<规则>> **规则 2**	<<规则>> **规则 3**
每个测试计划都必须有一个测试上下文视图	每个测试需求必须由一个或多个测试用例来满足	每个测试结构观点必须包括一个至少包含一个测试集的测试计划

图 8.18　规则集定义视图示例

图 8.18 展示了使用 SysML 块定义图来表示的一个规则集定义视图示例。图中的每个块代表一条规则，该规则来自本体定义视图或观点定义视图。

这些规则定义如下：

- **规则 1：每个测试计划都必须有一个测试上下文视图**。此规则取自图 8.14 所示的观点关系视图，并指出每个存在的测试计划都需要一个测试上下文。
- **规则 2：每个测试需求必须由一个或多个测试用例来满足**。此规则取自图 8.6 所示的本体定义视图。
- **规则 3：每个测试结构观点必须包括一个至少包含一个测试集的测试计划**。此规则也取自图 8.14 所示的观点关系视图。

请注意规则是如何从观点关系视图、观点、本体定义视图，以及本体元素中派生出来的，实际的规则描述本身适用于观点（视图）的实例和本体元素的实例。

当然，这里可以定义任意数量的其他规则，但并不是每个关系都会导致规则，因为这是由建模者自行决定的。

8.5 总结

在本章中，讨论了验证和检验的基本问题，两者都与测试活动有关。两者之间的关键区别在于，验证表明我们已经正确地构建了系统，而检验表明我们已经构建了正确的系统。

从 MBSE 的角度来看，验证和检验特别有趣，因为测试活动的结构、内容和行为是使用我们的标准 MBSE 流程技术（参见第 5 章）和框架定义的。但是，我们能够重用我们在 MBSE 活动中生成的许多视图。

这是 MBSE 的一个非常重要的方面，因为我们可以重用模型任何部分的视图越多，我们将节省的时间和精力就越多。

最后，我们研究了本章使用的技术如何以 ISO 15288 的形式符合国际最佳实践，并研究了用于验证和检验视角的部分框架。

下一章将讨论与系统工程相关的一些管理问题，以及如何使用我们的 MBSE 技术对这些问题进行建模。

8.6 自测任务

- ❑ 重新查看图 8.6 中的本体定义视图，并考虑如何将其应用于你的组织。在任何必要的地方，更改不同类型的系统元素以反映你的组织需求。
- ❑ 考虑对你的组织很重要的不同类型的测试。到目前为止，我们在本书中从哪些角度讨论的哪些视图可以作为此测试的一部分重复使用？
- ❑ 使用 SysML 活动图为任何系统元素定义测试行为视图。
- ❑ 为图 8.14 所示的至少一个其他观点定义**观点上下文视图**和**观点定义视图**。

8.7 参考文献

- (Holt & Perry 2019) Holt, JD and Perry, SA. *SysML for Systems Engineering – a Model-based approach.* Third edition. IET Publishing, Stevenage, UK. 2019
- (Holt *et al* 2016) Holt, JD, Perry, SA and Brownsword, MJ. *Foundations of Model-based Systems Engineering.* IET Publishing, Stevenage, UK. 2016

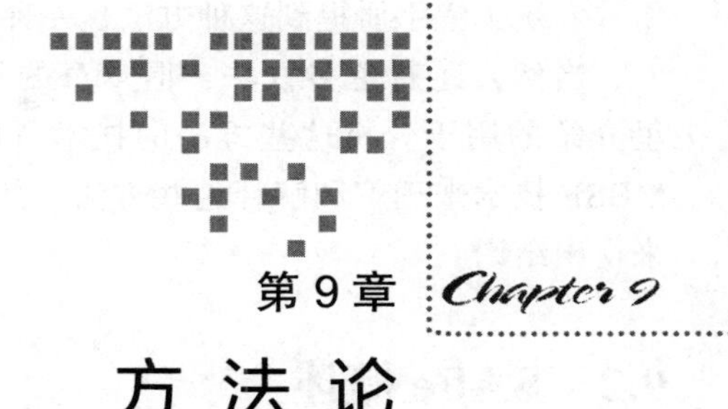

第9章 Chapter 9

方法论

行业方法论采用标准的、既定的生命周期方法，例如线性、增量和迭代，这些在第4章中进行了讨论。在本章，我们将考虑其中的两种方法：**规模化敏捷框架**（Scaled Agile Framework，SAFe）和**面向对象的系统工程方法**（Object-Oriented Systems Engineering Methodology，OOSEM）。每一个都是根据其不同但互补的方法和它们主张的不同实践来选择的。

本章将对两种重要的方法进行概述，并展示如何将本书迄今为止提供的知识和技能应用于现有的方法。

9.1 方法论概述

方法论是任何系统工程努力的重要组成部分。方法论稳固地位于“MBSE in a slide”的“方法”(Approach) 部分，本书通篇都提到了这一点，图9.13也显示了该方法。

方法论可能包括框架和流程集的各个方面，但与框架和流程集的不同之处在于，它们将定义有关可能在流程中的特定点使用的实际技术的更多细节，或者它们将定义框架中的特定视图。例如，流程将定义需要执行的活动以及此类活动必须创建的工件。然而，一个典型的流程不会详细说明每个活动应该如何实现，因为可能有很多方法可以实现。例如，一种特定的方法可能使用特定的符号和工具集，而另一种方法可能使用不同的符号和工具集来实现相同的活动。

本章将讨论两种主要方法：

- SAFe：敏捷方法是系统工程社区非常感兴趣的一种方法。
- OOSEM：之所以选择这种方法，是因为它在工业中被广泛应用，并且INCOSE系统工程手册提到这种方法是一种良好的实践。

当然，还有更多方法，但本章的目的只是提供其中两种方法的概述，因为我们在这里介绍的用于分析这些方法的技术可以应用于任何方法。此外，我们还将了解如何应用MBSE技术来理解和解释这些方法，然后我们将通过考虑这些方法如何对MBSE做出贡献来得出结论。

9.2 SAFe 概述

SAFe是一种支持精益和敏捷开发方法的方法。上述概念之间的区别如下：

- **精益**方法强调通过管理和控制工作流程来提高交付效率。精益最初是由丰田公司开发并应用于制造业的。
- **敏捷**方法强调在协作团队中工作，以便以增量的方式开发和交付产品。敏捷方法旨在让企业快速适应和应对新出现的竞争威胁。敏捷最初是作为一种开发基于软件的系统的方法而开发的，尽管现在已经扩展到包括面向业务和系统的应用程序。

SAFe方法包含这两个概念，旨在改进企业的运营方式。据称，SAFe有助于维持并推动更快的上市速度，在生产力和质量方面具有良好的向上扩展，并提高员工敬业度。

9.2.1 定义SAFe概念

SAFe于2011年首次在更广泛的社区发布，当时它坚定地专注于软件，但后来它的范围扩展到系统和企业。SAFe的基本原理如图9.1所示。

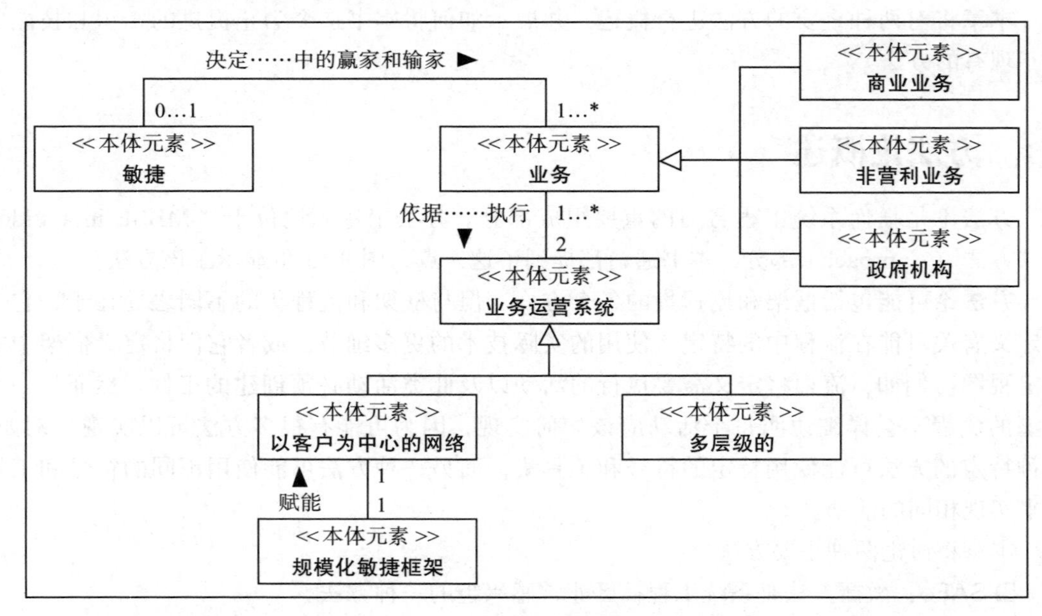

图9.1 SAFe本体定义视图

图 9.1 展示了 SAFe 方法的高级本体定义视图，使用 SysML 块定义图进行可视化。

SAFe 的出发点是这样一个假设：由于业务的不断变化以及对基于软件的系统的日益依赖，敏捷性的存在将决定业务中的赢家和输家。当提到业务时，主要有三种类型：**商业业务、非营利业务和政府机构**。

各类业务按照两种业务运作体系运作，具体如下：

- **多层级的**业务操作系统，它已经在大多数企业中存在。这是一种更传统的方法，它在流程、服务等方面提供必要的能力来满足当前的业务需求。
- **以客户为中心的网络**业务运营系统，旨在有效地识别和满足客户需求，并保持可能构成更高级别产品组合一部分的各种产品的质量。

SAFe 方法旨在实现这种以客户为中心的网络业务运营模式。

乍一看，这种方法如何应用于系统工程可能不是很明显，但通过分析 SAFe 的结构，会出现一些相似之处，如图 9.2 所示。

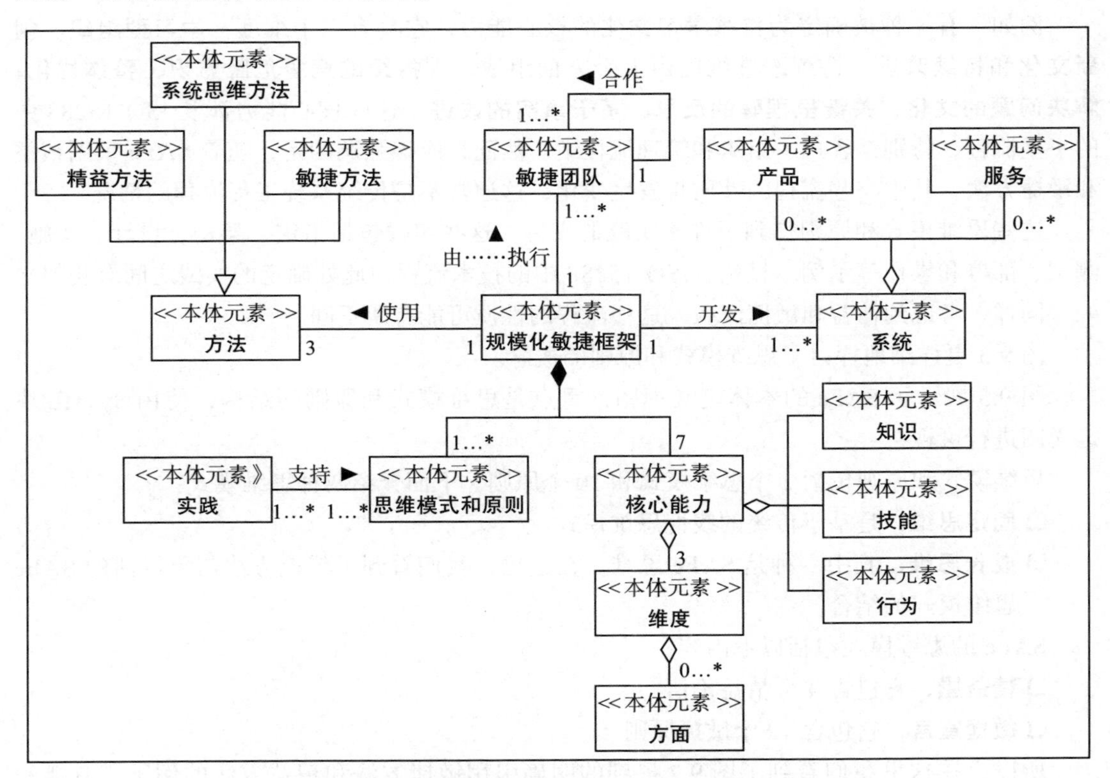

图 9.2 关注结构的 SAFe 本体定义视图

图 9.2 显示了 SAFe 的本体定义视图，重点是其结构及主要概念，使用 SysML 块定义图进行可视化。

图 9.2 显示，SAFe 用于开发一个或多个系统，每个系统都包含产品和（或）服务。在

这里，我们在整本书中一直在开发的系统工程和 MBSE 本体有直接的相似之处。事实上，早在第 1 章，我们研究的第一个概念就是如何使用系统工程来开发成功的系统。

图 9.2 中下一个真正有趣的点是 SAFe 应用了三种方法，即**精益方法、敏捷方法和系统思维方法**。前两个并不令人意外，因为它们是整个 SAFe 理念的核心。然而，第三种方法，即系统思维方法，到目前为止在 SAFe 的整体描述中尚未提及，但它作为 SAFe 的基本部分出现在这里。系统思维的整个领域都被吹捧为一种关键方法，但在文献中并没有详细介绍。不过，系统思维是 SAFe 的一个非常重要的方面，它与精益和敏捷处于同一水平。另外，与系统工程世界有明确的联系。

SAFe 包括七个核心能力以及几种思维模式和原则。这些将在下一部分中深入研究，以帮助理解讨论的方向。

每项核心能力都由知识、技能和行为组成并由其描述。每个核心能力也由三个维度组成，每个维度可能包含多个方面。

例如：有一种被确定为**持续学习文化**的核心能力，它具有三个维度：**学习型组织、创新文化和持续改进**。持续改进维度由五个方面组成，即**持续的竞争危险意识、整体优化、解决问题的文化、关键里程碑的反思、基于事实的改进**。这些核心能力涉及 ISO 15288 中的一些流程，特别是客户、组织和管理流程组。然而，应该强调的是，随着 SAFe 采用精益和敏捷方法，其中一些流程的性质将发生变化，这通常不是传统系统工程流程的情况。

这些思维模式和原则得到了许多实践的支持。这些实践包括指定、架构、设计、实施、测试、部署和操作等示例。显然，ISO 15288 中的技术流程与此处确定的实践之间有相似之处。同样，考虑到精益和敏捷流程，这些流程的性质可能有所不同。

图 9.3 更详细地探讨了思维模式和原则的概念。

图 9.3 展示了 SAFe 的本体定义视图，重点是思维模式和原则的结构，使用 SysML 块定义图进行可视化。

思维模式和原则包括 2 个思维模式和 10 个原则。下面介绍两种思维模式：

- **固定思维**，是基于传统的线性思维模式。
- **成长思维**，其中一种是 SAFe 思维。在这里，我们看到了传统方法与更灵活的 SAFe 思维模式的结合。

SAFe 的思维模式包括以下内容：

- **精益屋**，它包含 4 个精益价值。
- **敏捷宣言**，它包含 12 个敏捷原则。

所以，在这里我们看到了图 9.2 提到的明确引用敏捷方法和精益方法的例子。有趣的是，这里并没有提到第三种方法，即系统思维方法。

除了 2 种思维模式和 12 条原则外，还有 4 条 SAFe 核心价值观：**一致性、内在质量、透明度和计划执行**。

到目前为止，我们可以看到 SAFe 与本书中定义的系统工程方法之间的良好关系。这可以通过比较本体和识别它们之间的关系来实现。

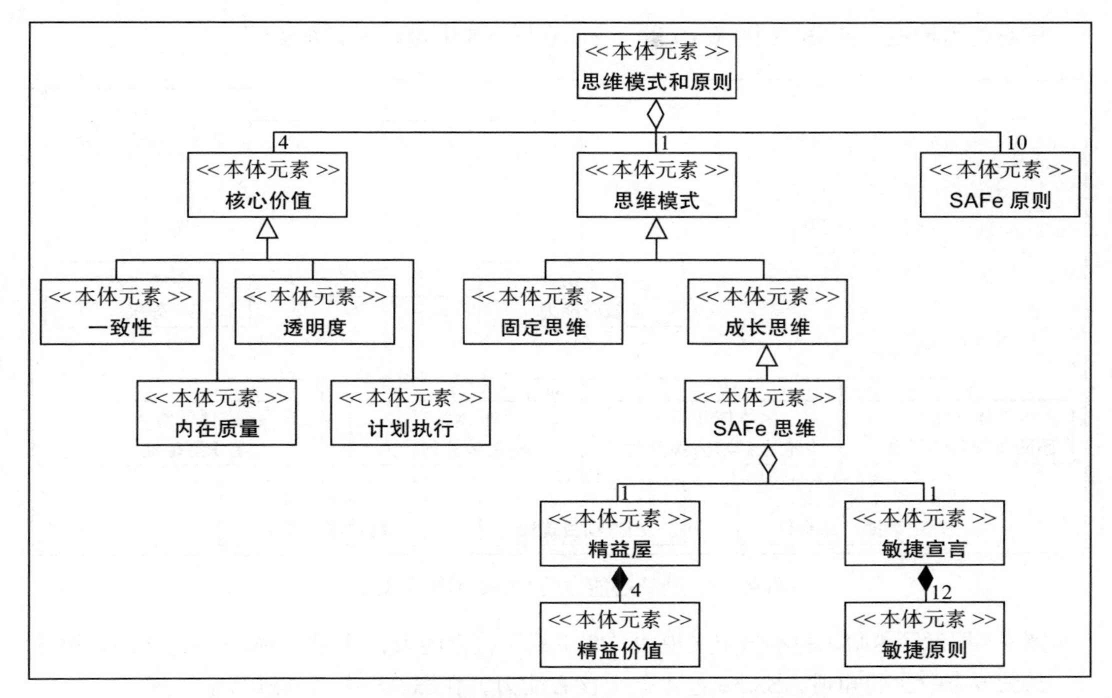

图 9.3 关注思维模式和原则的 SAFe 本体定义视图

SAFe 还定义了有关系统开发方式的附加信息，如图 9.4 所示。

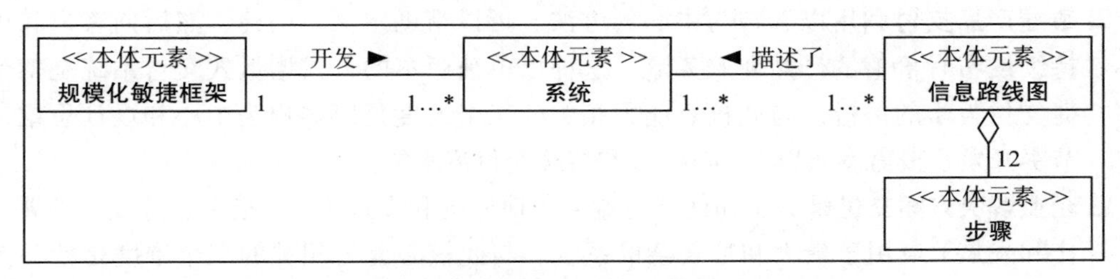

图 9.4 关注系统演进的 SAFe 本体定义视图

图 9.4 展示了 SAFe 的本体定义视图，强调了系统的演进，使用 SysML 块定义图进行可视化。

SAFe 开发了一个或多个系统，这些系统具有描述其演进流程的相关信息路线图。路线图演进包括 12 个步骤。

以前，当我们讨论系统的演进时，我们使用了生命周期、生命周期模型（如第 4 章所述）及其相关流程（如第 5 章所述）。这直接类似于信息路线图及其相关步骤。同样，这是与系统工程极大的相似之处。

在下一小节中，我们将更详细地探讨 SAFe 核心概念。

9.2.2 定义 SAFe 核心概念

核心能力构成了 SAFe 的主要部分，我们在图 9.5 中进行了详细说明。

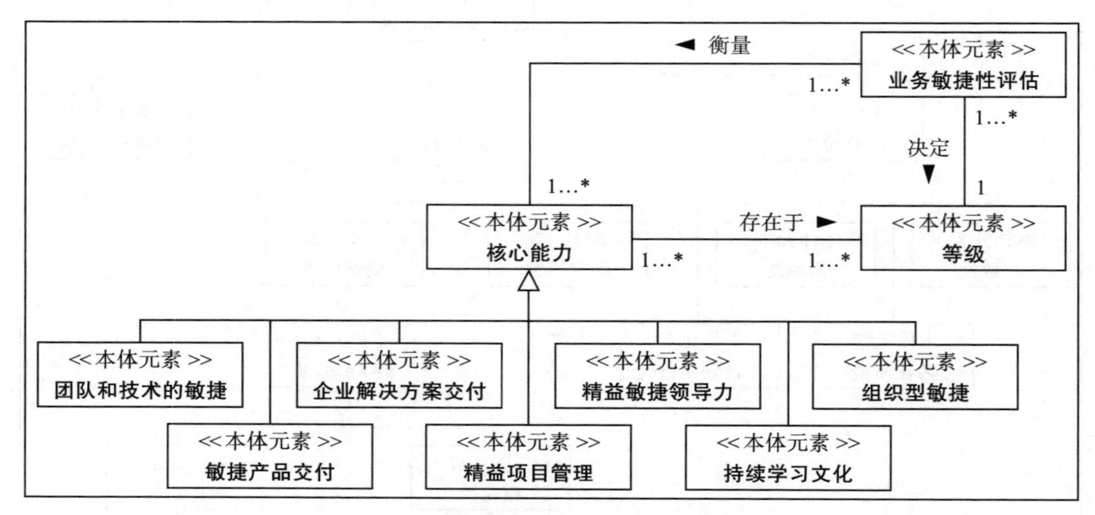

图 9.5 关注核心能力的 SAFe 本体定义视图

图 9.5 展示了 SAFe 的本体定义视图，它着重于核心能力，使用 SysML 块定义图可视化。从图 9.2 中我们知道，SAFe 包含七个核心能力，在图 9.5 中对其进行了扩展：

- **团队和技术的敏捷**描述了敏捷团队用来为干系人创建成功系统的精益敏捷技能、原则和实践。与核心能力相关的三个维度是敏捷团队、敏捷团队的团队和内在质量。
- **敏捷产品交付**利用以客户为中心的方法，可以帮助定义、构建，然后向客户和用户持续发布有价值的产品和服务流。这种以单独版本的方式增量式交付系统是整个敏捷交付哲学的关键。与此核心能力相关的三个维度是以客户为中心和设计思维、按节奏开发、按需发布以及 DevOps 和持续交付流水线。
- **企业解决方案交付**是关于如何将精益 – 敏捷原则和实践（例如指定、开发、部署、操作和发展）应用于最大和最复杂的系统。与此核心能力相关的三个维度是精益系统和解决方案工程、调度车和供应商，以及持续发展的实时系统。
- **精益项目管理**关注的是解决应该构建什么解决方案以及为什么要构建的基本问题。这涉及具体地处理投资组合问题。与这个核心能力相关的三个维度是战略和投资资金、敏捷投资组合运营和精益治理。
- **精益敏捷领导力**关注的是确保关键的干系人（如业务领导者）对采用精益敏捷方法和实现业务敏捷的能力负责。这样的干系人必须具有适当的责任级别，才能够通过创建敏捷团队来实现业务变更。与这种核心能力相关的三个维度是心态和原则、以身作则和引领变革。
- **持续学习文化**描述了鼓励个人和整个企业不断改进其所有活动的价值观和实践。与这种核心能力相关的三个维度是学习型组织、创新文化和持续改进。

- **组织型敏捷**关注的是确保组织能够快速响应，以应对与系统相关的任何挑战和机会。与此核心能力相关的三个维度是具有精益思维的人员和敏捷团队、精益业务运营和战略敏捷性。

贯穿这些核心能力的一个关键主题是敏捷团队，我们在图 9.6 中详细阐述。

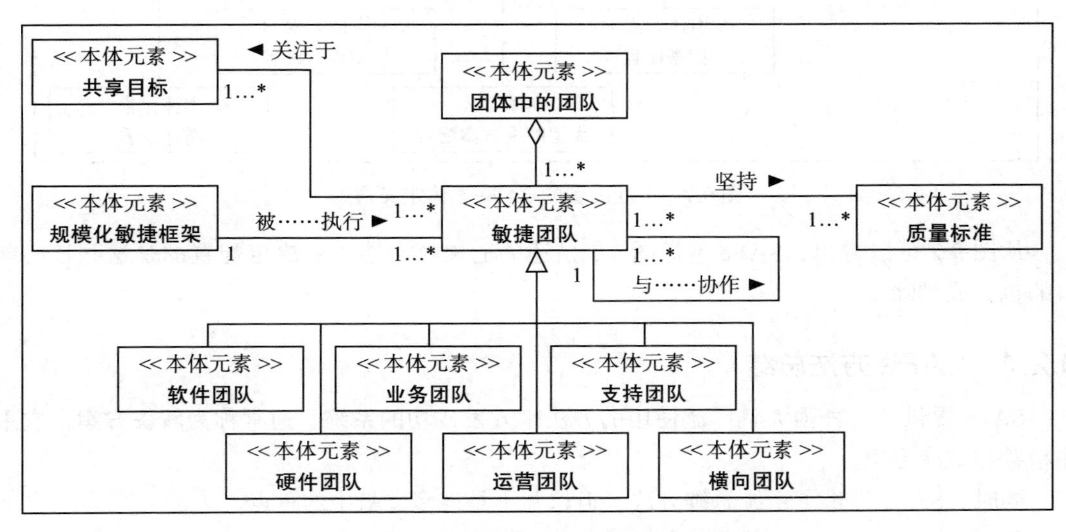

图 9.6 关注团队的 SAFe 本体定义视图

图 9.6 展示了 SAFe 的本体定义视图，重点是团队，使用 SysML 块定义图进行可视化。

可以看到 SAFe 是由一个或多个协作的敏捷团队执行的。这些敏捷团队专注于共同目标并遵守质量标准。敏捷团队有六种类型，分别是**软件团队、硬件团队、业务团队、运营团队、支持团队和横向团队**。

SAFe 的主要重点是，这些敏捷团队都不是独立存在或独立工作的，因此协作是成功的关键。为了达到这个目的，这些敏捷团队可以被分组到更高级别的团队中。

9.2.3 配置 SAFe

SAFe 的另一个不足为奇的特点是，它可以针对不同规模和类型的项目进行扩展。这种可扩展性实际上是通过定制基础框架并以不同方式配置它来实现的。图 9.7 显示了 SAFe 的四种可能配置。

图 9.7 展示了 SAFe 的本体定义视图，它着重于配置，使用 SysML 块定义图进行可视化。

可以看到这里的 SAFe 是按照四种配置来描述的，分别如下：

- **完整配置**包括所有七个核心能力，并针对开发大型、集成和复杂系统组合的组织。
- **投资组合配置**针对的是投资组合必须与整体业务需求和战略保持一致的企业。
- **大型解决方案配置**旨在使组织能够开发大型、复杂的系统。

- **基本配置**是最简单的配置，是实现敏捷和精益方法的起点。

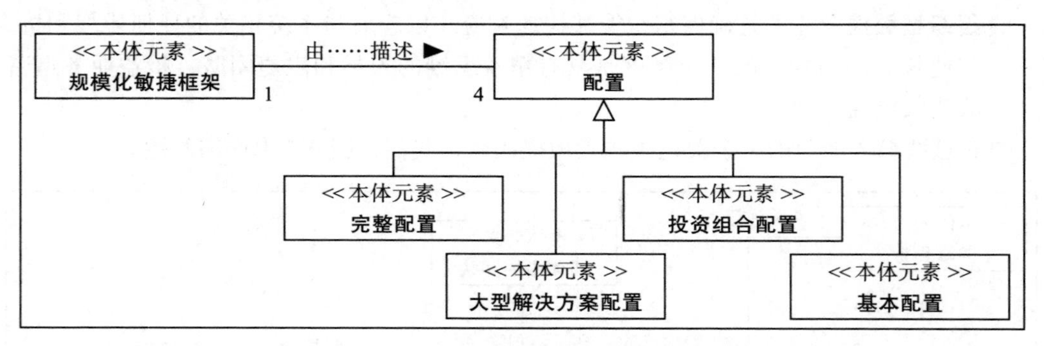

图 9.7 关注配置的 SAFe 本体定义视图

从图 9.2 可以看出，SAFe 包括图 9.5 描述的七项核心能力，决定配置的是这些核心能力的包含或排除。

9.2.4 SAFe 方法总结

SAFe 提供了一种强大且广泛使用的方法来开发成功的系统，通常称为**解决方案**，它采用精益和敏捷方法。

同时，SAFe 提供了系统思维方法，但这并不是许多文献中的重点。

就 MBSE 而言，SAFe 稳稳地位于“MBSE in a slide”的“方法”部分，特别是，它位于流程集而不是 MBSE 方法的框架部分。乍一看，这似乎违反直觉，但请记住，当我们在 MBSE 中定义框架时，我们引用的是模型的蓝图，重点是信息。在 SAFe 中，框架这个术语的使用有微妙的不同，它更强调改变我们做事的方式，这与流程集的关系更大，而不是框架。

在下一节中，我们将讨论另一种具有不同侧重点的流行方法论，即 OOSEM。

9.3 OOSEM 概述

OOSEM 最初是由洛克希德·马丁公司和系统与软件联盟的系统工程师开发的。OOSEM 是一种将面向对象的概念与传统系统工程实践相结合的系统级开发方法。

OOSEM 最初基于**由对象管理组（OMG）开发的统一建模语言（UML）**，但自从开发了 SysML 以来，它已被重新审视以使用 SysML 来捕获系统模型。因此，OOSEM 中的工件与可用于可视化它们的特定 SysML 图之间存在显式的映射。

9.3.1 定义 OOSEM 概念

OOSEM 的基本结构如图 9.8 所示。

图 9.8 展示了 OOSEM 结构的本体定义视图，使用 SysML 块定义图进行可视化。

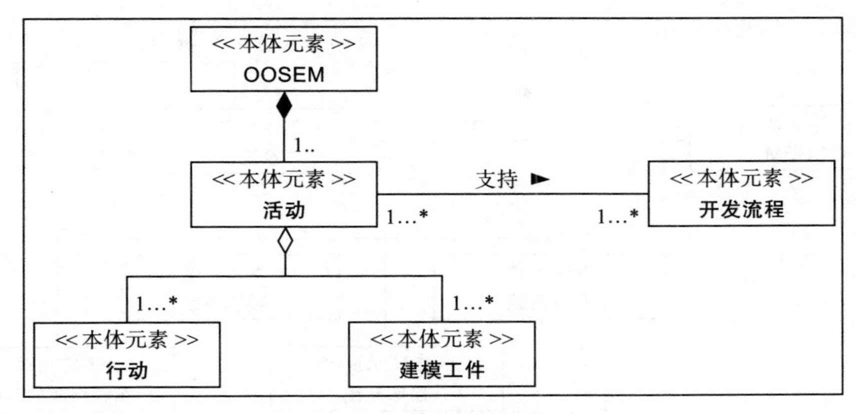

图 9.8 OOSEM 的本体定义视图

OOSEM 包含一个或多个活动，每个活动由一个或多个建模工件和一个或多个**行动**组成（请注意，这一概念并没有明确的术语，因此本解释将使用“行动”一词）。到目前为止，这部分本体看起来非常类似于第 5 章介绍的用于流程建模的 MBSE 本体。其中：**活动**映射到 MBSE 本体中的流程；**建模工件**映射到 MBSE 本体中的工件；**活动**映射到 MBSE 本体中的活动。

说句题外话，这是一个很好的例子，说明了为什么我们需要一个好的本体。我们在这里和在 MBSE 本体中使用了相同的术语“活动”，但是它每次都表示不同的概念。

OOSEM 中的活动确实映射到 MBSE 本体中的流程，并且它们确实具有相同的结构。但是，它们应用于不同的抽象级别。从图中可以看出，活动支持一个或多个开发流程，这是两个本体之间的等价点。由于 OOSEM 是一种方法，而不是一个流程，它更详细地介绍了可用于开发建模工件的特定技术。流程通常说明需要做什么而不是如何做，而方法论则说明如何做某事。

OOSEM 的目的不是单独使用，而是支持许多不同的开发流程。这意味着它并不试图表示来自“ MBSE in a slide”的整个流程集，而是提供关于如何在流程集中执行流程的有价值的附加信息。

OOSEM 可用于对不同类型的系统建模，如图 9.9 所示。

图 9.9 展示了 OOSEM 的本体定义视图，它着重于系统，使用 SysML 块定义图进行可视化。

OOSEM 最重要的一部分是这种关系：OOSEM 指定和设计一个或多个系统。这是非常微妙的，但 OOSEM 旨在仅用于规范和设计，并不涵盖系统的实施、支持或退役。这很重要，因为它为 OOSEM 活动设定了范围。

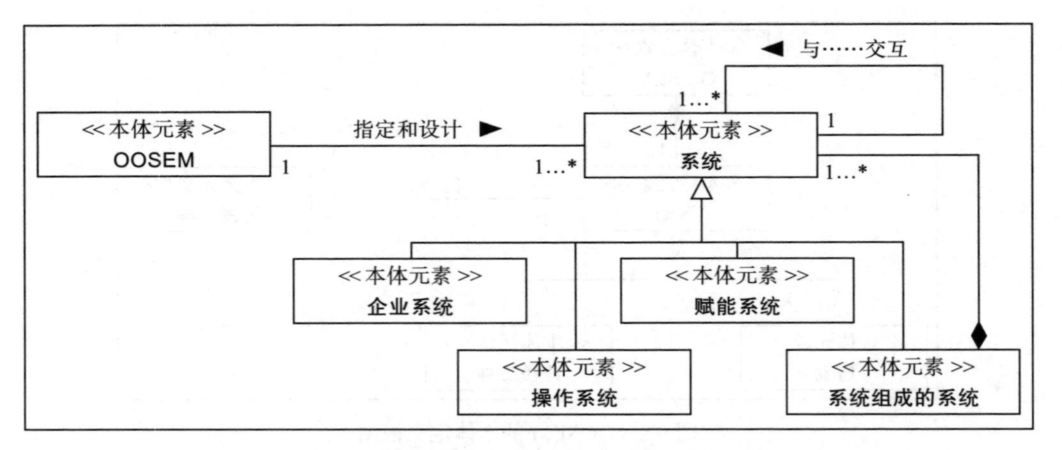

图 9.9 关注系统的 OOSEM 的本体定义视图

OOSEM 被设计为在高层次上使用，事实上，它提倡一种传统的、自上而下的、功能分解的系统开发方法。因此，它可以应用于多种类型的系统，包括：

- **企业系统**是指可用于指定和设计整个组织及其相关业务的系统。
- **操作系统**是指由客户干系人使用和操作的系统，例如火车、飞机和汽车。
- **赋能系统**意味着可以用来帮助系统工程活动的系统，例如流程、框架等。请注意，这是与第 1 章中使用的术语“赋能系统”不同的定义。
- **系统组成的系统**是指一组相互作用的系统，这些系统提供了一些突发行为，而这些行为可能是任何一个组成系统都无法实现的。

所有这些不同的系统可能会相互作用，形成一个更高层次的系统，或者实际上是系统的系统。

下一小节我们将讨论如何定义 OOSEM 方法。

9.3.2 定义 OOSEM 方法

OOSEM 最强大的方面之一是它的设计非常灵活，图 9.10 对此进行了进一步阐述。

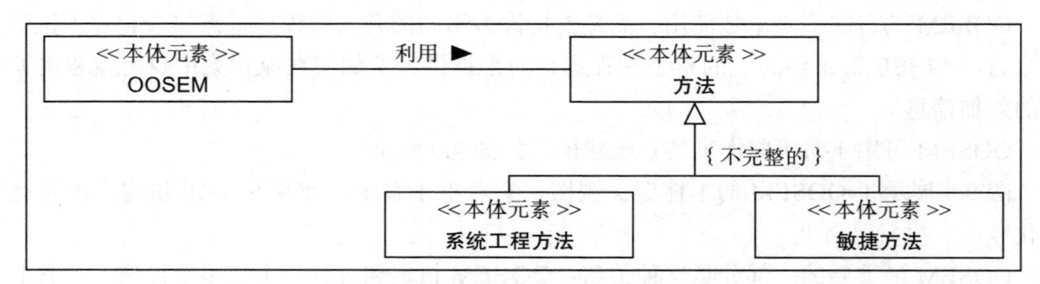

图 9.10 关注方法的 OOSEM 本体定义视图

图 9.10 展示了 OOSEM 的本体定义视图，它着重于方法，使用 SysML 块定义图进行可

视化。

图 9.10 真正强调 OOSEM 并不是作为一个独立的方法使用，而应与其他方法结合使用。有很多这样的方法，但文献中提到的两个主要方法如下：

- **系统工程方法**，这不足为奇。
- **敏捷方法**，这很有趣，因为它提供了定义为 OOSEM 一部分的内容以及其与敏捷方法（例如 SAFe）的潜在用途之间的联系。

9.3.3 OOSEM 活动

既然已经讨论了 OOSEM 的主要结构，现在是时候看看构成 OOSEM 重点的活动了。OOSEM 活动如图 9.11 所示。

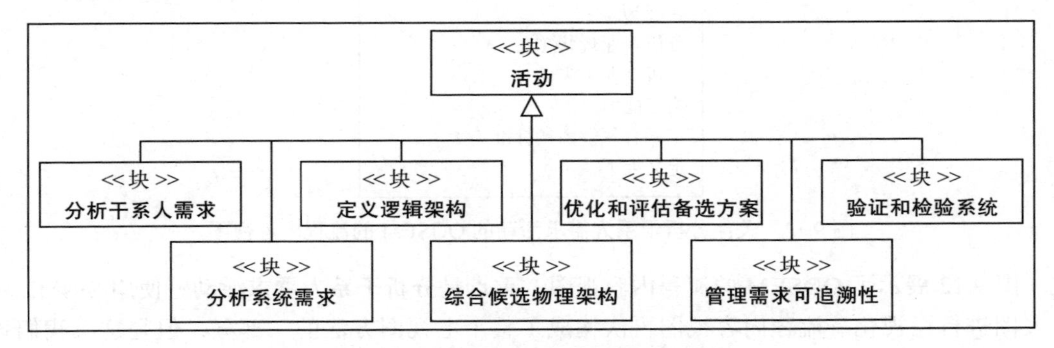

图 9.11 OOSEM 的高级流程内容视图

图 9.11 展示了使用 SysML 块定义图可视化的 OOSEM 的高级流程内容视图。流程内容视图是在第 5 章中讨论过的视图之一，是用于流程建模的七视图方法的一部分。

OOSEM 中定义的活动如下：

- **分析干系人需求**，捕获描述感兴趣系统现有和未来的干系人需求。这全部由用例和场景捕获，并且还定义了有效性度量。
- **分析系统需求**，将干系人需求细化为系统需求，分析了系统与其干系人之间的交互。
- **定义逻辑架构**，其中捕获满足原始需求但独立于任何特定解决方案的概念性解决方案。
- **综合候选物理架构**，它为前一个活动中生成的通用体系结构开发了许多特定的解决方案。
- **优化和评估备选方案**，权衡方案并评估不同解决方案的有效性。
- **管理需求可追溯性**，确保建模工件生成的所有信息都可以追溯到原始需求。
- **验证和检验系统**，证明构建了正确的系统并且系统构建正确。

这些活动旨在以线性方式进行，然而，该方法允许在这些活动之间进行高度迭代。因此，这些活动的整体执行可能是线性的，但它们之间并没有单一的流动路径。

这些活动也可以以增量方式使用，可以对活动执行多次扫描，每次扫描都会导致最终系统交付的增量。同样，这是使用不同方法应用 OOSEM 的灵活性的另一个示例，如图 9.10 所示。

我们将通过关注单个活动来进一步描述活动，如图 9.12 所示。

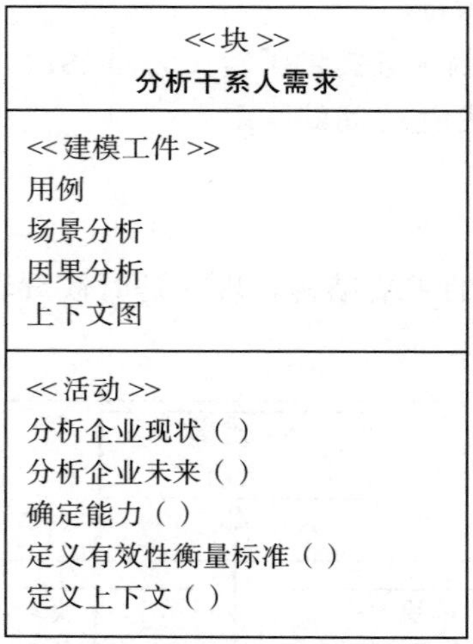

<<块>>
分析干系人需求

<<建模工件>>
用例
场景分析
因果分析
上下文图

<<活动>>
分析企业现状（）
分析企业未来（）
确定能力（）
定义有效性衡量标准（）
定义上下文（）

图 9.12 关注分析干系人需求活动的 OOSEM 的流程内容视图

图 9.12 展示了 OOSEM 的流程内容视图，重点是**分析干系人需求**活动，使用 SysML 块定义图进行可视化。流程内容视图再次构成了整个七视图方法的一部分，但是这次我们强调的是构成活动的建模工件和操作。

我们可以在这里看到，**分析干系人需求**活动包含以下建模工件：

- **用例**，它代表了来自不同干系人上下文的系统需求和功能。
- **场景分析**，使用晴天和雨天场景进行探索来捕捉**不同的假设情况**。这些有助于确定系统有效性的度量。
- **因果分析**，它捕捉了不同干系人和待探索的系统之间相互作用的影响。当前系统的局限性构成了此建模工件的一部分。
- **上下文图**，根据干系人和待定义的系统捕获总体上下文。

分析干系人需求活动包括以下操作：

- **分析企业现状（）**，这捕捉了系统的当前需求。
- **分析企业未来（）**，这捕捉了系统的预期需求。
- **确定能力（）**，根据更高层次的需求确定系统所需的能力。
- **定义有效性衡量标准（）**，这可能基于作为场景分析和因果分析的一部分生成的场景。
- **定义上下文（）**，根据之前的分析捕获各种上下文。

OOSEM 中的其他活动也可以用与这里所示相同的方式捕获。现在，让我们复习一下本节所学的内容。

9.3.4 OOSEM 方法总结

OOSEM 提供了一种灵活的方法，可用于帮助指定和设计许多不同类型的系统。重要的是要记住，OOSEM 不是一个完整的生命周期方法，它关注的是系统的规范和设计，而不是实现、支持或退役。

OOSEM 还专门设计用于 SysML(最初是 UML)，这可能对许多系统工程师很有吸引力。

此外，OOSEM 被设计为与其他方法一起使用，这使得它成为任何 MBSE 工具包有价值的潜在补充。

我们已经讨论了这两种方法论，将它们与 MBSE 原则（本书的主题）联系起来，将会变得非常有用。

9.4 方法论和 MBSE

本节着眼于本章讨论的两种不同方法如何适应 MBSE 的总设计。此讨论仅限于这两种方法，但概念和讨论要点可应用于任何方法。

整本书中用于解释和理解 MBSE 的基本机制之一是使用“MBSE in a slide”，它在第 2 章中介绍过，如图 9.13 所示。

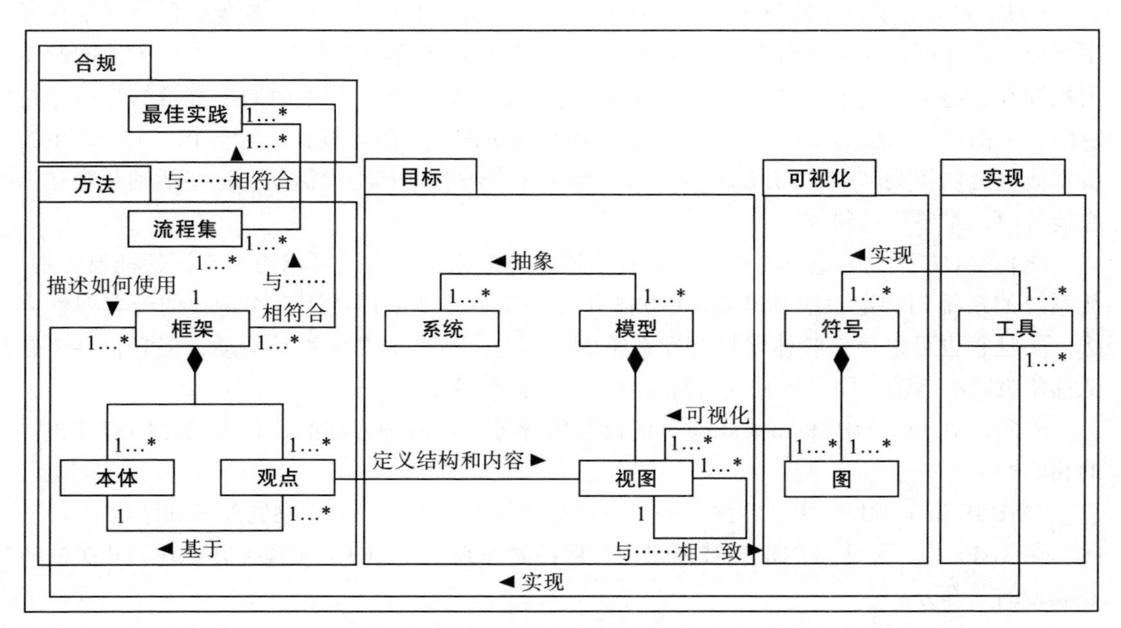

图 9.13 “MBSE in a slide”：回顾

图 9.13 显示了现在经典的“MBSE in a slide”，用于识别为了有效实施 MBSE 必须理解的 MBSE 的关键方面，使用 SysML 块定义图可视化。

“ MBSE in a slide”的用途之一是不仅能够理解 MBSE 的五个主要概念，而且能够将现有的能力映射到该图。

因此，接下来的部分将把我们迄今为止讨论的两种方法与“MBSE in a slide”联系起来。

9.4.1 方法论和方案

“MBSE in a slide”的“方法”部分关注的是流程集和框架。我们将在通过考虑“MBSE in a slide”中的流程集或它们的等价方式来开始讨论。

之所以选择此处讨论的两种方法，是因为它们展示了线性、增量和迭代方法的特性。这在第 4 章中进行了讨论，我们在其中使用建模来说明使用不同生命周期模型的这些不同方法之间的差异。请记住，生命周期只是识别描述系统演化的阶段，而生命周期模型显示这些阶段如何以不同的顺序执行。正是这些阶段序列的执行，以及包含在其中的流程执行，使得这些不同的方法得以可视化。

生命周期建模的一个非常重要的方面是不同类型的生命周期之间的交互，例如，采购和开发生命周期之间的交互。这些不同类型的生命周期的执行方式可能不同，例如，可以使用线性、增量或迭代方法。我们在这里讨论的方法必须与生命周期相关，因为方法将规定相关生命周期模型中的一些序列。

SAFe 方法的重点是通过改变其整体业务方法来提高企业的效率，确保它能够对变化做出反应。它还可以应用于所有不同的抽象级别，从投资组合到单个系统。SAFe 方法同时使用敏捷和精益方法，它们本身利用其流程的增量和迭代执行。与生命周期等价的是信息路线图，它描述了系统的发展。在 SAFe 中与流程等价的是实践的概念，它与 ISO 15288 中的技术流程密切相关。SAFe 方法的其余部分侧重于各种管理和组织活动，这些活动包含在核心能力中，需要落实到位。

OOSEM 方法论的重点是指定和设计不同类型的系统。它还可以用于不同的抽象级别，从系统的系统到特定系统的开发。OOSEM 方法论更多地采用使用多次迭代的经典线性方法，并且它也可以用作整体增量开发系统的一部分。流程的等价物是活动，但它存在于较低抽象级别的活动，因此旨在支持传统系统工程流程的实施。

因此，对于“ MBSE in a slide”的流程集部分，这两种方法的执行方式之间存在很强的相似性。

“MBSE in a slide”中“方法”的第二部分是框架，重点介绍模型的蓝图和结构。

在 SAFe 中，要生成的信息被描述为与**敏捷发布系列**（ART）和解决方案系列相关的核心能力的一部分。

SAFe 的重点是通过改变思维模式、创建和授权有效的团队以及对业务变化做出有效反应来改变组织的工作方式。SAFe 提倡企业架构和企业架构师的角色，但没有指定任何特定的架构框架。

在 OOSEM 中，模型有一个独特的结构，它基于作为活动执行的一部分生成的建模工件。虽然没有为 OOSEM 定义特定的框架，但视图和观点的数量相对较少，捕获 OOSEM 的框架将是一项简单的任务。

9.4.2 方法论和目标

“MBSE in a slide”的“目标”部分重点介绍模型及其视图，以及它们与系统的关系。

在 SAFe 中，重点是企业以及如何使其有效运作。SAFe 确实将系统组合和单个系统视为核心能力的一部分。建模在心理模型、操作模型、执行模型等上下文中被提及。同样，这些与企业的各个方面有关。

在 OOSEM 中，模型是所有工作的核心，因此无论系统类型如何，它都是系统的真正抽象。

9.4.3 方法论和可视化

“MBSE in a slide”的“可视化”部分侧重于用于可视化视图的符号。

在 SAFe 中，没有必须使用的明确或强制性符号。话虽如此，SAFe 可以使用任何适当的符号来实现，因此这促使了灵活的实现。

在 OOSEM 中，使用的符号是明确的 SysML。最初，这是 UML，但由于 SysML 是 UML 的概要文件，因此这是符号之间直接和直观的转换。

9.4.4 方法论和实现

“MBSE in a slide”的“实现”部分重点介绍了可用于可视化视图的工具。

有许多商业工具可用于实现来自许多不同供应商的 SAFe。

对于 OOSEM，没有可用的专用商业工具。但是，有许多通用 MBSE 工具具有可用的配置文件，通常是免费的，允许将 OOSEM 作为工具的一部分实现。

9.4.5 方法论和合规

“MBSE in a slide”的“合规”部分与标准和其他最佳实践来源有关。

SAFe 方法正式声明敏捷团队遵守质量标准。再次注意，重点是人员方面，而合规与团队相关。

在 OOSEM 中，符合某些最佳实践来源（包括 ISO 15288）的规定已被制定出来并可免费获得。应该注意的是，符合标准的是 OOSEM 中的活动。

因此，我们现在已经了解了这些方法如何构成“ MBSE in a slide”中描述的 MBSE 大图景的一部分。这为方法论提供了一个重要的参考框架，并验证了“ MBSE in a slide”中包含的总体概念对于任何系统工程计划的重要性。

9.5 总结

本章介绍了两个示例方法：SAFe 和 OOSEM。它们都可以作为更广泛的系统工程工作的一部分，但它们的目的却截然不同。每种方法都是使用本体建模的。

最后，每种方法都映射到本书中提到的“MBSE in a slide”。应该清楚的是，这两种方法都适合 MBSE，并且可用于满足“MBSE in a slide”的不同方面。

将这些现有方法与我们迄今为止在本书中学到的内容联系起来，说明了我们如何使用 MBSE 将任何方法纳入更广泛的系统工程计划中。

在下一章中，我们将了解要考虑和实施的管理流程和相关技术。

9.6 自测任务

- ❑ 为本章讨论的两种方法创建框架上下文视图。现在分析它们中的每一个，看看它们如何适应本书中介绍的 MBSE 方法。
- ❑ 根据其实践，为 SAFe 创建流程内容视图。现在将其与图 9.11 中针对 OOSEM 讨论的流程内容视图联系起来。
- ❑ 将 SAFe 和 OOSEM 的流程内容视图映射到第 5 章中介绍的 ISO 15288 的流程内容视图。
- ❑ 最后，就这两种方法是否可以一起使用得出你的结论。使用本体定义视图和流程内容视图来支持你的结论。

9.7 参考文献

- *A Practical Guide to SysML: The Systems Modeling Language*, Third Edition, S Friedenthal, A Moore, and R Steiner. Morgan Kaufmann Publishers, 2014
- *Achieving Business Agility with SAFe® 5.0*, a Scaled Agile, Inc. whitepaper, December 2019. Available from `scaledagileFramework.com`
- *SAFe 5.0 Distilled; Achieving Business Agility with the Scaled Agile Framework*, R Knaster and D Leffingwiell. Addison-Wesley Publishing, 2020

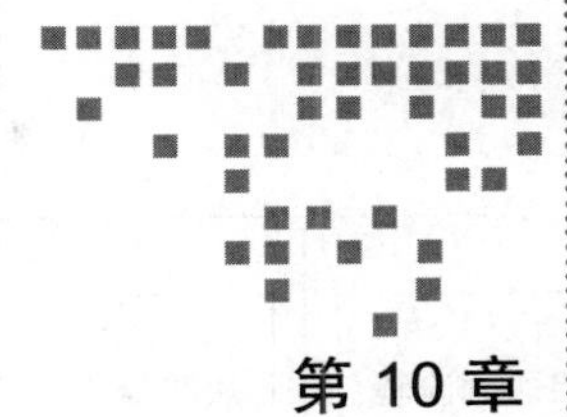

第 10 章 Chapter 10

系统工程管理

本章将概述需要考虑的一些关键管理流程和相关技术，以及如何实施它们，还将讨论管理和技术之间的关系，然后讨论设计如何适应系统生命周期，哪些流程是相关的以及如何遵守这些流程。

本章将概述如何使用本书目前为止描述的 MBSE 技术来实现 ISO 15288 中与管理相关的基本流程。每个流程都会引用其他相关章节的相关内容，在那里可以找到示例视图。

这表明 MBSE 活动不仅限于技术流程，而且可以用于系统工程的任何方面。

10.1 管理概述

任何系统工程工作的一个关键部分都是确保系统成功交付，这不仅包括系统的技术方面，还包括管理方面。

系统满足其基本需求是至关重要的，这一直是贯穿本书的主题。但请记住，这些需求是根据不同的上下文捕获的。这些上下文包括从不同的角度看待需求，其中一个角度必须考虑管理方面。

例如，如果交付延迟、超出预算或消耗过多资源，则交付满足技术需求的系统是不够好的。我们在本书中一直把最佳实践标准 ISO 15288 作为合规性的主要来源，它有一个专门用于技术管理流程的流程组，这将构成我们讨论管理的基础。

技术管理流程组包含的流程如图 10.1 所示。

此处的流程内容视图使用 SysML 块定义图进行可视化。

流程内容视图是构成流程建模的**七视图方法**的视图之一，在第 5 章中有所描述。

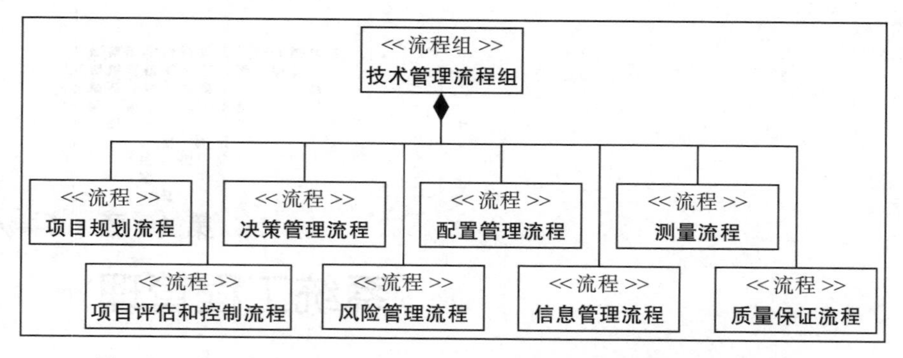

图 10.1 流程内容视图，显示了 ISO 15288 技术管理流程组中的流程

回顾一下，流程内容视图允许通过显示哪个流程包含在哪个流程组中，在较高的级别上定义流程库，如图 10.1 所示。它还可以显示与每个流程相关的特定结果和活动，这些将在以下部分对每个特定流程进行更详细的讨论时使用。

组成技术管理流程组的流程如下：

- **项目规划流程**：该流程的目的是为项目制定有效的计划。
- **项目评估和控制流程**：该流程的目的是评估为项目生成的计划的适用性，并控制这些计划的执行以确保它们满足最初的需求。
- **决策管理流程**：该流程的目的是提供一套结构化的技术，以便在关键点评估项目的进展，并在必要时采取替代行动。
- **风险管理流程**：该流程的目的是识别、理解和控制整个项目中发生的任何风险。
- **配置管理流程**：该流程的目的是控制作为整个项目系统开发的一部分而产生的信息的演变。
- **信息管理流程**：该流程的目的是确保在整个项目流程中管理和维护与项目有关的所有信息，并确保适当的干系人能够访问相关信息。
- **测量流程**：此流程的目的是提供技术，以便捕获有关项目的客观信息，从而有效地管理项目。
- **质量保证流程**：该流程的目的是确保系统工程流程有效地应用于项目。

现在将介绍这些流程，并讨论本书介绍的建模和视图的使用。

本书一直讨论的主题之一是，每当需要理解某些东西时，我们可以对其建模以获得彻底和完整的分析。因此，我们将展示第 5 章介绍的流程内容视图，它将简单概述需要生成哪些结果以及每个流程需要执行哪些活动。

10.2 项目规划流程

项目规划流程涉及定义项目、规划项目和激活项目，如图 10.2 所示。

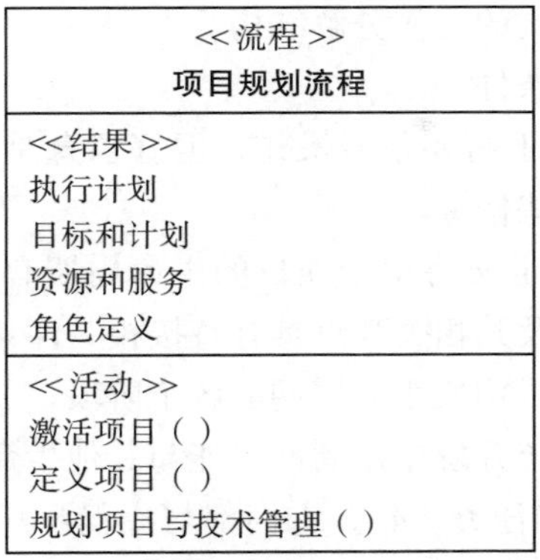

<<流程>>
项目规划流程

<<结果>>
执行计划
目标和计划
资源和服务
角色定义

<<活动>>
激活项目()
定义项目()
规划项目与技术管理()

图 10.2 项目规划流程的流程内容视图

SysML 块定义图用于显示流程本身和以下结果，这些结果由为该流程标识的 SysML 属性表示，描述如下：

- **执行计划**：此结果确保项目执行计划被激活。
- **目标和计划**：该结果确保项目的目标和计划已经确定。
- **资源和服务**：这一结果确保获得实现以前确定的宗旨和目标所必需的资源和服务。
- **角色定义**：此结果确保角色、责任、职责和权限得到定义。

这些结果是通过执行许多活动来实现的，每个活动都包含许多任务。现在将更详细地讨论这些活动，并将参考本书中讨论过的各种建模视图。

10.2.1 将建模应用于“激活项目”活动

激活项目活动包括以下三个任务：

（1）实施项目计划。

（2）获得项目授权。

（3）提交请求并获得执行项目所需资源的承诺。

所有这些任务都与根据执行最后两项活动生成的信息启动项目有关：定义项目、计划项目以及技术管理。作为这些活动的一部分讨论的所有视图现在也可用于激活该项目。例如，获取项目任务的授权可以通过使用生命周期和流程视图来实现，并将它们组合到计划视图中，以获取授权。

10.2.2 将建模应用于“定义项目”活动

定义项目活动包括以下五个任务：

（1）定义并维护一个生命周期模型，该模型包含使用已定义的生命周期的各个阶段。

（2）定义并维护将应用于项目的流程。

（3）根据协议确定项目范围。

（4）建立基于演进系统架构的工作分解结构。

（5）确定项目目标和限制条件。

乍一看，完成这些任务似乎需要很多操作，但好消息是，到目前为止，我们在本书中执行的建模已经解决了所有这些任务。

现在考虑任务（1），它与定义将用于项目的生命周期有关。这已经在第 4 章中完全涵盖了。特别之处是，以下观点及其相关观点具有直接相关性：

- 生命周期视图，它定义了构成生命周期的各个阶段。
- 交互识别观点，识别系统开发生命周期可能与其他生命周期交互的点。

接下来，考虑任务（2）和任务（4），它们都与流程及其相关的工作分解结构有关。同样，所有这些都已在第 4 章和第 5 章的建模中涵盖，如下所示：

- 来自第 5 章的流程内容观点，确定了可在项目中执行的流程。对于任何特定的项目，可以选择所有这些流程或这些流程的子集。
- 第 4 章中的生命周期模型观点可用于提供最高级别的项目行为。请记住，流程是在流程执行组中执行的，这些组位于每个生命周期阶段中。因此，该观点提供了生命周期阶段的概述，以及每个阶段都实现了哪些流程，哪些流程可用于工作分解结构的最高级别。
- 在这一点上，来自第 5 章的流程行为观点主要用于工作分解架构，因为它显示了与每个流程关联的每个活动是如何执行的。

最后，考虑任务（3）和任务（5）。这两项任务都与识别和定义项目的总体范围（根据其目标）以及与这些目标相关的约束条件有关。

这是第 6 章的主题，该章描述的整个建模方法都可以应用到这里。特别地，以下观点及其相关观点具有直接意义：

- 需求上下文观点，其中确定了总体目标并使用用例进行了定义。这些目标是从不同的角度或上下文定义的，并构成了整个系统开发的核心。作为此视图的一部分，还使用用例定义了约束，并确定了与其相关的基于目标的用例的关系。

下一个要考虑的活动是规划项目和技术管理。

10.2.3 将建模应用于“规划项目和技术管理”活动

规划项目和技术管理活动包括以下七项任务：

（1）为生命周期阶段的决策关口和交付关口定义成就标准。

（2）根据管理和技术目标定义和维护项目进度表。

（3）定义角色、责任、职责和权限。

（4）定义成本和计划预算。

（5）定义所需的基础设施和服务。

（6）为项目、技术管理以及执行制定并传达计划。

（7）计划材料采购并启用项目外部提供的系统服务。

同样，所有这些任务都可以通过本书前面讨论过的现有视图来解决。

考虑任务（1），它与每个阶段的关口相关联，以下观点与此相关：

- 生命周期视图，它定义了构成生命周期的各个阶段。
- 交互识别观点，识别系统开发生命周期可能与其他生命周期交互的点。

考虑任务（2）、任务（4）、任务（5）和任务（7），所有这些都与创建和维护项目计划有关。以下观点及其相关视图可用作这些任务的基础：

- 第 4 章中的生命周期模型观点可用于提供最高级别的项目行为。该观点很好地概述了在项目进度表中用作最高级别实体的生命周期阶段。生命周期本身适用于整个项目，生命周期中的每个阶段代表下一个抽象级别。
- 第 5 章中的流程实例观点确定了在项目的每个流程执行组中执行的流程。每个流程执行组将一组流程集合在一起，这些流程在关口内以特定顺序执行。这些流程执行组中的多个（通过流程实例视图可视化）可以在单个关口内执行。这为计划的行为提供了下一个抽象级别。
- 第 5 章中的流程行为观点。这用于通过显示每个流程中活动的详细执行顺序来描述每个流程的内部行为。这为用于定义项目进度的每个流程提供了行为的详细信息。

这三个观点及其关联的观点很有趣，因为它们都对整个项目进度有直接影响，这并不奇怪，因为它们都是行为观点。在项目管理领域中，主要用于可视化项目进度的图是甘特图，它显示项目的计划行为及其里程碑、资源等。甘特图当然不是一个 SysML 图，但这并不意味着它不应该被用作系统工程管理的一部分。考虑一下第一张图中的经典 MBSE，它在第 2 章中首次介绍，并在本书中一直使用。

该图的右侧显示了构成模型的视图的可视化，非常重要的是，已经详细讨论了用于该可视化的符号在很大程度上是不相关的，当然，前提是它与定义视图集的基本观点一致。

事实上，创建甘特图所需的信息已经被定义为我们 MBSE 方法的一部分，并且在前面的项目符号列表描述的视图中很容易获得。为了说明这一点，请考虑图 10.3 所示的通用甘特图。

图 10.3 在甘特图中显示了一个通用的项目计划，传统上强调项目进度表中任务的各个级别，然后显示与每个级别相关的时间（例如开始日期、结束日期、持续时间等），以及任何主要的项目关口、里程碑和资源。出于本次讨论的目的，我们将只关注任务信息的级别，因此，为了清楚起见，图 10.3 中省略了所有其他信息。

甘特图基本上是一个结构化表格，其中包含许多描述项目属性的列和行。请注意第二列，标题为**任务名称**，这是描述在甘特图上执行的操作的典型方式。如果我们现在向下看这一列并考虑每一行，可以看出任务实际上存在于多个抽象或细节级别，如编号系统和其应用的缩进所示。事实上，尽管这里的主列说明了**任务名称**，但很明显这里有几个级别，如下所示：

- **行 ID：1——项目 X**，显示应用于整个项目的最高级别任务。

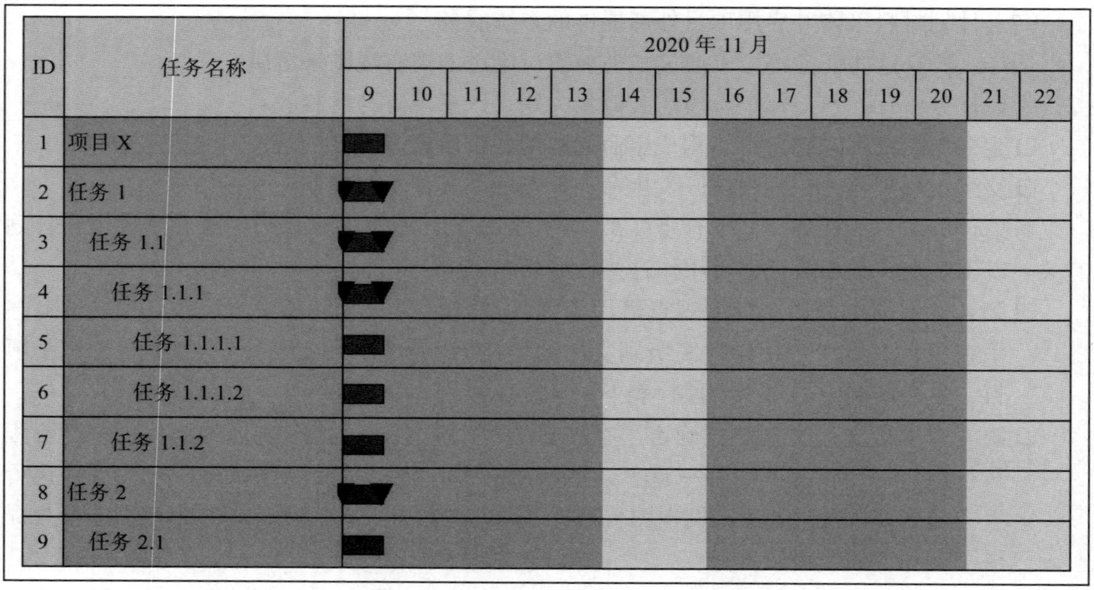

ID	任务名称	2020 年 11 月													
		9	10	11	12	13	14	15	16	17	18	19	20	21	22
1	项目 X														
2	任务 1														
3	任务 1.1														
4	任务 1.1.1														
5	任务 1.1.1.1														
6	任务 1.1.1.2														
7	任务 1.1.2														
8	任务 2														
9	任务 2.1														

图 10.3　显示任务不同级别的通用项目进度表

- 行 ID：2——**任务 1**，显示下一个最高级别的任务，并以 1 开始主编号系统。
- 行 ID：3——**任务 1.1**，显示任务的下一级，并继续按编号系统 1.1 指示的细分。
- 行 ID：4——**任务 1.1.1**，显示下一个级别，使用级别 1.1.1 表示。
- 行 ID：5——**任务 1.1.1.1** 和行 ID：6——**任务 1.1.1.2**，它们均显示图 10.3 中的最低级别并使用 1.1.1.x 表示。
- 行 ID：7——**任务 1.1.2**，返回上一级。
- 行 ID：8——**任务 2**，再次上升到另一个级别。
- 行 ID：9——**任务 2.1**，它再次开始下降到各个级别。

请注意，这些任务级别中的每一个仍然被称为**任务**，这使得编号系统和缩进对于理解图表至关重要。此外，由于使用了相同的术语“**任务**”，在提到不同类型的任务时，很容易导致潜在的混淆。事实上，这种类型的混淆在第 2 章中有详细的讨论，这也是拥有一个好的、可靠的、明确的本体是如此重要的原因之一。这样做的另一个问题是，在下降的级别上可能没有尽头，例如，有一个任务 1.2.3.4.5.6.7.8.9.20.1.2.4.5，因为在抽象级别上没有界限。

所有这些潜在的问题，都可以通过将本体应用到层次上而轻松有效地解决。为了说明这一点，请考虑图 10.4 所示的修订后的计划表。

图 10.4 展示了与图 10.3 所示相同的计划，其中包含由本体定义的任务，并通过甘特图可视化。

图 10.4 中的信息是相同的，并且具有相同数量的任务抽象级别，但是这一次，这些级别基于我们在本书中开发的 MBSE 本体的概念。使用这些本体元素作为任务级别的基础，

可以观察到以下情况：

ID	任务名	2020 年 11 月													
		9	10	11	12	13	14	15	16	17	18	19	20	21	22
1	生命周期：项目 X														
2	阶段 1：概念														
3	项目需求														
4	干系人需求和要求定义流程														
5	定义干系人需求														
6	分析干系人要求														
7	系统要求定义流程														
8	阶段 2：开发														
9	候选设计开发														

图 10.4　为任务级别使用本体元素的项目计划

- 行 ID：1——**生命周期：项目 X**，显示任务的最高级别，在本体上表示为生命周期。
- 行 ID：2——**阶段 1：概念**，显示了任务的下一个最高级别，代表了本体中的一个阶段，在这种情况下，这个阶段是来自 ISO 15288 的概念。
- 行 ID：3——**项目需求**，显示任务的下一个级别，代表流程执行组，在本例中名为项目需求。
- 行 ID：4——**干系人需求和要求定义流程**，再次显示了下一层，并且表示了来自本体的流程的概念，在本例中是干系人需求和需求定义流程。
- 行 ID：5——**定义干系人需求和行 ID：6——分析干系人要求**，每个需求都显示了该图的最低层次，并且代表了来自本体的活动概念。
- 行 ID：7——**系统要求定义流程**，返回上一级并代表本体中的另一个流程。
- 行 ID：8——**阶段 2：开发**，再次上升到另一个层次，代表本体的另一个阶段，在本例中，是来自 ISO 15288 的开发阶段。
- 行 ID：9——**候选设计开发**，再次开始降低级别，并表示另一个流程执行组。

使用模型中的这些视图来创建计划表是非常重要和强大的。确保计划中的所有信息直接来自本体，意味着计划是模型中的一个合适的视图。因此，甘特图的使用就变成了计划表视图的可视化问题。

计划所需的所有其他信息，例如干系人、资源和关口，也是整个本体的一部分，因此，也可以直接从模型中派生出来。这是至关重要的，因为计划表直接基于整体 MBSE 方法，而不仅仅是由项目经理在没有实际基础的情况下编造出来的。

10.2.4 项目规划流程总结

可以看出，与此流程相关的所有活动以及成功完成该流程所需的所有结果，都可以通过使用模型中的现有视图来实现。

请注意，所使用的视图主要来自生命周期视角和流程视角，这是意料之中的，因为它们都处理项目的运行。

下一节将讨论 ISO 15288 的下一个流程，即决策管理流程。

10.3 决策管理流程

决策管理流程的主要目的是提供一种机制，用于探索在生命周期中的任何时候做出决策的备选方案，如图 10.5 所示。

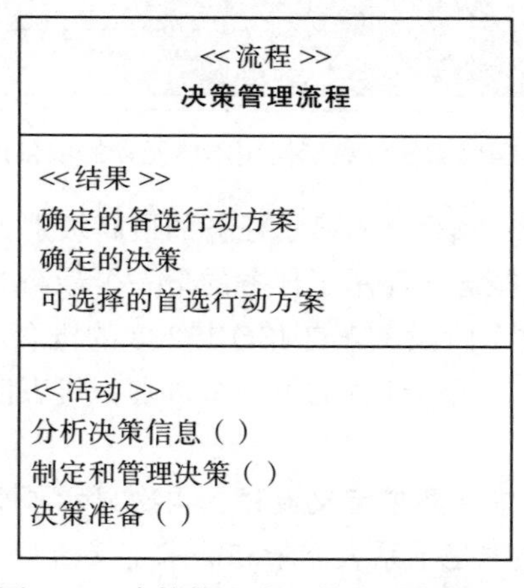

图 10.5 决策管理流程的流程内容视图

由 SysML 属性表示的为该流程识别的结果描述如下：

- **确定的备选行动方案**确定了在先前结果中确定的关键决策点上可用的选项。
- **确定的决策**确定生命周期中任何时候可用的关键决策点。
- **可选择的首选行动方案**，根据先前的结果，选择最合适的行动方案。

这些结果是通过执行若干活动来实现的，每个活动由若干任务组成。现在将更详细地讨论这些活动，并将参考书中讨论过的各种建模视图。

10.3.1 将建模应用于“决策准备”活动

决策准备活动包括以下任务：

（1）定义一个决策管理策略。

（2）识别情况和决策的必要性。

（3）让相关干系人参与决策。

这些任务中的第一个是其他两个可以贡献的一般任务。这里的主要任务是第二个，识别情况和决策的必要性。由于这些任务涉及决策和干系人的需求，因此我们可以使用我们在第6章中作为需求视角的一部分生成的视图。这些决策点可以根据模型中的以下观点及其关联的视图轻松识别：

- 生命周期模型观点：第4章中的行为观点可用于确定主要决策点，并通过考虑已建模的任何不同生命周期场景，允许探索不同的选项。
- 流程实例观点：来自第5章“系统工程流程”的行为观点，可以通过识别决策点和不同的场景，以类似于前面观点的方式使用。
- 流程行为观点：这种行为观点同样来自第5章“系统工程流程”，描述了特定流程的内部行为。作为其中的一部分，有明确的决策点被识别为视图的一部分。例如，检查审查是否已经通过，决定下一步要走哪条路等。

下一个要讨论的活动是分析决策信息。

10.3.2 将建模应用于“分析决策信息”活动

分析决策信息活动包括以下四个任务：

（1）确定期望的结果和可衡量的选择标准。

（2）根据标准评估每个备选方案。

（3）确定贸易空间和备选方案。

（4）为每个决策选择并声明决策管理策略。

这四个任务中的每一个都使用相同的三组观点：生命周期模型观点、流程实例观点和流程行为观点，这些观点是为前面的活动描述的。在某些情况下，可能会记录额外的信息，并与不同的视图相关联。例如，选择一个替代方案而不是另一个替代方案的原因可以作为SysML注释捕获，并存储为总体视图的一部分。

这与我们接下来要讨论的第三个活动“制定和管理决策”密切相关。

10.3.3 将建模应用于“制定和管理决策”活动

制定和管理决策活动包括以下任务：

（1）确定每个决策的首选方案。

（2）记录决议、决策理由和假设。

（3）记录、跟踪、评估和报告决策。

同样，这三个任务与前两个活动中的任务密切相关，以至于可以使用同一组观点（生命周期模型观点、流程实例观点和流程行为观点）来处理这些任务。

此活动的重点是捕获和记录结果、结果背后的原理以及任何其他信息。通过向视图添加 SysML 注释，可以将所有这些信息以及可能需要的任何其他信息注释到任何视图上。如有必要，可以根据已做出的决定将相关视图复制并保存为标记版本。

10.3.4 决策管理流程总结

这个流程在很大程度上可以通过重用构成整体 MBSE 方法一部分的现有视图来实现。当然，这是个好消息，因为它最大限度地减少了需要执行的新工作，但非常重要的是，它确保了所有的决策都基于同一组一致的信息。这是另一个很好的例子，说明了如何一次又一次地使用单一事实来源（模型）来为运行项目提供基础。

这个流程还依赖于这样一个事实，即可以将用于决策的附加信息（例如基本原理、结果等）添加到原始信息中。幸运的是，SysML 有一个内置的机制，可以将 SysML 注释添加到任何图中。

下一个要讨论的流程是项目评估和控制流程。

10.4 项目评估和控制流程

项目评估和控制流程的主要目的是评估已实施的管理计划，并根据这些计划监督项目的进展。此流程与项目规划流程密切相关，因为它涉及确保该流程的所有结果都符合目的并得到正常执行。

项目评估和控制流程如图 10.6 所示。

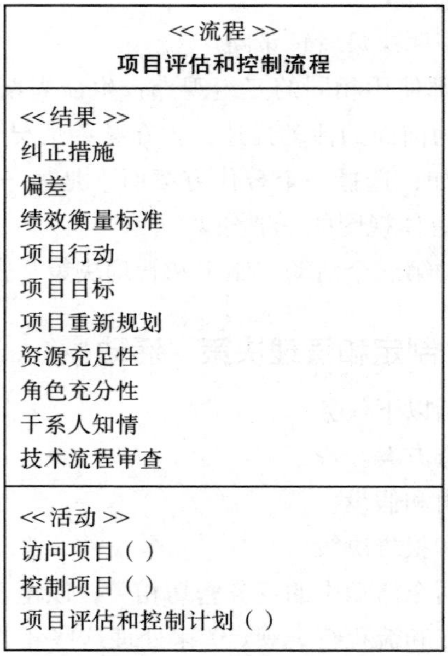

<< 流程 >>
项目评估和控制流程

<< 结果 >>
纠正措施
偏差
绩效衡量标准
项目行动
项目目标
项目重新规划
资源充足性
角色充分性
干系人知情
技术流程审查

<< 活动 >>
访问项目（）
控制项目（）
项目评估和控制计划（）

图 10.6 项目评估和控制流程的流程内容视图

由 SysML 属性表示的为此流程识别的结果描述如下：

- **纠正措施**确保决策管理流程得到有效应用。
- **偏差**确保决策管理流程得到有效应用。
- **绩效衡量标准**确保衡量流程得到有效应用。
- **项目行动**确保关口审查得到有效执行。
- **项目目标**确保项目规划流程的结果得到有效实施。
- **项目重新规划**确保决策管理流程得到有效应用。
- **资源充足性**涉及执行问题所需的资源，并确保它们可用且有效。
- **角色充分性**与干系人有关，也与他们的职责如何定义有关。
- **干系人知情**涉及确保每个干系人拥有与其相关的信息。
- **技术流程审查**确保技术评审有效进行。

这些结果是通过执行若干活动来实现的，每个活动由若干任务组成。现在将更详细地讨论这些活动，并将参考书中讨论过的各种建模视图。

10.4.1 将建模应用于“项目评估和控制计划”活动

项目评估和控制活动的计划包括以下单一任务：

- 定义项目评估和控制策略。

此活动将由定义为整体 MBSE 流程集的一部分的流程覆盖。这在第 5 章“系统工程流程”中已经介绍过，具体涉及以下观点：

- 流程内容观点，它以流程库的形式标识所有流程。
- 流程行为观点，其中定义了特定的流程。与项目评估和控制相关的流程与此相关。
- 信息观点，在其中标识、关联和定义每个流程的工件。

下一个将要讨论的活动是评估项目。

10.4.2 将建模应用于“评估项目”活动

评估项目活动包括以下 11 项任务：

（1）评估项目目标和计划与项目环境的一致性。

（2）根据目标评估管理和技术计划的充分性和可行性。

（3）根据适当的计划评估项目和技术状态，以确定实际和预计的成本、进度和性能差异。

（4）评估角色、责任、职责和权限的充分性。

（5）评估资源的充足性和可用性。

（6）使用测量的成就和里程碑完成度来评估进度。

（7）进行必要的管理和技术审查、审计和检查。

（8）监控关键流程和新技术。

（9）分析测量结果并提出建议。

（10）记录并提供评估任务的状态和结果。

（11）监控项目中的流程执行情况。

此列表中的任务（1）、任务（2）、任务（3）、任务（6）、任务（7）、任务（8）和任务（11），都涵盖在确保项目进度能得到遵守和正确实施的流程中。

与此相关的观点和相关视图如下所示：

- 需求上下文观点，它定义了整个项目的目标，如第 6 章所述。
- 生命周期观点和生命周期模型观点，它们描述了生命周期以及如何遵循它，如第 4 章所述。
- 流程行为观点，它描述了每个流程是如何执行的，如第 5 章“系统工程流程”所述。

这些观点和与它们相关联的观点与项目规划流程相关，因为它们与项目行为的执行有关。因此，生命周期观点和生命周期模型观点描述了项目的整体行为，而流程行为观点描述了每个流程中的行为。

接下来要考虑的两个任务是任务（4）和任务（5）。任务（4）的目的是确定干系人，并确定他们在项目进度执行中的参与情况，而任务（5）则与资源有关。这些可以通过考虑第 5 章“系统工程流程”描述的从流程角度出发的以下观点来实现：

- 干系人观点，它以分类层次结构的形式识别干系人。
- 流程行为观点，允许定义每个流程的干系人和资源参与。

下一个任务是任务（9），它与项目的测量有关，然后根据这些测量提出建议。此任务的测量将包含在测量流程中，这将在测量流程部分中介绍。决策管理流程涵盖了所需的建议和进一步的行动，这在前一节中讨论过。

必须考虑的最后一个任务是任务（10），它与记录关于项目执行的信息有关。这将在本章后面信息管理流程中进行讨论。

最后一项活动是控制项目，这是下一节的主题。

10.4.3 将建模应用于“控制项目”活动

控制项目活动包括以下四项任务：

（1）启动解决已识别问题所需的必要行动。

（2）启动必要的项目重新规划。

（3）当由于采购方或供应商请求的影响而导致成本、时间或质量发生合同变更时，启动变更行动。

（4）授权项目继续进行下一个里程碑或事件（如果合理）。

所有这些任务都包含在现有的视图和流程中。

前三项任务均包含在决策管理流程中，涉及确保该流程得到有效应用。

第四项任务与关口审查有关，从流程的角度来看，它由通常的观点集中涵盖，如下所示：

- 流程内容观点，以流程库的形式识别所有流程。

❑ 流程行为观点，其中定义了特定的流程。与项目评估和控制相关的流程与此相关。

❑ 信息观点，在其中标识、关联和定义每个流程的工件。

10.4.4 项目评估和控制流程总结

这个流程特别有趣，因为它真正关心的是确保其他技术管理流程得到有效应用。请注意，这里提到的所有观点和相关观点已经讨论过，或者将在本章后面讨论，与 ISO 15288 中技术管理流程组的其他流程相关。

下一个要讨论的流程是风险管理流程。

10.5 风险管理流程

风险管理流程的主要目的是识别、分析并在必要时处理与项目执行相关的风险。这种风险管理必须在项目的整个生命周期中进行规划和管理。

图 10.7 显示了风险管理流程的高层次表示。

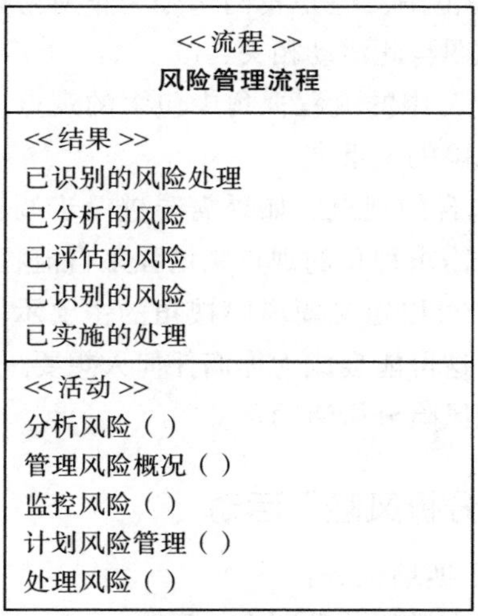

<<流程>>
风险管理流程

<<结果>>
已识别的风险处理
已分析的风险
已评估的风险
已识别的风险
已实施的处理

<<活动>>
分析风险（）
管理风险概况（）
监控风险（）
计划风险管理（）
处理风险（）

图 10.7 风险管理流程的流程内容视图

图 10.7 展示了来自 ISO 15288 的风险管理流程的流程内容视图，并使用 SysML 块定义图进行可视化。

由 SysML 属性表示的为该流程识别的结果描述如下：

❑ **已识别的风险处理**：这确保有一个有效的风险管理策略。

❑ **已分析的风险**：该结果确保风险得到充分理解。

❑ **已评估的风险**：监测风险的进展以及风险处理的进展情况。

❑ **已识别的风险**：确保在风险发生时能够识别它们。

- ❑ **已实施的处理**：该结果确保已识别的风险得到适当处理。

这些结果是通过执行许多活动来实现的，每个活动都包含许多任务。现在将更详细地讨论这些活动，并将参考本书中讨论的各种建模视图。

10.5.1 将建模应用于“规划风险管理”活动

规划风险管理活动包括以下两项任务：

（1）定义并记录风险管理流程的背景。

（2）定义风险管理策略。

这个活动对于有效的风险管理来说是非常关键的。贯穿本书的主题之一是始终质疑为什么要做某事，作为这一问题的一部分，始终考虑我们正在做的事情的上下文。正如已经多次指出的那样，上下文是MBSE成功的关键。请注意，任务（1）明确要求定义风险管理流程的上下文。只有做到这一点，才能定义策略，这是任务（2）的主题。

风险的整个主题涵盖了MBSE的各个方面，风险的应用也很广泛，包括技术风险、财务风险、安全风险、保障风险等。根据所识别的风险类型，此列表将有所不同。详细讨论不同类型的风险超出了本书的范围，但是我们迄今为止所考虑的建模可以应用于识别这些类型。以下观点及其关联的视图与此活动相关：

- ❑ 第5章“系统工程流程”中的流程视角中包含的观点。通过将建模方法应用于风险管理流程，可以识别风险的上下文。
- ❑ 第6章中需求视角中包含的观点。如果需要进一步调查来定义风险的上下文，那么可以通过应用更多来自需求视角的观点来增强来自流程视角的流程上下文观点。

整个风险管理领域是一个可以定义新风险视角的主要示例。本书不会对此进行任何详细介绍，但会确定一些观点，这可能会成为你们任何人想要进一步研究的起点。

在此基础上，接下来考虑风险分析活动。

10.5.2 将建模应用于“分析风险”活动

“分析风险”活动包括以下四项任务：

（1）识别风险管理上下文中描述的类别中的风险。

（2）估计每个已识别风险发生的可能性和后果。

（3）根据风险阈值评估每个风险。

（4）对于每一个未达到其风险阈值的风险，定义并记录推荐的处理策略和措施。

所有这些任务都依赖于这样一个事实，即必须有一个本体，以计算不同类型的风险。一般风险的基本公式如下：

$$风险 = 发生的可能性 \times 结果的严重程度$$

然而，这个公式会因风险类型而异。该公式将作为测量流程和相关测量策略的一部分获得。

可以用作此分析的一部分的建模观点及其关联视图包括以下内容：

- **从需求视角出发的需求上下文观点。这提供了风险可能存在的原因，并提供了不同类型的上下文。**
- **从需求视角出发的检验观点。这是一组至关重要的视图，因为它从上下文中捕获与每个用例相关的场景。通过考虑雨天情景来探索这些结果，这些情景可用于确定发生的可能性和结果的严重性。**
- **本体定义观点，需要对其进行定义以涵盖风险概念。**

请再次注意如何使用观点和视图的组合来实现我们想要的结果。同样有趣的是，我们可以使用前面讨论过的相同的视图集来解决新问题。

下一个将要讨论的活动是管理风险概况。

10.5.3　将建模应用于“管理风险概况”活动

管理风险概况活动包括以下三项任务：

（1）定义并记录可接受风险水平的风险阈值和条件。

（2）建立和维护风险概况。

（3）根据干系人的需求，定期向他们提供相关的风险概况。

风险概况涉及为已识别的风险分配阈值。这在本书中没有明确地涉及，但这是一个需要风险本体的领域，以定义与给定组织的风险相关的概念和术语。这个本体的一个关键部分是显式地定义不同类型的风险，就像在前面的活动中确定的那样。基于这个本体，可以将属性分配给允许定义阈值的本体元素。这也将涉及本章稍后讨论的测量流程和信息管理流程。

10.5.4　将建模应用于“监控风险”活动

监控风险活动包括以下三项任务：

（1）持续监控所有风险和风险管理环境的变化，并在状态发生变化时评估风险。

（2）实施和监控评估风险处理有效性的措施。

（3）持续监控整个生命周期中出现的新风险和新来源。

这些任务涉及在整个项目生命周期中监控风险。任务（1）和任务（3）都与分析风险活动相关，在该活动中，它们将持续监控风险的发生。

任务（1）还与规划风险管理活动相关，该活动定义了风险的初始上下文。在此任务中，将监视此上下文中可能发生的任何更改。

风险评估也包含在任务（2）中，这将与测量流程密切相关。

10.5.5　将建模应用于“处理风险”活动

处理风险活动包括以下四项任务：

（1）确定风险处理的推荐替代方案。

（2）实施风险处理备选方案，由干系人确定应采取哪些行动使风险可接受。

（3）当干系人接受不符合其阈值的风险时，将其视为高度优先事项，并持续监测，以确定是否有必要在未来进行风险处理。

（4）一旦选择了风险处理，就要协调管理行动。

所有这些任务都与风险识别后如何处理风险有关。可用于实现此目的的观点和视图与之前的活动类似，具体如下：

- **从需求视角看需求上下文。这提供了风险可能存在的原因，并为不同类型的风险提供了上下文。这在这里很有用，因为它确定了核心用例，非常重要的是，还确定了这些核心用例的扩展，这些扩展允许探索替代操作。**
- **从需求视角看检验观点。这是一组关键的视图，因为它从上下文捕获与每个用例相关的场景。这里可以使用这些场景来探索和定义可选的操作集，这些操作集可以用于处理不同类型的风险。**

同样，请注意我们是如何重用用于以前活动的视图的。这种重用是 MBSE 的一个非常强大的方面，因为它不仅可以节省时间和精力，而且还可以确保使用或创建的所有信息都是一致的，因为它来自模型的单一来源。

10.5.6 风险管理流程总结

风险管理流程是一个非常有趣的流程，因为它为自己证明了一个整体的视角，包括风险的本体。风险的整个主题具有广泛的范围和多重含义，因此它是一个很好的候选者，适合于特定组织。风险管理的核心，就如何识别、测量、分析和处理风险而言，对于许多组织来说是不同的，因此，将取决于该组织的特定风险本体。

尽管如此，我们在本书中已经看到的许多观点可以重新用于风险的控制和管理，并且可以从中获得许多好处。特别是，可以使用用例对风险的上下文进行建模和定义，然后与这些用例相关的场景可以用于识别、分析、测量和处理这些风险的许多方面。

将要讨论的下一个流程是信息管理流程。

10.6 信息管理流程

信息管理流程的主要目的是获取、控制和传播与系统及其开发相关的所有知识、信息和数据。这是 MBSE 特别感兴趣的，因为与系统相关的所有相关知识、信息和数据都包含在模型中，作为事实的单一来源。在 MBSE 的上下文中，信息管理流程主要关注模型的管理。

事实上，所有的信息管理结果、活动和任务都可以与“MBSE in a slide”相关，这一点在第 2 章中做了介绍，并在本书中引用，如图 10.8 所示。

图 10.8 显示了 ISO 15288 中信息管理流程的流程内容视图，并使用 SysML 块定义图进行可视化。

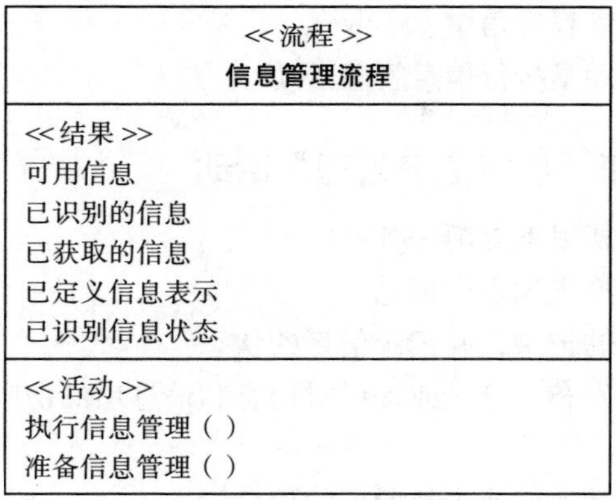

<<流程>>
信息管理流程

<<结果>>
可用信息
已识别的信息
已获取的信息
已定义信息表示
已识别信息状态

<<活动>>
执行信息管理（）
准备信息管理（）

图 10.8 信息管理流程的流程内容视图

由 SysML 属性表示的该流程的结果描述如下：

- **可用信息**：这一结果涉及与特定干系人相关的特定信息，这些信息作为“MBSE in a slide”中观点定义的一部分，如第 2 章所述。
- **已识别的信息**：这一结果适用于“MBSE in a slide”的流程集和框架，该幻灯片定义了需要确定的信息。
- **已获取的信息**：这一结果与“MBSE in a slide”中提及的所有信息的控制有关。
- **已定义信息表示**：此结果直接适用于“MBSE in a slide”中定义的符号。
- **已识别信息状态**：此结果与“MBSE in a slide”中包含的信息配置有关。

这些结果是通过执行几个活动来实现的，每个活动都包括许多任务。现在将更详细地讨论这些活动，然后我们将参考本书中讨论的各种建模视图。

10.6.1 将建模应用于“准备信息管理”活动

准备信息管理活动包括以下五项任务：

（1）定义信息管理策略。

（2）定义将要管理的信息项。

（3）指定信息管理的权限和职责。

（4）定义信息项的内容、格式和结构。

（5）定义信息维护活动。

所有这些任务都可以与“MBSE in a slide”相关。任务（1）涉及定义上下文，从而定义信息管理流程的战略，这将使用第 5 章中定义的流程视角来捕捉。

任务（2）中引用的信息项及其在任务（4）中引用的结构和内容都在形成 MBSE 方法的流程集和框架中定义。因此，所有这些都已经由流程集的流程视角以及构成 MBSE 框架的所有其他视角定义。

在任务（3）中负责信息管理和在任务（5）中负责维护的权威将被定义为流程集定义

的一部分，该定义包含在流程视角中。

下一个将要讨论的活动是执行信息管理活动。

10.6.2 将建模应用于“执行信息管理”活动

执行信息管理活动包括以下五项任务：

（1）获取、开发或转换已识别的信息。

（2）维护信息及其存储记录，并记录信息的状态。

（3）向指定的干系人发布、分发或提供对信息和信息项的访问。

（4）归档指定信息。

（5）处理不需要的、无效的或未经验证的信息。

所有这些任务都与模型管理相关，并且可以作为整体流程集的一部分进行定义和捕获。这些任务也与构成配置管理流程一部分的任务密切相关，本章稍后将对此进行讨论。

10.6.3 信息管理流程总结

MBSE 的信息管理与管理模型有关，因为与开发系统相关的所有信息都包含在模型中。这可以通过定义一个模型管理流程相对容易地实现。由于开发系统所需的所有信息、知识和数据都包含在模型的一个概念性位置中，因此与管理许多不同类型的文档相比，模型的管理相对简单。当然，仍然会有文档存在，同样的问题也将适用于任何基于文档的系统工程方法中存在的文档。

然而，在真正的 MBSE 方法中，这些文档成为视图的可视化，因此是模型的一部分。当文档存在于模型之外，并且包含和拥有模型中不包含的信息时，信息管理流程就会变得非常复杂。在这种情况下，它不是一种真正的 MBSE 方法，而更可能是以模型为中心或模型增强的方法，如第 2 章所述。

10.7 配置管理流程

配置管理流程的主要目的是识别和控制作为整个生命周期中系统开发的一部分而存在的配置项。

配置项可能直接与模型的特定方面相关，因此，MBSE 方法的整个配置管理流程通常比应用于基于文档的系统工程方法的配置管理流程要简单得多，如图 10.9 所示。

图 10.9 显示了 ISO 15288 中配置管理流程的流程内容视图，并使用 SysML 块定义图进行可视化。

由 SysML 属性表示的该流程的结果描述如下：

- **已控制的变更**：此结果确保对模型中的配置项所做的变更得到控制。
- **已识别的配置基线**：该结果允许将不同的配置项集合组合到特定的基线中。

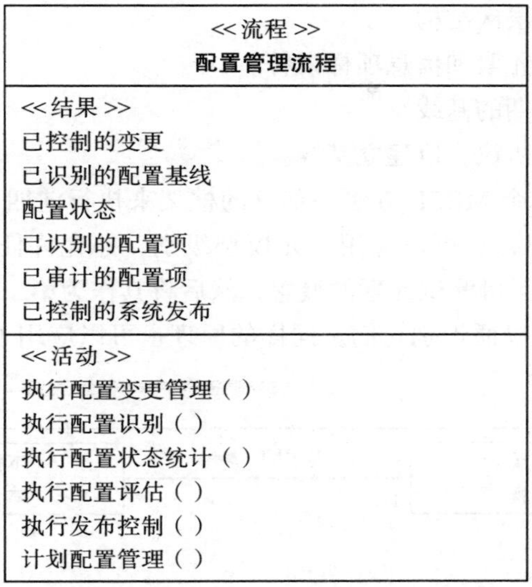

<<流程>> **配置管理流程**
<<结果>> 已控制的变更 已识别的配置基线 配置状态 已识别的配置项 已审计的配置项 已控制的系统发布
<<活动>> 执行配置变更管理（ ） 执行配置识别（ ） 执行配置状态统计（ ） 执行配置评估（ ） 执行发布控制（ ） 计划配置管理（ ）

图 10.9 配置管理流程的流程内容视图

- **配置状态**：此结果使用配置命名系统，允许建立任何配置项的特定状态。
- **已识别的配置项**：此结果识别模型中的哪些元素被归类为配置项，因此将被保持在配置控制之下。
- **已审计的配置项**：此结果确保所有配置项和基线都可以根据其结构和内容或根据应用于它们的流程进行评估。基本上，这种审计确保 MBSE 方法被有效地应用于配置项。
- **已控制的系统发布**：这一结果确保系统发布本身的配置项以及其他配置项都受到控制。

这些结果是通过执行几个活动来实现的，每个活动都包含许多任务。这些活动现在将更详细地讨论，并参考书中讨论过的各种建模视图。

10.7.1 将建模应用于“规划配置管理”活动

规划配置管理活动包括以下两项任务：

（1）定义配置管理策略。

（2）定义配置项、配置管理工件和数据的归档和检索方法。

这里的任务（1）和任务（2）都可以通过定义上下文和有效地定义流程来实现。这将通过从第 5 章“系统工程流程”中描述的流程视角开发“观点”中所描述的视图来实现。

下一个将要讨论的执行配置识别活动与这个活动密切相关。

10.7.2 将建模应用于“执行配置识别”活动

执行配置识别活动包括以下五项任务：

（1）识别作为配置项的系统元素和信息项。

（2）识别系统信息的层次结构。

（3）建立系统、系统元素和信息项标识符。

（4）定义整个生命周期的基线。

（5）获得采购和供应协议，以建立基线。

可以通过考虑构成整个 MBSE 方法一部分的框架来执行前四个任务。在第 8 章中，我们讨论了横切概念的思想，它可以应用于元模型级别，并允许任何本体元素进一步分类。在第 8 章的例子中，定义了可测试元素的概念，然后将其作为第二个构造型应用于本体定义视图中的特定本体元素，以便识别它们。同样的原理也可以应用于识别配置项，如图 10.10 所示。

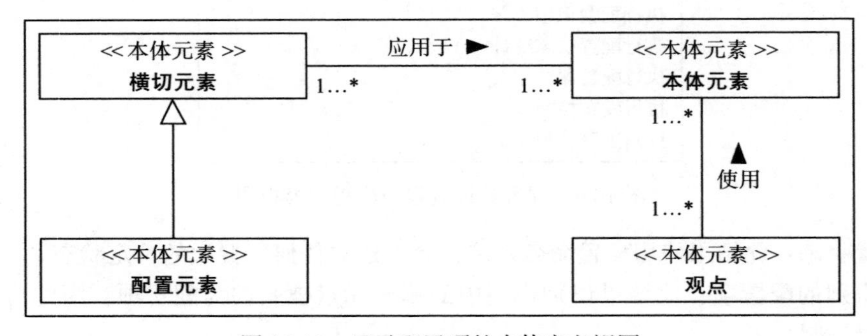

图 10.10　显示配置项的本体定义视图

图 10.10 显示了一个本体定义视图，该视图将配置项识别为一种横切元素类型，并使用 SysML 块定义图进行可视化。

横切元素的概念适用于元模型级别，也就是说，它适用于概念模型元素。在这种情况下，这些模型元素是本体元素和观点。这意味着任何本体元素或任何观点都可以作为配置项。请记住，这里的图是通用的，应该应用于本体和观点。这是通过将配置项构造型应用于 MBSE 框架定义的以下两个观点及其相关视图来实现的：

- 观点关系观点，它允许将特定的观点标识为配置项。实际上，这将适用于构成框架一部分的每个观点，因此，将适用于包含实际模型的每个视图。
- 本体定义观点，它允许将特定的本体元素分类为配置项。从技术上讲，所有的本体元素都可以被识别为配置项，但实际上，只有本体元素的一个子集将被标识为配置项。这对于变更控制很重要，因为配置项确定了将应用变更控制的粒度级别。

一旦确定了配置项［任务（1）］，它们的结构也将通过以下方式进行识别：

- 本体定义视图，在配置项应用于本体元素的情况下。
- 观点关系视图和观点定义视图，在配置项应用于观点的情况下。

这两个项目也完成了任务（2），这与配置项的结构有关。实际上，可以采用相同的方法来确定满足任务（4）所需的特定基线。

由于所有配置项都与模型中的不同元素有关，因此它们可以由模型中的实例分类器自动识别。请记住，所有模型元素实际上都是本体元素的实例，本体元素为模型一致性提供了基础。因此，每个模型元素都有自己的标识符，该标识符作为模型的一部分被包含。在此之后，每个配置项也是模型的一部分，因此在模型中具有自己的唯一标识符。这满足了列表中的任务（3）。

最后一项任务，即任务（5），与信息管理流程有关，因为它确定了哪些干系人对模型中的特定信息感兴趣（观点和本体元素），这些信息形成了作为任务（4）一部分定义的基线。

将要讨论的下一个活动与此活动密切相关，是执行配置变更管理活动。

10.7.3 将建模应用于“执行配置变更管理”活动

执行配置变更管理活动包括以下四项任务：

（1）识别并记录变更请求和差异请求。

（2）协调、评估和处理变更请求和差异请求。

（3）提交审批申请。

（4）跟踪和管理已批准的基线变更、变更请求和差异请求。

所有这些任务都与配置项的变更控制有关。同样，因为所有配置项都是整个模型的一部分，即所有内容都包含在模型中，所以流程变得更简单。

因此，为了完成这些任务，必须为模型建立一个变更管理流程。这包括定义流程，如第5章“系统工程流程”所述。首先，定义流程的上下文。然后，使用流程视角中概述的其他视图，对流程进行描述。

10.7.4 将建模应用于“执行配置状态统计”活动

执行配置状态统计活动包括以下两项任务：

（1）开发和维护系统元素、基线和发布的配置管理状态信息。

（2）捕获、存储和报告配置管理数据。

当使用MBSE方法时，这两个任务可以很容易地实现，但在很大程度上取决于建模工具的使用。通过将状态定义为工具中模型元素定义的一部分，可以在工具中很容易地保存和记录所有配置项的状态信息，从而满足任务（1）。许多工具都允许将配置状态分配给模型元素，即使没有这种特定功能的工具也允许根据任何元素重新记录信息。

一旦这些信息在模型中，就会被捕获和存储，并且可以通过运行作为任何建模工具一部分的报告来轻松检索，从而满足任务（2）的要求。当然，实现这一目标的确切方式将取决于具体的工具。

10.7.5 将建模应用于“执行配置评估”活动

执行配置评估活动包括以下六项任务：

（1）确定对配置管理审计的需求并安排事件。

（2）检查产品配置是否满足配置要求。

（3）监控已批准的配置变更的合并。

（4）评估系统是否满足基线功能和性能。

（5）评估系统是否符合操作信息和配置信息。

（6）记录配置管理审核结果和处理措施项目。

此活动主要涉及确保配置项目适合其用途并满足其原始需求。关键是定义配置管理流程的上下文，并建立代表需求的用例。这可以根据第6章描述的需求视角中的观点创建视图来实现。这有助于满足任务（1）和任务（2）。

紧接着，需求视角也可以用于使用检验视图创建几个场景。这将是第6章讨论的两种类型：操作场景用于建立配置项的功能能力，性能场景用于捕获性能能力。这有助于满足任务（4）和任务（5）。

任务（3）涉及管理配置项的变更，它包含在前面讨论的活动中：执行配置变更管理。

最后一项任务，即任务（6），包含在信息管理流程中。

将要讨论的最后一个活动是执行发布控制活动。

10.7.6 将建模应用于“执行发布控制”活动

执行发布控制活动包括以下两项任务：

（1）批准系统发布和交付。

（2）跟踪和管理系统发布和交付。

系统的发布将基于特定配置，该配置可以使用第3章描述的系统视角中讨论的观点进行描述。这些视图将构成任务（1）所需审批流程的基础，并且可以根据任务（2）的要求，使用系统视角中描述的视图，通过创建配置项的实例来跟踪系统。

10.7.7 配置管理流程总结

配置管理流程对成功的MBSE至关重要，因为模型是一个会随着时间的推移而演变的实体，必须应用有效的配置管理来控制这种演变。在真正的基于模型的方法中，实际管理比基于文档的方法更容易，因为所有信息都包含在一个地方，即模型中。因此，如果模型可以控制，那么我们打算用于开发和交付系统的所有信息也可以控制。

此外，配置项，无论是模型元素、视图还是基线（基于系统的配置），都可以使用本体来识别和定义，本体为整个模型的一致性提供了基础。

几乎每个组织都已经有了配置管理流程，因此，在大多数情况下，这将是一个调整现有流程以应对模型的问题，而不是从头开始创建流程。当然，所有这些都应该使用建模来完成，如第5章“系统工程流程”所述。

10.8　测量流程

测量流程的目的是定义如何识别和测量项目的不同属性。测量流程的流程内容视图如图 10.11 所示。

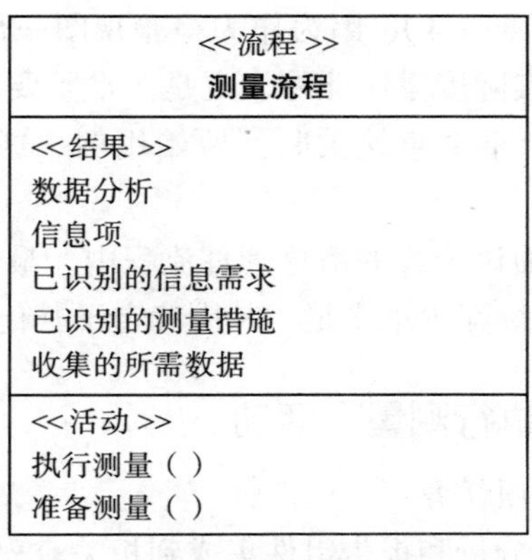

图 10.11　测量流程的流程内容视图

图 10.11 显示了 ISO 15288 中测量流程的流程内容视图，并使用 SysML 块定义图进行可视化。

由 SysML 属性表示的该流程的结果描述如下：

- **数据分析**：这一结果与确保理解测量数据有关。
- **信息项**：这一结果涉及确保识别所有需要测量的相关信息项。
- **已识别的信息需求**：这一结果涉及确保充分捕捉和理解测量流程的上下文。
- **已识别的测量措施**：这一结果确保根据具体上下文确定相关测量措施。
- **收集的所需数据**：这一结果确保了测量结果产生的数据得到有效管理。

这些结果是通过执行几个活动来实现的，每个活动都包括许多任务。现在将更详细地讨论这些活动，并参考本书中讨论的各种建模视图。

10.8.1　将建模应用于“准备测量”活动

准备测量活动包括以下七项任务：

（1）定义测量策略。

（2）描述与测量相关的组织特征。

（3）确定信息需求并确定其优先级。

（4）选择并指定满足信息需求的措施。

（5）定义数据收集、分析、访问和报告程序。

（6）定义评估信息项和测量流程的标准。

（7）识别并规划使用必要的赋能系统或服务。

该活动依赖于对测量流程的基本需求的有效理解，可以通过基于第 6 章概述的需求视角中描述的观点创建需求视图来捕捉这些需求。这满足了任务（1）、任务（2）和任务（3）的要求。

需求视角也可用于实现任务（4），因为作为检验视图一部分创建的性能场景可用于定义这些使用 SysML 约束块的实际度量。此外，也是非常重要的一点，当这些度量被捕获在检验视图中时，它们可以从上下文直接关联回原始用例，这满足了任务（4）和任务（6）的要求。

任务（5）包含在本章前面讨论过的信息管理流程中。最后的任务，即任务（7），可以通过考虑系统视角中描述的系统配置来满足，其中确定了其他赋能系统和服务。

10.8.2 将建模应用于“执行测量”活动

执行测量活动包括以下四项任务：

（1）将数据生成、收集、分析和报告组件集成到相关流程中。

（2）收集、存储和验证数据。

（3）分析数据并开发信息项。

（4）记录测量结果并通知测量用户。

此活动的所有任务都在很大程度上依赖于信息管理流程。

任务（1）可以通过应用第 5 章“系统工程流程”描述的方法再次实现，其中描述了流程视角。

任务（2）、任务（3）和任务（4）都可以通过有效地应用信息管理流程来完成。这些还将使用作为先前活动一部分创建的视图来定义实际测量。

10.8.3 测量流程总结

测量流程涉及定义可应用于不同信息的几种测量。因此，测量流程在很大程度上依赖于信息管理流程。

与已经描述的所有流程一样，强烈需要确定流程为实现其目的所需做的具体工作的上下文。同样，这可以通过应用第 5 章描述的流程视角来成功实现。

10.9 质量保证流程

质量保证流程的主要目的是确保与系统相关的所有流程、产品和服务符合目的，如图 10.12 所示。

图 10.12 显示了 ISO 15288 中质量保证流程的流程内容视图，并使用 SysML 块定义图进行可视化。

<<流程>>
质量保证流程

<<结果>>
提供评估结果
已解决的事件
已处理的问题
评估项目产品
确定的质量保证标准
定义质量保证程序

<<活动>>
管理质量保证记录和报告（）
执行过程评估（）
执行产品或服务评估（）
准备质量保证（）
处理事故和问题（）

图 10.12　质量保证流程的流程内容视图

由 SysML 属性表示的该流程的结果描述如下：

- **提供评估结果**：这一结果确保了与干系人的良好沟通。
- **已解决的事件**：该结果涵盖了发现任何不符合项时需要采取的措施。
- **已处理的问题**：这一结果也与解决问题有关。
- **评估项目产品**：与质量管理政策、程序和要求一致，这与评估质量保证的实际流程有关。
- **确定的质量保证标准**：这确保了质量属性可以测量。
- **定义质量保证程序**：这一结果确保为质量保证定义了流程。

这些结果是通过执行几个活动来实现的，每个活动都包括许多任务。现在将更详细地讨论这些活动，并参考本书中讨论的各种建模视图。

10.9.1　将建模应用于“准备质量保证”活动

准备质量保证活动包括以下两项任务：

（1）制定质量保证策略。

（2）建立独立于其他生命周期流程的质量保证。

这两项任务都包含在为质量保证流程集和框架创建有效的流程上下文视图中。

10.9.2　将建模应用于“执行产品或服务评估”活动

执行产品或服务评估活动包括以下两项任务：

（1）评估产品和服务是否符合既定准则、合同、标准和法规。

（2）对生命周期流程的输出进行验证和检验，以确定是否符合规定的要求。

通过检验上下文来满足这两个任务。这包括确保约束得到满足 [任务（1）]，以及确保所有其他需求得到满足 [任务（2）]。

10.9.3 将建模应用于“执行流程评估”活动

执行流程评估活动包括以下三项任务：

（1）评估项目的生命周期流程是否符合要求。

（2）评估支持或自动化流程的一致性的工具和环境。

（3）评估供应商流程是否符合流程要求。

所有这些任务都可以通过将流程视角映射到源工具或供应商流程来实现。这是对第 5 章“系统工程流程”中描述的流程视角的又一次很好的利用。

10.9.4 将建模应用于“处理事件和问题”活动

处理事件和问题活动包括以下七项任务：

（1）对事件进行记录、分析和分类。

（2）事件得到解决或升级为问题。

（3）对问题进行记录、分析和分类。

（4）优先处理问题，并跟踪执行情况。

（5）注意并分析事件和问题的趋势。

（6）向干系人通报事件和问题的状况。

（7）事件和问题被跟踪到结束。

所有这些任务都与质量保证流程的正确执行有关。由于这些流程将被完全建模，因此通过流程视角考虑以下两个视图，可以相对容易地识别任何不一致或其他问题：

- ❑ 流程行为视图：这些视图将显示与预期流程的任何偏差。
- ❑ 信息视图：这些视图将显示与流程相关的任何工件的定义结构和内容的任何偏差。

此外，由于干系人已经在干系人视图中确定，并且他们负责的活动在流程行为视图中定义，如第 5 章“系统工程流程”所述，因此已经建立了与干系人的沟通。

10.9.5 将建模应用于“管理质量保证记录和报告”活动

管理质量保证记录和报告活动包括以下三项任务：

（1）创建与质量保证活动相关的记录和报告。

（2）维护、存储和分发记录和报告。

（3）识别与产品、服务和流程评估相关的事件和问题。

同样，这些任务将通过使用流程视角中定义的视图来实现，该视角涵盖了信息管理流程。

10.9.6 质量保证流程总结

质量保证流程相对简单，因为标准要求的几乎所有信息都包含在模型的现有视图中。

任何质量保证流程的核心都是一组定义明确的流程，我们已经在第 5 章“系统工程流程”中看到了这是一个很好的建模应用程序。因此，流程视角被广泛用于质量保证也就不足为奇了。

10.10 总结

本章站在一个很高的层次上考虑了 ISO 15288 标准所要求的技术管理流程。现在应该很清楚，满足 ISO 15288 要求的几乎所有信息都已包含在模型中。

这里的主要目的是展示如何使用我们在本书中创建和讨论的模型视图，根据标准中指定的流程来帮助定义 MBSE 的方法。我们越能重用这些视图，就越能从每个视图中展示更多的价值。

请记住，MBSE 是一种方法，该方法的核心包括流程集和框架。正如本书所展示的那样，两者都已经通过建模以严格的方式进行了定义。

下一章将介绍一些可能对 MBSE 活动有用的方法的具体示例。

10.11 自测任务

- ❑ 根据图 10.1 创建一个高级流程内容视图，但添加流程之间的依赖关系。
- ❑ 现在，根据你自己的组织定制上一自测任务中创建的流程内容视图。
- ❑ 选择其中一个管理流程，并为你的组织定义它。

第四部分 Part 4

下 一 步

本书的最后一部分为持续开展系统工程所要做的后续内容指明了方向。

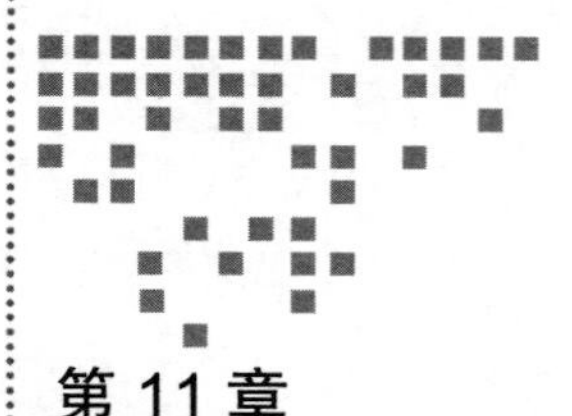

Chapter 11 第 11 章

部署 MBSE

本章将介绍有关 MBSE 部署的概念，即如何在组织中实施 MBSE。

本章将利用书中的信息为部署迄今为止所有讨论过的技术提供可靠的方法。

11.1 “三位一体”方法概述

本书一直提到的内容之一是：MBSE 是传统系统工程的自然演进，它是如何在工业中普及的。随着 MBSE 被越来越多的组织采用，其成熟度也在不断发展。回顾过去的 30 年（这正是作者在 MBSE 领域工作的时间），就可以发现 MBSE 的使用方式是如何发生变化的。总的来说，可以总结为以下几点：

- 20 世纪 90 年代和 21 世纪初期，人们提出的主要问题是：为什么要在一开始就进行建模？虽然已经有足够的论点来支持建模，但仍有很多人不愿意，甚至害怕建模。直到 1997 年底统一建模语言的出现，才极大地鼓舞了人们对建模的信心。统一建模语言采用了一种统一的建模语言，没有使用那些超过 150 种不同的现有符号。正如前面所讨论的那样，尽管它已经在软件工程行业被广泛采用，但在系统工程中，人们仍然并不愿意使用这种技术。
- 21 世纪初提出的主要问题从“为什么要建模？”转变为了“如何高效地建模？”这得益于 2006 年引入的 SysML，它使许多之前不太愿意建模的系统工程师变得更加熟悉建模。
- 到了 21 世纪 10 年代末，问题再次发生了变化，变成了“如何在行业中部署这些技术？”现在大家急切地想要了解部署 MBSE 的最佳实践。

我们今天所面临的局面就是工业界迫切需要 MBSE，但是缺乏关于如何在现有组织中实施的知识。

以有效的方式部署 MBSE 是非常重要的，否则整个计划可能会失败。更为糟糕的是，注定会失败的实施可能会让人们认为 MBSE 本身就有问题，而不是部署的问题。

经验表明，MBSE 无法有效部署的常见原因包括：

- 组织不了解 MBSE。这直接与之前讨论过的“MBSE in a slide”有关。正如我们之前讨论的那样，许多人不了解有效的 MBSE 必须考虑什么。例如，组织为它们的工程师购买了建模工具，然后期望 MBSE 能够被有效地部署。显然，如果没有适当地考虑符号、模型、框架、流程集和标准，这充其量只是一次不完整的尝试。
- 组织对部署 MBSE 所需的时间和精力抱有不切实际的期望。这直接与之前讨论的 MBSE 演进有关。例如，组织目前处于第 1 阶段（基于文档的系统工程），却希望优先考虑第 4 阶段（以模型为中心的系统工程）或第 5 阶段（基于模型的系统工程）的活动。往往处于第 1 阶段的组织想要立即实施一种称为变体建模的技术，但根据我们对演进过程的划分，它是一种更为高级的应用方式。
- 组织不了解为什么要将 MBSE 引入业务中。在部署之前了解为什么要部署 MBSE、期望的好处是什么，以及如何展示这些好处是至关重要的。如果不了解这些，那么实际上组织就是在解决它根本不理解的问题。

这三个 MBSE 失败的原因构成了“三位一体”方法的基础，接下来将逐一详细讨论。

在“三位一体”（trinity）方法评估正式开始之前，有必要设定评估的范围。当提到范围时，可以将其看作设定评估的边界，以便了解包含的内容有哪些、不包含的内容有哪些。因此，我们可以考虑以下选项：

- 评估是否适用于整个组织？除了最小的组织，答案通常是否定的。当涉及中等或大型组织时，各个领域的能力都将存在很大的差异。因此设定边界是非常重要的。对于小型组织来说是可行的。在小型组织中有可能以一种连贯和共同的方式运作。但随着组织规模的增大，却变得更加困难。因此，接下来的两个选项更为常见。
- 评估是否适用于组织内的特定群体？这是一种更常见的情况。组织内的特定群体，有时被称为组织单元，构成了评估的边界。可以在业务内的不同群体上进行多次评估，然后将它们的结果进行比较，以提供组织整体 MBSE 实施策略的全景图。
- 评估是否适用于特定系统？另一种常见的范围设定方式基于正在开发的特定系统来定义。它的优点是可以对范围进行限制，但是涵盖了可能参与该开发的不同组织单元。

范围一旦被确定，就可以开始进行评估，如下面三个部分所述。

11.1.1 定义 MBSE 的合理性

本节我们将介绍如何确定 MBSE 部署的合理性或依据，在这一点上我们必须要达成一致，理由如下：

- 每个组织对 MBSE 的需求不同。了解 MBSE 在特定组织中将满足哪些特定的需求，以及组织希望从 MBSE 中获得哪些相关好处是非常重要的。
- 必须证明团队利益获得满足。如果没有达成一致的机制来证明需求和相关利益已经成功实现，那么识别需求和利益将毫无意义。
- 如果需求不被理解，那么就无法采取适当的解决方案。再次强调一下，为不存在的问题提供解决方案希望渺茫。

现在我们将探讨如何寻找部署 MBSE 的合理性。

11.1.2 了解 MBSE 部署的上下文

为了确定事物背后的合理性，基本上都要问一个问题，那就是“为什么？”每当我们提出这个问题时，我们都会问有哪些干系人，每个干系人期望得到什么好处。我们使用的建模技术与第 6 章讨论的技术相同。

当讨论建模的需求和要求时，理解这些需求的关键方面之一是理解它们背后的各种上下文，它们揭示了背后的真正原因。

如果我们在互联网上搜索 MBSE 的优点，得到的结果主要与各种建模工具的功能相关。

这与理解想要部署 MBSE 的原因不同。组织或项目希望部署 MBSE 的原因各不相同，因为 MBSE 的需求是与具体情境相关的，因此在不同组织和项目之间会有显著差异。

简要回顾一下，上下文代表了一个特定的视角，用来看待任何事情。重点是，我们可以通过不同的上下文来看相同的需求描述，而且在不同的上下文中可能会有不同的解释和理解。

可用的上下文有很多种，而我们在这里主要使用的是干系人上下文。要理解干系人上下文，我们首先必须识别和定义参与 MBSE 部署的各种干系人。

图 11.1 显示了一组通用的干系人，它可以作为识别完整干系人的起点。

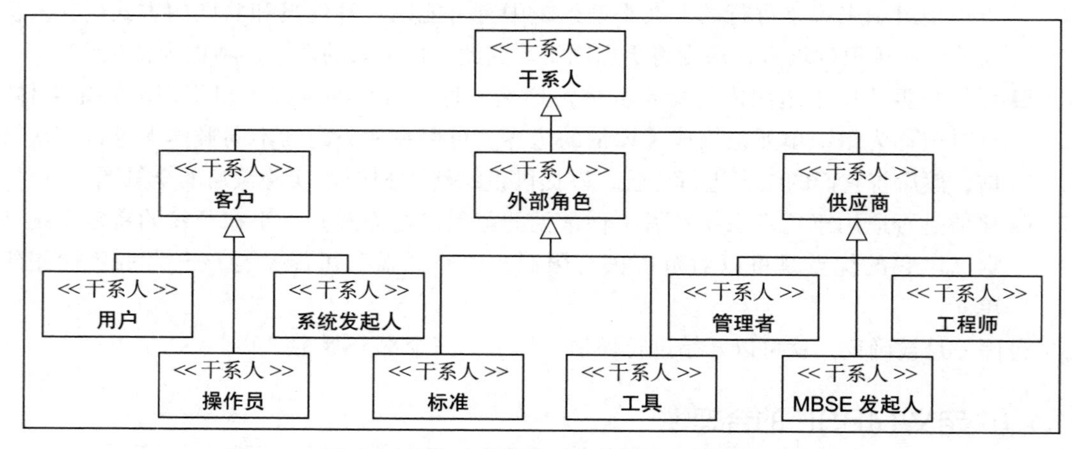

图 11.1 干系人视图，识别了 MBSE 部署的通用干系人集合

图 11.1 展示了一个干系人视图，识别了与 MBSE 部署相关的通用干系人集合，使用 SysML 中的块定义图来对内容进行可视化。

该图的基本结构与本书中迄今为止看到的其他干系人视图相同，即在顶层干系人下面有三大类，它们分别是：

- << 客户 >> 干系人，代表了系统的目标受益者，通常需要与之妥协。
- << 外部角色 >> 干系人，代表通常难以影响但仍对系统感兴趣的独立干系人。
- << 供应商 >> 干系人，负责系统的成功实现。

到目前为止，这些干系人与之前讨论的相同。但在下一层级，就可以看到那些对成功实现系统感兴趣的角色：

- << 用户 >> 干系人，负责使用最终的系统。
- << 操作员 >> 干系人，负责确保系统能够按照预期的方式使用。
- << 系统发起人 >> 干系人，负责为系统的实现提供资金支持。
- << 标准 >> 干系人，代表任何最佳实践来源，如国际标准、认证、法规等。
- << 工具 >> 干系人，代表建模工具、管理工具、仿真工具、CAD 工具等。
- << 管理者 >> 干系人，代表一组负责按时和在预算内交付系统的角色。
- << 工程师 >> 干系人，代表一组角色，负责成功实现系统。
- <<MBSE 发起人 >>，负责在业务中部署 MBSE。

每个干系人都有自己的上下文，这个上下文可能与其他人不同。因为每个人都会从不同的角度来看待 MBSE 的部署。为了说明这一点，我们将看一些不同的上下文，如图 11.2 所示。

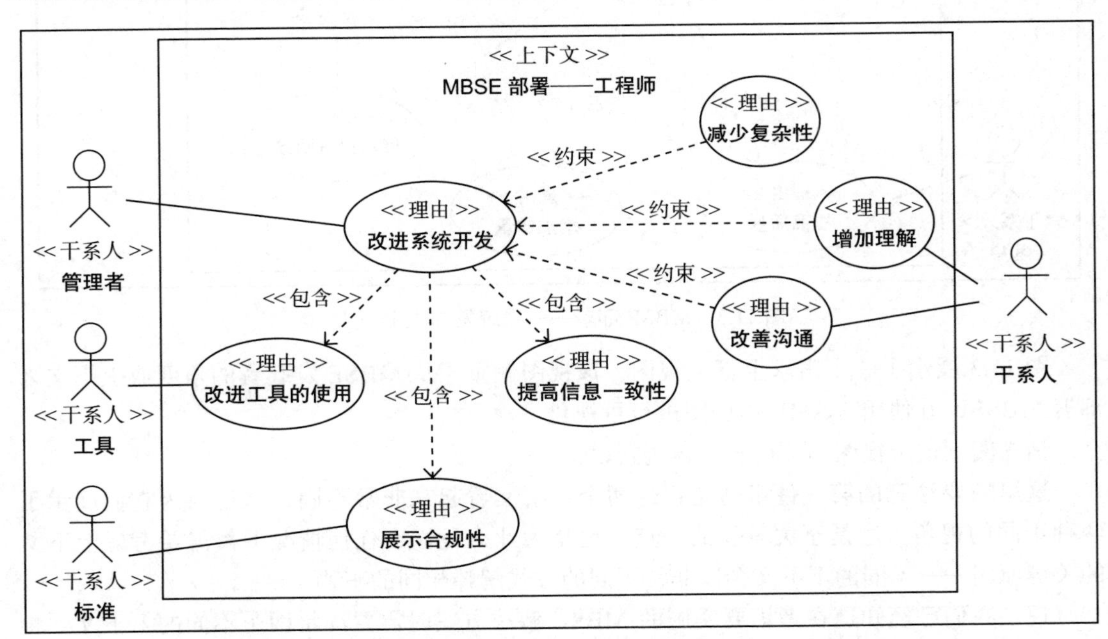

图 11.2　需求上下文视图——MBSE 部署——工程师上下文

图 11.2 展示了一个需求上下文视图，该视图侧重于从工程师的视角或上下文来部署 MBSE，并使用 SysML 用例图进行可视化。

该视图用来展示工程师希望在业务中实施 MBSE 的原因。

在这个例子中，重点是**“改进系统开发”**。这包括三个方面：**“改进工具的使用”“展示合规性”**和**“提高信息一致性”**。这里还显示了三个约束条件，它们反映了所需要解决的系统工程的三大问题。读者可以阅读本视图的其余部分。

应强调的是，这只是工程师可能希望实施 MBSE 的一个示例，而且因组织而异。工程师希望实施 MBSE 的其他可能理由包括：缩短开发时间，改善招标流程，提高认证合规性，改善与其他组织的协作等。考虑其他类似的原因，并思考它们将如何改变这里所示的上下文。请记住，这些上下文是与你和你的企业或项目相关的，因此它们必须反映你的全部实施理由。

现在让我们关注另一个上下文，并看看实施理由在上下文变化的情况下会如何改变，如图 11.3 所示。

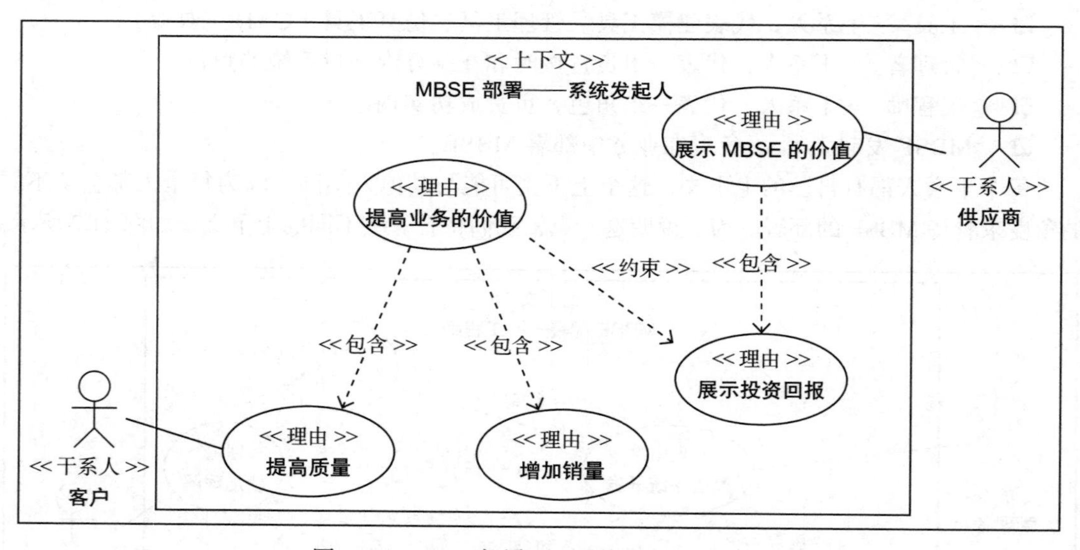

图 11.3 MBSE 部署——系统发起人上下文

图 11.3 展示了一个需求上下文视图，该视图侧重于从 MBSE 发起者的角度或上下文来部署 MBSE，并使用 SysML 用例图进行可视化。

请先阅读这个视图，然后我们再进行讨论。

这里需要注意的第一件事情是：这两个上下文看起来非常不同，这是因为它们展示了两种不同的视角。这是至关重要的一点，也是为什么我们在任何情况下都需要考虑上下文的关键原因——不同的上下文会以非常不同的方式解释相同的事物。

现在我们已经知道在考虑要实施的 MBSE 解决方案时需要满足两个不同的上下文。将这两个视图中每个用例的要求展示出来，对于管理不同干系人的期望至关重要。如果我们希望 MBSE 能够部署成功，那么我们必须努力满足所有干系人的期望。

当各种上下文都已经被定义时，下一步可以有两个选择：

- 保持原始上下文，识别并解决所有冲突，然后根据它们来评估 MBSE 部署的成功概率。
- 将上下文合并成一个单一的高级别上下文，个体上下文位于它的下面。这种方式常用在存在多个上下文且 MBSE 部署背后的总体原因不太清晰的时候。由个人来决定哪种方式能够为他们的组织带来最大的价值。

到目前为止，所考虑的上下文是通过简单地讨论原因并使用 SysML 用例图进行捕捉创建的。当干系人是系统工程师或具有技术背景时，这是一种完全可以接受的方法。然而，在某些情况下，目标干系人并没有技术背景，因此需要采用其他技术。其中的一种方法会在下一小节中进行讨论。

11.1.3 使用团队风暴进行上下文建模

上文展示了如何使用本书迄今为止重点介绍的技术，通过使用 MBSE 符号（例如直接使用 SysML）来捕获上下文。然而在许多情况下这并不适用，因为干系人的目标受众可能没有技术背景，可能会因使用被视为技术语言的 SysML 而感到害怕或担心。在这种情况下，我们应该考虑使用隐式 MBSE。这在第 2 章中被初次讨论。其中一个非常有用的技术就是团队风暴（TeamStorming，2019a；TeamStorming，2019b）。

团队风暴是集思广益、促进团队建设的有效方式。它的目标受众是非技术干系人，例如董事会成员、客户、业务经理和其他不一定具有技术背景的干系人。当涉及大量干系人（数十人甚至一百人以上）时，团队风暴也非常有效！

该方法的目标是回答一个预先定义的问题。该问题可以是与业务相关的任何问题。但就“三位一体”方法而言，这个问题是：我们希望在组织中实施 MBSE 的原因是什么？

这种方法本身包含了许多经过验证的基于教育的游戏，可以是个人游戏，也可以是小组游戏。

流程从一个名为“X 因素”的游戏开始。这个游戏的目标是识别对业务来说可能非常重要的任何关键因素，如关键干系人、产品、服务、系统等。从 MBSE 的角度来看，这为识别需要考虑的关键上下文提供了输入。

接下来的游戏被称为“无穷之旅”，它将上一个游戏中引入的因素组合在一起并确定优先级。这为下一个游戏“共情、共情”中所创建的上下文定义提供了良好的基础。这个游戏的目标是设想对于所选择的干系人而言，成功实施会呈现出什么样的场景，包括他们的感受、言辞、思维和听到的内容，这被称为共情地图，其本质是为上下文定义视图提供基础。

下一个游戏名为“牵牛花”，参与者拿起他们的共情地图并描述一个典型的故事板，该故事板将反映出共情地图的结果。这直接对应于标准的 MBSE 方法中的创造晴天场景。

现在参与者要在名为“动物魔法”的游戏中思考这些故事板，并且在故事板的每个关键点上都要识别有利于实现故事板结果的行动。他们还要创建会导致故事板出现不良结果的干扰性行动。这些行动都被记录在卡片上。

在“摊牌”过程中，这些卡片会被展示在故事板上，让参与者思考事情会如何出错并且需要采取什么措施才能取得成功。最重要的是，识别新的行动来减轻尚未解决的干扰因素。这使参与者能够进行基于上下文的全面场景分析。

现在，所有这些产出都被汇总在一起，并在最后的游戏“全景图”中反馈给参与者。

团队风暴是一个完整的 MBSE 方法。它使我们能够识别 MBSE 计划背后的根本原因，然后将其直接映射到游戏结果。

团队风暴涉及在卡片、便签和纸上书写和绘图，因此它看起来又似乎并不是一种 MBSE 方法。但正是出于这种友好的方式，使得它对于非专业人士来说更加易于理解。团队风暴是实施隐式 MBSE 的完美示范！

有关团队风暴的更多详细信息，请从文献中参阅（TeamStorming，2019a；TeamStorming，2019b）。

11.2 定义 MBSE 能力

在本节中，我们将了解如何根据之前确定的范围来定义 MBSE 能力。

当我们谈论能力时，我们谈论的是一个组织或组织单元的能力。因此，在我们谈论 MBSE 能力时，也是谈论的组织或组织单元开展 MBSE 的能力。

在本书前面，我们讨论过 MBSE 能力。尽管我们并没有明确提到它。事实上，我们曾多次讨论并提及“MBSE in a slide”。我们可以将其作为 MBSE 能力定义的基础。“MBSE in a slide”概述了实施 MBSE 时必须考虑的因素，这构成了 MBSE 能力的基础。

在考虑 MBSE 的实施时，实际上是在谈论如何为业务带来积极的改变。在任何类型的业务进行变革时，必须考虑两个因素：

- 当前情况，即现状。这为我们提供了一个基准，以便我们可以规划未来的部署或变革。这种部署或者变革在本例中就是 MBSE 的实施。
- 目标情况，即未来状态。这为我们提供了一个目标，当我们考虑 MBSE 的部署时可以朝着这个目标努力。

可以通过考虑评估的范围并询问自己：我们现在在哪里？我们想要到达哪里？

然后，我们可以将这些直接绘制在整体的“MBSE in a slide”图上。

确定当前 MBSE 能力

必须以“MBSE in a slide”中描述的概念为基础来获取当前的 MBSE 能力，而且还要问自己：我们现在在哪里？对这个问题的回答必须是 100% 诚实的，不能以任何方式夸大来保全面子，这一点至关重要。请记住，整个“三位一体”方法评估的目标是为业务变革提供基础，从而改善组织或组织单元的运营方式。

因此，必须掌握目前的情况，它包括以下几方面：

- “MBSE in a slide”中的实现组。“MBSE in a slide”中的这一部分是指工具的使用。需要注意的是，这里不仅仅局限于MBSE工具，而是使用组织可以使用的任何工具。如MBSE工具、仿真工具、办公工具、CAD工具、管理工具、PLM工具、纸笔、绘图软件等。我们需要确定目前正在使用哪些工具以及它们的使用程度。
- “MBSE in a slide”中的可视化组。“MBSE in a slide”中的这一部分涵盖了任何特定语言或符号的使用。同样，我们不一定局限于如SysML这样的符号，而可能涵盖各种符号，比如另一种可视化建模语言（UML、BPMN等)、形式化语言（VDM、Z等)、模拟语言（包括连续和离散事件语言)、特定于不同工程领域的基于模型的工程语言（CAD、电路、热流等)，或者基于约束的语言，比如安全与防护等。这样的例子不胜枚举。
- “MBSE in a slide”中的系统组。“MBSE in a slide”中的这一部分涵盖系统开发的当前实施方式，包括询问当前的系统工程开发基于文档还是基于模型，以及开发流程中的工件是否存在一致性。
- “MBSE in a slide”中的方法组。“MBSE in a slide”中的这一部分涵盖方法的两个主要方面：框架（为模型提供蓝图）和流程集（展示如何使用框架，包括方法、方法论等)。在每种情况下，我们需要确定当前是否已经建立了框架和流程集，并且它们是否适合特定的目的。这也会反映之前的内容，因为采用基于文档和采用基于模型的方法所产生的结果是不同的。
- “MBSE in a slide”中的合规组。“MBSE in a slide”中的这一部分使我们能够了解哪些标准（或任何其他最佳实践来源，如认证、立法等）是适用的。此外，我们需要记录之前讨论的方法是否符合这些标准。

这些问题的答案现在可以添加到“MBSE in a slide”中，作为原始图表的注释，如图11.4所示。

图11.4展示了如何记录每个问题的答案，并将其作为注释添加到原始“MBSE in a slide”中。在这个例子中，我们可以得到以下结论：

- 关于实现，已经确定存在两种工具，分别是需求管理工具和仿真工具。请注意，这里也包括了未使用MBSE工具的情况。
- 关于符号，没有正式的可视化符号系统。尽管在许多文档中经常使用图表，但这些图表都是临时的且没有特定的符号系统来支持它们。正是由于没有特定的符号系统，所以各个图表之间没有一致性可言。这使得它们更像是绘图而不是构成模型的视图。除了这些图表，还有来自仿真工具的输出内容。虽然这些仿真工具输出的内容自身是一致的，但它们与其他图表之间还是存在着差异。

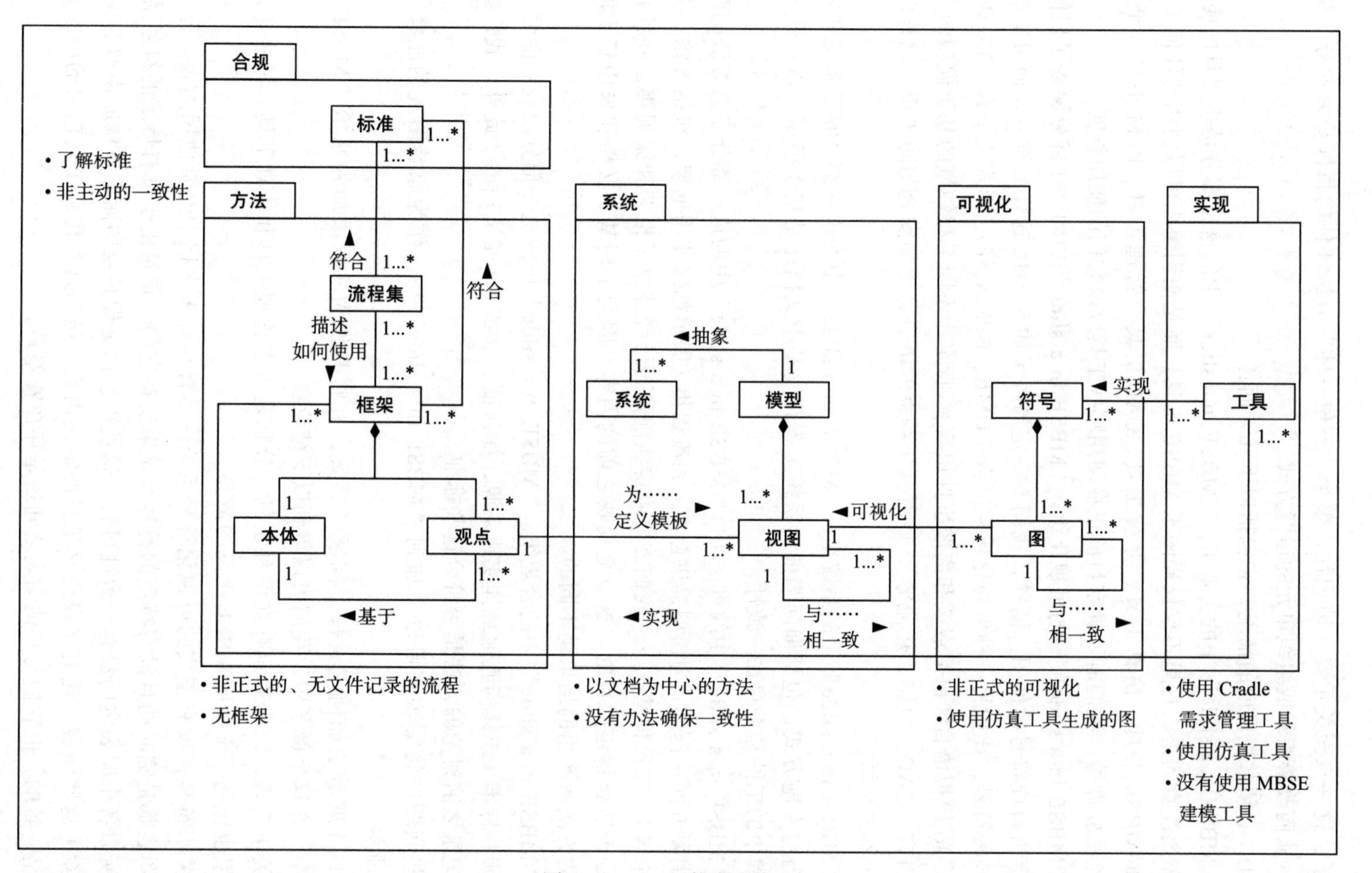

图 11.4 MBSE 能力现状示例

- 关于系统，所有收集到的用于部分系统开发内容的信息，都会保存在文档中。同样，这些文档之间的信息不存在一致性，因此所有的一致性检查都需要手动进行。
- 关于方法，没有正式记录的流程集。所有与流程相关的信息都是由项目中的个人决策和执行的。此外，也不存在任何框架。
- 关于合规，该组织意识到标准的存在，也确实应该对此采取一些措施。但是在业务中并没有可证明的合规性。

在将以上的结论添加到原始的“MBSE in a slide”中后，下一步是根据“MBSE in a slide”中相同的分组来提出问题。但我们不是问当前的情况是什么，而是问目标情况应该是什么。我们根据希望得到的最佳评估结果这一理想情况来回答这个问题。这些信息以类似的方式被记录，如图 11.5 所示。

图 11.5 展示了 MBSE 实施的目标情况。这是通过询问我们在理想的 MBSE 实施中想要达到的目标来确定的。与之前一样，我们可以用新的结论来注释原始图表，如下所示：

- 关于实现，即人们希望使用 SysML 建模工具，也希望继续使用需求管理工具和仿真工具。此外，需要将 SysML 工具与需求管理工具进行集成，因此决定了工具互操作性的整个领域都很重要。在工具互操作性的范畴内，希望能够使用建模工具自动生成文档。这意味着建模工具必须能够与当前业务中正在使用的标准办公工具套件集成。
- 关于可视化，只需要使用 SysML 这一额外的符号系统。它会与作为工具一部分的仿真语音一起使用。
- 关于系统，决定采用以模型为中心的方法来实现系统。模型中包含的所有信息将保持一致，这是使用模型的好处之一。组织希望通过在模型中实施自动化的一致性检查来强制达成。
- 关于方法，大部分的讨论都集中在这方面。该方法包括一个完整的框架，它不仅涵盖了系统工程的传统领域，而且还强调了两个特定的领域，即安全建模和变体建模。这个框架的使用应该在一个正式的流程集中体现，这个流程集与框架将一起构成整体方法。讨论中出现的另一个因素是，组织单位希望将来能够自己维护这个框架和流程集，而不依赖外部专家。
- 关于合规，在此阶段不需要采取进一步的行动。这可能看起来不太寻常，但并非完全闻所未闻。重要的是合规问题得到了提出和讨论，只是最后的结论是不采取进一步的行动。这是非常重要的，因为它表明已做出不继续研究该主题的正式决定，而不仅仅是暗示或假设。

我们已经确定了组织内 MBSE 部署的当前能力和目标能力。这些将被用作生成整体 MBSE 策略的输入。MBSE 能力构成了“三位一体”方法的第二个要点，而第三个要点——定义 MBSE 成熟度，将在下一节中讨论。

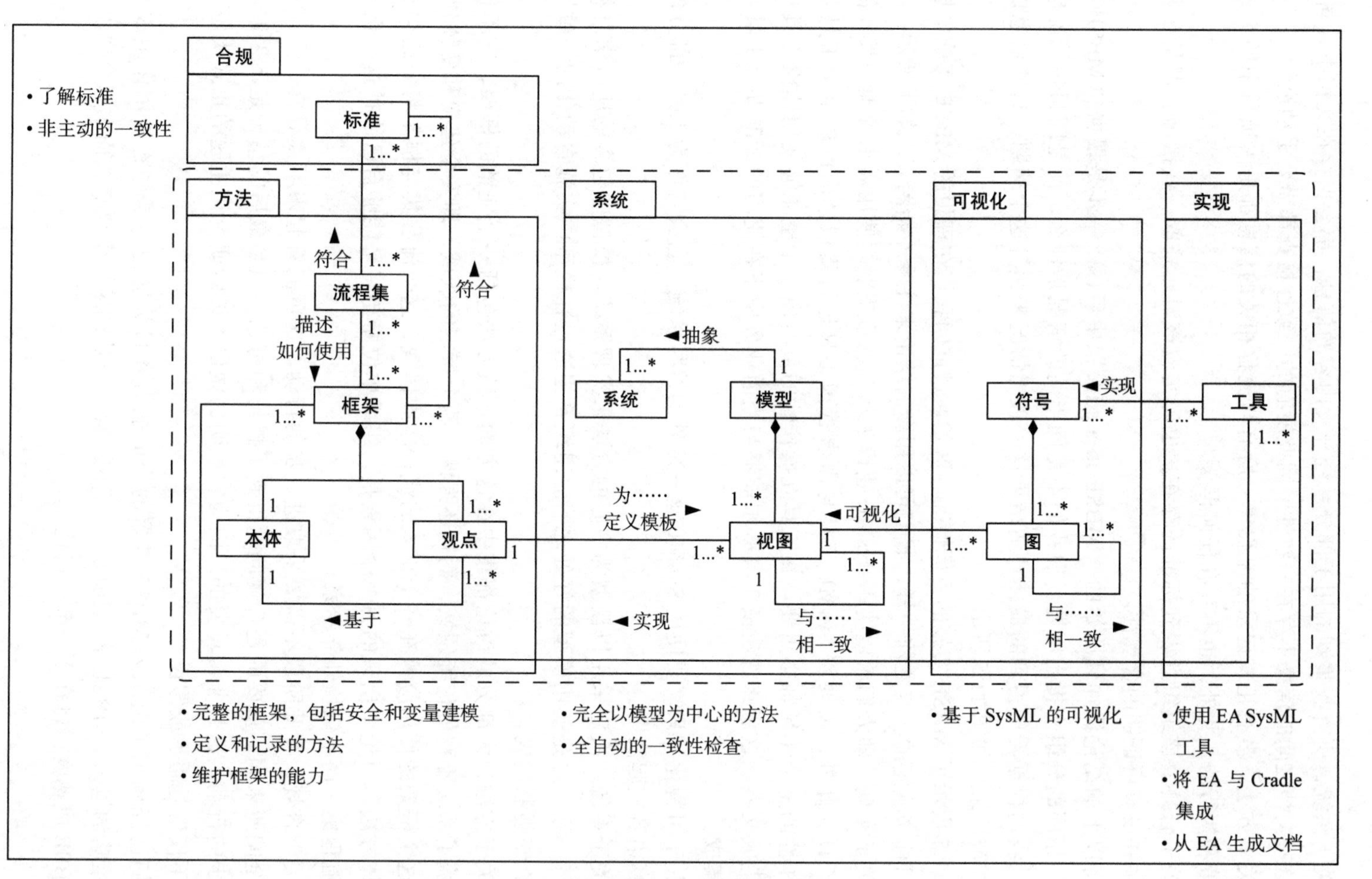

图 11.5　MBSE 目标能力示例

11.3 定义 MBSE 成熟度

在本节中，我们将探讨如何根据先前定义的范围来定义 MBSE 的成熟度。

当我们谈论 MBSE 的成熟度时，基本上是在谈论组织在从基于文档的系统工程向基于模型的系统工程过渡的流程中走了多远。之前我们在描述 MBSE 的演进时，已经详细讨论过这个问题。

与我们为 MBSE 能力所做的方式相同，确定组织中的能力的当前状况和目标状况同样重要。继续使用相同的例子，当前的 MBSE 成熟度如图 11.6 所示。

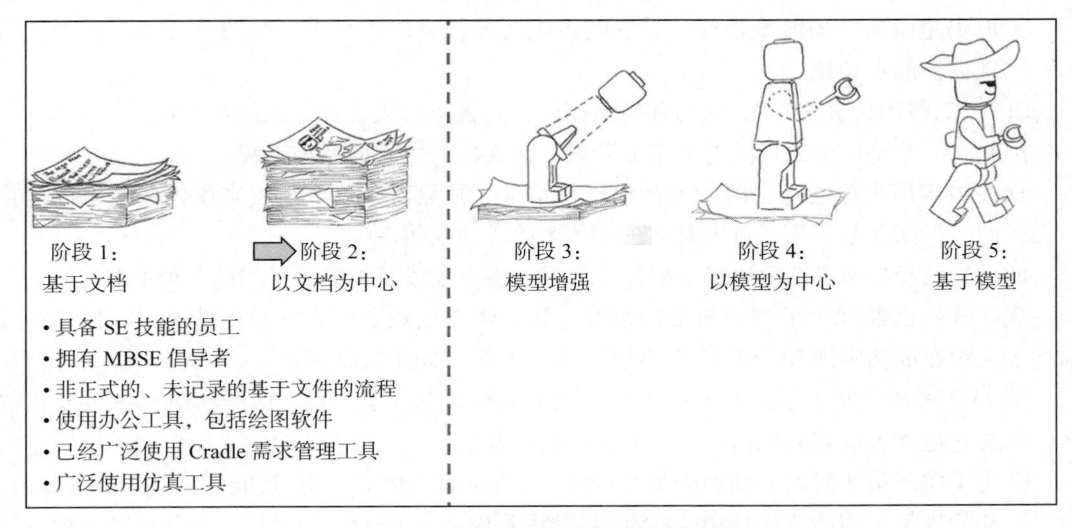

图 11.6 当前 MBSE 成熟度状况示例

图 11.6 展示了一个基于 MBSE 成熟度等级的组织当前成熟度级别的示例。

根据定义，认为组织当前处于阶段 2：以文档为中心的系统工程。这是基于以下结论，这些结论以图中注释的方式来展现：

- 当前的情况是“具备 SE 技能的员工”，这是阶段 1 和阶段 2 的典型情况。该组织仍在经营并且目前正在开发系统，这也就意味着必须拥有具备系统工程技能的员工，否则就无法交付系统。通常，组织在系统的交付上已经运作多年，但是系统的复杂性在不断增加，以至于当前的系统工程方法已经不再适用。
- 组织“拥有 MBSE 倡导者”。MBSE 倡导者是负责在业务中推广和部署 MBSE 的干系人。MBSE 倡导者是与 MBSE 有关的关键人物。虽然他们必须具备一定的 MBSE 知识，但不需要成为专家。他们是其他员工咨询有关 MBSE 部署问题的联系人。这对于处于阶段 2 的组织来说是常见的情况。与阶段 1 不同的是，阶段 2 已经开始向 MBSE 迈出了步伐。
- 组织制定了“非正式的、未记录的基于文件的流程”。乍一看，这句话似乎是自相矛盾的。当我们提到未记录时，通常指的是一种存在于人们头脑中的默契方法，而不是记录在文件中的。因此没有正式的材料来说明这个流程是如何工作的。当我们提到基于文件时，指的是通过这种默契方法而产生的文件。因此，虽然没有正式记录的方法，但文件作为流程的输出正在被创建。再次强调，这常见于处于整个演进流程中的阶段 1 或阶段 2 的组织中。

- 组织“使用办公工具，包括绘图软件”，这常见于阶段 2。与阶段 1 不同的是，目前已经开始一些初步的建模尝试，尽管只是简单地绘制图片。
- 业务中“已经广泛使用 Cradle 需求管理工具”。即使这些工具不是 MBSE 建模工具，但仍是阶段 2 的典型特征。它表明组织之前曾采用工具来尝试改进方法，并尝试实现方法的自动化。
- “广泛使用仿真工具”，这与前一点相同，是处于阶段 2 的组织的典型特征。

因此，结论是该组织目前处于第 2 阶段：以文档为中心的系统工程。

这些内容用来描述每个阶段可能出现的结果。虽然对于每个组织来说这些结果都是独一无二的，但都会基于第 2 章中对演进中每个阶段的描述。

此信息已经在演进图上进行了标注，并通过垂直虚线清晰展示了当前所处的阶段。

现在我们已经掌握了当前所处的情况，是时候考虑想要实现的目标情况了。目标情况描述了组织在成功实施 MBSE 后所期望达到的状态，如图 11.7 所示。

图 11.7 展示了基于示例的 MBSE 成熟度的目标情况。乍一看，该图比图 11.6 要丰富得多，因为它包含了所有原始信息和更多的扩展内容。

- 为了实现第 3 阶段，我们必须获得以下成果：良好的 SysML 技能、MBSE 关键知识、初始框架、初始流程模型、EA 工具熟悉程度、与 Cradle 的接口、一些自动化检查。
- 为了实现第 4 阶段，我们必须获得以下成果：对 MBSE 的知识逐渐增加、成熟的框架、成熟的流程模型、标准模式的使用、简单的文档生成、初始安全配置、自动化检查逐渐增加。
- 为了实现第 5 阶段，我们必须获得以下成果：能够创建框架和配置文件、完整的框架、完整的流程模型、将变体建模纳入框架中、生成完整的文档、完全自动化检查。

由此产生了一些有趣的讨论点。首先，有多少结果能够与“MBSE in a slide”中的 MBSE 能力相对应。例如在第 3 阶段，我们开始看到对符号（SysML）、工具（Cradle 和 EA）、符号之间一致关系（自动检查）的提及，以及初始框架和流程集的引入。为了有效实施 MBSE，我们必须处理“MBSE in a slide”中的 MBSE 的所有元素。因此，在演进图上看到它们是有原因的。我们还可以在第 4 阶段和第 5 阶段看到更多关于 MBSE 的元素。

除了“MBSE in a slide”中的标准 MBSE 元素之外，我们还可以看到引入的新成果。例如：在第 3 阶段，工具之间的接口和一些自动化；在第 4 阶段，使用模式和一个新的安全配置文件；而在第 5 阶段，我们看到了创建框架和配置文件，以及一个拥有高级应用能力的完整框架，如变体建模。

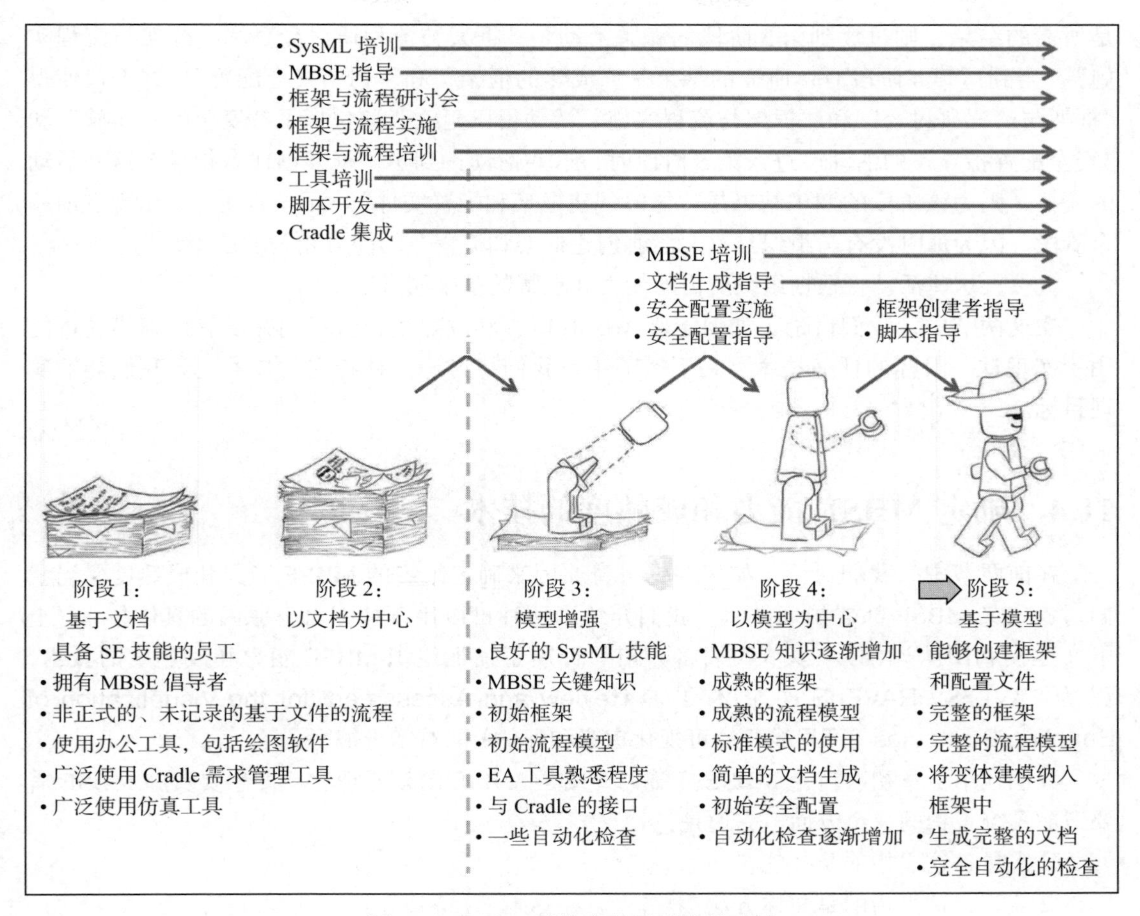

图 11.7 MBSE 成熟度的目标情况示例

同样，尽管这些可能是基于第 2 章中讨论的一般结果，但它们仅作为讨论的起点，因为每个组织在其希望实现的目标方面可能存在着差异。

第二个需要讨论的内容源自图顶部的箭头，涉及为了实现刚刚描述的结果而必须实施的活动。就像结果基于先前定义的通用结果一样，这些活动基于最初演进图上所描述的通用活动。

在这个例子中，我们可以看到在各个阶段之间伴随着一组相关的活动有三个主要的转变，具体如下：

- 第 1 阶段到第 2 阶段的过渡需要实施以下活动：SysML 培训、MBSE 指导、框架与流程研讨会、框架与流程实施、框架与流程培训、工具培训、脚本开发、Cradle 集成。
- 第 2 阶段到第 3 阶段的过渡需要实施以下活动：MBSE 培训、文档生成指导、安全配置实施、安全配置指导。
- 第 3 阶段到第 4 阶段的过渡需要实施以下活动：框架创建者指导、脚本指导。

在不同的阶段，活动根据期望的结果会进行相应的变化。例如在第 3 阶段，“初始框架”

是所需的结果，则过渡到第3阶段的相关活动是“框架与流程研讨会”和“框架与流程实施”。当到达第4阶段时，所需的结果是“成熟的框架”和“初始安全配置”，这不仅使得“框架与流程研讨会”和“框架与流程实施”活动得以延续，还包括了“安全配置实施”和“安全配置指导”的活动。进入第5阶段时，这些活动得到了“框架创建者指导”这一活动的支持，因为该阶段的期望结果是“能够创建框架和配置文件”。而该活动不会出现在前一个阶段，因为那时没有与组织具有“能够创建框架和流程”的能力相关的期望结果。

显然，这些活动将根据组织所需的能力和理解的基础而有所不同。

在这两节中，我们讨论了如何定义MBSE能力和成熟度，但我们并没有详细描述可能用于实现这一目标的任何技术。在下一节中，我们将讨论一种特定的技术，让我们能够实现目标。

11.4 确定MBSE能力和成熟度的技术

在前两节中，我们讨论了如何根据自身原因来确定组织的MBSE能力和成熟度。当我们讨论定义MBSE部署的理由时，我们介绍了两种可以用于捕捉自身原因的具体技术（上下文建模和团队风暴）。本节我们将介绍一种用于捕捉组织MBSE能力和成熟度的技术，称为RAVEnS。RAVEnS这个术语是Review and Assessment for the Visualization of Enabling Strategies（可用战略的可视化审查和评估）的首字母缩写。

我们在第2章初次讨论MBSE实施时介绍了MBSE的核心理念，即想要实施MBSE需要考虑系统工程的三个方面，它们是：

- 人员，这里指的是技能。
- 流程，这里指的是整体方法。
- 工具，这里指的是能让我们有效地执行系统工程的任何工具，从纸和笔到完整的工程和管理工具套件。

后两个方面（流程和工具）在“MBSE in a slide”中进行了详细阐述。可以认为“MBSE in a slide”是对两个方面的现代版的诠释。

第一个方面（人员）实际上并没有被“MBSE in a slide”涵盖，而是我们在查看MBSE演进流程时考虑进去的。因此，我们考虑了与这三方面都相关的结果。

由此可见，MBSE核心理念对于确定MBSE能力和成熟度至关重要。

要想在捕捉信息的同时还能让大家获得共识，一个极好的方法就是举办研讨会。因此，在捕捉MBSE能力和成熟度时，强烈建议举办这样一个研讨会。该会议讨论的主题是MBSE Mantra的三个要素，即人员、流程和工具。然而，与其他研讨会一样，如果我们使用特定的技术来推动讨论，效率和效果都会好得多。因此，就像我们使用团队风暴来推动研讨会，以获取“三位一体”方法评估的基本原理一样，我们也可以使用RAVEnS来推动MBSE能力和成熟度的获取。

RAVEnS 可以作为基本流程来单独使用，而且通过使用一些基础物理工具，就可以极大地增强其效果。这些工具将在接下来的两部分中进行描述。

RAVEnS 基本流程

在该节中，我们将通过介绍一个简单的流程来描述 RAVEnS 流程的工作原理。请阅读图 11.8 所示的简化流程行为视图。

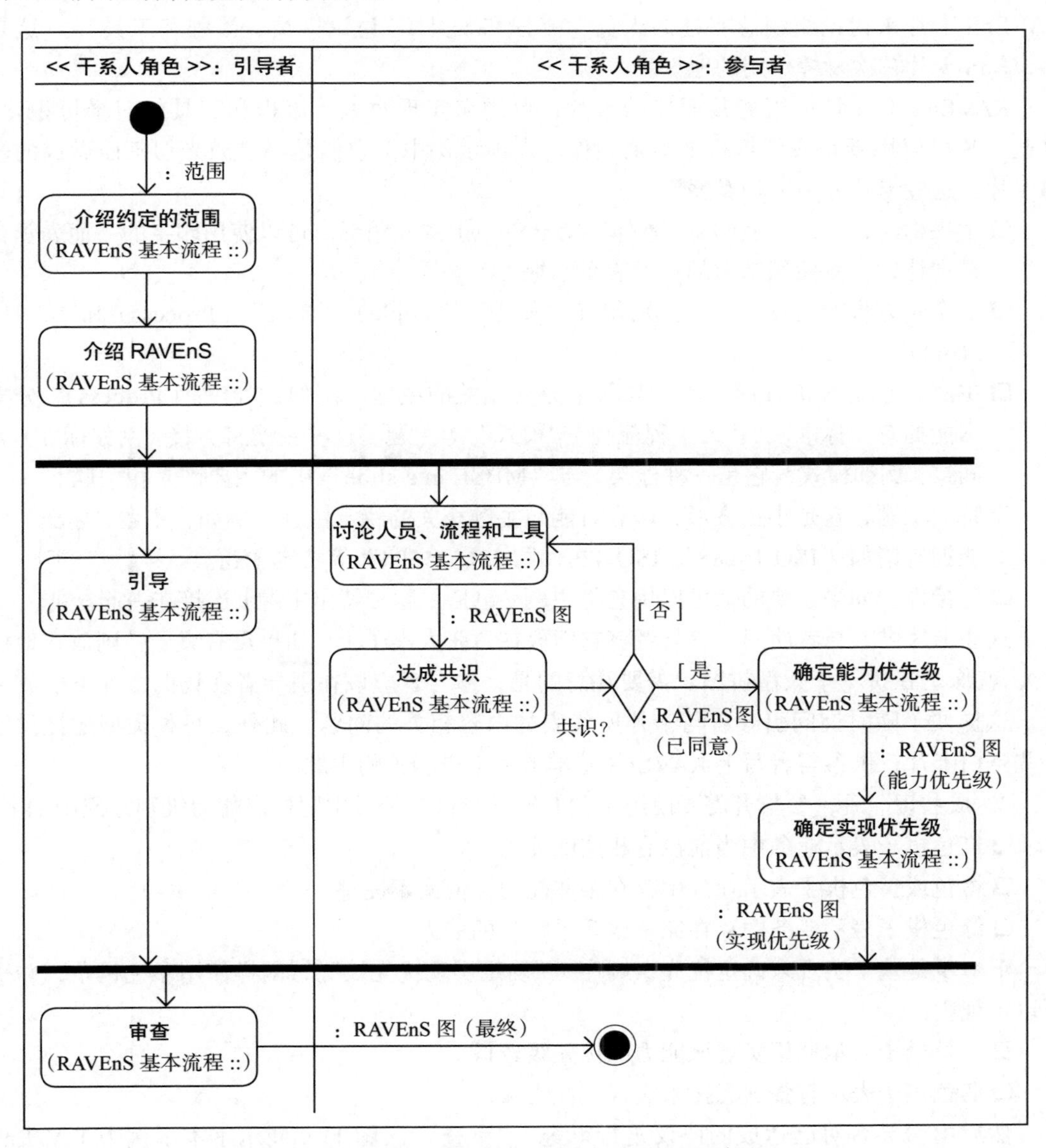

图 11.8　流程行为视图（PBV）：RAVEnS 基本流程

图 11.8 展示了 RAVEnS 流程的简化流程行为视图。它采用了 SysML 的活动图来进行可视化。这种建模流程方法在第 5 章中有所描述。

该流程始于引导者介绍评估的范围（“介绍约定的范围”），该范围在“三位一体”方法的“定义 MBSE 的合理性”这一要点中已经事先达成一致。随后，引导者将介绍 RAVEnS 的概念和参与者将遵循的基本流程（“介绍 RAVEnS”）。

然后，研讨会正式开始。引导者主持主会议（“引导”），而参与者则围坐一桌，使用 RAVEnS 卡片来讨论组织感兴趣的人员、流程和工具（“讨论人员、流程和工具”）。这是 RAVEnS 卡片首次发挥作用的地方。

RAVEnS 卡片是一组剪裁而成的卡片，可用来实现对人、流程和工具的三维可视化。这些卡片可以用纸张或硬纸板来剪裁制作。在本示例中，它们是经过激光切割而做成的塑料卡片。这些卡片分为五种类型：

- 中央枢纽，它是一面印有“本体”（Ontology）的三角形。可以使用印字的一面表示存在本体，或者使用空白的一面表示空缺。
- 三个长方形的主要分支，分别印有“人员”（People）、“流程”（Process）和“工具”（Tool）。
- 主题，它是大正方形，印有与每个分支相关的主题。例如，“流程（Process)”分支可能拥有“标准”“系统工程流程”“模式”等主题。这些主题将直接（例如标准）或间接（例如模式，它是一种框架）与“MBSE in a slide”中的主要因素相关联。
- 特定主题，它是小正方形，印有可能与主题相关的特定主题。例如，主题“标准”可能拥有诸如“ISO 15288”“ISO 42010”“ISO 15504”等特定主题。
- 连接件，如果需要的话可以用它将主题（包括主题和特定主题）连接在一起。

这些卡片供参与者使用。参与者将它们放在一张大桌子上（如果没有桌子，则放在地板上），就像是在拼一个大型拼图。需要注意的是，参与者应该在引导者在场的情况下摆放卡片，这样便于随时询问引导者与卡片所代表的内容相关的问题。此外，每种类型还提供了一些空白卡片，供参与者写上 RAVEnS 基本卡片中未涵盖的主题。

“达成共识”后，参与者需要使用小型的塑料彩色棋子对主题标出能力级别，规则如下：

- 红色棋子表示业务中当前没有相应的能力。
- 橙色或黄色棋子表示业务中存在某些能力，但尚不完整。
- 绿色棋子表示业务中存在完整或几乎完整的能力。

下一步是基于实现来确定优先级顺序（“确定实现优先级”），同样使用彩色棋子，并采用以下规则：

- 白色棋子表示期望实现该能力的优先级较低。
- 蓝色棋子表示有强烈意愿来实现该优先级。

然后由引导者对已达成的协议进行审查（“审查”）。图 11.9 展示了本示例中 RAVEnS 卡片的摆放情况。

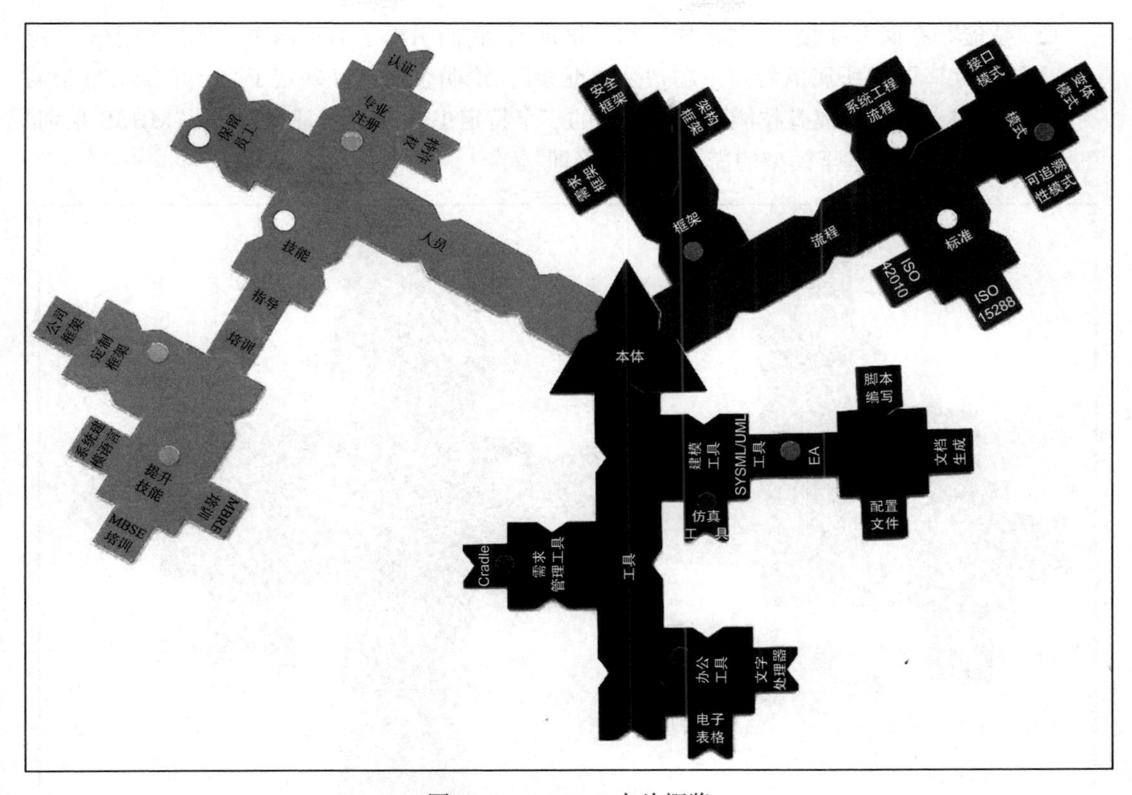

图 11.9 RAVEnS 卡片概览

图 11.9 展示了 RAVEnS 卡片拼装在一起组成的拼图结构。可以看到中央枢纽是一个写有**“本体”**字样的黑色三角形。正如我们现在所了解到的那样，本体是 MBSE 成功的基石。如果使用本体一词使参与者感到困惑，那么可以将其翻转，显示空白的一面。

可以清楚地看到三个主要分支，红色的**“人员”**、蓝色的**“流程”**，以及紫色的“**工具**”。

引导者会提前摆放好中央的三角形枢纽和三个主要分支，然后参与者负责添加相关的主题、特定主题和连接件。

在本例中，能力级别是由放置在每个主题上的红色、橙色和绿色圆形棋子来体现的。

图 11.10 重点展示了该拼图的**“人员”**分支。

图 11.10 与图 11.9 内容相同，但是它更专注于 RAVEnS 拼图中的**“人员”**分支。

“人员”分支又由三个主要分支组成：

- **“专业注册”**包含两个特定主题：**“认证”**和**“特许权”**。红色棋子表示这是一种期望，当前在这个领域不存在任何能力。
- **“保留员工”**是手写的。它表示这是一个通常不会在评估期间提出的主题，但业务人员认为这对他们非常重要。级别为橙色棋子，意味着企业已经采取了一些措施来实现此功能。

- **“技能”** 有两个连接件，“指导”和“培训”，它们引出了另外两个主题。一个是“定制框架”及其所属的特定主题“公司框架”，说明企业已经确定了自己的能力框架需求。另一个是“提升技能”及其所属的三个特定主题：“系统建模语言”“MBSE 培训”和“MBRE（基于模型的需求工程）培训”。

图 11.10 RAVEnS 拼图中的“人员”分支

当构建了 RAVEnS 拼图并确定了能力级别之后，就可以考虑实现优先级了，如图 11.11 所示。图 11.11 展示了在确定实现优先级之后的 RAVEnS 拼图。

现在这个拼图已经完成了，接下来的内容就变得相对简单了，即审视它然后进行评估：

- 当前和目标 MBSE 能力。这是通过在标准“MBSE in a slide”中标注信息来完成的，而这些信息直接取自完成的 RAVEnS 拼图，如图 11.5 和图 11.6 所示。
- 当前和目标 MBSE 成熟度。这是通过在标准 MBSE 演进图中标注信息来完成的，而这些信息直接取自完成的 RAVEnS 拼图，如图 11.7 和图 11.8 所示。

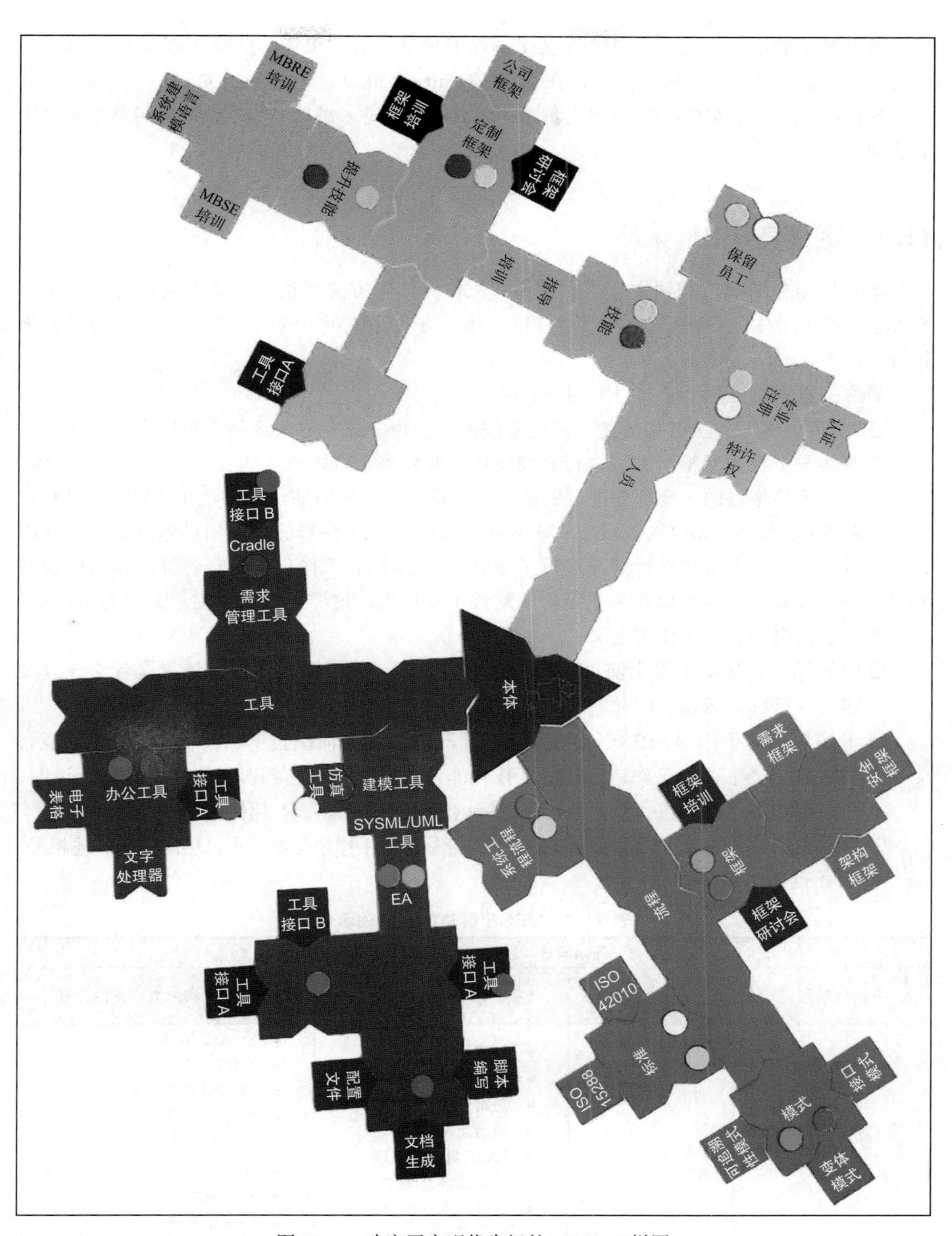

图 11.11　确定了实现优先级的 RAVEnS 拼图

这里展示的信息只是对 RAVEnS 技术的简要概述。有关更详细的描述以及 RAVEnS 卡片的更多详细信息和剪贴模板，可以在文献（Trinity，2020）中找到。

现在已经定义了 MBSE 能力和成熟度，那么就可以进入最后一步了，即确定整个 MBSE 的实现策略。

11.5 定义 MBSE 策略

本节将会介绍如何利用迄今为止使用“三位一体”方法评估中收集到的信息来创建一个 MBSE 实施战略。本质上是经过“三位一体”方法评估所生成的基于文档的模型可视化报告。

最终的策略需要至少涵盖以下四个方面：

- “三位一体”方法评估概述。评估范围由“三位一体”方法评估小组决定。例如，一些客户更喜欢对整个方法进行详细描述，并将每个阶段产生的文档放在“三位一体”方法策略报告的主要部分进行展示。评估概述包括所有研讨会的产出（如团队风暴和 RAVEnS）、MBSE 能力总结（“MBSE in a slide”上注释的当前和目标情况）、MBSE 成熟度（对当前和目标情况进行了注释）、时间轴、工作包定义，等等。在某些情况下，大部分内容可以作为主报告的附件予以提供，这样可以保持主报告内容的简洁，只包括时间表和工作包定义。
- 时间轴。它显示了每个演进阶段将在何时实现，每个阶段预期的结果是什么，以及需要执行哪些活动。因此它非常重要。
- 工作包。基于作为 MBSE 成熟度目标情况的一部分而确定的活动。如图 11.7 所示，确定并定义了一组工作包。这些工作包非常重要，因为它们对工作活动进行了说明，还可以作为组织单位（无论是当前组织内部还是外部组织）招标的基础。
- 针对原始理由进行检验。策略的最后一部分是证明工作包与原因定义中的原始陈述相关。

表 11.1 展示了时间轴的样例。

表 11.1 MBSE 策略的时间轴示例

开始阶段 阶段 2：以文档为中心			
目标阶段	时间表 （从开始阶段计算）	在阶段中实现的能力	实现阶段和能力所需的活动
第 3 阶段：模型增强	3 个月	• 实践 SysML 技能 • 了解关键 MBSE 概念 • 初始框架 • 初始流程模型 • EA 工具熟悉程度 • 与 Cradle 的接口 • 一些自动化检查	• SysML 培训 • MBSE 指导 • 框架与流程研讨会 • 框架与流程实施 • 框架与流程培训 • 工具培训 • 脚本开发 • Cradle 集成

（续）

开始阶段　阶段 2：以文档为中心			
目标阶段	时间表（从开始阶段计算）	在阶段中实现的能力	实现阶段和能力所需的活动
第 4 阶段：以模型为中心	6 ～ 9 个月	• MBSE 知识逐渐增加 • 成熟的框架 • 成熟的流程模型 • 标准模式的使用 • 简单的文档生成 • 初始安全配置 • 自动化检查逐渐增加	第 2 阶段至第 3 阶段以及更高阶段： • MBSE 培训 • 文档生成指导 • 安全配置实现 • 安全配置指导

表 11.1 展示了“三位一体”方法评估时间表的示例。

该表包含四列，它们是：

- **目标阶段**：根据图 11.7 中的信息所确定的目标阶段数量。在本例中，起始阶段是第 2 阶段：以文档为中心的系统工程。两个目标阶段分别是第 3 阶段——基于模型的系统工程和第 4 阶段——以模型为中心的系统工程。
- **时间表**：第二列显示了从项目开始算起，达到每个目标阶段所需要的预估时间。在本例中，时间是从项目开始时算起的相对时间，而非具体的日期。也可以采用其他方法，这取决于具体的评估。
- **在阶段中实现的能力**：第三列的信息直接取自图 11.6 中确定的目标能力信息。
- **实现阶段和能力所需的活动**：最后一列显示了图 11.7 中标识的所需活动。

请留意我们是如何从 MBSE 能力（参见图 11.5）和 MBSE 成熟度（参见图 11.7）这两个工作表中提取出上表中所有的信息的。

从 MBSE 的角度来看，这张表是视图的一种可视化。我们没有使用 SysML 而是使用表格来表示，这对于非技术干系人来说更加友好。

MBSE 策略的下一项内容是工作包的定义，其示例如表 11.2 所示。

表 11.2　工作包定义示例

工作包 1（WPI）	任务	工作量	费率
WP1.1　MBSE 培训			
MBSE 意识培训	主要项目团队成员 MBSE 意识培训，最多 12 名参与者	每次 1 天	远程培训
MBSE 介绍	将在项目中执行 MBSE 活动的主要项目人员，最多 12 名参与者	每次 3 天	远程培训
WP1.2　框架和流程设置定义			
框架与流程研讨会	与主要项目成员进行互动的研讨会。可交付成果：一致通过的研讨会输出说明	每次 1 天	咨询（现场）

（续）

工作包 1（WPI）	任务	工作量	费率
框架与流程研讨会	初始框架与流程建模。可交付成果：MBSE 模型的初始版本	10 天	后台系统
框架与流程定义研讨会	框架与流程定义研讨会。可交付成果：一致通过的研讨会输出说明	2 天	咨询（现场）

表 11.2 展示了工作包定义的示例，该定义基于 MBSE 策略时间轴中确定的活动。

对于工作包定义的格式没有严格的规定，而是因组织而异，取决于客户的具体需求。本例中展示了以下内容：

- 工作包名称。本例中，我们可以看到有两个主工作包：WP1.1 和 WP1.2，每个主工作包都拆分成了几个较低层次的工作包。
- 任务名称。这些任务确定了必须执行的确切工作。
- 工作量。本例中，每个任务的工作量是按人 – 天来定义的。
- 费率。根据工作性质对不同任务所收取的费率。

这里显示的信息是基于示例组织的，使用了它们自己的本体，因此像“工作包”“任务”和“费率”这样的术语对于该组织具有特定的含义。因此，在进行“三位一体”方法评估时，将使用相关的本体。

MBSE 策略的最后一部分是对原始理由的检验，如表 11.3 所示。

表 11.3 检验原始理由

理由	途径（能力和活动）
实现 MBSE	
发展员工的 MBSE 技能	关键 MBSE 概念知识 MBSE 知识逐渐增加
	MBSE 培训 MBSE 指导
发展员工的 SysML 技能	实践 SysML 技能
	SysML 培训

表 11.3 展示了 MBSE 策略的最后一部分。我们将评估流程中所确定的能力和活动映射回最初提出的原始理由陈述。

这一点很重要，因为它提供了额外的检验检查，证明 MBSE 战略是如何满足原始原因的。

本例的表格相对简单，只有两列。第一列是原始的理由陈述，第二列是实现这些陈述所需要的相关能力和活动。

11.6　总结

在本章中，我们了解了如何进行“三位一体”方法评估，并在真实组织中考虑 MBSE 的实现和部署，从而将 MBSE 提升到一个更高的水平。“三位一体”方法评估包括三个关键部分，它们是：

- 确定 MBSE 的合理性，解释了如何识别组织希望在其业务中实施 MBSE 的原因，这是“三位一体”方法的三个要点之一。
- 定义 MBSE 能力，讨论如何评估组织当前的和目标 MBSE 能力，这是“三位一体”方法的另一个要点。
- 定义 MBSE 成熟度，讨论如何评估组织当前的和目标 MBSE 成熟度，这是“三位一体”方法的最后一个要点。

所有这些信息随后被作为定义 MBSE 策略的输入。该策略提供了详细的时间轴、工作包和对原始理由陈述的整体检验。

本章对“三位一体”方法进行了高层次的介绍。更多信息请参阅文献（Trinity，2020）。

11.7　自测任务

- 通过创建一组原因陈述来确定组织中 MBSE 的基本原理。
- 根据当前情况和目标情况进行简单的评估，以确定 MBSE 能力。将这些信息记录在“MBSE in a slide”中。
- 根据当前情况和目标情况进行简单的评估，以确定 MBSE 成熟度。将此信息记录在 MBSE 演进图上。

11.8　参考文献

- [Trinity 2020] Holt, JD and Perry, SA. *Implementing MBSE into your business – the Trinity approach'*, INCOSE UK Publishing, 2020
- [TeamStorming2018a] Holt, JD and Perry, SA *TeamStorming – Facilitators' Guide* INCOSE UK Publishing, November 2018
- [TeamStorming2018b] Holt, JD and Perry, SA *TeamStorming – Participants' Guide* INCOSE UK Publishing, November 2018

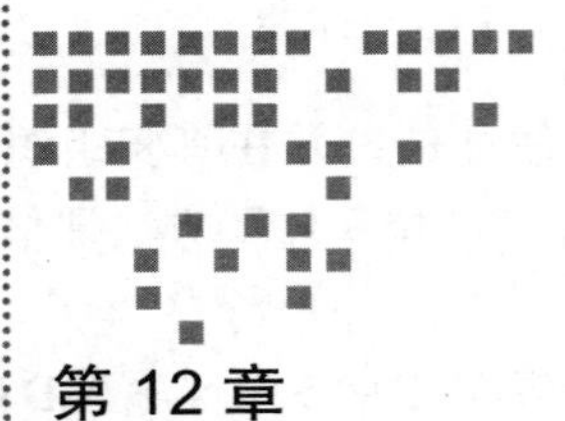

Chapter 12 第12章

建模的艺术

在本章中，我们将跳出本书之前的内容体系，转向关于如何有效应用基于模型的系统工程（MBSE）的一些见解、提示和技巧。这部分内容主要基于作者过去30多年在MBSE领域的个人经验，因此呈现的信息通常是经验结果，请作为建议加以考虑，而不是当作定论来接受。

总之，本章旨在就如何有效且高效地建模提供友好的建议。

12.1 MBSE哲学

在本节中，我们将考虑MBSE方法的一些哲学含义。

许多先前讨论到的与MBSE相关的误解将在这里进一步展开。

最重要的哲学观点或许就是我们之前所提到的MBSE是系统工程这一观点。MBSE不是系统工程的子集，例如需求建模、设计、验证或检验，因为它涵盖了整个系统工程的方方面面。通过系统工程能做到的事情，我们也可以通过MBSE来做到。因此，如果可以将某一事物看作一个系统，那么也就可以对其应用MBSE。

本书一直在强调，我们不仅将MBSE应用于系统开发的技术方面，而且还用它定义了我们的总体方法。乍一看，这可能有些奇怪，因为我们似乎正在使用MBSE来定义MBSE，但这确实是我们正在做的！为了弄清这个问题，我们只需要把实际业务看作系统，之后所有的事情就都会变得清晰明了了。

只要能将我们的业务视为系统，自然而然地就可以将MBSE应用于它了。

这是一个强有力的陈述，对整个组织都具有深远的影响。本书通篇都在通过定义各种框架和流程集来应用该方法。

12.2 模型与建模

我们在最开始思考 MBSE 的时候，非常重要的一点就是要能准确地理解专业术语。其中一个关键术语就是**“模型”**（Model)。“模型”这个术语本身就充满了歧义，因为不同的人对这个术语的确切含义有不同的定义。我们可以通过本体来进行解释。

常见的一个误解常常来自英文单词“model”，它既可以是名词，也可以是动词。这导致出现了两个讨论点，并且它们之间是相互关联的。

首先考虑它作为名词时的用法。此时，我们可能是在指代“一个模型”或“这个模型”。用作名词时，实际上是在谈论对某物的简化表示或者抽象。因此，它可以是数学模型、图形模型、文本描述等。作为名词时，它的另一个含义是，模型中的所有信息必须是一致的，否则它就不是一个模型，而是一个信息的集合。

最后一点非常重要，一定要搞清楚。当我们使用 MBSE 这一说法时，实际上是在使用它的名词形式而不是动词形式，因为当我们谈论 MBSE 时，是在使用一组一致的信息进行系统工程。这也是我们使用“单一真实来源”和“单一参考点”等说法的依据。

这是一个非常重要的哲学观点，必须完全理解！

建模心理学

当对事物进行建模时，特别是当我们刚开始建模时，有一些重要的心理因素需要铭记。很多时候，我们会在工作的最初阶段就开始建模，尤其是当我们试图理解问题的基本原理时，这通常被称为“头脑风暴”(brainstorming)。

进行早期建模时，使用模型作为沟通媒介非常重要。想象一下这样的场景：有三四个人聚集在房间里的白板周围，试图解决一个新问题。

经常采用的一种策略是让讨论问题的参与者在得出结论后，在白板上以模型的形式对结论进行总结。在这种方式中，讨论的输出是用模型来表示的，但讨论流程中的主要媒介是对话而不是模型。这种方法本身并没有什么问题，但它远不如使用模型作为媒介效率高。根据经验，无论讨论多长时间，都会在将结论用模型进行表示时出现偏差，不会像人们想象的那样完美。

建模时最困难的事情之一就是弄清楚应该在白板上写什么。你可以一直盯着空白的白板看很长时间，然而一旦在白板上写下模型的第一个元素，就会有人发表意见并质疑你写的内容。

建模可以被认为是一种将信息从人们的头脑中提取出来并记录在纸上或者白板上的方法。模型的迭代将会在后面进行讨论，但现在请记住，无论我们最初写下的是什么，它都不会是我们最终得到的模型。在这种情况下，应尽快找到模型并开始在白板上编写模型。

一种非常有效的策略是对模型进行粗略的初步猜测，并把它写在白板上，即使你知道它是不正确的。采用这种方式时，我们可以邀请参与者发表评论，而不是直接告诉他们答案是什么。与其从一张白纸开始期望立即得到正确的答案，不如先从某件事开始，然后进行修正，这样更加有效。

举个例子，假设我们试图以本体定义视图的形式为业务中的特定团队定义本体，那么可以直接问参与者最重要的概念是什么，然后勾画出他们所说的内容。如果采用这种方式，在有人表达意见之前大家会沉默很长时间，无论谁先提出建议都会受到质疑。更好的方法是先提出一个通用的本体，比如本书中的基本本体，然后邀请大家进行评论。对已经存在的事物发表评论要比立即给出正确答案容易得多。大多数人无法立马知道正确的答案（因此需要召开研讨会！），也无法清晰地表达他们想要表达的内容。但是，在看到不认同的事物时，大多数人会毫不犹豫地提出自己的意见。当然，这并不适用于所有人，因为有些人可能不愿意发表意见，但建模鼓励人们进行更高层次的互动。

将模型用作沟通媒介的另一个巨大优势是，它可以将信息去个性化。当我们进行讨论时，如果有人提出一个观点，然后其他参与者立即开始质疑这个观点，这可能会让人感到害怕。所有参与者都会看着发言人并向他提问，这会让人感到沮丧，甚至会阻碍发言人提出其他观点。这不是鼓励团队之间沟通的方式，也不是达成真正共识的方式。

当我们将模型用作沟通媒介时，所有参与者将会看向白板而不是某个具体的人。就讨论而言，这可以起到鼓励参与者的作用。现在大家不是在质疑某个人，而是在质疑这个模型。我们希望所有参与者都能成为模型的主人并为模型做出贡献。鼓励参与者拿起笔，写出自己的观点。这样，模型才能真正属于每个人，从而使信息去个性化。

将信息以模型的形式去个性化、鼓励并激发健康的辩论，才是让参与者真正达成共识的一种非常强大的方式。

12.3 实用建模策略

在之前讨论建模以及如何执行建模活动时，我们将其与系统工程的三大弊端（即复杂性、沟通和理解）联系在一起。在本节中，我们将讨论一些具体的建模策略，并将它们与这三大弊端联系起来。

12.3.1 从源材料到模型，再到源材料

建模时的主要活动之一是从一些源信息开始，创建一个模型。这些源信息可以采用多种形式，例如文件、图纸、其他模型、方程式、操作描述等。人们通常希望从自然口语转换成模型。这些都是有意义的，因为无论以何种格式来识别信息，本质上都是在用某种语言形式来表示它。因此，在基本层面上，当我们进行建模时，我们其实是在将一种语言形式（源信息使用的任何形式）翻译成另一种语言形式（目标建模语言）。在本书的例子中，我们把这种目标建模语言视为 SysML 符号。

当从一种语言翻译到另一种语言时，我们会寻找能够认识和理解的结构，并将其映射

到目标语言中的类似结构上。

本书中的一个建议是，当阅读 SysML 时应当大声地读出来，例如大声地读出其中的图。结构良好的 SysML 应当可以被朗读出来，并且听的人可以理解所说的内容。

这就是我们将口语短语与特定的 SysML 结构相关联的主要原因之一。当我们大声朗读 SysML 时，就赋予了它意义。反之亦然，如果我们能在人们口头表达或书面表达中找到相同的短语，那么就可以从文本中抽象出模型，无论它是口头表达的还是书面表达的。

举个例子，让我们回忆一下本书先前提到的关于 MBSE 演进的一些描述：

MBSE 演进包含若干阶段。这些阶段总共有 5 个，阶段 1 至阶段 5。每个阶段都可以由若干结果（outcome）来进行描述，每个结果都可以归类为人员、流程和工具中的一项。为了能够从一个阶段到达另一个阶段，需要经历一个转变，并且通过执行一系列的活动来完成这个转变。

这段话读起来像是人类的自然语言，对任何人来说都不应该太难理解。因此，让我们试着从中抽象出一些建模结构。

首先从最简单的事情入手，那就是识别文本中存在的名词。

“**MBSE 演进**包含若干**阶段**。这些**阶段**总共有 5 个，**阶段 1** 至**阶段 5**。每个**阶段**都可以由若干**结果**来进行描述，每个**结果**都可以归类为**人员**、**流程**和**工具**中的一项。为了能够从一个**阶段**到达另一个**阶段**，需要经历一个**转变**，并且通过执行一系列的**活动**来完成这个**转变**。”

接着，在迭代中这些名词可以用 SysML 块定义图中的 SysML 块来表示，如图 12.1 所示。

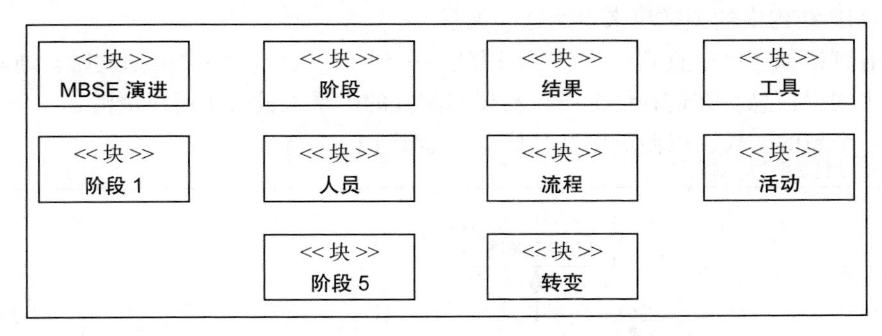

图 12.1 迭代 1：用 SysML 块来标识名词

图 12.1 展示了从文本中识别出的名词，它们都用 SysML 块来表示。

系统思维和建模的一个关键原则是不能对概念进行孤立的思考，而应当始终将它们关联起来。因此，下一步应试着从原文中找出这些名词之间的关系。对于 SysML，关系通常用动词结构来表示。因此我们现在来寻找动词，那些识别出来的名词会作为动词的主语和宾语。

了解到这一点后，我们可以绘制出块图的下一个迭代版本，如图 12.2 所示。

图 12.2 展示了从原始文本中抽象出来的关系，并用带有阅读方向和注释的 SysML 关联关系进行标识。现在这个图看起来就有点像我们到目前为止一直在做的建模图了。

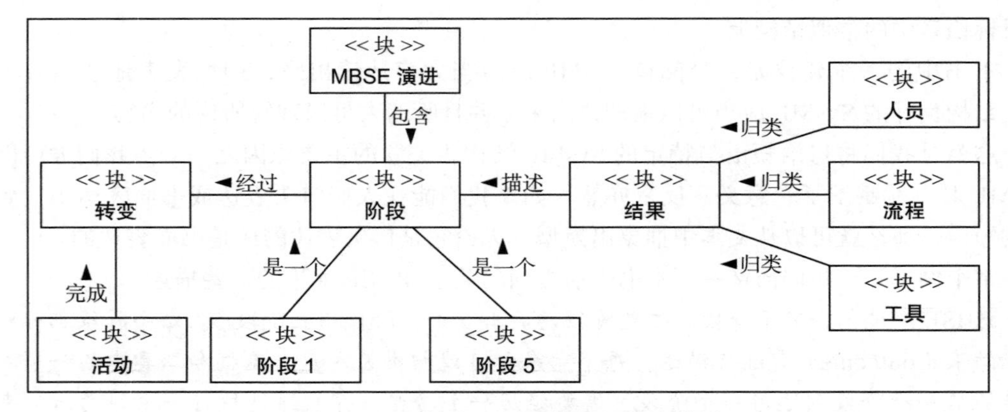

图 12.2 迭代 2：用动词来标识基本关系

接下来，浏览这些关系，并查看建模符号中是否存在某些特定的结构可以让该图更加精确。此外，也要查看一下是否存在某些应在建模中获取，但没有从文本中识别出的信息。例如：

- 当看到诸如“由……组成”“由……构成”之类的文字描述时，就知道可以使用 SysML 结构中的组合来表达这一关系。
- 当看到诸如“是……的一种类型”“具有……类型”“归类”“组合在一起”之类的文字描述时，就知道可以使用 SysML 结构中的一般化关系来表达这一关系。
- 当看到诸如“通过”“从……到达”“经过”之类的文字描述时，就知道可以使用 SysML 结构中的关联块来表达这一关系。
- 当看到诸如“……直到……”“范围从……到……”之类的文字描述时，通常意味着图中缺少信息。在这种情况下，需要与相关的干系人进行沟通以澄清。

创建一个新的迭代，以便应用这些信息，如图 12.3 所示。

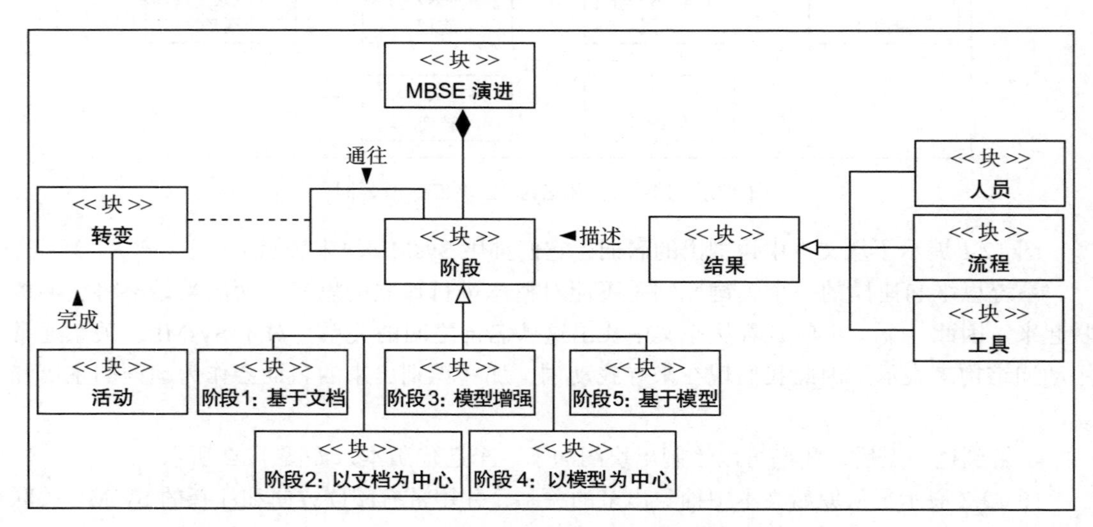

图 12.3 迭代 3：加入特定关系信息

在图 12.3 所示的新的迭代中添加了一些 SysML 特定关系。这里有几点值得注意。

首先，大部分关系都可以完美使用 SysML 特定关系来表示。例如，MBSE 演进与阶段之间的组合关系，以及结果所使用的一般化关系。但是应用于阶段的一般化关系又有所不同。本例中的原始描述为："这些阶段总共有 5 个，阶段 1 至阶段 5。"这明确告诉我们有 5 个阶段，或者说有 5 种类型的阶段，但文本只提到了其中两个。这表明原始文本中存在信息缺失的情况。我们需要回过头去质疑干系人给出的这一描述。事实上有 5 个阶段，而且每个阶段都有自己的名称，而不仅仅是一个数字。因此，我们可以将这些信息添加到图中，使其更加完整和精确。这是一个非常棒的例子，它解释了建模如何强制使我们对所提供的信息提出问题，从而使我们能够更好地理解源信息。

其次，要注意添加从阶段到阶段的 SysML 关联块。一开始，我们采用了"经过"的关联关系。但在进一步考虑后，决定将其表示为关联块，这样更能表达源信息的意图。图中现在表达的是："阶段经由一个转变通往另一个阶段"，而不是之前的"阶段需要经历一个转变"。建模行为再一次迫使我们质疑最初呈现的内容，提高了我们的理解水平。

本例的最后一次迭代会在图中添加相关的数量关系。此时，需要寻找与数字相关的原始陈述文字，如"数量""五个""每个""一个或多个""一些"等，结果如图 12.4 所示。

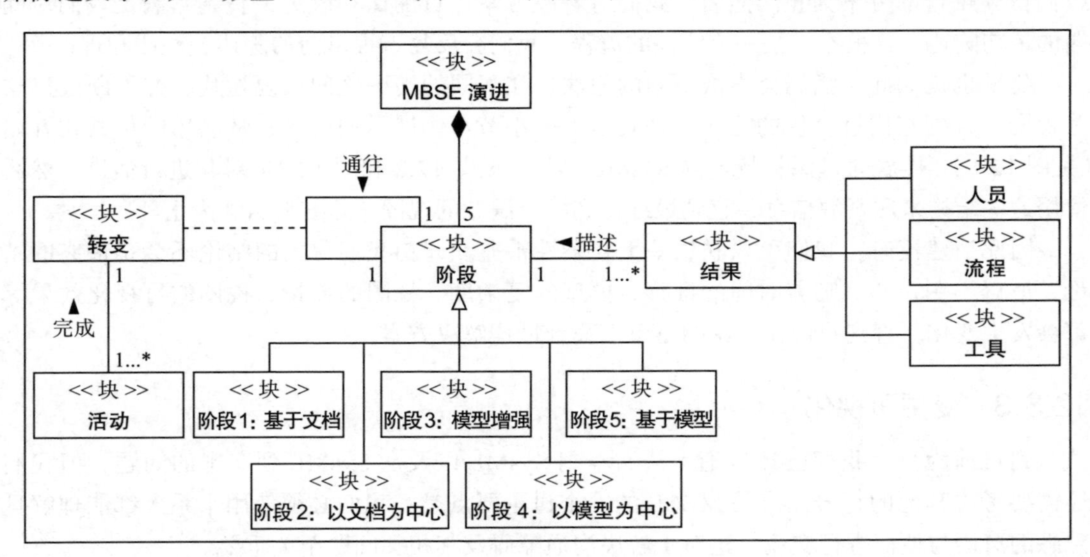

图 12.4 迭代 4：加入数量关系

图 12.4 展示了第四次迭代的块图。这次迭代中添加了相关的数量关系。

本例中使用了多种数量关系的表示方法，包括直接使用数字（5）、使用数字范围（1...*）、指代每一个（1）和一些数字比例（1 ∶ 1、1 ∶ 1...*）。

至此，图得以完成。也可以把该图作为源信息，翻译成口语。此时，我们会使用一些类似于原始描述的文本语句，但它们比原始描述要更完整、更精确。

12.3.2 迭代建模和复杂性雷龙

第 2 章介绍了一个广受欢迎的家伙，我们现在称之为“复杂性雷龙”。最初引入这个概念是为了展示系统的复杂性将如何随着生命周期的发展而演变，并且基于模型的系统工程将使我们能够控制雷龙从笑脸到尾巴的过渡的长度，以及腹部的厚度。复杂性雷龙还可以让我们深入了解如何迭代建模。

在上一小节中，出于非常实际的考虑，我们通过多次迭代构建了视图，并使用 SysML 块定义图进行了可视化。

实际上，我们从来都不会在第一次尝试的时候就把事情做对。忘掉那些诸如“第一次、准时、每次”之类的冠冕堂皇的励志名言吧，它们只存在于非现实世界的傻瓜天堂里。在现实世界中，我们根本不可能第一次就把事情做对，所以我们需要接受这一点并利用它来获得优势。

例如，我们可以看看人类解决问题的方式（要知道，作为工程师，我们的工作就是解决问题）。我们提出问题，理解问题，然后解决问题，但这个流程不是线性的一次性流程。我们会尝试从不同的角度（上下文）来看待问题，并尝试不同的（候选）解决方案，直到找到我们认为可行的方案为止。然后，我们对解决方案进行测试和改进，直到它满足我们对问题的最初陈述。这根本不是一个线性的流程，我们会反复审视以前的陈述、想法和理论。

建模也是如此。我们会尝试不同的想法，在不同的视图之间反复迭代，并不断改进这些视图，直到它们符合目的为止。这就是上一小节示例展示的内容：从简单的可视化开始（见图 12.1），接着通过添加特定的 SysML 结构（见图 12.2 和图 12.3）对其进行演进，然后使用这些结构来质疑源信息，直到最终得到一个满意的视图（见图 12.4）为止。

因此当建模时，我们可以联想一下复杂性雷龙。起初我们得到的结论不会是最终的结论，所以不用担心。随着时间的推移，模型的复杂度、视图的数量、视图的可视化效果等都会发生变化，直到我们在雷龙的尾巴上找到最佳解决方案。

12.3.3 变更可视化

到目前为止，我们已经讨论了从文本到 SysML 以及从 SysML 到文本的问题，但我们还需要考虑其他的符号。有关 MBSE 的一个讨论要点是，我们必须使用干系人都能理解且熟悉的口语与他们进行交流。这对于解决沟通障碍及其相关问题至关重要。

当我们从文本转向技术语言（如 SysML、UML、BPMN 等）时，可以采用与上一小节相同的方法，即通过多次迭代来建立视图。

由于干系人并不一定掌握或精通技术性语言，因此我们更倾向于使用完全非技术性的语言向干系人表述意见。对于非技术干系人来说，使用技术性太强的语言经常会让他们望而却步，而且有可能对项目或系统造成非常不利的影响。因此，接下来我们使用非技术性语言把前面的示例视图可视化，如图 12.5 所示。

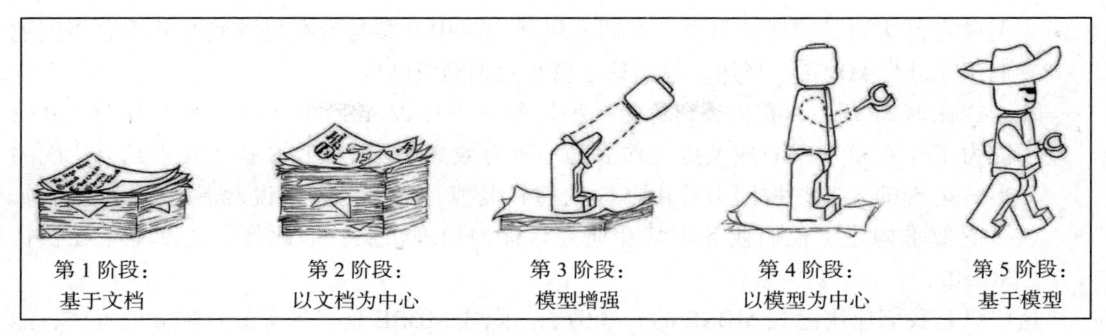

图 12.5　用非技术性语言将视图可视化

图 12.5 展示了图 12.1 至图 12.4 建立的视图的可视化，但这次我们使用的不是 SysML，而是图形。

你一定还记得这张图，我们在第 2 章中介绍过，它在本书的其他章节中也多次出现过。我们现在可以看出，这张图实际上是一个正确的视图，它使用一种非正式的方式来进行可视化。我们也可以很容易地将这里呈现的内容定义为正式的视图，并生成观点上下文视图和相关的观点描述视图，以便明确地定义视图，使其可以正式作为我们框架定义的一部分。本书中的每一张图无论看起来像不像 SysML（大部分都是 SysML）实际上都是框架视图，只是以不同的方式来进行可视化罢了。这一点非常强大，无论以何种方式进行呈现，都可以确保我们所有的信息都是一致和正确的（模型）。

当应用 MBSE 但它看起来并不像 MBSE 时，我们称之为隐式 MBSE。第 11 章曾简单介绍过这个词。应用隐式 MBSE 是使用 MBSE 的一种非常有效的方法，因为它通过伪装的方式提供了 MBSE 的严密性，可以避免让非技术背景的干系人感到害怕。

在本书中，我们已经看到了隐式 MBSE 的几个例子，其中包括：

- 在第 1 章中，我们建立了一套图，用来解释系统工程概念并将它们联系在一起。这里使用的图只是普通的图，用方框和方框之间的线条来表示概念。实际上，我们建立的是一套本体定义视图，在第 2 章中，这些视图被可视化为 SysML 并在本书其他各章中得到了应用。
- 在第 2 章中，我们使用普通的图来介绍和讨论 MBSE 的演进过程，即图 12.5 中的例子。随后，我们用一些文字（使用文本来进行可视化的视图！）从人、流程和工具的角度描述了每个阶段的典型成果。
- 在第 11 章中，我们通过对原始图进行扩展，引入了“转变”和“活动”等内容，从而一步步构建出了图 12.5 中的视图。这些图随后成为我们 MBSE 策略的主要输入。事实上，当我们在经典的“ MBSE in a slide”视图中添加文字注释时，也可以将其视为更改可视化以适应干系人的一个例子。
- 在第 11 章中，我们介绍了两种可以用来识别和定义部署 MBSE 原因的技术。其中一种技术使用了 SysML，而另一种则是团队风暴。团队风暴没有使用任何技术符号，但最终也达到了同样的目的。在团队风暴会议中，参与者在玩游戏时并不会想到他们正在进行 MBSE。当然，他们只是没有意识到而已！

- 同样在第 11 章中，我们还讨论了一种被称为“RAVEnS”的技术，它是填写 MBSE 能力工作表和 MBSE 成熟度工作表的一种有效方法。RAVEnS 技术几乎是以拼图的形式呈现的。这些拼图卡片由厚厚的塑料制成，对参与者来说触感非常好。同样，拼图似乎构建了他们业务现状和业务目标的物理快照，因此他们实际上是在执行 MBSE。

这些只是我们应用隐式 MBSE 的一些例子。隐式 MBSE 是一种有效且强大的方法，能让人们在不知不觉中使用 MBSE 方法，让人们在还没有意识到自己在做 MBSE 的时候，就已经开始将 MBSE 融入业务中。

12.3.4 通过生命周期和复杂性雷龙建模

我们已经讨论过复杂性雷龙的重要性，以及它如何让我们直观地看到模型复杂性在整个系统开发流程中的演变。事实上，在第 1 章和第 2 章中，复杂性都是一个重要的讨论点。

复杂性是系统工程的“三大弊端”之一。与所有“弊端”一样，复杂性也会对其他“两大弊端”产生影响。虽然到目前为止我们一直将复杂性视为弊端，但对复杂性进行量化是一件非常有用的事情，因为它为我们提供了一个指标，以很好地衡量某件事情沟通的难易程度，以及信息被理解的程度。

当我们对源信息进行建模时，建模行为本身就可以让我们了解源信息的复杂性。我们必须牢记，导致建模困难的是源信息的复杂性，而不是源信息的长度或大小。例如，当遇到需要对两个文件进行理解的情况时，我们会分别对每个文件进行建模以便理解其内容。其中一份文件有 20 页，而另一份文件长达 200 页。哪一份更难建模呢？这里存在的一个误区是，人们通常会认为两份文件中篇幅较长的那一份更难建模。但实际情况往往并非如此。决定建模难易程度的不是文件的大小，而是文件所包含信息的复杂程度。在多数情况下，200 页的文件可能更容易建模，因为其中的信息布局合理、文字简洁并且易于理解。而篇幅较短的文件则可能存在许多含糊不清、前后矛盾的地方，而且很可能缺少信息。因此，在我们开始对其进行建模之前，几乎不可能说清楚哪份文件更难建模。

当开始进行建模时，有一条简单的经验法则可供参考：

> 如果源信息能被理解透彻并表述清楚，那么就很容易建模。反之，如果源信息无法被理解透彻，表述不准确，那么建模就会很困难。

这是一条相对简单、并不十分科学的经验法则，但却非常强大。

这就引出了下面的问题：我们究竟该如何衡量模型的复杂性？有多种方法可以用来测量或估计模型的复杂性。这些方法在实用性、易用性和科学严谨性方面各不相同。测量复杂性本身就是一个完整的研究领域，本书不可能对所有方法都进行论述，所以接下来的内容将会对不同严谨程度的一些技术进行介绍。

我们要讨论的第一种方法是使用复杂性指标来衡量模型的复杂性。有许多指标可以应用于整个模型，它们也可以应用于单个视图和特定符号中的特定图。例如有一种通用指标，它几乎适用于所有使用 SysML 进行可视化的视图。该指标就是 McCabe 的循环复杂度（McCabe's cyclomatic complexity）（McCabe，1976）。它是复杂性度量的经典指标之一，在 1976 年由 Thomas McCabe 首次提出。最初的度量标准用来测量软件代码的复杂度，前提是代码必须以结构图的形式表示。由于所有 SysML 图都是包含节点（形状）和路径（线条）的图，因此可以非常容易地将该方法应用到我们的 SysML 可视化中。

循环复杂度公式如下：

$$M=E-N+2P$$

式中，M 是循环复杂度；E 是图中边的数量，在 SysML 中表示为路径的数量；N 是图中节点的数量，在 SysML 中表示为节点数；P 是连接组件或连接节点的数量，对于好的视图来说，它通常等于 1，而且也不应该有任何没有连接的模型元素集。

以图 12.2 为例，我们可以得出：

- 边（路径）数为 9。
- 节点数为 10。
- 连接组件的数量为 1。

因此：

$$M = 9 - 10 + (2 \times 1) = 1$$

复杂度的计算结果反映了这是一个简单的图。

这是一个相对简单的公式，易于手动计算，也可以编程后加入建模工具中以便自动执行。

这种复杂性指标虽然简单，但提供了一种行之有效的计算途径，易于实施。

另一种衡量复杂性的方法更为简单，但不那么科学，那就是应用 7 ± 2 规则。这条规则来自心理学界，由 George Miller 于 1956 年首次定义。据他推测，一般情况下一个普通人在任何时刻都能记住一定数量的物体，他将这个数量定义为神奇的数字 7 ± 2。

我们可以在创建视图时应用这条简易规则。通常，如果视图中有 10 个及以上的元素，那么它将无法立即被理解，因为它太复杂了。相反，如果视图中包含的元素少于 5 个，那么它可能会被认为过于简单。

尽管这条规则在实际状况中非常管用，但也不是一成不变的，不能被生搬硬套。如果视图中最终有 10 个或更多元素，这只会让你多思考一会，而不会迫使你改变视图。它适用于视图和具有视图的元素，例如 SysML 块。如果块上有 10 个或更多的操作或属性，那么我们就应该考虑它是否过于复杂。

最后将介绍的这一判断复杂性的方法是最不正式的，那就是简单地查看视图，然后判断它看起来是否复杂！这虽然很不正规，但也不能一概而论，因为这是确定视图可读性的重要方法。有时，视图看起来乱糟糟的原因是视图布局的问题而不是因为复杂性，这一点我们必须牢记。考虑视图的沟通时，视图的整体可读性非常重要。因此，我们可以采用一些简单的规则来提高视图的可读性和易读性。虽然这里的建议适用于 SysML，但它同样适用于其他的图形可视化：

- 以结构化的方式在 SysML 图上布局节点。尽量在水平和垂直方向上将块对齐，使图更易于阅读。此外，尽可能均匀地设置元素间距。大多数工具都内置了能使元素布局相对简单的功能。
- 保持节点大小一致。在可能的情况下，尽量使整个图中节点的高度和宽度相同，这样可以为图创建统一的外观和体验。
- 在 SysML 图上以正交的方式排列路径。尽可能保持线条之间成直角，避免不必要的线条交叉。在使用组合、聚合、一般化和特殊化关系时，将线条进行叠加，以便使图上的线条看起来更少。
- 避免对图进行不必要的阐述。图的默认外观通常包括所有元素的阴影、形状和线条的圆角以及节点的阴影效果，这些对于建模工具供应商来说都了然于胸。它们不仅看起来滑稽可笑，而且有损图的意义。
- 为图上的文本选择一种展示风格。采用哪种风格其实并不重要，但使用一种文本风格能让图更易读。

以上列举的建议只是一些简单实用的示例，介绍了如何使图更具可读性，并使其看起来尽可能简单，但实际的建议并不仅限于此。

12.4 激发对模型的信心

人们对模型充满信心的重要性不容小觑，它是模型的一个非常强大的属性。对模型有信心将直接导致对系统有信心。

12.4.1 一致性是王道

本书中我们已经讨论了一致性的概念以及如何将其应用到模型中。事实上，一致性是模型的固有属性。不一致的模型只能称为一个信息集合，而不能称为模型。一致性是衡量对模型的信心的主要指标之一。

为了便于讨论，我们这里只引用“MBSE in a slide”中的部分内容，如图 12.6 所示。

图 12.6 展示了“ MBSE in a slide”的部分内容。其中的重点是模型和符号，它们有助于我们讨论一致性的本质。然而，我们可以将许多不同类型的一致性应用到我们的模型中，后续内容将对此进行简要介绍。

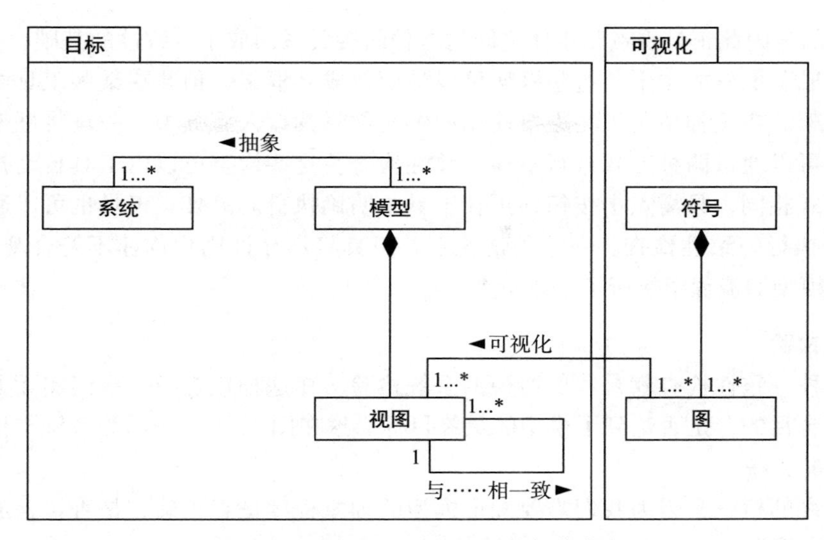

图 12.6 “MBSE in a slide”的部分内容

1. 符号

我们可以在图 12.1 中看到有关图的符号一致性检查，即图与其自身之间的关联，并用“与……相一致”进行标注。这种一致性的级别仅适用于符号。“符号”是口头语言，因此这些检查是在提醒我们所使用的“符号”是正确的。符号一致性检查是基于底层符号定义的。例如当使用 SysML 时，SysML 符号本身（包括其语法、语义和规则）就会被执行。SysML 符号表示法是在 SysML（严格来说是 UML）中定义的，被称为 SysML 元模型。所有的一致性检查规则都直接取自这个元模型。

如果我们在这里使用的是一种现实生活中的口语，比如英语，那么这些一致性检查就相当于文字处理工具中的拼写检查程序和语法检查程序。再比如，我们有一份经过拼写检查和语法检查的文档，但这并不意味着文档的内容是正确的，而只是说明语言得到了正确的检查。

大多数支持 SysML 的建模工具都内置了一定程度的一致性检查功能，可以自动对模型进行这些检查。

2. 本体论

我们要讨论的第二种一致性检查是本体一致性检查，即图 12.1 中视图与其自身之间的关联。该关联标注为“与……相一致”。模型之所以能够成为模型，正是因为该一致性检查。

我们已经多次指出，模型的定义本身就意味着它只包含一致的信息，也就是这里所说的一致性。之所以把它称为本体一致性，是因为它来自本体。而符号一致性则来自 SysML 元模型。这与我们在本书中讨论通用语言的两个方面完全一致：口语是符号，符号的一致性存在于口语中；而领域特定语言是本体，本体的一致性存在于本体中。

视图直接基于观点，而观点在极简形态下可以看作视图的模板。然而，这些观点是直接基于本体的，因此正是观点与本体之间的这种间接关系构成了一致性的基础。

本体构成了框架的主干。这些框架可以是商业成品框架，预装在某些工具中，也可以是定制化框架。在这种情况下，需要使用配置文件将其编入工具中。一旦将框架和本体嵌入工具，就可以通过两种方式进行本体一致性检查。这些检查可以由工具自动执行。与符号检查的方式相同，只需点击按钮即可在工具中明确执行。另外，工具也可以通过使用配置文件自动执行一致性检查。在这种情况下，工具将不允许用户创建不符合观点的视图，因此在创建模型的流程中执行了本体检查。

3. 系统检验

最后一种一致性检查就是我们所说的系统检验。在这种检查中，我们实际上是在检查模型是否符合目的，是否达到了模型的最终目标。这在图 12.1 中表示为系统与模型之间标有“抽象”的关联。

这是最终的检查，因为我们需要知道模型的抽象程度是否正确，是否包含成功实现系统所需的所有信息。

就目前的技术而言，这是一项必须由具备一定能力的人进行的人工检查。也许在未来，随着人工智能应用的增加，这项工作可以在一定程度上实现自动化。

12.4.2 应用一致性

因此，总共有三种一致性检查。接下来的问题是我们如何有效地应用这些检查？

为了解决这个问题，让我们考虑这样一种情况：一个团队正在采用传统的、基于文档的系统工程方法，他们正在制作一份文档，作为最终将提交正式审查的主要工件之一。

在这个例子中，假设你是参与检查文件的干系人之一，并被要求对该文件进行非正式审阅。想象一下，你现在拿到的这份文件存在大量拼写和语法错误。你会认为这是一份好的文件吗？答案是不会！专业工程师的工作不是纠正文件中的拼写和语法错误。

现在，让我们接着说，这份文件现已经过拼写检查和语法检查，并已提交审查。这一次，虽然文件写得很好，但充满了模棱两可的语言和逻辑上的不一致，信息也不完整。同样，你会认为这是一份好的文件吗？而且，纠正前后矛盾方面也不是专业工程师最有价值的贡献。

接下来，该文件已经过拼写检查和语法检查，使用的语言明确无误、内容完整、没有（或实际上很少）前后矛盾之处。现在，该文件已提交正式审查，例如作为项目门审查的一部分。专业工程师现在的职责是确定文件是否符合目的。它是否有助于成功实现系统？是否能为干系人的目标受众带来利益和价值？这才是对专业工程师技能的正确运用。

对于阅读本书的人来说，这种讨论应该不会引起太大的争议，而且似乎也完全合情合理。事实上，有些人很可能会对这种情况表示同情，因为他们自己也曾经历过这种场景。

既然如此，我们为什么还要容忍建模中类似的行为呢？当被要求审查一个模型时，期望该模型符合最低质量标准当然是合情合理的，特别是：

- ❑ 该模型已通过符号检查，并达到了与基本符号一致的最低水平。这与文件的拼写检查和语法检查类似。
- ❑ 模型是完整的、一致的，使用的语言也是明确的，并达到了与基础本体一致的最低水平。这与文件的一致性检查类似。

现在，我们可以对模型进行正式审查了。

在正式审查之前要求达到这种一致性是合理的，我们需要达到这样的水平，使其成为标准做法，而不是例外。

这很好地说明了 MBSE 的成熟度。当我们开始达到 MBSE 演进的第 4 阶段和第 5 阶段时就是成熟的实践了。因此，我们可以看到，将这三个层次的一致性检查确立为最佳实践，对于增强人们对模型的信心具有重要作用。

12.4.3 展示好处和价值

为了增强人们对模型的信心，我们必须展示模型所带来的好处和价值。

价值的接受者是干系人。因此正确定位干系人至关重要，下文将对此进行讨论。

确定干系人

显然，如果我们不了解干系人，就无法向干系人展示价值。识别干系人的初始工作非常重要，本书对此进行了多次探讨。到目前为止，我们一直在谈论干系人，将其作为一种手段，用于满足正确的需求，管理我们的流程，为我们的框架定义做出贡献。最后一点是本次讨论的重点。

我们之前讨论过模型必须只包含必要的信息，而不是尽可能多的信息。我们还讨论了如何将这一点作为框架定义的一部分，特别是在框架上下文视图（展示框架的价值）和观点上下文视图（展示每个视图的价值）中。

这些视图经常被忽视，或者被认为没有必要，但它们对增强信心至关重要。

如果我们不了解模型的整体价值和模型中每个视图的价值，我们究竟如何才能激发对模型的信心呢？因此，如果想激发对模型的信心，请确保了解模型和每个视图存在的原因。

12.5 总结

在本章中，我们介绍了一些与 MBSE 相关的实用提示和技巧，以及如何制作有效的模型，如何有效地建模。

我们讨论了模型一词在英文中作为名词（真理的唯一来源）和动词（建模的艺术）的重要区别。

本章还讨论了如何以迭代的方式建模，以及了解开始时的模型并不是我们最终的模型是多么重要。因此，不应过分担心第一次尝试或迭代，而应将其作为实现良好模型这一最终目标的途径。

随后，我们通过复杂性雷龙讨论了在系统发展流程中了解模型复杂性的重要性。

最后，我们讨论了如何让所有与我们的系统有关的干系人对我们的模型充满信心。

总之，本章研究和讨论了 MBSE 中一些更灵活、更人性化的方面，希望能根据这些经验为 MBSE 提供一些有价值的见解。

12.6 自测任务

- ❑ 从规范或其他文档中提取一个示例语句，并以此为基础创建一个视图。按照此处讨论的步骤：识别名词并将其表示为块，识别动词并将其表示为关系，细化关系，最后定义多样性。
- ❑ 为上一题中创建的视图创建一个基于图形的一般表示法，使每个元素都与之前在 SysML 中显示的内容相对应。
- ❑ 考虑前面问题中创建的视图，并利用我们在本书框架定义方面所学到的知识，创建观点上下文视图（相关视图集的人物和原因）和观点描述视图（基于本体的相关视图集的结构和内容）。请特别注意“观点上下文视图”，因为它将定义视图的好处和价值。
- ❑ 再次使用相同的视图，应用 McCabe 循环复杂度公式，看看复杂度结果如何。同时，应用神奇数字 7 ± 2 规则，看看它是否符合要求。
- ❑ 最后，以结构化的方式为视图绘制图表，并为所使用的单词应用一种样式。

12.7 参考文献

- [McCabe 1976] McCabe, T: *A Complexity Measure*. IEEE Transactions on Software Engineering, December 1976
- [Miller 1956] Miller, G. A. *The magical number seven, plus or minus two: Some limits on our capacity for processing information*. Psychological Review. 63, 1956

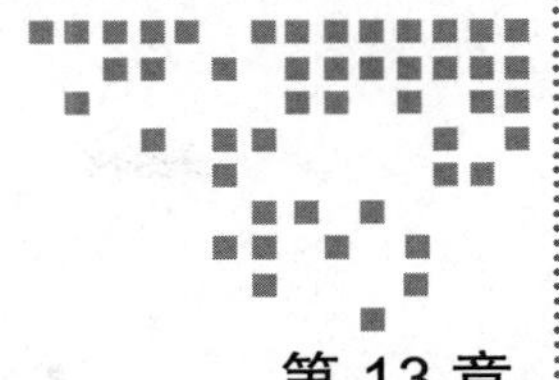

第 13 章 Chapter 13 最佳实践

这一章为你在组织中持续开展系统工程工作提供了信息，将这些内容用于阅读各种图并理解它们，以便测试你从本书中获得的建模知识。

在本章结束时，你将能很好地了解有哪些最佳实践来源以及从哪里可以找到有关系统工程各方面的更多信息。

13.1 关键标准概述

标准是系统工程的重要组成部分，可以验证所采用的方法符合一些已建立的规范。标准在项目中通常是强制性的。

本书使用的主要标准是 ISO 15288 ——系统和软件工程——生命周期流程，这将在下一节中讨论。

13.1.1 ISO 15288——系统和软件工程生命周期流程

通过应用我们在本书中特别是在第 5 章介绍和讨论的技术，可以绘制与标准相关的一些关键视图。之前的重点是查看特定流程并将 MBSE 技术与它们相关联，以证明合规性。与其重复这些视图，特别是流程内容视图，我们应该看看标准的一些更高级别的视图，从图 13.1 所示的流程上下文视图开始。

图 13.1 展示了 ISO 15288 的流程上下文视图，使用 SysML 用例图来进行可视化。

这里有几个要点值得思考：

- 主要的用例之一就是**定义术语**。这是标准的核心部分，可以通过创建有效的本体来实现。

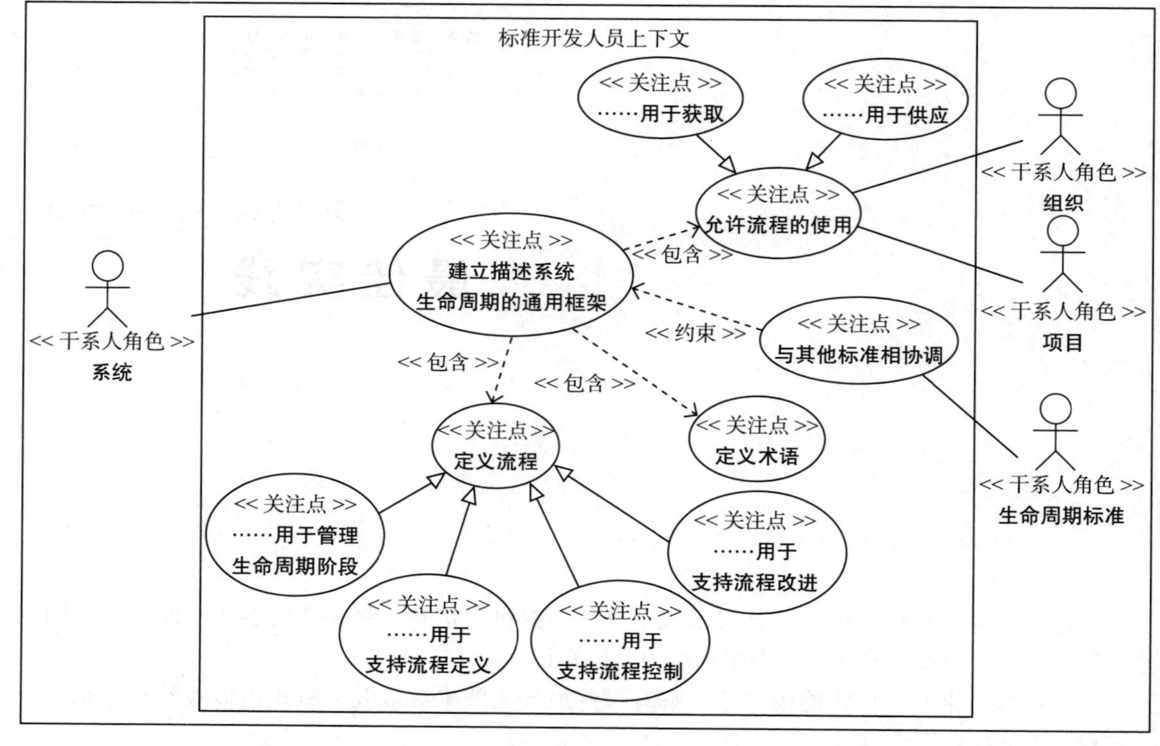

图 13.1 ISO 15288 的流程上下文视图

- 需要注意如何通过明确的需求来**与其他标准相协调**，这加强了本书第 5 章中涵盖的标准之间的映射。
- 这里定义的四种类型流程在第 4 章和第 5 章中都介绍过。
- 同样，本书也讨论了允许使用流程的两种类型。

需要注意本书描述的 MBSE 活动是如何涵盖该标准的所有用例的。它使得采用 MBSE 系统工程方法的整个开发非常有效，而且它本身实际上就是应用 MBSE 的一个很好的例子。

图 13.2 通过观察 ISO 15288 的本体诠释了其中一个要点。

图 13.2 展示了 ISO 15288 的本体定义视图，并使用 SysML 块定义图进行可视化。

请阅读本图，需要注意的是 ISO 15288 本体与本书中开发的通用 MBSE 本体之间的区别。

需要思考的最后一个视图是高级流程内容视图，如图 13.3 所示。

图 13.3 是使用 SysML 块定义图来可视化的高级流程内容视图。

需要注意这四种类型的流程组是如何定义的，以及它们是如何与贯穿本书的流程相关联的。

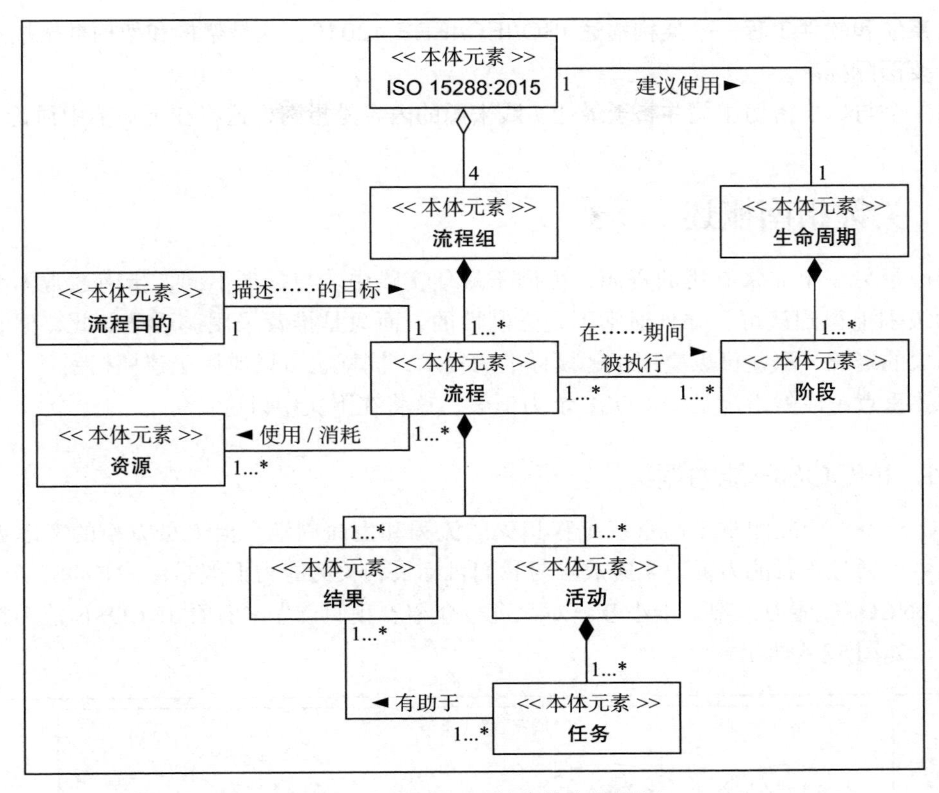

图 13.2 ISO 15288 的本体定义视图

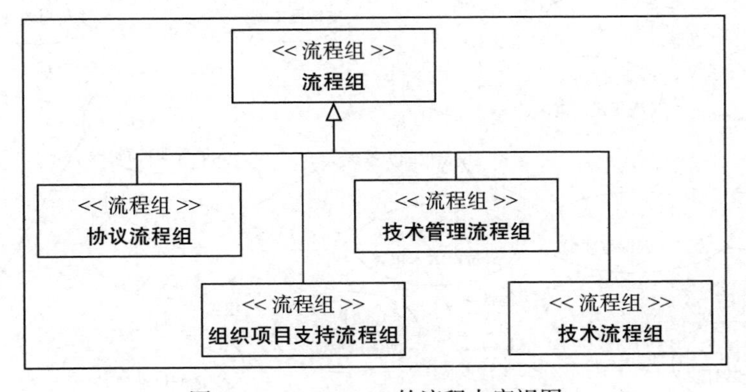

图 13.3 ISO 15288 的流程内容视图

13.1.2 其他标准

其他一些值得仔细研究的标准包括：

- **针对开发的 CMMI**：由卡内基梅隆大学软件工程研究所制定，可以从 https://resources.sei.cmu.edu/library/asset-view.cfm?assetid=9661 获取，包括流程成熟度及其评估。

- **系统和软件工程——架构描述 ISO/IEC/IEEE 42010**：这是架构和架构框架描述的主要国际标准。

另一个与标准密切相关并属于最佳实践来源的内容是指南，这将在下一节中讨论。

13.2 关键指南概述

指南是另一个非常有用的资源，可用于最佳实践中。与标准不同，指南通常不会在非常高的级别上得到认可，并且通常不是强制性的，而只是推荐采用。话虽如此，但它们是非常强大的资源，那些可以应用于建模标准的技术，同样也可以应用于建模指南。

需要重点关注的指南是 INCOSE 能力框架，这将在下文中讨论。

13.2.1 INCOSE 能力框架

ISO 15288 标准侧重于与系统工程相关的流程和生命周期。但人员方面的考虑也很重要，这可以通过查看能力框架来完成。与我们目标最相关的能力框架是由 INCOSE 开发的，被称为 INCOSE 能力框架。本小节会对此进行介绍。我们首先来看看 INCOSE 能力框架的上下文，如图 13.4 所示。

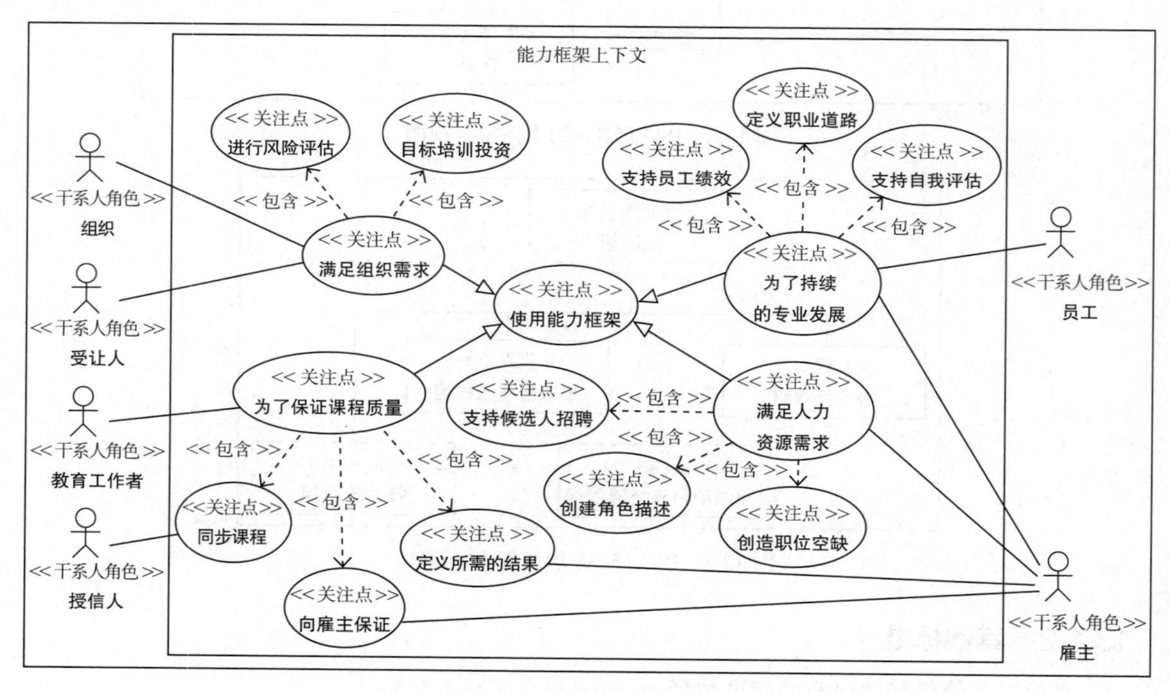

图 13.4 INCOSE 能力框架的上下文视图

图 13.4 展示了 INCOSE 能力框架的上下文视图，使用 SysML 用例图进行可视化。

这里的重点是能力框架的使用以及对每种使用方式感兴趣的干系人。

接下来将通过本体定义视图来诠释框架中所使用的主要概念，首先从图 13.5 开始。

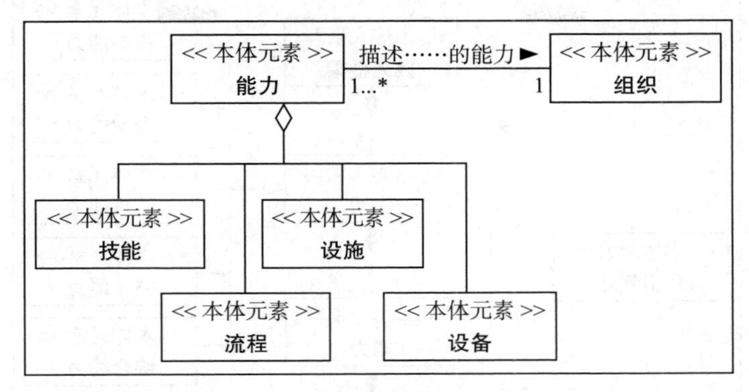

图 13.5 关注能力的本体定义视图

图 13.5 展示了一个本体定义视图，它侧重于**能力**（capability），使用 SysML 块定义图进行可视化。

需要注意此处的**能力**是如何对组织进行描述的，这已经在第 5 章中讨论过。这里添加了有助于定义**能力**的新概念：**技能、设施和设备**。

图 13.6 侧重于**技能**（competence）。

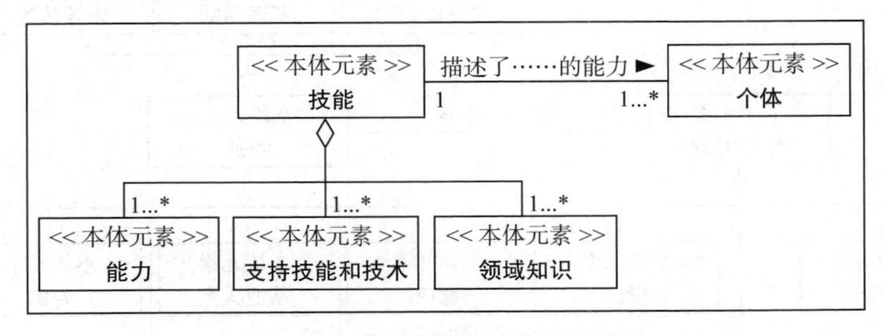

图 13.6 关注技能的本体定义视图

图 13.6 展示了一个侧重于**技能**的本体定义视图，并且再次使用 SysML 块定义图进行了可视化。

需要注意的是如何通过关注每个视图中的不同元素来演进本体。这就是本体的典型呈现方式，而不是试图将所有概念都放在一个视图上。出于这一点的考虑，我们将在图 13.7 中展示框架的结构。

图 13.7 展示了一个能体现框架结构的本体定义视图。

需要注意术语**能力**是如何与图 11.6 联系起来的，它保持了本体定义视图之间的一致性。

图 13.8 展示了一个关注**级别**的本体定义视图，使用 SysML 块定义图进行可视化。

这些本体定义视图组合起来很好地概述了框架本身，希望你能通过阅读该框架确定一组与你的系统工程活动相关的能力。

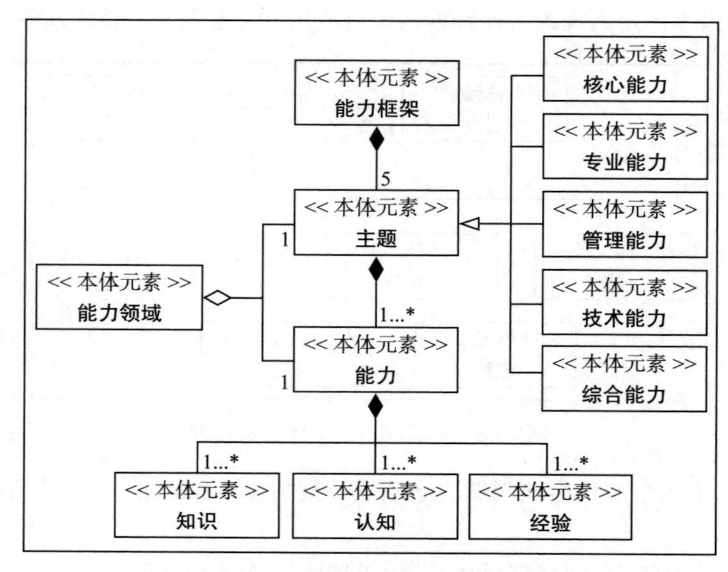

图 13.7 关注框架结构的本体定义视图

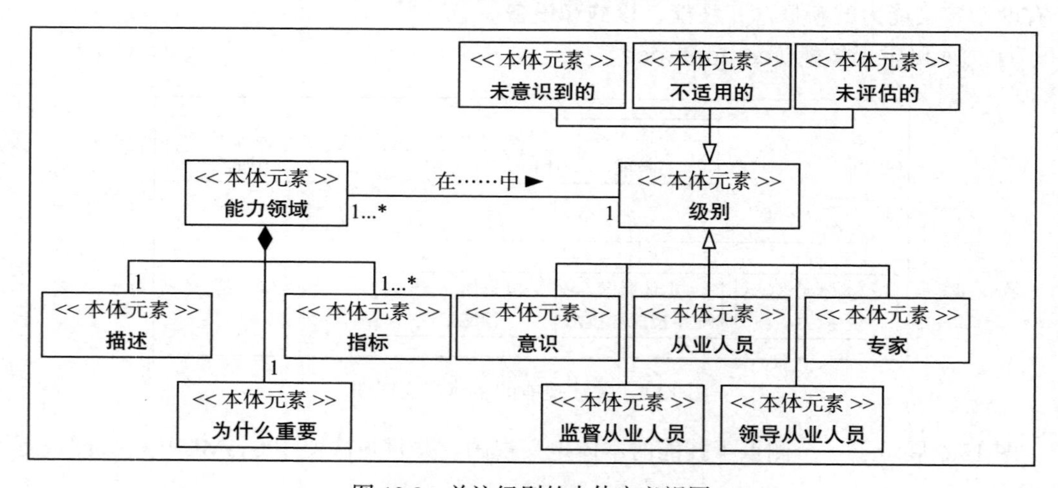

图 13.8 关注级别的本体定义视图

有趣的是，存在一个核心能力：系统建模和分析能力领域，它涵盖了 MBSE。要注意它如何包含在系统工程的核心主题中，并且增强了建模的基本技能。因此，MBSE 对于所有系统工程师来说十分重要。

13.2.2 其他指南

其他值得参考的指南包括：

- INCOSE 系统工程手册——系统生命周期流程和活动指南，第 5 版，INCOSE，2023

年。它以一般指南的形式对 ISO 15288 中描述的生命周期和流程进行了深入的描述。

- 英国专业工程能力标准（The UK Standard for Professional Engineering Competence, UK-SPEC），可从 https://www.engc.org.uk/standards-guidance/standards/uk-spec/ 获得。它为所有英国专业机构的技能和能力框架提供了基准。
- 信息时代技能框架（Skills Framework for the Information Age，SFIA），可从 https://sfia-online.org/en 获得。它提供了一个主要针对 IT 部门的能力框架，但与系统工程有很多交集。
- APM 技能框架，可从 http://www.apm.org.uk/ 获得。它提供了一个主要针对项目管理部门的能力框架，但与系统工程有很多交集。
- APMP 能力框架，可从 http://www.apmp.org/ 获得。它提供了一个主要针对提案管理部门的能力框架，但与系统工程有很多交集。
- OMG 系统建模语言（OMG SysMLTM），1.6 版，对象管理组，可从 http://www.omg.org/spec/SysML/1.6 获得。它提供了系统建模语言 1.6 版的原始规范。
- 项目管理知识体系指南（PMBOK® 指南），第 7 版，纽敦广场，项目管理协会（PMI），2021 年。它是关于项目管理的官方知识体系。

除了标准和指南之外，还有一些有价值的资源是那些提供系统工程相关资源的组织。

13.3 组织

本节仅列举一些提供与系统工程相关信息或资源的组织。

系统工程学会（Institute for Systems Engineering，IfSE）是一家总部设在英国的专业工程学会，为全球的系统工程师提供福利。

IfSE 成立于 2022 年，由**国际系统工程理事会**（INCOSE）英国分会发展而来。作为工程委员会颁发的专业工程协会许可证的一部分，IfSE 有权对候选人进行评估，以便将其列入国家专业工程师（CEng）和技术人员（EngTech）登记册。IfSE 还通过其专业工程委员会、国家工程政策中心以及英国工程界内关于多样性、包容性和道德等主题的倡议与皇家工程院进行合作。

IfSE 举办了一系列活动（如**年度系统工程会议，即 ASEC**），出版了很多专业出版物（如论文、书籍、海报、指南等），并提供了一系列专业服务（如认可培训提供商计划）。详情请参见 www.ifse.com。

INCOSE 是全球首屈一指的系统工程组织。它是一个非营利性的会员组织，其成立的目的是“发展和传播跨学科的原则和实践，使成功的系统得以实现”。在撰写本文时，INCOSE 在全球拥有超过 18000 名成员，涉及三个主要区域：美洲；欧洲、中东和非洲；亚洲和大洋洲。每个区域由若干分会组成，共有 74 个分会，遍布 35 个国家。

分会通常根据地理位置来设立，负责“组织大量专业和社会项目，吸引来自工业界、政府和学术界的新成员，支持技术活动，推进系统工程的发展，以及展示INCOSE作为国际系统工程权威机构的地位”。

INCOSE在组织、区域和分会层面举办了许多活动，如讲习班、专题研讨会和会议。它还提供技术服务和出版物（如书籍、论文、海报和期刊），并通过证书和认证两个途径来提供专业认可。

INCOSE还有许多工作组，它们在各个分会和组织中发挥作用，并且是技术产品、服务和活动背后的主要驱动力之一。

正是结合在地方分会和国际组织这样不同层面的活动，使得INCOSE在系统工程领域能够脱颖而出。

还有其他组织也在促进系统工程，或在某种程度上与系统工程有关，其中包括：

- **电气与电子工程学会（Institute of Electrical and Electronic Engineering，IEEE）**：IEEE是“世界上最大的技术专业组织，致力于推动技术造福人类”。IEEE每年举办一次关于系统工程的国际研讨会，并拥有许多与系统工程相关的小组，这些小组都在积极促进系统工程的发展。
- **工程与技术学会（Institution of Engineering and Technology，IET）**：IET参与系统工程已有多年，曾运营过多个与系统工程相关的小组和专业网络。他们的贡献目前仅限于出版书籍和通过IET学院提供现场和虚拟培训课程。值得注意的是，IET以前被称为IEE（电气工程学会的缩写），切勿与IEEE混淆！
- **对象管理组（OMG）**：OMG拥有、管理和配置与对象技术相关的行业标准。出于系统工程的目的，他们负责**统一建模语言（UML）**及其与系统工程相关的衍生语言SysML。有趣的是，这两个标准现在都是完整的ISO标准，这也体现了大众对它们的认可。

当然，世界上还有很多这样的组织，这个列表仅列举了其中几个。

13.4 总结

本章为了解更多关于系统工程的迷人世界提供了一个很好的切入点。本章包括了一些标准、指南和组织，那些想要继续学习系统工程的人肯定会对这些内容感兴趣。